21天学编程系列

21天学通
JavaScript

第3版

郭蕊 等编著

电子工业出版社

Publishing House of Electronics Industry

北京·BEIJING

内 容 简 介

　　JavaScript 是 Web 开发中应用最早、发展最成熟、用户最多的脚本语言。其语法简洁，代码可读性在众多脚本语言中最好，它在使用时不用考虑数据类型，是真正意义上的动态语言。本书分为 4 篇，共21 章。第一篇完整地讲解了 JavaScript 的基础知识，主要内容包括 JavaScript 概述、数据类型、常量与变量、表达式与运算符、程序语句、函数和数组等。第二篇专门介绍 JavaScript 中内置对象的应用，内容包括 JavaScript 对象基础、窗口和框架、屏幕和浏览器对象、文档对象、历史对象和地址对象、表单对象和表单元素和脚本化 cookie 等。第三篇讲解的是 JavaScript 的高级技术，主要讲解了 JavaScript 与XML 技术、正则表达式、Ajax 基础、Ajax 高级应用、JavaScript 与插件和 JavaScript 的调试与优化等。最后一篇为综合案例篇，用一个完整的例子讲解了如何使用 JavaScript 进行大型应用开发。

　　本书中，每一篇都是不同层次的完整内容，这不仅给初学者安排了循序渐进的学习过程，也便于不同层次读者选读。本书既适合没有编程基础的 JavaScript 语言初学者作为入门教程，也可作为大、中专院校师生和培训班的教材。对于 JavaScript 语言开发的爱好者，本书也有较大的参考价值。

　　本书附赠 DVD 光盘 1 张，内容包括超大容量手把手教学视频、电子教案（PPT）、源代码、职场面试法宝等。

图书在版编目（CIP）数据

21 天学通 JavaScript / 郭蕊等编著. — 3 版. — 北京：电子工业出版社，2014.1
（21 天学编程系列）
ISBN 978-7-121-21879-8

Ⅰ. ①2… Ⅱ. ①郭… Ⅲ. ①Java 语言－程序设计Ⅳ. ①TP312

中国版本图书馆 CIP 数据核字（2013）第 270139 号

策划编辑：牛　勇
责任编辑：徐津平
特约编辑：赵树刚
印　　刷：三河市双峰印刷装订有限公司
装　　订：三河市双峰印刷装订有限公司
出版发行：电子工业出版社
　　　　　北京市海淀区万寿路 173 信箱　邮编 100036
开　　本：787×1092　1/16　印张：25.75　字数：709 千字
版　　次：2014 年 1 月第 1 版
印　　次：2014 年 7 月第 2 次印刷
定　　价：59.80 元（含 DVD 光盘 1 张）

前 言

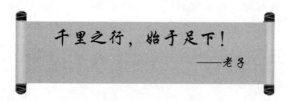

千里之行，始于足下！
——老子

    "21 天学编程系列"自 2009 年 1 月上市以来，一直受到广大读者的青睐。该系列中的大部分图书从一上市就登上了编程类图书销售排行榜的前列，很多大中专院校也将该系列中的一些图书作为教材使用，目前这些图书已经多次印刷、改版。可以说，"21 天学编程系列"是自 2009 年以来国内原创计算机编程图书最有影响力的品牌之一。

    为了使该系列图书能紧跟技术和教学的发展，更加适合读者学习和学校教学，我们结合最新技术和读者的建议，对该系列图书进行了改版（即第 3 版）。本书便是该系列中的 JavaScript 分册。

本书有何特色

1. 细致体贴的讲解

    为了让读者更快上手，本书特别设计了适合初学者的学习方式，用准确的语言总结概念➠用直观的图示演示过程➠用详细的注释解释代码➠用形象的比方帮助记忆。效果如下：

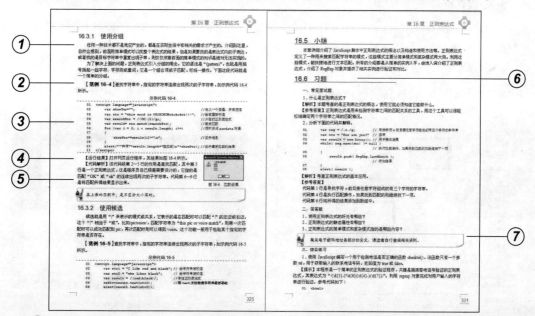

    ① **知识点介绍** 准确、清晰是其显著特点，一般放在每一节开始位置，让零基础的读者了解相关概念，顺利入门。

    ② **范例** 书中出现的完整实例以章节顺序编号，便于检索和循序渐进地学习、实践，放

在每节知识点介绍之后。

③ **范例代码** 与范例编号对应，层次清楚、语句简洁、注释丰富，体现了代码优美的原则，有利于读者养成良好的代码编写习惯。对于大段程序，均在每行代码前设定编号，便于学习。

④ **运行结果** 对范例给出运行结果和对应图示，帮助读者更直观地理解范例代码。

⑤ **代码解析** 将范例代码中的关键代码行逐一进行解释，有助于读者掌握相关概念和知识。

⑥ **习题** 每章最后提供专门的测试习题，供读者检验所学知识是否牢固掌握，题目的提示或答案放在光盘中。

⑦ **贴心的提示** 为了便于读者阅读，全书还穿插着一些技巧、提示等小贴士，体例约定如下。

- 提示：通常是一些贴心的提醒，让读者加深印象或提供建议，或者解决问题的方法。
- 注意：提出学习过程中需要特别注意的一些知识点和内容，或者相关信息。
- 警告：对操作不当或理解偏差将会造成的灾难性后果给出警示，以加深读者印象。

经作者多年的培训和授课证明，以上讲解方式是最适合初学者学习的方式，读者按照这种方式，会非常轻松、顺利地掌握本书知识。

2．实用超值的 DVD 光盘

为了帮助读者比较直观地学习，本书附带 DVD 光盘，内容包括多媒体视频、电子教案（PPT）和实例源代码等。

- **多媒体视频**

配有长达 23 小时的教学视频，讲解了关键知识点界面操作和书中的一些综合练习题。作者亲自配音、演示，手把手教会读者使用。

- **电子教案（PPT）**

本书可以作为高校相关课程的教材或课外辅导书，所以作者特别为本书制作了电子教案（PPT），以方便老师教学使用。

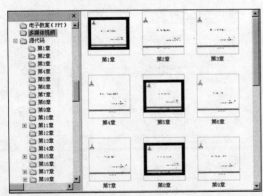

- **职场面试法宝**

本书附赠"职场面试法宝"，含常见的职场经典故事及测试题。

3. 提供完善的技术支持

本书的技术支持论坛为 http://www.rzchina.net，读者可以在上面提问交流。另外，论坛上还有一些小的教程、视频动画和各种技术文章，可帮助读者提高开发水平。

推荐的学习计划

本书作者在长期从事相关培训或教学实践过程中，归纳了最适合初学者的学习模式，并参考了多位专家的意见，为读者总结了合理的学习时间分配方式，列表如下：

推荐时间安排		自学目标（框内打钩表示已掌握）		难度指数
第1周	第1天	了解 JavaScript 产生的背景	☐	★
		了解 JavaScript 和其他脚本语言的异同	☐	
		了解如何编写一个 JavaScript 程序并运行它	☐	
		牢记编写 JavaScript 程序的注意事项	☐	
	第2天	理解并掌握基本数据类型的特点	☐	★★
		理解并掌握复合数据类型的特点，然后通过实际的练习加以巩固	☐	
		理解并掌握常用的内置对象的特性和使用方法	☐	
	第3天	理解和掌握变量的定义和使用方法	☐	★★
		理解和掌握常量的特点及其使用方法，简化程序的编码	☐	
		加深对数据类型的理解	☐	
	第4天	理解并掌握 JavaScript 表达式的特点，达到灵活运用的程度	☐	★★★
		理解并掌握各个运算符的作用和使用方法	☐	
		结合前两章加强练习，以熟悉程序语句的编写	☐	
	第5天	理解并掌握条件选择语句的特点，在实际编程时能灵活使用	☐	★★★
		理解并掌握循环语句的特点和用法	☐	
		掌握异常处理结构的使用方法	☐	
		通过实际的练习来加深对程序控制结构的理解和应用	☐	
	第6天	理解函数的概念和作用	☐	★★★
		学会定义和调用函数	☐	
		理解掌握函数的特点，有效地组织代码，实现代码复用	☐	
	第7天	理解并掌握数组的概念	☐	★★
		理解并掌握数组各种常用的特性	☐	
		熟练掌握数组中数据的存取操作	☐	
		熟练掌握数组的各类操作和数组对象的常用方法	☐	

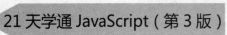
续表

推荐时间安排		自学目标（框内打钩表示已掌握）		难度指数
第2周	第8天	了解面向对象的基本概念	☐	★★★★★
		掌握对象的定义和使用方法	☐	
		掌握 JavaScript 的对象层次结构	☐	
		理解掌握事件概念和使用方法	☐	
	第9天	了解认识 window 对象	☐	★★
		掌握 window 对象的属性和方法的使用	☐	
		学会窗口的一些基本操作	☐	
		掌握框架的结构特性	☐	
		学会使用框架结构	☐	
	第10天	学习屏幕对象并掌握其基本运用	☐	★★
		掌握浏览器对象及相关子对象的基本运用	☐	
		能在网页程序开发中熟练使用这两个对象来解决实际问题	☐	
	第11天	理解并掌握 document 对象，在应用开发中能够灵活运用	☐	★★★
		理解并掌握图像对象的特性及应用	☐	
		理解并掌握锚对象的链接对象的特性及运用	☐	
	第12天	理解并掌握历史对象的特性及使用方法	☐	★★
		了解地址对象及作用	☐	
		能熟练运用历史对象和地址对象解决一些实际问题	☐	
	第13天	掌握表单对象的属性、方法和事件	☐	★★★
		熟练运用表单对象，特别是表单的验证	☐	
		了解表单元素的概念和命名	☐	
		熟练使用文本框和按钮的基本操作	☐	
	第14天	了解什么是 cookie 及它的作用	☐	★★
		掌握创建和获取 cookie 值的方法	☐	
		掌握 cookie 的编码、生存期、路径等设置方法	☐	
第3周	第15天	了解 XML 语言	☐	★★★
		掌握 DOM 编程	☐	
		学会使用 DOM 进行 Web 编程	☐	
	第16天	了解什么是正则表达式	☐	★★★★★
		掌握正则表达式的基础知识	☐	
		学会如何使用正则表达进行字符串操作	☐	
	第17天	理解并掌握 Ajax 技术原理	☐	★★★★
		掌握常用的与 Ajax 技术相关的对象的使用方法	☐	
		学会实现简单的 Ajax 应用	☐	
	第18天	了解客户端脚本语言，掌握基本的局部刷新技术	☐	★★★★
		认识服务器脚本语言	☐	
		掌握文档对象模型的基本使用方法	☐	
		初步认识层叠样式和 XML	☐	

推荐时间安排		自学目标（框内打钩表示已掌握）		难度指数
第3周	第 19 天	了解什么是 ActiveX 控件及其创建过程	□	★★★★★
		理解并熟练掌握 ActiveX 控件的使用方法	□	
		了解什么是 JavaApplet 及其创建过程	□	
		掌握 JavaApplet 在 Web 页中的使用方法	□	
		了解什么是 Flash 及 Flash 应用程序的创建过程	□	
		理解并熟练掌握 JavaScript 与 Flash 应用程序间的交互方法	□	
	第 20 天	了解 JavaScript 开发工具	□	★★
		了解 Visual Studio 2005，并能在实际开发中运用	□	
		掌握使用 Visual Studio 2005 调试 JavaScript 代码的方法	□	
		掌握 JavaScript 代码优化的常见方法	□	
	第 21 天	了解对实际问题的分析过程	□	★★★★
		了解如何建立实际问题的抽象模型	□	
		学会使用 JavaScript 控制 DOM 元素	□	

本书适合哪些读者阅读

本书非常适合以下人员阅读：
- 打算进入 JavaScript 编程大门的新手；
- Web 开发的前沿程序员；
- 各大中专院校的在校学生和相关授课老师；
- 其他编程爱好者。

本书主要由马翠翠组织编写。其他参与编写的人员有张燕、杜海梅、孟春燕、吴金艳、鲍凯、庞雁豪、杨锐丽、鲍洁、王小龙、李亚杰、张彦梅、刘媛媛、李亚伟、张昆（笔名：张增强），在此一并表示感谢。

编　者

目　录

第一篇　基　础　篇

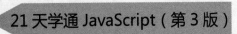

第二篇　对　象　篇

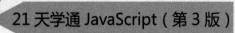

第三篇　高级技术篇

第四篇　综合案例篇

第一篇 基 础 篇

第 1 章　JavaScript 概述

"千里之行，始于足下"。这句千古遗训蕴含着深刻的道理，在计划安排停当之后需要开始落实行动。只有从现在的脚下开始出发，才能达千里之外的目的地。学习 JavaScript 最好从了解它的起源开始，了解其产生的背景，为了什么产生，从而知道其主要应用场合，对今后的学习和目标的建立有莫大的帮助。本章将向读者讲解 JavaScript 的背景和现在的状况，以及未来可能的发展方向。通过本章的学习，读者将学会编写一个最简单的 JavaScript 程序并知道如何运行。

- 了解 JavaScript 产生的背景。
- 了解 JavaScript 和其他脚本语言的异同。
- 了解如何编写一个 JavaScript 程序并运行它。
- 牢记编写 JavaScript 程序的注意事项。

以上几点是对读者在学习本章内容时所提出的基本要求，也是本章希望能够达到的目的。读者在学习本章内容时可以将其作为学习的参照。

1.1　初识 JavaScript

JavaScript 是世界上使用人数最多的程序语言之一，几乎每一个普通用户的电脑上都存在 JavaScript 程序的影子。然而绝大多数用户却不知道它的起源，以及如何发展至今。JavaScript 程序设计语言在 Web 领域的应用越来越火，未来它将会怎样发展，本节将对这部分内容分别讲述。

1.1.1　理解 JavaScript 的历史

在互联网形成的初期，Web 技术远远没有像今天这样丰富以至于让人难以选择。当时，最基本的在 Web 客户端进行数据有效性验证都非常麻烦，浏览器端的用户体验效果非常单调，几乎没有交互性。今天所看到的全动态 Flash、SilverLight、JavaScript 等精彩应用在当时都没有，有的只是纯 HTML 静态页。

基于这样的现状，Netscape 公司在它的 Navigator Web 浏览器中增加了脚本功能，以简单的方式实现浏览器中的数据验证，该脚本名为 LiveScript。与此同时，Java 技术也逐渐红火，其特点也正好能弥补 Web 客户端交互性方面的不足。Netscape 公司在其 Navigator 浏览器中支持 JavaApplet 时，考虑 JavaApplet 与 LiveScript 目标的相似性，将 LiveScript 更名 JavaScript，可以理解为其欲借 Java 之势以求发展。

JavaScript 语言刚推出就在市场获得巨大的成功，这表现在 Navigator 浏览器的用户量上。当 JavaScript 语言的使用形成一种大趋势之后，微软的 IE 浏览器也增加对 JavaScript 语言的支持，这加快了 JavaScript 语言发展的速度。

微软公司的 IE 浏览器搭乘 Windows 操作系统这艘巨舰在市场上获得了空前的成就，同时微软也实现了一门兼容 JavaScript 的脚本语言，命名为 JScript。如今对 JavaScript 的支持已经成为 Web 浏览器中不可缺少的技术。

提示 很多有名的编程语言起初都是由个人或小团体创造出来，逐步完善并发展壮大。

1.1.2 JavaScript 标准

众多 Web 浏览器对 JavaScript 的支持也很不一致，相同的语言特性在不同的浏览器中会有所差异。这种差异对开发者影响极大，开发时不得不为不同的浏览器编写不同的代码，这种难堪的局面一直持续到 JavaScript 标准的制定。1997 年发布了 ECMA-262 语言规范，将 JavaScript 语言标准化并重命名为 ECMAScript，现在各种浏览器都以该规范作为标准。

 提示 语言和系统接口标准化后可以大大减轻应用开发人员的负担，不用为不同的语言特性或接口编写不同的代码，这也增强了软件的可移植性。

1.1.3 JavaScript 的现况

随着 Ajax 的技术大潮，JavaScript 重新受到 Web 开发者的重视。在此之前 JavaScript 主要应用还是在客户端实现一些数据验证等简单工作，多媒体交互应用被类似 Flash 的技术抢占了市场。正当 JavaScript 处于低潮的时候，Ajax 技术被开发出来了，简单地说就是利用 JavaScript 的异步更新机制实现 Web 页的局部刷新。当一个页面不需要全部重新加载，只要加载部分数据即可的时候，互联网的运行速度便大大加快了。JavaScript 因此在 Web 开发中站在了一个更加重要的位置。如图 1-1 所示是 JavaScript 在浏览器中的层次结构。

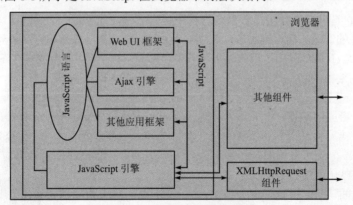

图 1-1 浏览器中的 JavaScript

很多开发者开始挖掘 JavaScript 其他方面的潜力，打算发现类似 Ajax 那样令人吃惊的东西。结合 W3C 现行的 DOM 规范，JavaScript 表现出了惊人的魅力，涌现出很多基于 Web 的应用程序，这是在 Web 客户端方面。在服务器端技术中，微软公司也将 JavaScript 纳入了.NET 语言的范畴，使其成了 ASP.NET 的语言工具，开发者不必重新学习语言即可运用 ASP.NET 技术。如今基于 JavaScript 的应用不胜枚举，读者朋友大可上互联网去了解更多的信息。

 提示 自从 Ajax 技术出现之后，人们重新重视了 JavaScript 的价值，如今不少开发者使用 JavaScript 开发出极具价值的通用程序框架，如一些流行的 WEB UI 库。

1.1.4　JavaScript 的发展趋势

　　语言永远被当做工具，这一点从来都没有被改变过，以后也不会。例如，在 Windows 平台上，使用 ADODB 组件可以使 JavaScript 能处理支持 SQL 的数据库中的数据，使用 FSO 组件可以实现本地文件 IO 功能。这一切都说明了 JavaScript 位于应用开发的最顶端，其与低层技术的实现无关，层次结构如图 1-2 所示。

　　尽管平台技术不断发生变化，JavaScript 仍将以不变的形式去使用平台提供的能力从而适应新的需求。未来的一段时间内，Web 开发将是开发者众聚之地，也是 JavaScript 变得紫红的时代。

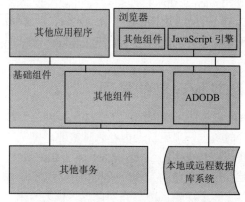

图 1-2　JavaScript 在系统中的位置

1.2　简单的脚本语言

　　JavaScript 是一门脚本语言，它如导演手中的剧本命令一样，使原来独立零散的演员按剧情协调组织表演从而获得观众的掌声。脚本需要简单易懂，有针对性以能运用于一个特定的场合。本节将向读者介绍更多有关脚本的知识。

1.2.1　认识脚本语言

　　脚本语言是一种应用程序扩展语言，用于系统的扩展，使其按用户的意愿去运行。所有的基础功能由系统提供，脚本语言在更高层次描述如何调用系统的接口。和其他编程语言不同，脚本语言通常不需要经历编译和链接这些阶段，大都直接解释执行。也有的语言需要编译，但这是为了执行得更快一点。

 提示　与电影脚本的含义及作用相似，JavaScript 是用于实现程序中的事务流程控制，组织多个逻辑对象一起完成工作。

1.2.2　脚本语言的分类

　　如今成熟的脚本语言非常多，根据使用方式的不同分成嵌入式和非嵌入式两类。嵌入式脚本语言，这类语言通常为了应用程序的扩展而开发出来。解释器通常嵌入在被扩展的应用程序中，成为宿主程序的一部分。例如，Lua 语言、Python 语言的嵌入性也比较好，如今这两者在游戏开发领域应用较多，通常作为游戏软件的脚本系统或配置文件。根据笔者的经验，Lua 语言无论在嵌入性和运行效率上都远超过其他语言，将 Python 语言纳入嵌入式语言分类中有些勉强，因为其更像其他独立运行的语言。

非嵌入式脚本语言，这类语言无须嵌入其他程序中，如本书所讲的 JavaScript 语言。这些语言主要应用不是作为系统扩展，而是实现一般的任务控制。

 提示 将语言分类比较勉强，因为其在开发的时候大都针对某一类应用而不先考虑属于某一类。

1.2.3　JavaScript 的作用

JavaScript 主要运用在浏览器端，处理用户的输入实现交互功能。例如，在会员注册页面将数据发送到服务器前，使用 JavaScript 程序检查用户输入的数据是否符合要求。可以使用 JavaScript 通过 DOM 对象操作 HTML 页中的各个节点元素，动态修改 HTML 文档的内容，实现基于 Web 的应用。JavaScript 可以结合数据库组件、文件系统组件等扩展组件实现任何想要的功能。

1.2.4　JavaScript 和其他语言的异同

JavaScript 和其他脚本语言一样，都应用于高级任务控制，大多都是解释执行，都属于弱类型语言，数据类型在运行时决定，实现自动内存管理机制，资源的分配策略相似。但不同的是，JavaScript 运行于浏览器中，主要用于 Web 开发，这方面它和 VBScript 一样；而其他众多脚本语言都运用于特定的软件环境以帮助实现任务自动化，如 3ds Max 的 MaxScript，使用该脚本语言可以使 3ds Max 产生和手动操作图形界面命令一样的效果，这就是任务的自动化。

1.2.5　JavaScript 与 Java 的异同

令知情人士难以忍受的是很多不了解的人都以为 JavaScript 和 Java 存在莫大的关系，事实上二者毫无关系。勉强的说法就是这两者都属于编程语言，都带有 "Java" 字样。而实际上，JavaScript 是一门基于 Web 浏览器、解释执行、轻量级编程语言；Java 则是运行于 Java 虚拟机、编译执行、重量级编程语言。有关 JavaScript 的背景知识已经介绍了不少，在此不再赘述。

Java 是一个庞大复杂的技术体系及其开发工具的总称，Java 语言是使用 Java 技术的主要工具。Java 语言编写的程序通过编译器编译为字节码目标程序，执行时交由 Java 虚拟机处理，其具有非常强大的跨平台特性，这些和 JavaScript 截然不同。

 提示 读者可以认为 JavaScript 和 Java 之间没有任何联系。

1.3　第一个 JavaScript 程序

学习每一门新语言，大致了解了它的背景之后，最想做的莫过于先写一个最简单的程序并成功运行。如果最初连续几个程序都无法成功编译或运行，初学者学习的信心多少会受些打击，这是正常现象。本节将带领读者对 JavaScript 进行第一次实践尝试，用它编写一个最简单且流行了几十年的 "Hello World" 程序。

1.3.1　预备知识

JavaScript 程序运行于浏览器中，因此这里的"Hello World"程序将嵌入在 HTML 文档里，使用 document 对象的 write 方法将字符串"Hello World"输出显示在浏览器客户区里。另一种常用的信息输出方法是使用 window 对象的 alert 方法，以消息框的形式输出信息。JavaScript 程序嵌入 HTML 文档的常用方式就是将代码放在"<script>"标签对中，代码如下所示。

```
01  <html>                    <!---------HTML 文档开始----- --------------->
02     <head>                 <!---------文档头开始------- ------------------>
03        <title>             <!---------标题开始------- ---------------------->
04        </title>            <!---------标题结束--------- ---------------------->
05     </head>                <!---------文档头结束--------- ----------------->
06     <body>                 <!---------文档体开始--------- ------------------>
07        <script language="JavaScript">
                              <!---------脚本程序------- ------------------->
08            // JavaScript 程序语句      // JavaScript 程序语句
09            // ……                       // 更多的JavaScript 程序语句
10        </script>           <!---------脚本结束--------- ------------------->
11     </body>                <!---------文档体结束--------- ----------------->
12  </html>                   <!---------HTML 文档结束----- --------------->
```

另一种方式是将 JavaScript 代码直接嵌入 HTML 标签中，代码如下所示。

```
01  <html>                    <!---------HTML 文档开始----- --------------->
02     <head>                 <!---------文档头开始------ -------------------->
03        <title>             <!---------标题开始------ ---------------------->
04        </title>            <!---------标题结束------ ----------------------->
05     </head>                <!---------文档头结束------- ------------------>
06     <body>                 <!---------文档体开始------- ------------------>
07        <input type="button" value="按钮" onclick="alert('嵌入在 HTML 标签中的
          JavaScript 程序');"/>
08     </body>                <!---------文档体结束------- ------------------>
09  </html>                   <!---------HTML 文档结束----- --------------->
```

第三种方式是将 JavaScript 程序以外部文件的形式链接到当前 HTML 文档中，本书不使用这种方式，限于篇幅在此不作讲解，读者可以查阅相关资料。

 提示　*JavaScript 使用形式灵活多样，除上面所提到的常用方式以外的方法都属于编程技巧范畴。*

1.3.2　选择 JavaScript 编辑器

JavaScript 源程序是文本文件，因此可以使用任何文本编辑器来编写程序源代码，如 Windows 操作系统里的"记事本"程序。为了更快速地编写程序并且降低出错的概率，通常会选择一些专业的代码编辑工具。专业的代码编辑器有代码提示和自动完成功能，笔者推荐使用 Aptana Studio，它是一款很不错的 JavaScript 代码编辑器，其安装初始界面如图 1-3 所示。

安装完毕后运行 Aptana Studio，即可进入程序的主界面，如图 1-4 所示，使用 Aptana Studio 可以快速编写 JavaScript 程序。如果使用的是 Firefox 浏览器，还可以在该软件中调试 JavaScript 程序。

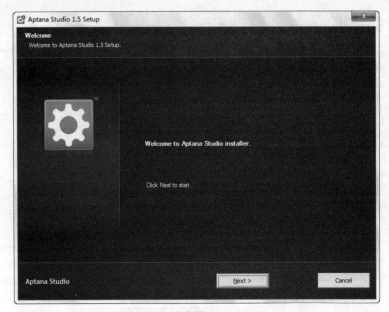

图 1-3　开始安装 Aptana Studio

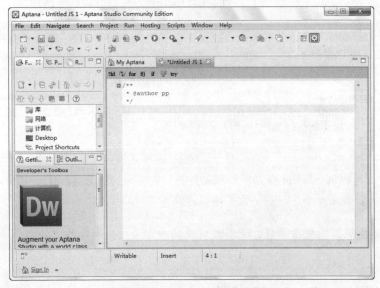

图 1-4　Aptana Studio 主界面

 注意　为了简单起见，本书所有的例程都以 IE 浏览器作为标准。

1.3.3　编写"Hello World"程序

　　下面正式开始编写"Hello World"程序，推荐使用记事本或上一节介绍的 Aptana IDE。为简单起见，这里使用记事本编写程序。

　　【范例 1-1】编写并运行最经典的入门程序，输出"Hello World!"。打开记事本，输入如示例代码 1-1 所示的代码并将文件另存为网页文件"helloworld.htm"。

示例代码 1-1

```
01  <html>                              <!---------HTML 文档开始---------- -------->
02  <body>                              <!---------文档体开始----------- --------->
03  <script language="JavaScript">
                                        <!---------脚本程序---------- --------->
04      document.write("Hello World!");    // 输出经典的 Hello World
05  </script>                           脚本结束---------- --------->
06  </body>                             <!---------文档体结束---------- --------->
07  </html>                             <!---------HTML 文档结束---------- ------->
```

【运行结果】双击网页文件运行程序，其结果如图 1-5 所示。

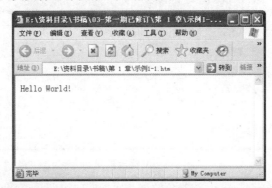

图 1-5 Hello World 程序的运行结果

【代码解析】第 4 行是 JavaScript 程序代码，第 3、5 行是标准 HTML 标签，该标签用于在 HTML 文档中插入脚本程序。其中的"language"属性指明了"<script>"标签对间的代码是 JavaScript 程序。第 4 行调用 document 对象的 write 方法将字符串"Hello World！"输出到 HTML 文本流中。

提示 嵌入 JavaScript 脚本时也可以使用标签"<script type="text/JavaScript"> </script>"。

1.3.4 浏览器对 JavaScript 的支持

在互联网发展的过程中，几大主要浏览器之间也存在激烈的竞争。JavaScript 是 Netscape 公司的技术，其他浏览器并不能和 Navigator 一样良好地支持 JavaScript，因为得不到使用许可。微软公司为能使其 IE 浏览器能抢占一定市场份额，于是在 IE 中实现了称为 JScript 的脚本语言，其兼容 JavaScript，但是和 JavaScript 间仍然存在版本差异。因此，编程人员在编码时仍然须考虑不同浏览器间的差别。

为能使 JavaScript 脚本语言标准化，Netscape、微软等公司和其他一些团体打算建立一个语言标准。1997 年发表了第一套脚本语言规范，即 ECMA-262。新语言规范下的 JavaScript 命名为 ECMAScript，因为"JavaScript"这名字也存在许可的问题。现在的浏览器都以 ECMAScript 为规范，这样可以大大减少编程人员的负担，不过差别总还是存在的，因此编程时还得引起注意，现举例如何查询当前正在使用的浏览器类型。

【范例 1-2】检测当前浏览器的信息，输出浏览器的名称、版本号、发行代号，如示例代码 1-2 所示。

示例代码 1-2

```
01   <script language="JavaScript">                              // 程序开始
02     document.write("名称: " + navigator.appName+"<br>");// 浏览器名称
03     document.write("版本号: " + navigator.appVersion+"<br>");
                                                                 // 浏览器版本号
04     document.write("发行代号: "+navigator.appCodeName+"<br>");
                                                                 // 浏览器的内部发行代号
05   </script>                                                   // 程序结束
```

【运行结果】在浏览器中打开网页文件运行程序，其结果如图 1-6 所示。

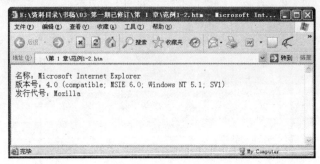

图 1-6　浏览器信息

【代码解析】该示例读取 navigator 对象的相关属性以取得当前浏览器的信息。第 2 行读取 appName 取得浏览器名称，第 3、4 行分别取得版本号和发行代号。

 提示　通过获得浏览器的信息，才能对当前页面使用具有针对性的 JavaScript 程序代码。

1.4　注意事项

JavaScript 程序的书写有些许需要注意的地方，如大小写敏感、单行和多行、分号的运用等。初学者在编写程序时通常会触犯这些规则，应该尽力避免。用户自定义的标识符不能与语言保留的关键字同名，通过使用一些专业的编辑器可以帮助消除语法错误。

1.4.1　大小写敏感

JavaScript 代码是大小写敏感的，Name 和 name 是不同的标识符，编码时应当予以注意。同一个词如果各个字母间大小写不同，系统将当做不同的标识符来处理，相互之间没有任何联系。现举例说明，代码如下所示。

```
01   Name = "sunsir";                              // 大写字母开头
02   name = "foxsir";                              // 小写字母开头
```

此时 Name 的值仍然是"sunsir"，对 name 进行操作并不影响到变量 Name，它们是不同的变量，因为在 JavaScript 中所有的代码都区分大小写。

1.4.2　注意空格与换行

代码中多余的空格会被忽略，同一个标识符的所有字母必须连续。一行代码可以分成多行书写，如以下代码的书写都正确。单行书写如下：

```
if(1==1 && 6>3 ){alert("return true");}else{alert( "return false" );}
```
                                                  // 代码写于一行中，用分号作为语句结束标志分成多行、规范的书写如下：

```
01   if( 1==1 && 6>3 )                          // 如果1等于1,且6大于3,则
02   {
03       alert("return true" );                 // 输出 "true"
04   }
05   else                                        // 否则
06   {
07       alert( "return false" );               // 输出 "false"
08   }
```

也可以在代码中的标识符间任意添加空格，多余的空格会被忽略，如以下代码效果与上述代码完全一样。

```
01   if    (           1                        // 一个语句分多行书写
02   ==1                                         // 将一行代码分成多行
03   && 6>           3                           // 将一行代码分成多行
04   )                                           // 将一行代码分成多行
05   { alert(                                    // 将一行代码分成多行
06   "return true"); }else                       // 将一行代码分成多行
07   {                                           // 将一行代码分成多行
08       alert( "return false" );               // 将一行代码分成多行
09   }                                           // 将一行代码分成多行
```

虽然代码可以分成任意多行去写，但是对于字符串却不一样。要将一个字符串分成多行，须将每一行作为一个单独的字符串，再使用"+"运行符将位于不同行的字符串连接起来。代码如下所示。

```
01   var Message = "JavaScript 编程, 简单, 有趣! ";    // 单行中的字符串
02   var message = "JavaScript 编程, " +             // 多行中的字符串
03                 "简单, 有趣! ";
```

 提示　规范的书写风格，是编写成熟代码的基本要求，希望读者引起注意。

1.4.3　分号可有可无

JavaScript 程序可以使用分号作为一个语句的结束标志，分号之后是新语句的开始。这样可以将多个语句放在一行中，该特性在一些场合中非常有用，比如将 JavaScript 程序写在一个字符串中以构造函数对象。当一行只有一个程序语句时，结尾可以不使用分号。反之，当不使用分号时，一行被认为是一个程序语句，代码如下所示。

```
01   <script language="JavaScript">              // 脚本开始
02       var name = "Sunsir"                     // 名字
03       var age = 25                            // 年龄
04       alert( "Sunsir's age:" + age )          // 输出信息
05   </script>                                   // 脚本结束
```

1.5　小结

本章向读者介绍了 JavaScript 语言产生的背景、发展的过程及如何使用。现行的 JavaScript 是以 ECMAScript 为语言标准的，常见的浏览器基本上都实现了 ECMA-262 语言规范。对于不同浏览器间的一些微小的差别读者仍需要注意，可以在程序中判断当前浏览器并编写与之适应的代码。JavaScript 程序以文本的形式嵌入或链接到 HTML 文档中，其代码标识符大小写敏感。一个程序语句可以分成多行书写，可以使用分号作为一个语句的结束。

1.6 习题

一、常见面试题

1. 简述 Java 与 JavaScript 的区别。

【解析】本题考查的是对这两种语言的了解。其实 JavaScript 和 Java 没有任何关系（除了名字）JavaScript 的命名是为了沾 Java 的光，还仿照了一些 Java 的结构语法。JavaScript 是浏览器的脚本语言，Java 是编写应用程序的高级语言。

2. 什么是脚本语言。

【解析】本题主要考查的是对脚本语言和高级语言的认识。脚本语言是一种应用程序扩展语言，用于系统的扩展，使其按用户的意愿去运行。所有的基础功能由系统提供，脚本语言在更高层次描述如何调用系统的接口。和其他编程语言不同，脚本语言通常不需要经历编译和链接这些阶段，大都直接解释执行。

二、简答题

1. 简述 JavaScript 的发展史，以及它的未来。

2. 简述 JavaScript 语言的一些特点。

三、综合练习

1. 编写程序，在浏览器中显示用户的名字。

【提示】对 Hello World 程序稍加修改即可实现，差别只是输出不同的字符串。参考代码如下：

```
01  <script language="JavaScript">          // 脚本开始
02      name = "Sunsir";                     // 名字
03      document.write( name );              // 在浏览器中输出
04  </script>                                // 脚本结束
```

【运行结果】打开网页运行程序，结果如图 1-7 所示。

图 1-7 输出字符串

2. 检测当前运行程序所用的浏览器，输出浏览器的程序名。

【提示】模仿范例 1-2，读取 navigator 对象的 appName 属性的值，所得数据即为浏览器的程序名，参考代码如下：

```
01  <script language="JavaScript">                  // 程序开始
02      document.write( navigator.appName );         // 在浏览器中输出
03  </script>                                        // 程序结果
```

【运行结果】打开网页运行程序，结果如图 1-8 所示。

图 1-8　输出浏览器名称

> 提示　本书假定读者具有基本的 HTML 语言知识，HTML 部分代码除非必要否则将不多做解释。

四、编程题

1．写一个简单的"Hello World"程序并运行。

【提示】可以参照 1.3.3 节进行。

2．计算两个数相加，并将结果输出。

【提示】可以定义三个变量，两个作为加数，一个作为总数。

第2章 数据类型

本章将讲解 JavaScript 程序设计中的基本要素，即数据类型。任何一种程序设计语言都离不开对数据和业务逻辑的处理，对数据进行操作前必须确定数据的类型。数据的类型规定了可以对该数据进行的操作和数据存储的方式。

JavaScript 作为一门脚本语言，其使用过程完全表现出自动化特点。和其他脚本语言一样，使用时不需要显式指定数据的类型，仅在某些特殊场合才需要知道某一数据的类型。JavaScript 数据类型包括基本类型和复合类型，本章重点讲解各种常用的数据类型。

- 理解和掌握基本数据类型的特点，以便在今后设计程序时正确运用。
- 理解和掌握复合数据类型的特点，并通过实际的练习加以巩固。
- 理解并掌握常用的内置对象的特性和使用方法。

以上几点是对读者在学习本章内容时所提出的基本要求，也是本章希望能够达到的目的。读者在学习本章内容时可以将其作为学习的参照。

2.1 基本数据类型

每一种程序设计语言都规定了一套数据类型，其中最基本不可再细分的类型称为基本数据类型。JavaScript 基本数据类型包括字符串型、布尔型和数值型等，这几种是 JavaScript 中使用最普遍的数据类型，下面分别讲解各种类型的特点和使用方法。

2.1.1 字符串型数据

在 JavaScript 中，字符串型数据是用引号引起的文本字符串。例如，"好久不见，你还好吗？"或 'Bob 是个聪明的孩子'。每一个字符串数据都是 String 对象的实例，其主要用于组织处理由多个字符构成的数据串。定义一个字符串时不需要指定类型，只需要按以下语法定义即可。

定义字符串的第一种形式如下：

```
var hello = "你好啊";
```

定义字符串的第二种形式如下：

```
var hello = '你好啊';
```

其中，var 是 JavaScript 中用于定义变量的关键字。此处用其定义一个名为 hello 的字符串变量，关于变量的内容将在本书第 3 章详细讲解。程序执行时系统自动为 hello 采用字符串的处理方式，此处字符串变量 hello 的数据内容为"你好啊"。第一种定义方式和第二种定义方式的效果完全一样，系统不会对此加以区分，下面编写一个程序演示字符串的用法。

【范例 2-1】编写程序，练习使用引号定义字符串变量。向 Peter 输出一句问候语，如示例代码 2-1 所示。

示例代码 2-1

```
01  <script language="javascript">          // 脚本程序开始
02  <!--
03      var hello = "你好啊";               // 使用双引号定义字符串
04      var name = 'Peter';                 // 使用单引号定义字符串
```

```
05        alert(hello + name );            // 将两个字符串合在一起显示
06    -->
07    </script>                            <!--脚本程序结束-->
```

【运行结果】 打开网页文件运行程序，所得结果如图 2-1 所示。

【代码解析】本例代码中第 3 行和第 4 行分别使用双引号和单引号定义字符串变量，主要演示字符串变量的定义方法。第 5 行使用window对象的alert方法将连接后的字符串数据输出显示。

图 2-1 连接后的字符串

2.1.2 深入理解字符串

在 JavaScript 中不区分"字符"和"字符串"，字符也被当作字符串处理。例如，在字符串"this is a string"中"h"是按从左到右顺序的第一个字符，可以使用字符串对象的 charAt 方法取出一个字符串中指定的一个字符，有关"对象"的内容，将在本书的后续章节讲到。

> 提示 字符串中的字符索引从 0 开始，所以上述字符串中的"h"是该串的第一个字符。字符串中的字符按顺序存储。

前面讲述的是有关字符串的定义方式。字符串中的字符数据仅包含常见的普通字符，然而字符串中可以包含用于特殊目的字符。比如用于换行控制的字符"\n"，此类字符在 JavaScript 中称为转义字符。转义字符的定义以"\"开始，JavaScript 中的转义字符如表 2-1 所示。

表 2-1 JavaScript 中部分常用的转义字符

转义字符	作 用
\n	回车换行
\t	相当于 Tab 键
\r	换行，相当于一个回车
\f	"♀"字符
\'	单引号
\"	双引号
\\	替换为"\"

表 2-1 列出了一些常用的转义字符，更多的转义字符请查阅相关资料。一般来说，转义字符主要用于在字符串中输入一些控制字符和系统已经保留了的字符，比如双引号、单引号和左斜杠等。下面通过编写程序演示转义字符的使用方法。

【范例 2-2】编写程序，使用转义字符在字符串中输出回车换行、制表符和引号等。演示转义字符的使用方法如示例代码 2-2 所示。

示例代码 2-2

```
01    <script language="javascript">          // 脚本程序开始
02        var str1 = "1, 使用回车换行符\n";     // 行尾使用"\n"作为回车换行
03        var str2 = "2, 使用回车符\r";          // 行尾使用"\r"回车符
04        var str3 = "3, 使用:\t 制表符\n";      // 行中间使用一个制表符"\t"
05        var str4 = "4, 使用\"双引号\"";         // 使用引号"\""
06        var str = str1 + str2 + str3 + str4;  // 将 4 个字符串连接为一个串用于显示
07        alert(str);                           // 在对话框是显示连接后的串 str
08    </script>                                 // 脚本程序结束
```

【运行结果】双击网页文件运行程序，其结果如图 2-2 所示。

图 2-2　输出引号

【代码解析】第 2 行定义字符串变量 str1，并为其赋值，串末尾使用了"回车换行"转义字符"\n"，起到换行的作用。第 3 行定义字符串变量 str2，串末尾使用"回车"转义字符"\r"，相当于输入字符串时按了一次回车键。第 4 行所定义的字符变量 str3 的值中使用了"制表符"转义字符"\t"，作用是在输出该字符串时将其当作一个"Tab"键处理。

第 5 行的字符串变量 str4 的值中使用了引号转义字符"\""。因为引号已经被 JavaScript 保留为关键字符，所以用户在字符串中使用引号时采用转义字符"\""即可。第 6 行将前面定义的 4 个字符串连接为一个字符串 str，并用于以后输出显示。

一部分转义字符在输出为 HTML 文本流时并不发生作用，比如制表符、回车换行等。读者不妨自行测试，将上述例子中的 alert(str)换成 document.write(str)后所得结果与图 2-2 相比较。

2.1.3　使用数值型数据

JavaScript 中用于表示数字的类型称为数值型，不像其他编程语言那样区分整型、浮点型。数值型用双精度浮点值来表示数字数据，可以表示（-2^{53}，$+2^{53}$）区间中的任何值。数字的值可以用普通的记法，也可以使用科学记数法。

JavaScript 的数字可以写成十进制、十六进制和八进制，具体写法如下。

- 十进制，可以用普通记法和科学记数法。

```
10;                              // 数字
10.1;                            // 数字
0.1;                             // 数字
3e7;                             // 科学记数
0.3E7;                           // 科学记数
```

- 十六进制以"0X"或"0x"开头，后面跟 0～F 的十六进制数字，没有小数和指数部分。

```
0xAF3E;                          // 十六进制
0X30FB;                          // 十六进制
```

- 八进制以 0 开头，后跟 0～7 的八进制数字，同样没有小数和指数部分。

```
037;                             // 八进制
012346;                          // 八进制
```

以上是常用的数字表示法，下面通过编写程序来加深对数值型数据的理解。

【范例 2-3】编写程序，练习八进制数、十六进制数、十进制数的表示方法。演示 JavaScript 常用的数值型数据的使用方法，如示例代码 2-3 所示。由于这段代码都很重要，因此不做加粗处理，读者需着重学习。

示例代码 2-3

```
01    <script language="javascript">      // 脚本程序开始
02    <!--
03                                         // 使用十六进制
04        var i = 0Xa1;                    // 分别定义两个数字变量，并使用 0x 和
                                           // 0X 作为十六进制设置初值
05        var j = 0xf2;
06        var s = i + j;                   // 十六进制变量 i 与 j 相加
```

```
07                                           // 输出为十进制
08        document.write("<li>十六进制数 0xa1 等于十进制数: " + i + "<br>" );
09        document.write("<li>十六进制数 0xf2 等于十进制数: " + j + "<br>" );
10        document.write("<li>十六进制数 0xf2 加上 0xa1 的和为: " + s + "<br>" );
11
12                                           // 使用八进制数
13        var k = 0123;                      // 分别定义两个数值变量，分别用八进制值
                                             // 设置为初值
14        var l = 071;
15        var m = k + l;                     // 两个变量的值相加
16                                           // 输出为十进制
17        document.write("<li>八进制数 0123 等于十进制数: " + k + "<br>" );
18        document.write("<li>八进制数 071 等于十进制数: " + l + "<br>" );
19        document.write("<li>八进制数 0123 加上 071 的和为: " + m + "<br>" );
20                                           // 使用十进制
21        var t1 = 0.1;                      // 定义十进制小数数字的形式
22        var t2 = 1.1;
23        var t3 = 2e3;                      // 使用科学计数法表示数值
24        var t4 = 2e-3
25        var t5 = 0.1e2;
26        var t6 = 0.1e-2;                   // 将各变量的值全部输出
27        document.write("<li>十进制带小数的形式: " + t1 + "和" + t2 + "<br>" );
                                             // 在文档中输出变量
28        document.write("<li>十进制科学记数 2e3 等于: " + t3 + "<br>" );
                                             // 在文档中输出变量
29        document.write("<li>十进制科学记数 2e-3 等于: " + t4 + "<br>" );
                                             // 在文档中输出变量
30        document.write("<li>十进制科学记数 0.1e2 等于: " + t5 + "<br>" );
                                             // 在文档中输出变量
31        document.write("<li>十进制科学记数 0.1e-2 等于: " + t6 + "<br>" );
                                             // 在文档中输出变量
32   -->
33   </script>                              // 脚本程序开始
```

【运行结果】双击网页文件运行程序，其结果如图 2-3 所示。

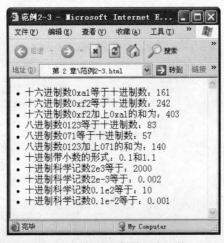

图 2-3　各种进制数混合运算

【代码解析】本示例第 4~6 行定义三个变量，并分别赋十六进制表示的初值。第 8~10 行将三个变量输出为十进制表示的数。第 13~15 行定义三个变量，分别赋八进制表示的初值。

第 17～19 行将三个变量输出为十进制表示的数。第 21～26 行定义数个变量，并对它们赋予用不同表示法表示的十进制数值。第 27～31 行将变量 t1～t6 逐一输出为普通的十进制数字。

> 提示 用科学记数法、十六进制记数法和八进制记数法表示的数字，在输出时全部自动转换为普通的十进制形式。

2.1.4 使用布尔型数据

布尔型是只有"真"和"假"两个值的数据类型。作为逻辑表达式的结果，真值用"true"表示，假值用"false"表示。事实上，非 0 值即为"真"，0 值即为"假"。布尔型数据通常用来表示某个条件是否成立，定义的一个布尔型变量的形式如下：

```
var b = true                        // 布尔型变量
```

或者如下：

```
var b = false;                      // 布尔型变量
```

> 提示 在 JavaScript 中定义任何变量都不需要显式地为其指定类型，系统会根据变量的值类型来确定变量的数据类型。上述变量 b 的值为 true 或 false 时，系统会确定该变量的数据类型为布尔型。

下面编写程序演示布尔数据类型的使用方法。

【范例 2-4】编写程序，练习布尔型数据的使用方法。验证"非零值为真，零值为假"，掌握布尔型数据的特点，如示例代码 2-4 所示。由于这段代码都很重要，因此不做加粗处理，读者需着重学习。

示例代码 2-4

```
01  <script language="javascript">              // 脚本程序
02  <!--
03      var b1 = true;                          // 定义布尔型变量 b1 并赋初始为"真"
04      if( b1 )                                // 判断 b1 的真是否为真，真则执行"{}"
                                                // 中的语句
05      {
06          document.write("变量 b1 的值为\"真\"<br>");
                                                // 输出提示
07      }
08      var b2 = false;                         // 定义布尔变量
09      if( b2 )                                // 为真时
10      {
11          document.write("变量 b2 的值为\"真\"<br>");
                                                // 输出提示
12      }
13      else                                    // 为假时
14      {
15          document.write("变量 b2 的值为\"假\"<br>");
                                                // 输出提示
16      }
17      var b3 = 0.1;                           // 定义数字类型变量 b3，并赋非 0 值
18      if( b3 )                                // 此处 b3 被当作布尔型变量，若为真
19      {
20          document.write("变量 b3 的值为\"真\"<br>");
                                                // 输出提示
```

```
21          }
22          var b4 = -1;                                // 定义数字类型变量b4，并赋非 0 值
23          if( b4 )                                    // 此处 b4 被当做布尔型变量，若为真
24          {
25              document.write("变量b4的值为\"真\"<br>");
                                                        // 输出提示
26          }
27          var b5 = 0;                                 // 定义数字类型变量并赋 0 值
28          if( b5 )                                    // 此处 b5 被当作布尔型变量，若为真
29          {
30              document.write("变量b5的值为\"真\"<br>");
                                                        // 输出提示
31          }
32          else                                        // 为假时
33          {
34              document.write("变量b5的值为\"假\"<br>");
                                                        // 输出提示
35          }
36      -->
37      </script>                                        // 脚本程序结束
```

【运行结果】打开网页文件运行程序，其结果如图 2-4 所示。

【代码解析】本示例使用了 if 语句对布尔型变量的值进行判断，关于 if 语句，将在后面的章节讲到。此处读者只需知道如果 if 后圆括号里布尔型变量的值为真，则执行 if 后 "{}" 中的语句。

图 2-4　非零值为真

第 3 行定义一个布尔型变量，并为其赋初值 true，在第 4 行中将其作为 if 控制语句的测试条件，其值为 "真"，于是执行第 5～7 行 "{}" 中的内容。第 18 行和第 23 行分别将非 0 数值型变量当做布尔型变量使用，作为 if 控制语句的测试条件。结果表明，非 0 值的数值型变量作为布尔型变量使用时，其值为 "真"。第 27～35 行使用了一个 0 值数值型变量 b5 作为布尔型变量使用，结果表明其布尔值为 "假"。

> 提示　JavaScript 中除了 "true" 和 "false" 表示 "真" 和 "假" 外，任意非 0 值就表示 "真"，0 值表示 "假"，请读者多做测试。

2.2　复合数据类型

前面一节所讲的字符串型、数值型和布尔型数据是 JavaScript 的简单数据类型。本节将介绍复合数据类型、对象和数组。对象是 JavaScript 封装了一套操作方法和属性的类实例，是基本数据类型之一。本书后面的章节将安排专门的内容来介绍数组。

2.2.1　常用内置对象

在面向对象的设计模式中，将数据和处理数据的方法捆绑在一起形成一个整体，称为对象。换句话说，对象封装了数据和操作数据的方法，要使用其中的数据或方法必须先创建该对象。可以使用 new 运算符来调用对象的构造函数，从而创建一个对象，方式如下：

```
var obj = new Object();                    // 创建新对象
```

参数说明：

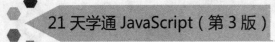

obj 变量名，必需。指向创建的 Object 对象。

要访问已经创建对象的属性或方法，可以使用 "." 运算符，形式如下：

```
obj.toString();                              // 作为字符串输出
```

上述代码调用对象 obj 的 toString 方法。

JavaScript 内建了几种常用的对象，封装了常用的方法和属性，如表 2-2 所示。

表 2-2　JavaScript 中常用的对象

名　　称	作　　用
Object	所有对象的基础对象
Array	数组对象，封装了数组的操作和属性
ActiveXObject	活动控件对象
arguments	参数对象，正在调用的函数的参数
Boolean	布尔对象，提供同布尔类型等价的功能
Date	日期对象，封装日期相关的操作和属性的对象
Error	错误对象，保存错误信息
Function	函数对象，用于创建函数
Global	全局对象，所有的全局函数和全局常量归该对象所有
Math	数学对象，提供基本的数学函数和常量
Number	数字对象，代表数值数据类型和提供数值常数的对象
RegExp	正则表达式对象，保存正则表达式信息的对象
String	字符串对象，提供串操作和属性的对象

下面对表 2-2 中常用的对象进行讲解，包括 Date、String、Global、Number 和 Math，其他对象在后面的章节有专门的内容讲解。

2.2.2　常用日期对象

JavaScript 将与日期相关的所有特性封装进 Date 对象，包括日期信息及其操作，主要用来进行与时间相关的操作。Data 对象的一个典型应用是获取当前系统时间，使用前首先创建该对象的一个实例，语法如下：

```
date = new Date( );                              // 直接创建
date = new Date( val );                          // 指定日期创建
date = new Date( y , m, d [, h [, min [, sec [,ms]]]] ); // 指定年月日分秒创建
```

参数说明：

* val，必选项。表示指定日期与 1970 年 1 月 1 日午夜间全球标准时间的毫秒数。
* y、m 和 d 分别对应年、月和日，必选。h、min、sec 和 ms 分别对应时、分、秒和毫秒，可选。

这三种创建方式中，根据需要选择一种即可。第一种方式创建一个包含创建时间值的 Date 对象。第二种方式创建一个与 1970 年 1 月 1 日午夜间全球标准时间相差 val 毫秒的日期。第三种方式创建指定年、月、日、时、分、秒和毫秒的日期。

【范例 2-5】编写程序，显示程序运行时的本地时间。演示 Date 对象的使用方法，如示例代码 2-5 所示。

示例代码 2-5

```
01  <script language="javascript">                    // 脚本程序开始
02  <!--
```

```
03           var cur = new Date();                     // 创建当前日期对象 cur
04           var years = cur.getYear();                // 从日期对象 cur 中取得年数
05           var months = cur.getMonth();              // 取得月数
06           var days = cur.getDate();                 // 取得天数
07           var hours = cur.getHours();               // 取得小时数
08           var minutes = cur.getMinutes();           // 取得分钟数
09           var seconds = cur.getSeconds();           // 取得秒数
10                                                     // 显示取得的各个时间值
11           alert( "此时时间是: " + years + "年" + (months+1) + "月"
                                                       // 输出日期信息
12                  + days + "日" + hours + "时" + minutes + "分"
13                  + seconds + "秒" );
14      -->
15   </script>                                         <!--脚本程序结束-->
```

【运行结果】打开网页文件运行程序，其结果如图 2-5 所示。

【代码解析】本示例使用 Date 对象取得当前日期。第 4 行调用 Date 对象的默认构造函数 Date 创建一个对象，Date 对象的默认构造函数将创建带有当前时间信息的 Date 对象。若要创建带有指定时间信息的 Date 对象，请使用带参数的构造函数，或者创建后调用 Date 对象的方法设定时间。第 8～18 行分别使用 Date 对象的 get 系列方法取得相关值，第 20 行组合显示各变量的值。

图 2-5 输出当前时间

Date 对象提供了大量用于日期操作的方法和属性，下面归纳了 Date 对象的部分常用方法，如表 2-3 所示。

表 2-3 Date 对象的常用方法

方 法 名	功能描述
getDate()	返回对象中本地时间表示的日期
getYear()	返回对象中本地时间表示的年值
getMonth()	返回对象中本地时间表示的月份值 注意：所取得的月值为 0～11 间的数，且总比本地时间中当前月数小 1
getDay()	返回对象中本地时间表示的星期日期 注意：0～6 表示星期天～星期六
getHours()	返回对象中本地时间表示的小时值
getSeconds()	返回对象中本地时间表示的秒值
getMinutes()	返回对象中本地时间表示的分钟值
setDate(dateVal)	设置对象中的日期值
setYear(yearVal)	设置对象中的年份
setMonth(monthVal)	设置对象中的月份

表 2-3 中 get 系列是获取时间值的方法，set 系列是设置时间值的方法，下面通过编写程序加以巩固。

【范例 2-6】编写程序，创建一个 Date 对象，将其中的日期设置为 2007 年 4 月 20 日。练习设置 Date 对象中的时间值，如示例代码 2-6 所示。

示例代码 2-6

```
01  <script language="javascript">                          // 脚本程序开始
02  <!--
03      var dateObj = new Date();                          // 创建一个日期对象
04      dateObj.setYear( 2007 );                           // 设置日期对象的年份
05      dateObj.setDate( 20 );                             // 设置日期对象的日期
06      dateObj.setMonth( 4 );                             // 设置日期对象的月份
07                                                         // 显示日期对象中的时间
08      alert( "dateObj 中设定的时间为: " + dateObj.getYear() + "年"
                                                           // 输出日期信息
09          + dateObj.getMonth() + "月" + dateObj.getDate() + "日" );
10  -->
11  </script>                                          <!--脚本程序结束-->
```

图 2-6 Date 对象中的日期

【运行结果】打开网页文件运行程序，其结果如图 2-6 所示。

【代码解析】第 3～10 行创建一个日期对象并使用其 set 系列方法设置各个时间值。第 8 行调用日期对象的 get 系列方法取出的各个时间值，并在对话框中显示出来。

2.2.3 理解全局对象

全局对象是所有全局方法的拥有者，用来统一管理全局方法，全局方法也就是指全局函数。该对象不能使用 new 运算符创建对象实例，所有的方法直接调用即可。以下是几个常用的 Global 对象的方法，如表 2-4 所示。

表 2-4 Global 对象的常用方法

方 法 名	功能描述
isNaN(value)	判断 value 是否是 NaN，返回一个布尔值
parseFloat(string)	返回由字符串 string 转换得到的浮点数
parseInt(string)	返回由字符串 string 转换得到的整数

【范例 2-7】编写程序，调用 Global 对象的 isNaN 方法判断一个值是否为数值，如示例代码 2-7 所示。

示例代码 2-7

```
01  <script language="javascript">                          // 脚本程序开始
02  <!--
03      var a = NaN;                                       // 定义非数字常量
04      var b = "123";                                     // 字符串样式数字
05      var c = 123;                                        // 数字变量
06      var d = "1.23";                                    // 字符串样式数字
07      document.write( "<b>Global 对象的 isNaN 方法</b><br>" );
                                                           // 输出标题
08      var ta = isNaN( a );                               // 用 isNaN 方法测试 a 的值
09      document.write( "<li>a 的值是否是 NaN: " + ta + "<br>" );
                                                           // 输出提示
10      var tb = isNaN( b );                               // 测试 b 的值
11      document.write( "<li>b 的值是否是 NaN: " + tb + "<br>" );
                                                           // 输出提示
12      var tc = isNaN( c );                               // 测试 c 的值
13      document.write( "<li>c 的值是否是 NaN: " + tc + "<br>" );
```

```
                                                        // 输出提示
14      document.write( "<b>Global 对象的parseInt 方法</b><br>" ); // 输出提示
15      var ib = parseInt( b );                         // 将字符串"123"解析为数值123
16      if( ib == c )                                   // 如果相等
17      {
18          document.write( "<li>b解析为数值: " + ib + "<br>" );
                                                        // 输出标题
19      }
20      document.write( "<b>Global 对象的parseFloat 方法</b><br>" );
                                                        //输出标题
21      var id = parseFloat( d );                       //将字符串"1.23"解析为数值1.23
22      if( id == 1.23 )                                // 如果相等
23      {
24          document.write( "<li>b解析为数值: " + id + "<br>" );
                                                        // 输出提示
25      }
26  -->
27  </script>                                           <!--脚本程序结束-->
```

【运行结果】打开网页文件运行程序，其结果如图 2-7 所示。

图 2-7　字符串转换为数字

【代码解析】本示例演示 Global 对象的 isNaN、parseInt 和 parseFloat 三个方法的使用方式。Global 对象无须创建，即可直接使用，因此使用其方法时也无须使用"obj.方法名"的形式。第 3～6 行定义一组用于测试前述三个 Global 方法的变量。第 8 行使用 isNaN 方法测试变量 a 是否为 NaN 值，此处返回一个为"true"的布尔值。第 15 行和第 21 行分别使用 parseInt 和 parseFloat 方法将字符串解析为数字。

 注意　parseFloat 方法不解析以非数字字符开头的字符串，数字字符后的字符被忽略。读者可以将示例代码 2-7 中的 "var d = "1.23";" 改成类似 "var d = "1.23char";" 的形式即可测试。

2.2.4　常用数学对象

数学对象（Math）封装了与数学相关的特性，包括一些常数和数学函数，主要使用简单一些基本的数学计算。该对象和 Global 对象一样不能使用 new 运算符创建，Math 对象在程序运行时由 JavaScript 环境创建并初始化。调用 Math 对象的方法或属性的方式如下：

```
Math.[ {属性名|方法名} ];
```

下面列出了 Math 对象部分常用的方法和属性，供查阅，如表 2-5 所示。

表 2-5　Math 对象常用的方法和属性

名　　称	类　　别	功能描述
PI	属性	返回圆周率
SQRT2	属性	返回 2 的平方根值
abs	方法	返回数字的绝对值
cos	方法	返回给定数的余弦值
sin	方法	返回数的正弦值
max	方法	返回给定组数中的最大值
min	方法	返回给定组数中的最小值
sqrt	方法	返回给定数的平方根
Tan	方法	返回给定数的正切值
round	方法	返回与给定数最接近的整数
log	方法	返回给定数的自然对数
pow	方法	返回给定数的指定次幂

通过表 2-5 可以看出，Math 对象的很多方法在很大程度上简化了基本的数学运算。比如，求正弦、余弦、对数等，下面编写程序以熟悉 Math 对象的使用方法。

【范例 2-8】从 Math 对象中获取圆周率常数，计算一个半径为 2 单位的圆的面积，如示例代码 2-8 所示。

示例代码 2-8

```
01  <script language="javascript">            // 脚本程序开始
02  <!--
03      var r = 2;                            // 定义变量表示半径
04      var pi = Math.PI;                     // 从 Math 对象中读取周期率 PI 常量
05      var s = pi*r*r;                       // 计算面积
06      alert("半径为 2 单位的圆面积为：" + s + "单位" );
                                              // 显示圆的面积
07  -->
08  </script>                                 <!--脚本程序结束-->
```

【运行结果】打开网页文件运行程序，其结果如图 2-8 所示。

图 2-8　圆的面积

【代码解析】第 3 行定义一个值为 2 的变量 r 作为圆的半径，第 4 行读取 Math 对象的 PI 属性，并存于变量 pi 中。第 8～10 行根据圆面积求解公式计算出面积 s，并输出显示。

注意　Math 对象的方法和属性直接调用，不需要创建 Math 对象，否则出错。

【范例 2-9】调用 Math 对象的 sin 方法求 90°角的正弦值，调用 abs 方法求数的绝对值，如示例代码 2-9 所示。

示例代码 2-9

```
01   <script language="javascript">                          // 脚本程序开始
02   <!--
03       var r1 = Math.sin( Math.PI/2 );                     // 求正弦
04       document.write("<li>弧度为 pi/2 的正弦值为: " + r1 + "<br>" );
                                                             // 输出提示
05       var r2 = 0-r1;                                      // 取反
06       var r3 = Math.abs( r2 );                            // 求绝对值
07       document.write("<li>" + r2 + "的绝对值为: " + r3 + "<br>" );
                                                             // 输出提示
08   -->
09   </script>                                               <!--脚本程序结束-->
```

【运行结果】打开网页文件运行程序，其结果如图 2-9 所示。

图 2-9　常量 PI 使用弧度单位

【代码解析】代码第 4 行调用 Math 的 sin 方法计算 PI/2 的正弦值，结果保存到变量 r1 中。第 8 行调用 Math 对象的 abs 方法求值为负数的 r2 的绝对值。本程序演示了 Math 对象方法的调用方式，读者可以结合表 2-3 对 Math 对象的常用方法多加练习。

注意 Math 对象的 sin 等方法需要输入用弧度度量的角度值参数。

2.2.5　常用字符串对象

String 对象封装了与字符串有关的特性，主要用来处理字符串。通过 String 对象，可以对字符串进行剪切、合并、替换等操作。可以调用该对象的构造函数创建一个实例，其实在定义一个字符串类型变量时也就创建了一个 String 对象实例。调用 String 对象的方法或属性形式如"对象名.方法名"或"对象名.属性名"，其构造函数如下：

```
String([strVal]);
```

参数 strVal 是一个字符串，可选项。创建一个包含值为 strVal 的 String 对象。

String 对象的方法比较多，涵盖了字符串处理的各个方面，读者可根据需要查阅相关参考手册。下面通过举例演示 String 对象的使用方法。

【范例 2-10】在文本串中将李白《静夜思》的各部分分别提取出来，并格式化输出。标题加粗，文本居中对齐，诗歌正文颜色为灰色，如示例代码 2-10 所示。

示例代码 2-10

```
01   <script language="javascript">                          // 脚本程序开始
02   <!--
03       var comment = "静夜思李白床前明月光，疑是地上霜。举头望明月，低头思故乡。";
                                                             // 诗的内容
04       var partial = comment.substring( 0, 3 );            // 取出标题
```

```
05          partial = partial.bold();                // 标题加粗
06          document.write( "<p align=\"center\">" );
                                                      // 输出 HTML 标签 "<p>"，并设置居中对齐
07          document.write( partial );                // 输出标题
08          partial = comment.slice( 3, 5 );          // 取出作者
09          document.write( "<br>" );                 // 输出换行标签<br>
10          document.write( partial );                // 输出作者
11          partial = comment.slice( 5, 17 );         // 取出第一句诗文
12          partial = partial.fontcolor("gray");      // 设置颜色为 gray（灰色）
13          document.write( "<br>" );                 // 输出换行标签
14          document.write( partial );                // 输出诗句
15          partial = comment.slice( 17, 29 );        // 取出第二句诗文
16          partial = partial.fontcolor("gray");      // 设置颜色为 gray（灰色）
17          document.write( "<br>" );                 // 输出换行标签
18          document.write( partial );                // 输出诗句
19          document.write( "</p>" );                 // 输出 HTML 标签 "<p>" 的结束标签
20      -->
21      </script>                                     <!--脚本程序结束-->
```

【运行结果】打开网页文件运行程序，其结果如图 2-10 所示。

图 2-10   格化式输出

【代码解析】本示例演示了 String 对象的使用方法。第 3 行创建一个 String 对象 comment，其内容为诗歌文本。第 4～19 行分别从 comment 对象中提取相应的内容，设置为目标格式后输出。其中设置加粗、颜色等方法操作的最终结果是在目标文本中应用 HTML 标签。

String 对象的其他方法还有很多，限于篇幅，在此只讲部分常用的，更多信息请读者查阅相关资料。本节主要介绍了 Object、Global、Date、String 和 Math 对象，JavaScript 其他的内建对象将在后面的章节讲解。

2.2.6   掌握数组对象

数组是 JavaScript 中另一种重要的基本数据类型。内部对象 Array 封装了所有与数组相关的方法和属性，其内部存在多个数据段组合存储。可以形象地将其理解为一种有很多连续房间的楼层，每个房间都可以存放货物，提取货物时只需要给出楼层号和房间编号即可，如图 2-11 所示。

图 2-11   数组式的房间序列

- 创建数组的方式 1，直接使用 new 运算符调用 Array 对象的构造函数，代码如下。

```
var a = new Array();                              // 创建数组
```

以上代码创建一个没有任何元素的数组 a。

- 创建数组的方式 2，给构造函数传递数组元素为参数，代码如下。

```
var a = new Array(10, 20, 30, "string", 40 );     // 创建带指定元素的数组
```

给构造函数传递的元素参数可以是任何 JavaScript 数据类型，JavaScript 数组各元素的类型可以不相同。上述代码创建了一个 5 个元素的数组 a。

- 创建数组的方式 3，不调用构造函数，直接将元素放入 "[]" 中即可，元素间用 "，" 分隔。

```
var a = [ 10, 20, 30, "string", 40 ];             // 创建数组
```

上述代码将创建一个具有 5 个元素的数组 a，效果与方式 2 完全相同。

- 创建数组的方式 4，给构造函数传递数组元素个数可以创建具有指定元素个数的数组。

```
var a = new Array(3);                             // 指定长度创建数组
```

上述代码创建了一个有 3 个元素的数组 a。数组元素的下标从 0 开始，使用 "数组名[下标]" 的方式访问数组元素。下面编程演示数组的创建和使用。

【**范例 2-11**】创建一个数组用于保存古代几个大诗人的名字，通过遍历数组逐一输出每个诗人的名字，如示例代码 2-11 所示。

示例代码 2-11

```
01  <script language="javascript">                          // 脚本程序开始
02  <!--
03      var poets = new Array( "王维", "杜甫", "李白", "白居易" );
                                                             // 创建数组
04      document.write("古代几个大诗人：<br>");               // 输出标题
05      for( n in poets )                                   // 逐个输出数组元素
06      {
07          document.write( "<li>" + poets[n] );            // 输出诗人的名字
08      }
09  -->
10  </script>                                               <!--脚本程序结束-->
```

【运行结果】打开网页文件运行程序，结果如图 2-12 所示。

图 2-12　遍历数组

【代码解析】本示例演示了创建数组的简单形式，通过 "[]" 运算符可以读取数组元素的内

容。第 3 行创建诗人名字数组，第 5～8 行逐一将数组中的每个名字作为一个项目输出到页面文本中。

提示 创建数组时尽管已经指定了元素个数，但真正为元素分配内存需等到给元素赋值的时候。

本节让读者对数组有一个大致印象，本书第 7 章将对数组做专门的讲解。

2.3   其他数据类型

前面介绍了简单数据类型、复合数据类型。JavaScript 是基于对象的语言，带有部分面向对象的特性，因此，"对象"是一种用户自定义数据类型。JavaScript 用户自定义对象使用形式非常简单，只需要定义对象的构造函数即可。通过在构造函数中为对象添加属性和方法，从而形成新的数据类型。最终，函数在 JavaScript 中被视为一种数据类型。本节将讲解函数的初级内容和其他一些数据类型，如 null、undefined 等。

2.3.1   使用函数

在 JavaScript 中，"函数"充当了两个角色，一个运用在数据类型方面，另一个运用在子程序设计方面。此前与"对象"有关的东西随处可见，然而 JavaScript 却没有使用类的概念。在此函数用来定义一种数据类型，可以认为是用户自定义数据类型。本书后面将安排专门的章节讲解函数和面向对象的内容。

定义一种自定义数据类型的方法如下面代码所示。

```
function TypeName([arg,…])
{
    this.arg = arg;
}
```

上述代码使用"function"关键字定义了数据类型"TypeName"，其构造函数带可选参数"arg"。下面通过编程演示自定义数据类型的使用。

【**范例 2-12**】编写程序，定义一种数据类型表示汽车，包含"车主"、"极速"两种属性。如示例代码 2-12 所示。

示例代码 2-12

```
01  <script language="javascript">              // 脚本程序开始
02  <!--
03      function Card( owner, rate )            // 定义车子对象
04      {
05          this.Owner = owner;                 // 车主
06          this.MaxRate = rate;                // 极速
07      }
08      var myCard = new Card( "Sunsir", "400KMpH" );  // 创建一个车子实例
09      document.write( myCard.Owner + "的车子极速为" + myCard.MaxRate );
                                                // 输出车子的属性
10  -->
11  </script>                                   <!--脚本程序结束-->
```

【运行结果】打开网页文件运行程序，结果如图 2-13 所示。

图 2-13　程序运行结果

【代码解析】第 3～5 行使用关键字 function 定义了一个自定义数据类型 Card，该类型包含两个属性字段。第 8、9 行创建一个 Card 对象实例，并将其属性值输出在 HTML 文本流中。

 提示　函数的字段可以任意指定，也可以任意添加方法。

2.3.2　使用空值

前面所讲过的每一种 JavaScript 数据类型都有自己的内容，而编程中却需要一种类型来表示"什么都没有"。null 类型就是为此目的而产生，其表示一个空值。可以使用 null 和一个变量进行比较以测试该变量是否拥有内容，通常用来判断对象的创建或引用是否成功。

【范例 2-13】编写程序，测试 null 值，如示例代码 2-13 所示。

示例代码 2-13

```
01  <script language="javascript">      // 脚本程序开始
02  <!--
03      var x = 10;                      // 定义变量x，并给其赋值10
04      var y = null;                    // 定义变量y，并赋一个空值，表示"什么都没有"
05      if( x == null )                  // 如果x为空值则
06      {
07          document.write( "x 的值为空<br>" );
                                         // 输出提示
08      }
09      if( y == null )                  // 如果y为空则
10      {
11          document.write( "y 的值为空<br>" );
                                         // 输出提示
12      }
13  -->
14  </script>                           <!--脚本程序结束-->
```

【运行结果】打开网页文件运行程序，结果如图 2-14 所示。

【代码解析】第 3 行定义一个数值型变量 x 并赋值 10，使 x 拥有一个为 10 的数值。第 4 行定义一个变量 y，并为其赋一个 null 值，使 y 不拥有任何值。第 5～12 行分别测试 x 和 y 是否为空，若为空，则输出文字以表示。

图 2-14　y 为 null

> **提示** 当创建一个对象失败时，通常返回一个 null 值，此时可以通过测试返回值是否为 null 来确定对象创建是否成功。

2.3.3 使用不确定的类型

null 值表示一个变量拥有空值，可以理解为已经把"空"赋给了某个变量，而 undefined 则表示一个变量什么都没有得到，连"空"都没有，通常用来判断一个变量是否已经定义或已经赋值，下面编程测试这两者的区别。

【**范例 2-14**】编写程序测试 undefined 值，如示例代码 2-14 所示。

示例代码 2-14

```
01    <script language="javascript">          // 脚本程序开始
02    <!--
03        var v0 = 1;                         // 定义一个值为 1 的变量
04        var v1 = null;                      // 定义一个变量，并指定值为 null
05        var v2;                             // 定义一个变量，但不赋任何值
06        document.write("变量 v0 的内容为: " + v0 + "<br>" );
                                              // 输出 v0
07        document.write("变量 v1 的内容为: " + v1 + "<br>" );
                                              // 输出 v1
08        document.write("变量 v2 的内容为: " + v2 + "<br>" );
                                              // 输出 v2
09        if( v1 == v2 )                      // 测试"null"和"undefined"的相等性
10        {
11            document.write("\"null\"和\"undefined\"相等<br>" );
                                              // 输出提示
12        }
13        else                                // 不相等
14        {
15            document.write("\"null\"和\"undefined\"不相等<br>" );
                                              // 输出提示
16        }
17    -->
18    </script>                                <!--脚本程序结束-->
```

【运行结果】打开网页文件运行程序，其结果如图 2-15 所示。

【代码解析】第 3 行定义变量 v0，并为其赋值为 1，使其拥有一个数字类型的值。第 4 行定义变量 v1 并赋值 null。第 5 行声明一个变量 v2，但不赋任何值。第 6~8 行分别输出变量 v0、v1 和 v2 的内容。第 9 行判断 null 和 undefined 是否相等，结果为相等。

图 2-15   区别 null 与 undefined

提示 在应用中，null 和 undefined 实际意义是等效的。

2.4 数据类型的转换

　　JavaScript 是一门简单的、弱类型的编程语言。使用时无须指定数据类型，系统会根据值的类型进行变量类型自动匹配，或者根据需要自动在类型间进行转换。JavaScript 类型转换包括隐式类型转换和显式类型转换两种。

2.4.1　隐式类型转换

　　程序运行时，系统根据当前上下文的需要，自动将数据从一种类型转换为另一种类型的过程称为隐式类型转换。此前的代码中，大量使用了 window 对象的 alert 方法和 document 对象的 write 方法。可以向这两个方法中传入任何类型的数据，这些数据最终都被自动转换为字符串型。

　　【范例 2-15】编写程序，收集用户的年龄数据。当用户输入的数字小于或等于零时发出警告，外部输入的数据都是字符串型，与数字作比较判断时，系统自动将其转换为数值型，如示例代码 2-15 所示。

示例代码 2-15

```
01  <script language="javascript">              // 脚本程序开始
02  <!--
03      var age = prompt("请输入您的年龄：", "0");// 输入年龄
04      if( age <= 0 )                          // 如果输入的数字小于或等于 0，则视为非法
05      {
06          alert("您输入的数据不合法！");       // 输入非法时警告并忽略
07      }
08      else                                    // 大于
09      {
10          alert( "你的年龄为" + age + "岁" );  // 输出年龄
11      }
12  -->
13  </script>                                       <!--脚本程序结束-->
```

　　【运行结果】打开网页文件运行程序，结果如图 2-16 和图 2-17 所示。

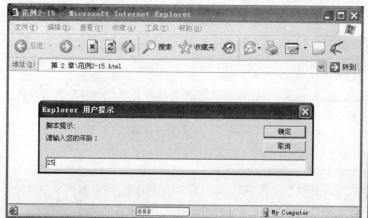

图 2-16　数字转换为字符串　　　　　　图 2-17　输出用户输入的数据

【代码解析】第 3 行用户输入的数据以字符串的形式保存于变量 age 中。第 4 行将 age 与数字 0 做大小比较，此时 age 自动被转换为数值型，此过程称为隐式类型转换。第 5～11 行根据 age 的值是否符合要求而显示相应的信息。

2.4.2 显式类型转换

与隐式类型转换相对应的是显式类型转换，此过程需要手动转换到目标类型。要将某一类型的数据转换为另一类型的数据需要用到特定的方法。比如前面用到的 parseInt、parseFloat 等方法，下面再编写一个范例以演示这两个方法的使用。

【范例 2-16】编写程序，从字符串中解析出水果价格的数值数据。如果解析成功，则输出价格信息，如示例代码 2-16 所示。

示例代码 2-16

```
01  <script language="javascript">              // 脚本程序开始
02  <!--
03      var priceOfApple = "3元";               // 苹果的价格
04      var priceOfBanana = "3.5元";            // 香蕉的价格
05      priceOfApple = parseInt( priceOfApple );  // 解析苹果的价格
06      var priceOfBanana2 = parseInt( priceOfBanana ); // 解析香蕉的价格
07      if( ( priceOfApple===3 ) && ( priceOfBanana2 === 3 )
                                                 // 检查解析是否成功
08        && ( parseFloat( priceOfBanana ) ===3.5 ) )
09      {
10          alert( "苹果的价格:" + priceOfApple    // 输出水果的价格
11              + "\n 香蕉的价格的整数部分:" + priceOfBanana2
12              + "\n 香蕉的价格:" + parseFloat( priceOfBanana ) );
13      }
14      else                                     // 解析失败时
15      {
16          alert( "并没有得到预期的转换效果!" );    // 解析失败时输出警告信息
17      }
18  -->
19  </script>                                    <!--脚本程序结束-->
```

【运行结果】打开网页文件运行程序，结果如图 2-18 所示。

【代码解析】本示例主要演示显式类型转换，第 3、4 行设置两个字符串表示两种水果的价格。第 5、6 行将字符串解析为数字，得到水果价格的数值数据。第 7～17 行判断所解析出的价格数据是否正确，正确时将它们输出，否则输出警告。

图 2-18 数字与字符串间的转换

提示 当要转换的字符串带有 parseInt 或 parseFloat 方法不可识别的字符时，转换结果可能没法预料。读者可自行做这方面的测试。

2.5 小结

本章主要讲解了简单数据类型，其包括字符串型、数值型和布尔型。复合数据类型包括对象和数组，对象是 JavaScript 中最重要的数据类型之一。本章仅涉及系统内置的对象，包括 Global、Math、Date、Array、Number 等。各种基本的数据类型之间可以相互转换，根据转换的方式分为隐式和显式两种。数据类型是程序设计语言最基本的要素之一，希望读者认真理解掌握。

2.6 习题

一、常见面试题

1. JavaScript 是否有专门对字符和字符串的处理？

【解析】本题具有一定的迷惑性，如果熟悉一些高级开发语言，应聘者可能知道高级语言是区分字符和字符串的处理的。而 JavaScript 语言并不区分，读者一定要注意这一点。

2. 数据库有空值吗？JavaScript 是否也有空值？

【解析】本题考查对基础知识的了解，JavaScript 中的 null 类型表示一个空值。可以使用 null 和一个变量进行比较，以测试该变量是否拥有内容，通常用来判断对象的创建或引用是否成功。

二、简答题

1. JavaScript 的基本数据类型有哪些？
2. 写出几种常用的内置对象。
3. 什么是数组？它与基本的数据类型有什么关系？

三、综合练习

1. 编写一个程序，记录学生的《高等数学》成绩。要求集中输出位于 60～69、70～79、80～89 和 90～100 各个分数段的学生名字。

【提示】该题可以用一个数组记录学生名字和分数，偶数元素保存学生的名字，奇数元素存储学生的成绩。遍历数组时检查元素索引的奇偶性，即可分辨当前元素是名字还是分数。得到分数值后判断其所在分数阶段，其前一个数组元素即为得到该分数的学生名字。将各分数段的学生名字分别添加到相应的变量，最后一并输出，参考代码如下：

```
01    <script language="javascript">                        // 脚本程序开始
02    <!--
03        var score = new Array(     "王勇", 50,             // 分数表
04                          "白露", 60,
05                          "杨杨", 76,
06                          "李明", 83,
07                          "张莉莉", 70,
08                          "杨宗楠", 71,
09                          "徐霞", 66,
10                          "杨玉婷", 93
11                                   );
12        var namesOf_0To59 = "";                            // 0～59 分的学生名字串
13        var namesOf_60To69 = "";                           // 60～69 分的学生名字串
14        var namesOf_70To79 = "";                           // 70～79 分的学生名字串
15        var namesOf_80To89 = "";                           // 80～89 分的学生名字串
16        var namesOf_90To100 = "";                          // 90～100 分的学生名字串
17        var scoreSum = 0;                                  // 全体总分计数
18        document.write( "<b>《高等数学》成绩统计表</b><br>" );
                                                             // 标题
19        for( index in score )                              // 遍历分数数组
20        {
21            // 奇数索引元素为分数,其前一个元素即为该分数的学生名字
22            if( index%2==1 )                               // 分数
23            {
```

```
24                  // 判断当前分数所在的分数段并将学生名字存入相应变量
25                  if( (score[index]>=0) && (score[index]<=59) )
                                                    // 如果分数在 0～59 分间
26                  {
27                      namesOf_0To59 += score[index-1] + " ";
                                                    // 组合名字
28                  }
29                  if( (score[index]>=60) && (score[index]<=69) )
                                                    // 如果分数在 60～69 分间
30                  {
31                      namesOf_60To69 += score[index-1] + " ";
                                                    // 组合名字
32                  }
33                  if( (score[index]>=70) && (score[index]<=79) )
                                                    // 如果分数在 70～79 分间
34                  {
35                      namesOf_70To79 += score[index-1] + " ";
                                                    // 组合名字
36                  }
37                  if( (score[index]>=80) && (score[index]<=89) )
                                                    // 如果分数在 80～89 分间
38                  {
39                      namesOf_80To89 += score[index-1] + " ";
                                                    // 组合名字
40                  }
41                  if( (score[index]>=90) && (score[index]<=100) )
                                                    // 如果分数在 90～100 分间
42                  {
43                      namesOf_90To100 += score[index-1] + " ";
                                                    // 组合名字
44                  }
45                  scoreSum += score[index];       // 统计总分
46              }
47          }
48          document.write( "<li>00~59 分: " + namesOf_0To59 + "<br>" );
                                                    // 输出 0～59 分的学生名字
49          document.write( "<li>60~69 分: " + namesOf_60To69 + "<br>" );
                                                    // 输出 60～69 分的学生名字
50          document.write( "<li>70~79 分: " + namesOf_70To79 + "<br>" );
                                                    // 输出 70～79 分的学生名字
51          document.write( "<li>80~89 分: " + namesOf_80To89 + "<br>" );
                                                    // 输出 80～89 分的学生名字
52          document.write( "<li>90~100 分: " + namesOf_90To100 + "<br>" );
                                                    // 输出 90～100 分的学生名字
53          // 数组元素个数除以 2 即为人数，总分除以人数即得平均分
54          document.write( "<li>平均分 : " + scoreSum/(score.length/2) + "<br>" );
55      -->
56  </script>                                       <!--脚本程序结束-->
```

【运行结果】打开网页文件运行程序，结果如图 2-19 所示。

2. 朱自清《荷塘月色》中有文段"采莲南塘秋，莲花过人头；低头弄莲子，莲子清如水。今晚若有采莲人，这儿的莲花也算得'过人头'了；只不见一些流水的影子，是不行的。这令我到底惦着江南了"。编写程序，将文中的"莲"字加粗，用红色标记之。

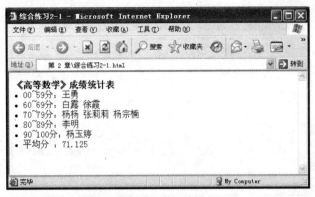

图 2-19　运行结果

【提示】使用 String 对象来处理题中的短文。多次调用 charAt 方法获取文本中的每一个字符，判断所取字符如果是"莲"字，就调用 bold 方法和 fontcolor 方法对其设置粗体和颜色。参考代码如下：

```
01  <script language="javascript">                      // 脚本程序开始
02  <!--
03      var comment = "采莲南塘秋，莲花过人头；低头弄莲子，莲子清如水。
                                                         // 选文
04  今晚若有采莲人，这儿的莲花也算得"过人头"了；只不见一些流水的影子，
05  是不行的。这令我到底惦着江南了。"
06      var newComment = "";                             // 处理过的字符集合
07      for( n = 0; n<comment.length; n ++ )             // 处理选文中的每一个字符
08      {
09          var curChar = comment.charAt( n );           // 取得一个字符
10          if( curChar=="莲" )                          // 若为"莲"字时
11          {
12              newComment += (curChar.bold()).fontcolor("red");
                                                         // 加粗并设置红色
13          }
14          else                                         // 非"莲"字
15          {
16              newComment += curChar;                   // 直接添加到已处理内容
17          }
18      }
19      document.write("<li><b>原文: </b><br>" + comment + "<br>" );
                                                         // 输出原文
20      document.write("<li><b>标记"莲"字: </b><br>" + newComment + "<br>" );
                                                         // 输出新内容
21  -->
22  </script>                                            <!--脚本程序结束-->
```

【运行结果】打开网页文件运行程序，其结果如图 2-20 所示。

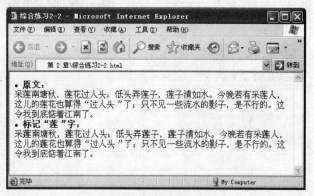

图 2-20　运行结果

四、编程题

1．写一个程序输出当前时间。

【提示】可以考虑使用时间函数。

2．写一个程序求一个数的平方根。

【提示】利用数学函数中的平方根函数即可轻松实现。

第 3 章　变量和常量

上一章讲解了数据类型，与数据直接相关的就是变量。变量和常量是每种程序设计语言不可缺少的组成部分。变量和常量都与数据存储相关，变量是程序中其值可以被改变的内存单元。常量也存储于内存中，但其值不可以改变，有的常量作为立即操作数，并不存在于内存中，相关细节超出了本书的范围，在此不做讲述。

* 理解和掌握变量的定义和使用方法。
* 理解和掌握常量的特点及其使用方法，简化程序的编码。
* 加深对数据类型的理解。

以上几点是对读者在学习本章内容时所提出的基本要求，也是本章希望能够达到的目的。读者在学习本章内容时可以将其作为学习的参照。

3.1　常量

程序一次运行活动的始末，有的数据经常发生改变，有的数据从未被改变，也不应该被改变。常量是指从始至终其值不能被改变的数据，JavaScript 中的常量类型主要包括字符串常量、数值常量、布尔常量、null 和 undefined 等。常量通常用来表示一些值固定不变的量，比如圆周率、万有引力常量等。

3.1.1　常量分类

在数学和物理学中，存在很多种常量，它们都是一个具体的数值或一个数学表达式。然而在编程语言中基于数据类型的分类，常量包括字符串型、布尔型、数值型和 null 等，定义形式如下：

```
"今天天气真好! ";                          // 字符串常量
1; e1; 077;                              // 数值型常量
true; false;                            // 布尔型常量
```

其中，字符串常量的值可以是任意的字符串。布尔型常量只有两种值，即 true 和 false。数值型常量为合法的数值数据，可以使用十进制、八进制和十六进制形式。

3.1.2　使用常量

常量直接在语句中使用，因为它的值不需要改变，所以不需要再次知道其存储地点。下面通过举例演示常量的使用方法。

【**范例 3-1**】练习字符串常量、布尔型常量和数值常量的使用，将八进制、十六进制数输出为十进制数，如示例代码 3-1 所示。

示例代码 3-1

```
01   <script language="javascript">                           // 脚本程序开始
02   <!--
03       document.write( "<li>JavaScript 编程，乐趣无穷!<br>" );    // 使用字符串常量
04       document.write( "<li>" + 3 + "周学通 JavaScript!" );      // 使用数值常量 3
05       if( true )                                           // 使用布尔型常量 true
```

```
06          {
07              document.write( "<br><li>if 语句中使用了布尔常量: " + true );
                                                         // 输出提示
08          }
09          document.write( "<li>八进制数值常量 011 输出为十进制: " + 011 );
                                                         // 使用八进制常量和十进制常量
10          document.write( "<br><li>十六进制数值常量 0xf 输出为十进制: " + 0xf );
11      -->
12  </script>                                              <!--脚本程序结束-->
```

【运行结果】打开网页文件运行程序，其结果如图 3-1 所示。

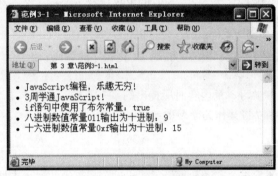

图 3-1　输出各种进制数

【代码解析】该代码段第 3 行直接在 document 对象的 write 方法中使用字符串常量。第 4 行在 document 对象的 write 方法中使用数值常量 3，write 方法需要输入的是字符串参数，则数字 3 被隐式转换为字符串"3"。第 5 行在 if 语句块中使用布尔型常量 true。第 9～10 行输出时八进制和十六进制数均被转换为十进制数后再转换为字符串型。

> 🔒提示　JavaScript 是一门脚本语言，典型的弱类型语言，没有如 C++等语言的类型机制，也没有 const 修饰符将变量定义常量的能力。

3.2　变量

　　一般情况下，程序运行时的计算结果、用户从外部输入的数据等都需要保存。对于少量的数据，计算机将其保存到系统内存中。为了方便程序代码操作这些数据，编程语言使用变量来引用内存存储单元，通过上一节的学习，读者了解到变量是程序语言最基本的要素，本节将对其进行全面的讲解。

3.2.1　什么是变量

　　顾名思义，变量是指在程序运行过程中值可以发生改变的量，更为专业的说法就是指可读写的内存单元。可以形象地将其理解为一个个可以装载东西的容器，变量名代表着系统分配给它的内存单元，如图 3-2 所示。

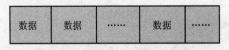

图 3-2　内存单元模型示意图

3.2.2　如何定义变量

JavaScript 中，用如下方式定义一个变量。

```
var 变量名 = 值;                              // 定义变量
变量名 = 值;                                  // 赋值
```

var 是 JavaScript 中定义变量的关键字，也可以忽略此关键字。用 var 关键字声明变量时也可以不赋初始值。

```
var 变量名;                                   // 定义变量
```

JavaScript 的变量在声明时不需要指定变量的数据类型，程序运行时系统会根据变量的值的类型来确定变量的类型。变量的类型决定了可对变量数据进行的操作，比如在 C++ 中，一个 int 型变量在 X86 系列 32 位 CPU 上占 4 个字节。对变量的操作即是针对其所占用的 4 个字节单元进行，以 int 方式的访问即一次可访问 4 个字节单元。此处介绍 C++ 的 int 类型目的是帮助读者增强对变量数据类型的理解，JavaScript 是弱类型语言，不需要过分强调数据类型。

下面分别定义各种类型变量。

- 字符串型

```
var str = "JavaScript 编程，简单容易！";      // 定义字符串变量
```

- 布尔型

```
var b = true;                                 // 定义布尔变量
```

- 数值型

```
var n = 10;                                   // 数值型变量
```

- 复合型

```
var obj = new Object();                       // 复合型变量
```

复合型是指用户自定义类型或 JavaScript 内置复合类型，比如数组。在应用中复合型的使用非常广泛，本书后面为复合数据类型安排了专门的章节讲解。

变量的使用形式不外乎两种情况，一种是读取其内容，另一种是改写其值。变量的内容一经改写后一直有效，直到再次改写或生命周期结束。

【范例 3-2】练习变量的定义和使用。定义一组各种常见类型的变量并输出其值，如示例代码 3-2 所示。由于这段代码都很重要，因此不做加粗处理，读者需着重学习。

示例代码 3-2

```
01  <script language="javascript">        // 脚本程序开始
02  <!--
03    var str = "21 天学通 JavaScript!";    // 定义一个字符串变量
04    var b = true;                         // 定义一个布尔型变量
05    var n = 10;                           // 定义一个数值型变量
06    var m;                                // 声明一个变量 m，其类型未知
07    var o = new Object();                 // 定义一个 Object 类型变量 o
08      p = new Object();                   // 定义一个 Object 类型变量 p
09    document.write( str );                // 分别使用 write 在当前文档-
10    document.write( "<br>" );
11    document.write( b );                  // 对象中输出各变量的内容
12    document.write( "<br>" );             // 输出换行标签
13    document.write( n );
14    document.write( "<br>" );             // 输出换行标签
```

```
15      document.write( m );
16      document.write( "<br>" );                    // 输出换行标签
17      document.write( o );
18      document.write( "<br>" );                    // 输出换行标签
19      document.write( p );
20      document.write( "<br>" );                    // 改写各变量的值
21      str = "这是一个字符串";
22      b = false;
23      n = 20;
24      m = 30;                                      // 改变变量 o 的引用，指向一个新建的数组
25      o = new Array( "data1", "data2" );
26      document.write( "<font color=red><br>" );
27      document.write( str );                       // 分别使用 write 在当前文档-
28      document.write( "<br>" );                    // -对象中输出各变量的内容
29      document.write( b );
30      document.write( "<br>" );                    // 输出换行标签
31      document.write( n );
32      document.write( "<br>" );                    // 输出换行标签
33      document.write( m );
34      document.write( "<br>" );                    // 输出换行标签
35      document.write( "<br>数组 o 的数据为: " );
36      document.write( o );
37      document.write( "<br>数组 o 的长度为: " + o.length );
38      document.write( "<br></font>" );
39      var pp;
40      document.write( pp );                        // 输出未定义变量 pp
41      var pp = 20;
42  -->
43  </script>                                                    <!--脚本程序结束-->
```

【运行结果】打开网页文件运行程序，结果如图 3-3 所示。

图 3-3　输出变量的类型和值

【代码解析】该代码段演示了各种变量的定义方式。第 3～5 行定义三个不同类型的变量，定义时就已经赋予初始值，值的类型确定后变量的类型即可确定。第 9～20 行分别输出各个变量中的值，发现 m 输出为 undefined。与 m 相关的"不明确"主要包含两方面的含义，一是数据类型不明确，即未确定；其次是变量的值未确定。

第 17～19 行输出的复合数据类型 Object 对象的值时仅输出其类型名称。第 21～25 行改写部分变量的值，第 26～40 行再次输出所有变量的值，目的在于与前面对照比较。输出数组对象时，将合并其中各元素的值作为整体输出。

 因为 JavaScript 程序的执行是顺序解释执行，所以变量必须先声明才能使用，声明的位置必须在使用变量的语句的前面。

3.2.3　变量的命名

JavaScript 变量的命名必须以字母或下画线开始，后可跟下画线或数字，但不能使用特殊符号。以下命名是合法的。

```
name                        // 合法的变量名
_name                       // 合法的变量名
name10                      // 合法的变量名
name_10                     // 合法的变量名
name_n                      // 合法的变量名
```

以下命名方式是非法的。

```
12name                      // 不合法的变量名
$name                       // 不合法的变量名
$#name                      // 不合法的变量名
```

JavaScript 对标识符大小写敏感，以下是两个不同的变量名。

```
name                        // 变量
Name                        // 变量
```

笔者建议为变量取有意义的名称，便于代码的阅读。书写时可用"匈牙利"命名习惯，比如字符串的变量名前加"s"，整型变量名前加"n"，布尔变量名前加"b"等。示例如下：

```
var sMyStr = "this is a string";        // 字符串变量
var nIndex = 0;                         // 数值型变量
var bStored = true;                     // 布尔型变量
```

JavaScript 内置对象的方法命名规律为第一个单词全小写，后面每个单词首字母大写。示例如下：

```
isNaN                       // 规范的命名
cookieEnabled               // 规范的命名
```

【范例 3-3】定义两个数字变量，分别赋予 10，20 初始值。输出两个变量的值，再交换两个变量的值后输出，熟悉匈牙利命名规范，如示例代码 3-3 所示。

示例代码 3-3

```
01  <script language="javascript">          // 脚本程序开始
02  <!--
03      var nA = 10;                         // 定义两变量并赋初始值
04      var nB = 20;
05      document.write( "交换前<br> " );      // 输出交换前两变量的值
06      document.write( "<li>nA = " + nA );   // 输出 nA
07      document.write( "<li>nB = " + nB );   // 输出 nB
08      var nTemp = nA;                       // 交换两变量的值
09      nA = nB;
10      nB = nTemp;
11      document.write( "<br>交换后<br> " );   // 输出交换后两变量的值
```

```
12      document.write( "<li>nA = " + nA );              // 输出 nA
13      document.write( "<li>nB = " + nB );              // 输出 nB
14  -->
15  </script>                                            <!--脚本程序结束-->
```

【运行结果】打开网页文件运行程序，其结果如图 3-4 所示。

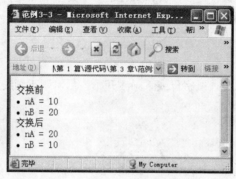

图 3-4　交换前后的变量值

【代码解析】第 3、4 行定义两变量并赋值，第 6、7 行分别输出变换前的变量内容。第 8～10 行定义一个"临时"变量参与交换 nA 和 nB 的值。第 12、13 行输出 nA 和 nB。

> 提
> 示　良好的书写习惯可大大减少代码后期维护的工作量。"匈牙利"命名法不是硬性规范，原为微软的一个优秀程序员所创，但良好的习惯值得学习和效仿。

3.2.4　变量的作用范围

作用域是指有效范围，JavaScript 变量的作用域有全局和局部之分。全局作用域的变量在整个程序范围都有效，局部作用域指作用范围仅限于变量所在的函数体。JavaScript 不像其他语言那样有块级作用域。变量同名时局部作用域优先于全局作用域。

【范例 3-4】编写程序，测试变量的作用范围的优先级，如示例代码 3-4 所示。

示例代码 3-4

```
01  <script language="javascript">                      // 脚本程序开始
02  <!--
03      var nA = 10;                                    // 定义全局变量 nA
04      function func()
05      {
06          var nA = 20;                                // 定义局部变量 nA 并输出
07          document.write( "<li>局部作用范围的 nA: " + nA );
                                                        // 输出 nA
08      }
09      func();                                         // 调用函数 func
10      document.write( "<li>全局作用范围的 nA: " + nA ); // 输出全局 nA
11  -->
12  </script>                                            <!--脚本程序结束-->
```

【运行结果】打开网页文件运行程序，其结果如图 3-5 所示。

【代码解析】第 3 行定义的变量 nA，其有全局作用域。第 4～8 行定义一个函数，其内定义一个变量 nA，与全局变量 nA 同名。第 9 行调用函数 func，以输出局部变量 nA。第 10 行输出全局变量 nA，目的与 func 输出的局部变量作比较。

图 3-5 输出同名变量

 注意 当局部变量与全局变量同名时，局部变量要使用 var 关键字。

3.2.5 变量的用途

变量主要用于存储数据，比如计算的结果、存储用户输入的数据等。一部分变量作为对象的引用，通过变量来操作对象的内容或调用对象的方法，下面举例说明。

【**范例 3-5**】创建一个数组，其内容包含站点用户中不同类型角色的名称，如示例代码 3-5 所示。

示例代码 3-5

```
01  <script language="javascript">          // 脚本程序开始
02  <!--
03      var actorAry = new Array( "超级管理员", "管理员", "VIP 用户", "普通用户" );
                                               // 角色数组
04      document.write("用户角色: ");          // 标题
05      for( n in actorAry )                   // 遍历数组
06      {
07          document.write( "<li>" + actorAry[n] );
                                               // 通过变量 actorAry 操作角色数组
08      }
09  -->
10  </script>                                  <!--脚本程序结束-->
```

【运行结果】打开网页文件运行程序，其结果如图 3-6 所示。

图 3-6 输出数组元素

【代码解析】第 3 行定义变量 actorAry，其引用新建的数组。第 5～8 行输出数组各元素。变量 actorAry 将代表一个数组对象，直到其被赋予新的值。通过 actorAry 可以操作其代表的数组的数据或调用数组的方法。

3.3　JavaScript 关键字详解

关键字为系统内部保留的标识符，其用途特殊，用户的标识符不能与关键字相同。下面列出 JavaScript 中常见关键字，如表 3-1 所示，可供读者参照。

表 3-1　JavaScript 常见关键字

种　　类	关　键　字
控制流	break、continue、for、for...in、if...else、return、while
常数/文字	NaN、null、true、false、Infinity、NEGATIVE_INFINITY、POSITIVE_INFINITY
赋值	赋值　（=）、复合赋值（OP=）
对象	Array、Boolean、Date、Function、Global、Math、Number、Object、String
运算符	加法　（+）、减法　（-） 算术取模（%） 乘（*）、除　（/） 负（-） 相等（==）、不相等　（!=） 小于（<）、小于等于　（<=） 大于（>） 大于等于（>=） 逻辑与（&&）、或　（||）、非　（!） 位与（&）、或（|）、非（~）、异或（^） 位左移（<<）、右移（>>） 无符号右移（>>>） 条件（?:） 逗号（,） delete、typeof、void 递减（—）、递增（++）
函数	Funtion、function
对象创建	New
其他	this、var、with

注意　上表列出了常用的关键字，其中大部分内容读者现在不必知道，以后用到相关内容时再做讲解。

3.4　小结

本章内容让读者了解了什么是常量和变量，以及它们如何使用，常量最终可以理解为一些程序运行的始末不能改变的量。变量则是那些值可以发生改变的量，主要用于保存计算的中间结果或其他数据。变量的另一个重要的用途是引用各种各样的对象，通过变量可以操作内存中的对象。

变量的命名有一定的规范，重要的一点是不能与系统保留的关键字同名。规范的命名不仅使代码工整漂亮，而且能降低后期维护工作的难度。下一章将讲解另一个重要的内容，表达式与运算符。

3.5 习题

一、常见面试题

1. 简单说明一下 JavaScript 中常量和变量的定义及区别。

【解析】本题考查的是变量和常量的定义。

【参考答案】常量通常用来表示一些值固定不变的量，比如圆周率、万有引力等，一般直接使用，不需要使用关键字定义，包括字符串型、布尔型、数值型和 null 等。变量是指在程序运行过程中值可以发生改变的量，更为专业的说法就是指可读写的内存单元。一般使用 var 来定义变量。

2. 简述变量的作用范围。

【解析】任何语言的变量都是有一定时效性的，不是一直有效，也不是一直存在。本题考查的是对变量作用域的了解。

【参考答案】JavaScript 变量的作用域有全局和局部之分。全局作用域的变量在整个程序范围都有效，局部作用域指作用范围仅限于变量所在的函数体。

二、简答题

1. 什么是变量？它和常量有什么区别？
2. 变量的作用有哪些？JavaScript 中变量的类型有哪些？
3. 写出 JavaScript 中的运算符关键字。

三、综合练习

1. 编写一个程序，将数字 13、55、37、33、45、9、60、21、10 从小到大排序，并将排序后的各数字输出。

【提示】定义一个数组变量，将各数字填入数组。遍历数组，如果第 n 个元素小于第 n-1 个，则交换两者的内容，如此循环操作即可，参考代码如下：

```
01  <script language="javascript">
02      <!--
03      var oMyArray = new Array( 13, 55, 37, 33, 45, 9, 60, 21, 10 );
                                        // 定义变量引用一个数组对象
04      document.write( "排序前: " + oMyArray );   // 输出排序前的数组
05      for ( index in oMyArray )                  // 开始排序
06      {
07          for ( i in oMyArray )                  // 两两比较
08          {
09              if( oMyArray[index]<oMyArray[i] )  // 如果当前元素小于第i个元素
10              {
11                  nTemp = oMyArray[index];       // 交换位置
12                  oMyArray[index] = oMyArray[i];
13                  oMyArray[i] = nTemp;
14              }
15          }
16      }
17      document.write( "<br>排序后: " + oMyArray );
                            // 输出排序后的数组
18  -->
19  </script>                    <!--脚本程序结束-->
```

【运行结果】打开网页文件运行程序，其结果如图 3-7 所示。

图 3-7　数组排序

2．实现一个求圆面积的程序，半径由用户从外部输入，计算结果输出到当前页面中。

【提示】根据圆面积公式 $S=\pi*r^2$ 可计算出面积。使用 window 对象的 prompt 方法实现半径的输入。调用 Math 对象的 PI 常作为圆周率 π，输出使用 document 对象的 write 方法，参考代码如下：

```
01  <script language="javascript">               // 脚本程序开始
02  <!--
03      var r = prompt( "请输入圆的半径: ", "0" );   // 用户输入圆半径
04      if( r != null )                           // 判断输入的合法性
05      {
06          var square = parseFloat( r )*parseFloat( r )*Math.PI;
                                                  // 计面积 s=π*r*r
07          document.write("半径为" + parseFloat( r ) + "的圆面积为: " + square );
                                                  // 在页面中输出结果
08      }
09      else                                      // 输入不合法
10      {
11          alert("输入不合法! ");                 // 输出提示信息
12      }
13  -->
14  </script>                                     <!--脚本程序结束-->
```

【运行结果】打开网页文件运行程序，其结果如图 3-8 和图 3-9 所示。

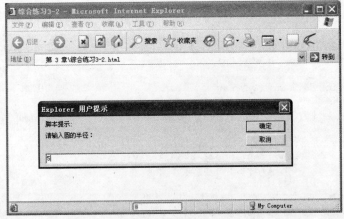

图 3-8　输入圆半径

图 3-9 输出圆面积

四、编程题

1. 编写程序比较三个数的大小，并依次输出。

【提示】可以定义三个变量，然后按照两两比较的办法进行。

2. 找出 5 个数中最大的一个数，并输出。

【提示】可以定义 5 个变量，然后将第 1 个数值与后面的数值进行比较，得出最大者，再用第 2 个数依次比较，依此类推，最终得到结果。

第 4 章　表达式与运算符

上一章讲解了变量和常量，本章将讲解 JavaScript 中另一个重要的基础内容，表达式与运算符。和其他程序语言一样，JavaScript 也有自己的表达式与运算符，而且与 C/C++系列语言十分相像。程序设计不外乎就是对问题进行求解，求解的过程需要进行各种各样的计算。表达式是为计算结果服务的，由操作数和运算符组成。在自然数集中，可以进行的运算有加减乘除等。对应的运算符即是"＋、－、×、÷"，接下的内容将对 JavaScript 中的表达式与运算符一一讲解介绍。

- 理解并掌握 JavaScript 表达式的特点，达到灵活运用的要求。
- 理解并掌握各个运算符的作用和使用方法。
- 结合前两章，加强练习以熟悉程序语句的编写。

以上几点是对读者在学习本章内容时所提出的基本要求，也是本章希望能够达到的目的。读者在学习本章内容时可以将其作为学习的参照。

4.1　什么是表达式

表达式是产生一个结果值的式子，JavaScript 中的表达式由常量、变量和运算符等组成。表达式可以作为参数传递给函数，或者将表达式结果赋予变量保存起来。表达式的结果值有多种类型，比如布尔型、字符串型或数值型等，因此常有逻辑表达式、数值表达式和布尔表达式之说。下面举例说明如何定义和使用表达式。

【范例 4–1】编写程序，演示表达式的定义和使用。假设初始账户余额为 1000，经过第一次支付后检测当前余额能否可以再进行第二次支付，不能则发出提示信息，如示例代码 4-1 所示。

示例代码 4-1

```
01   <script language="javascript">
02   <!--
03       var balance = 1000.0;                              // 余额
04       var willPay = 300.0;                               // 应支付数额: 300
05       balance -= willPay;                                // 当前余额
06       document.write("当前余额为: " + balance );          // 输出余额
07       var willPay2 = 800;                                // 再次支付数额: 800
08       if( balance < willPay2 )                           // 当余额不足时
09       {
10           document.write( (",不足以进行下次支付! ").fontcolor("red") );
                                                            // 输出提示信息
11       }
12   -->
13   </script>
```

【运行结果】打开网页文件运行程序，其结果如图 4-1 所示。

【代码解析】该代码段定义了几个简单的表达式。第 5 行使用变量 balance 和 willPay 组成算术表达式，返回当前余额。第 8 行的 if 条件语句是逻辑表达式，当 balance 小于 willPay2 时返回 true 值。字符串表达式返回一个字符串，布尔表达式（即逻辑表达式）返回一个布尔值，数值表达式返回一个数值。表达式可以嵌套使用，代码如下所示。

```
if ( ( ( b + c ) * 30 + 70 * ( d-3 ) ) * e + 50 > 0 )    // 如果表达式的值大于 0
{
    document.write( "b+c=" + (b+c) );                     // 输出表达式的值
}
```

图 4-1　余额不足

 提示　表达式的使用方式灵活多样，没有一定的书写规则，只需要简单易读懂，代码运行效率高即可。

4.2　什么是操作数

上一节讲到表达式时，读者已经知道其中存在一个重要的组成部分就是操作数。操作数是指表达式中的变量或常量，本书中的操作数也包含表达式的返回值（实际上就是一个常量），常提供计算用的数据。下面是操作数在表达式中的形态。

```
( A + B + C ) / D
```

其中，A、B、C、D 就是操作数，而"+"和"/"则是操作符，操作符将在下一节介绍。操作数的数据类型受表达式的类型和运算符所支持的数据类型决定，上述代码中若表达式是数值表达式，则需要 A、B、C 和 D 的类型皆为数值或可以转换为数值。下面举例说明以加深理解。

【范例 4-2】练习操作数的使用，变量和常量皆可作为操作数，如示例代码 4-2 所示。

示例代码 4-2

```
01   <script language="javascript">       // 脚本程序开始
02   <!--
03       var A = 1;                         // 几个简单的数值型变量，用于测试
04       var B = 2;
05       var C = 3;
06       var D = 4;
07       var E = ( A + B ) * C + D;         // 数学表达式，其中 A、B、C 和 D 为操作数
08       document.write( E + 4 );           // 表达式 E+4 中的 E 和 4 皆称为操作数
09   -->
10   </script>                             <!--脚本程序结束-->
```

【运行结果】打开网页文件运行程序，其结果如图 4-2 所示。

【代码解析】本示例第 3～6 行定义数个变量作为其后表达的操作数，第 8 行表达式"E+4"中的 4 为常量，常量也可以作为操作数。

4.3 运算符概述

前面两节讲过表达式和表达式中的操作数，本节将讲解表达式的第三个重要组成部分，即运算符。运算符是指程序设计语言中有运算意义的符号，类似于普通数学里的运算符。通常，每一门数学都定义了一个数集和在数集上可以进行的运算。程序设计语言也一样，规定了其支持的数据类型及数据可以进行的运算。JavaScript 的运算符包含算术运算符、逻辑运算符和一些特殊的运算符，本节将逐一介绍。

图 4-2 表达式运算结果

4.3.1 什么是运算符

在表达式中起运算作用的符号称运算符。在数学里，运算符就是指加减乘除等符号。在 JavaScript 中有单目和多目之分，单目运算符带一个操作数，多目运算符带多个操作数，代码如下所示。

```
（1 + 2）× 3          // 数学表达式
++A                   // 左结合递增
```

第一行中的运算符是双目运算符，第二行是单目运算符。其中，"＋"也可以作正号，"－"也可以作为负号使用。在不同的场合运算符有不同的含义，依上下文情景而定。举个例子，在 JavaScript 中"＋"运算符连接两个数值类型操作数时就作数学加运算。当其连接的两个操作数是字符串型时将作为"连接"运算，即将两个串接成一个串。JavaScript 的运算符极其丰富，接下来的内容将对其进行更深入的讲解。

4.3.2 操作数的分类

表达式中的操作数要么是常量要么是变量，常量和变量都有其特定的数据类型。构成表达式的操作数的数据类型依变量或常量的类型来确定，见下面的示例。

【范例 4-3】操作数的类型，如示例代码 4-3 所示。

示例代码 4-3

```
01  <script language="javascript"> // 脚本程序开始
02  <!--
03      var a = "4";              // 字符串变量
04      var b = 4;                // 数值型变量
05      var c = a + b;            // 下面表达式中，操作数 b 先被转换为字符串类型，
06      alert( c );               // 即"b"再与字符串类型操作 a 进行 "+" 运算
07  -->
08  </script>                     <!--脚本程序结束-->
```

图 4-3 数字与字符连接

【运行结果】打开网页文件运行程序，其结果如图 4-3 所示。

【代码解析】该代码段第 3、4 行定义两个变量，a 为字符串型，b 为数值型。目的是将两者进行 "+" 运算，以测试其结果。第 5 行操作数 b 的类型由数值型转换为字符串型。

> 提示 JavaScript 操作数的类型是灵活多变的，通常由运算符类型、目标场合需求的类型来定，读者编程时要多加测试。

4.4 算术运算符简介

算术运算符是定义数学运算的符号，有数学意义的运算称为算术运算。通常在数学表达式中使用，实现数值类型操作数间的数学计算。JavaScript 中要包括加法、减法、乘法、除法、取模、正负号、递增和递减等。

4.4.1 加法运算符

加法运算符使用数学符号"+"，属于双目运算符，返回两个操作数的算术和。操作数的类型要求为数值型，如果是字符串型则意义不同，主要运用在数值求和的场合，其语法如下所示。

操作数 1 + 操作数 2

【范例 4-4】编写程序，演示加法运算符，求某公司的总人数，如示例代码 4-4 所示。

示例代码 4-4

```
01  <script language="javascript">          // 脚本程序开始
02  <!--
03      var departmentA = 1000;             // 部门A 1000 人
04      var departmentB = 375;              // 部分B 375 人
05      var total = departmentA + departmentB;   // 公司总人数
06      document.write( "公司总人数: " + total );  // 输出人数信息
07  -->
08  </script>                                <!--脚本程序结束-->
```

【运行结果】打开网页文件运行程序，其结果如图 4-4 所示。

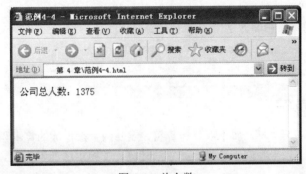

图 4-4 总人数

【代码解析】第 3、4 行分别给出公司两个部门各自的人数。第 5 行通过使用"+"运算符进行人数求和。

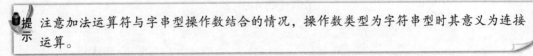
注意加法运算符与字串型操作数结合的情况，操作数类型为字符串型时其意义为连接运算。

4.4.2 减法运算符

减法运算符使用数学符号"—"，属于双目运算符，返回两个操作数的算术差，操作数类型要求为数值型。含义与数学上的减法计算完全一样，使用的形式如下所示。

操作数 1 - 操作数 2

【范例 4-5】编写程序，演示减法运算符的功能。某小汽车平均耗油量为 7.5 升每 100

公里，求其 100 公里行程后的剩余油量，如示例代码 4-5 所示。

示例代码 4-5

```
01    <script language="javascript">                          // 脚本程序开始
02    <!--
03        var totalGas = "20升";                              // 汽油总量
04        var used = "7.5升";                                 // 开出 100 公里后消耗
05        var overplus = parseFloat( totalGas ) - parseFloat( used );
                                                              // 剩余
06        document.write( "车子已经开了100公里，还剩汽油" + overplus + "升" );
                                                              // 100 公里时输出提示
07    -->
08    </script>                                               <!--脚本程序结束-->
```

【运行结果】打开网页文件运行程序，其结果如图 4-5 所示。

图 4-5　剩余油量

【代码解析】该代码段第 3、4 行给出汽油总量和当前消耗量。第 5 行使用前面讲过的 parseFloat 方法将字符串解析为数字，并求出汽油剩余量。

 注意 JavaScript 中数学运算符运用于非数值型操作数时，将发生隐式类型转换。

4.4.3　乘法运算符

乘法运算符使用符号“*”，属于双目运算符，返回两个操作数的算术积。操作数类型要求为数值型。运算意义上完全等同于数学上的乘法计算，使用语法如下所示。

操作数 1 ＊ 操作数 2

【范例 4-6】乘法运算符的算术意义。某公司给其属下 300 名员工发奖金，每人 370 元，求奖金预算总额，如示例代码 4-6 所示。

示例代码 4-6

```
01    <script language="javascript">                          // 脚本程序开始
02    <!--
03        var employee = 300;                                 // 雇员总数
04        var prize = 370;                                    // 每人奖金数额
05        var total = employee * prize;                       // 预算总额
06        alert( "预算: " + total + "元" );                    // 输出总额
07    -->
08    </script>                                               <!--脚本程序结束-->
```

【运行结果】打开网页文件运行程序，其结果如图 4-6 所示。

【代码解析】该代码段第 5 行返回变量 employee 和 prize 的积，即预算总额。"*"完全就是数学意义上的乘法符号。

图 4-6　奖金预算总额

4.4.4　除法运算符

除法运算符使用符号"/"，也属于双目运算符，操作数类型要求为数值型。其返回两个操作数之商，JavaScript 返回的商是实数集内的数据，也就是浮点型数据。意义上等同于数学中的除法运算，因此可用在求商的场合，使用语法如下：

操作数 1 / 操作数 2

操作数 1、操作数 2 都是数值类型，操作数 2 不能为 0，否则将产生不正确的结果。除数为零的情况在其他编程语言中将发生一个异常，而 JavaScript 仅返回一个非数字（NaN）结果。

【范例 4-7】除法运算符的数学含义。三个贼平均瓜分盗来的 1000 元钱，输出每个人所得的数额，如示例代码 4-7 所示。

示例代码 4-7

```
01    <script language="javascript">            // 脚本程序开始
02    <!--
03        var total = 1000;                      // 1000 元
04        var thieves = 3;                       // 三个贼
05        alert( "每人瓜分所得: " + total/thieves + "元" );  // 输出三人瓜分后所得数额
06    -->
07    </script>                                  <!--脚本程序结束-->
```

【运行结果】打开网页文件运行程序，其结果如图 4-7 所示。

【代码解析】该代码段说明了除法运算符的数学意义，在第 5 行返回 total 除以 thieves 的商。

图 4-7　计算结果

4.4.5　取模运算符

取模运算符使用符号"%"，其作用是求一个数除以另一个数的余数。操作数的类型要求为数值型或能转换为数值型的类型，属于双目运算符。事实上"模"可以这样理解，如手表上的小时刻度，每到 12 点以后就是 1 点，此钟表的模为 12。通常取模运算可以求取某个数的倍数，如下面示例所示。

【范例 4-8】求 1～1000 中 3 的倍数，如示例代码 4-8 所示。

示例代码 4-8

```
01    <script language="javascript">            // 脚本程序开始
02    <!--
03        for( i = 1; i<1000; i++ )              // 找出 0 到 1000 中 3 的公倍数
04        {
05            if( i%3 == 0 )                     // 当模 3 为 0 时即是 3 位数
06            {
07                document.write( i + " " );     // 输出
08            }
09        }
10    -->
11    </script>                                  <!--脚本程序结束-->
```

【运行结果】打开网页文件运行程序，其结果如图 4-8 所示。

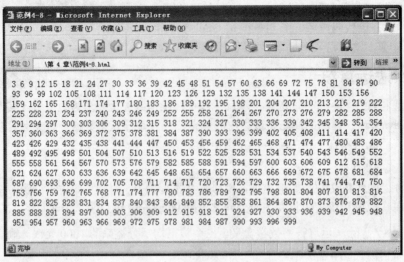

图 4-8　1～1000 中 3 的倍数

【代码解析】该代码段第 3 行使用 for 循环从 1 到 1000 中取得 999 个数。第 5 行将取得的数模 3，如果为 0 则当前数是 3 的倍数。

4.4.6　负号运算符

负号运算符使用符号"-"，取负也就是等于取反。等同于数学意义上的负号，属于单目运算符，语法如下：

-操作数

【范例 4-9】使用取反运算符求某个数的负值，如示例代码 4-9 所示。

示例代码 4-9

```
01    <script language="javascript">          // 脚本程序开始
02    <!--
03        var a = -1;                         // 负数
04        var b = -a;                         // 取反
05        alert( a + "取反后得: " + b );       // 输出
06    -->
07    </script>                               <!--脚本程序结束-->
```

【运行结果】打开网页文件运行程序，其结果如图 4-9 所示。

图 4-9　-1 取反为 1

【代码解析】该代码段将一个变量 a 的值取反后存入变量 b 中，再将变量 b 输出，两次取反等于原来的数。

4.4.7　正号运算符

正号运算符使用符号"+"，针对数值类型操作数，意义上等同于数学上的正号。属于单目运算符，语法如下：

```
+ 操作数
```

【**范例 4-10**】学习正号运算符的特点，如示例代码 4-10 所示。

示例代码 4-10

```
01  <script language="javascript">                      // 脚本程序开始
02  <!--
03      var a = -1;                                       // 定义变量并赋予负值
04      var b = +a;                                       // 定义变量并赋予正值
05      var c = +5;                                       // 定义变量并赋予正值
06      alert( "a、b和c的值分别为：" + a + "、" + b + "和" + c );
                                                          // 输出各变量的值
07  -->
08  </script>                                            <!--脚本程序结束-->
```

【运行结果】打开网页文件运行程序，其结果如图 4-10 所示。

【代码解析】该代码段第 4、5 行对变量 b、c 使用 "+"（正号运算符），通过第 6 行的输出来看，正号运算符没有任何意义。

图 4-10　输出变量的值

4.4.8　递增运算符

递增运算符使用符号 "++"，也称为自增运算符，属于单目运算符。可使数值类型的变量值自增一，操作数只能是变量。使用形式分左结合与右结合两种，左结合在表达式中的效果是先递增再使用，右结合则是先使用再递增。语法如下：

```
变量名++;               // 右结合递增
++变量名;               // 左结合递增
```

【**范例 4-11**】使用递增运算符对一个数进行递增操作，理解递增运算符的特点，如示例代码 4-11 所示。

示例代码 4-11

```
01  <script language="javascript">                      // 脚本程序开始
02  <!--
03      var a = 10;                                       // 数值型变量
04      document.write( "<li>a 的初始值为：" + a );       // 输出初始值
05      if( ++a == 11 )                                   // ++左结合，此时 if 测试条件成立
06      {
07          document.write( "<li>左结合，先递增再使用。" );
                                                          // 输出提示信息
08      }
09      if( a++ == 12 )                                   // ++右结合，此时 if 测试条件不成立
10      {
11          document.write( "<li>右结合，先递增再使用。" ); // 输出提示信息
12      }
13      else
14      {
15          document.write( "<li>右结合，先使用再递增。" ); // 输出提示信息
16      }
17  -->
18  </script>                                            <!--脚本程序结束-->
```

【运行结果】打开网页文件运行程序，其结果如图 4-11 所示。

图 4-11　左右结合对比

【代码解析】该代码段第 5 行作用于变量 a 的递增运算符与 a 结合形式为左结合，其先进行递增运算后再与 11 进行比较。第 9 行 a 与递增运算符结合形式为右结合，则 a 先与 12 比较后返回一个布尔值作为 if 的测试条件，再进行递增操作，因此 if 条件为假。

提示　请区别左结合与右结合所进行的操作分别是什么，这样的疏漏很难发现。

4.4.9　递减运算符

递减运算符使用符号"--"，也称为自减运算符，可使变量的值自减一。效果与递增运算符完全相反，也有左结合与右结合之分，情况与递增运算符相同，在此不再赘述，使用形式如下：

```
变量名--;                        // 右结合递减
--变量名;                        // 左结合递减
```

【范例 4-12】使用递减运算符对一个数进行递减操作，掌握自减运算符的特点，如示例代码 4-12 所示。

示例代码 4-12

```
01  <script language="javascript">          // 脚本程序开始
02  <!--
03      var a = 5;                           // 定义一个数字变量
04      document.write( a );                 // 输出 a 原来的值
05      document.write( "<br>" );            // 输出换行标签
06      a-- ;                                // a 自减一（右结合）
07      document.write( a );                 // 输出变量 a
08      document.write( "<br>" );            // 输出换行
09      --a;                                 // a 自减一（左结合）
10      document.write( a );                 // 输出变量 a
11      document.write( "<br>" );            // 输出换行
12      if( --a == 2 )                       // 测试左、右结合位于表达式中的情况
13      {
14          document.write( "<li>左结合的情形" );   // 输出提示信息
15      }
16      if( a-- == 2 )                       // 等于 2 时
17      {
18          document.write( "<li>右结合的情形" );   // 输出提示信息
19      }
20  -->
21  </script>                                // 脚本程序结束
```

【运行结果】打开网页文件运行程序，其结果如图 4-12 所示。

图 4-12 左右结合对比

【代码解析】该代码段第 3～10 行定义一个变量并输出其进行递减操作后的值。第 12 行使用左结合的方式参与构成条件表达式，从输出结果表明左结合是先执行递减操作后再使用变量的值参与表达式的计算，而右结合运算顺序相反。

 递增递减运算符的操作数只能是变量。

4.5 关系运算符简介

关系运算符比较两个操作数大、小于或相等的运算符。返回一个布尔值，表示给定关系是否成立，操作数的类型可以任意。包括相等、等同、不等、不等同、小于、小于或等于、不小于、大于、大于或等于这几种。

4.5.1 相等运算符

相等运算符使用符号 "=="，判断两个操作数是否相等。如果相等返回布尔值 true，否则返回 false。属于双目运算符，两个操作数的数据类型可以任意。通常与条件测试语句结合使用，JavaScript 是弱类型语言，因此可以比较两种不同类型的数据。运行时，"=="操作符将两端的操作数转换为同一种数据类型后再作比较。使用语法如下：

操作数 A == 操作数 B

【范例 4-13】 JavaScript 中用 "=="判断两者是否相等，理解掌握相等运算符的特点，如示例代码 4-13 所示。

示例代码 4-13

```
01    <script language="javascript">                                    // 脚本程序开始
02    <!--
03        var a = "10";                                                 // 字符串变量
04        var b = 10;                                                   // 数值型变量
05        if ( a == b )                                                 // a、b 将发生类型转换
06        {
07            alert( "a 等于 b，"=="使两端的操作数发生了类型转换" );      // 输出提示信息
08        }
09    -->
10    </script>                                                         <!--脚本程序结束-->
```

【运行结果】打开网页文件运行程序，其结果如图 4-13 所示。

图 4-13　非严格相等

【代码解析】该代码段测试了 JavaScript 中 "==" 的功能和特点。第 5 行判断 a 与 b 的相等性时 a 和 b 被转换为同一种数据类型。

 提示　"==" 不是严格相等性判断，只要类型转换后的数据仍然相等的话就返回 true。

4.5.2　等同运算符

前面讲述的相等运算符 "==" 进行的是非严格意义上的相等性判断，即通过类型转换后相等的也返回 true。而等同运算符 "===" 是严格意义上的相等，两个值和它们的类型完全一致时才返回 true，使用语法如下：

操作数 1 === 操作数 2

两个操作数可以是变量也可以是常量，数据类型可以是任意有效的 JavaScript 类型，下面举例区别等同与相等运算符的作用。

【范例 4-14】比较 "相等运算符" 和 "等同运算符" 的区别，如示例代码 4-14 所示。

示例代码 4-14

```
01  <script language="javascript">          // 脚本程序开始
02  <!--
03      var a = "10";                       // 字符串变量
04      var b = 10;                         // 数值型变量
05      if ( a == b )                       // a、b 将发生类型转换，转换为同一种类型
06      {
07          document.write( "<li>在非严格意义上，a 等于b" );    // 输出提示信息
08      }
09      if( a === b )                       // 等同运算符判断 a、b 的相等性
10      {
11          document.write( "<li>a 严格等于b" );    // 输出提示信息
12      }
13      else                                // 都不相等时
14      {
15          document.write( "<li>在严格意义上，a 不等于b" );    // 提示
16      }
17  -->
18  </script>                                        <!--脚本程序结束-->
```

【运行结果】打开网页文件运行程序，其结果如图 4-14 所示。

【代码解析】该代码段对两个不同类型的变量进行相等性判断。第 5 行进行的是非严格相等性判断，条件表达式返回 true。第 9 行进行的是严格相等性判断，因 a、b 的类型不同，表达式返回 false。

4.5.3　不等运算符

不相等运算符使用符号 "!="，属于双目运算符，返回一个布尔值表示两个操作数是否相

等。两个操作数类型任意，同时可以是变量也可以是常量。使用语法如下：

```
操作数1 != 操作数2
```

图 4-14　对比严格与非严格相等

不等运算两端的操作数如果经过类型转换后仍不相等的话同样返回 true，否则返回 false。不是严格意义上的不相等。

【范例 4-15】 在几个学生当中找出名为"杨宗楠"的学生，并用红色字体标记之，如示例代码 4-15 所示。

示例代码 4-15

```
01  <script language="javascript">                                  // 脚本程序开始
02  <!--
03      var students = new Array( "杨宗楠", "杨玉婷", "李莉" );       // 学生名单
04      for( index in students )                                    // 遍历名单
05      {
06          if( students[index] != "杨宗楠" )         //不是"杨宗楠"则输出为黑色字体
07          {
08              document.write( "<li>" + students[index] )          // 普通输出
09          }
10          else                                      // 否则
11          {
12              document.write( "<li><font color=red>" + students[index] "</font>" );
                                                      // 红字输出
13          }
14      }
15  -->
16  </script>                                      <!--脚本程序结束-->
```

【运行结果】 打开网页文件运行程序，其结果如图 4-15 所示。

图 4-15　标记目标名字

【代码解析】 该代码段第 3 行创建一个数组 students 以记录学生的名字，共有三个学生。第 4～14 行遍历学生表，并输出各学生名字，对目标名字以红色字输出。第 6 行使用了不等于

运算符"!="判断两个名字是否相等。

4.5.4　不等同运算符

不等同运算符使用符号"!==",属于双目运算符。效果与等同运算符正好相反,如果两个数严格不相等则返回 true,使用语法如下:

操作数 1 !== 操作数 2

运算符两端的操作数可以是变量或常量,变量或常量的数据类型任意。不等同运算符使用场合并不多,用法如下所示。

```
01  var phone1 = "13800000000";                   // 定义字符串型的电话号码
02  var phone2 = 13800000000;                      // 定义数值型电话号码
03  if( phone1 !== phone2 )                        // 严格不相等判断,此时返回 true
04  {
05      alert( "两个电话号码不相等" );              // 提示
06  }
```

前面讲过相等、不相等,等同、不等同 4 个运算符,前两者是非严格意义上的等与不等,后两者是严格意义上的等与不等,读者要注意这其中的区别。

4.5.5　小于运算符

小于运算符是判断第一个操作数是否小于第二个操作数的运算符,返回一个布尔值。使用符号"<"表示,常用于逻辑表达式中。使用语法如下:

操作数 1 < 操作数 2

如果操作数 1 小于操作数 2 时则表达式返回 true,否则返回 false。两个操作数可以是变量也可以是常量,变量或常量可以是任意有效的 JavaScript 数据类型。小于运算符应用广泛,比如可以用于筛选出目标数据,如下面示例所示。

【范例 4-16】现有一网络游戏点卡销售系统的购买页面,要求输入的点卡数量不小于 1,需要在用户确定付账时检测其输入的数据是否符合要求,如示例代码 4-16 所示。

示例代码 4-16

```
01  <body>                                  <!--文档体开始-->
02                                          <!--配置一个文件输入框和一个按钮,与用户交互用-->
03  <li>50 点点卡单价为 4.5 元,您确定购买 <!--价格信息-->
04  <input id="Text1" style="width: 31px; height: 18px" type="text" />张。
                                            <!--文本框-->
05  <input id="Button1" type="button" value="确定支付" onclick="return Button1_
    onclick()" /> <!--按钮 -->
06  (最多不能超过 5 张)
07  <script language="javascript">                  // 脚本程序
08  <!--
09  function Button1_onclick()                      // 按钮单击事件处理程序
10  {
11      if( (Text1.value < 1) || isNaN(Text1.value) )
                                            // 输入小于 0 或不是数字,则清除文本框内容并要求重输
12      {
13          alert( "您的输入不正确,请重新输入" );        // 警告
14          Text1.value = "";                       // 清空输入框
15      }
16      else                                        // 输入合法则统计总金额
17      {
```

```
18          alert( "您的应当支付: " + Text1.value * 4.5 + "元" );
                                            // 输出应该支付的金额
19        }
20   }
21   -->
22   </script>                                  <!--脚本程序结束-->
23   </body>                                    <!--文档体开始-->
```

【运行结果】打开网页文件运行程序，其结果如图 4-16 所示。

图 4-16　操作效果

【代码解析】该代码段实现一个简单的账单验证功能。第 3～6 行用一个文本框和一个按钮实现用户界面，并在按钮上绑定按钮单击事件处理程序。第 9～20 行定义一个函数作为按钮单击事件处理函数。其中第 11 行用小于运算符检测输入的点卡数量是否少于 1 张，或者输入的是非数字，如果这两条件至少有一个成立则要求重新输入。第 18 行在用户输入点卡数量正确的情况下输出统计金额。

 提示　使用运算符时请注意操作数的类型。

4.5.6　大于运算符

大于运算符与小于运算符的运算效果正好相反，使用符号 ">"，主要用于测试两个操作数的大小关系。使用语法如下：

操作数 1 > 操作数 2

操作数可以是变量或常量且数据类型是任意有效的 JavaScript 类型。当第一个操作数大于第二个操作数时表达式返回 true，否则返回 false，下面举例加深读者理解。

【范例 4-17】现有一个购物网站的支付确认页面，提供结算用户账单信息的功能。如果当前余额不足以进行本次支付则取消操作，否则输出结算信息，如示例代码 4-7 所示。

示例代码 4-17

```
01   <body style="font-size: 12px">            <!--页面普通字体大小为 12px-->
02   <script language="javascript">
03   <!--
04      var actTotal = 109.7;                  // 账单总额
05      var payTotal = 123.45;                 // 当前应该付的款额
06      document.write( "<li>您账上余额: " + actTotal + "元<br>" );
                                                // 输出账面信息
07      document.write( "<li>您需要支付: " + payTotal + "元<br>" );
```

```
08      document.write( "<input id=\"BtnPay\" type=\"button\" value=\"确认支付\"
        onclick="
09          + "\"return BtnPay_onclick()\" style=\"width: 150px\" /><br>" );
                                        // 生成"确认支付"按钮
10      if( payTotal > actTotal )    // 如果余额不足，支付按钮设置为失效
11      {
12          document.write(  "信息:<fontcolor=red>您的余额不足，无法完成支付!</font>");
13          BtnPay.disabled = true;
14      }
15      else                          // 余额够用于支付，则启用按钮
16      {
17          BtnPay.disabled = false;
18      }
19      function BtnPay_onclick()    // 按钮单击事件处理函数，主要处理表达发送输出结算信息
20      {
21          // Todo:                   // 在此添加发送数据到服务器的操作代码
22          document.write( "<li><font color=red>已经完成支付</font>" );
23          document.write( "您账上余额: " + (actTotal-payTotal) + "元<br>" );
24      }
25  -->
26  </script>
27  </body>
```

【运行结果】打开网页文件运行程序，其结果如图 4-17 所示。

图 4-17　支付前检查余额

【代码解析】该代码段实现了支付页面简单的功能，主要验证用户的余额是否足以进行交易。第 1 行设置本页普通字体的尺寸。第 4、5 行手工设定账户余额和该付数额。第 8 行生成一个按钮，主要用于确认支付操作。第 10～14 行对余额进行判断，如果够用则启用"确认支付"按钮。否则该按钮变灰，无法使用，使得余额不足时不能进行交易。

4.5.7　小于或等于运算符

小于或等于运算符判断第一个操作数和第二个操作数间是否是小于等于关系，使用符号"<="。当第一个操作数小于或等于第二个操作数时表达式返回 true，否则返回 false。使用语法如下：

操作数 1<=操作数 2

两个操作数可以是变量或常量，数据类型可以是任意有效的 JavaScript 类型。通常用于取大小关系的场合，示例如下：

```
01  var a = 5;                                      // 数值变量 a
02  var b = 5;                                      // 数值变量 b
03  if( a <= b )                                    // 如果 a 等于小于 b 则
04  {
```

```
05      // todo                                        // 执行语句
06   }
```

以上条件表达式返回 true，因为有 a=b。只要 a=b 或 a<b 即可返回 true。相反的情况是当 a>b 时返回 false。

 注意　字符串也可以比较大小。

4.5.8　大于或等于运算符

大于等于运算符与小于等于运算符有部分不同的地方，其判断第一、第二个操作数间的关系是否是大于等于关系。满足此关系则表达式返回 true 否则返回 false。操作数的类型要求与小于等于运算符相同，使用 ">=" 表示。使用语法如下：

操作数 1 >= 操作数 2

该运算符通常应用于求大小关系的场合。例如，当用户输入其年龄为 1000，这是不太可能的，因此可以将年龄数据视为不符合要求，如下述代码所示。

```
01   var age = 1000;                                   // 年龄
02   if( age >= 100 )                                  // 大于等于 100 时
03   {
04       age = 0;                                      // 更正为 0
05   }
```

age 在此处等于 1000，因此条件表达式返回 true，执行流程进入 if 语句块中。大于等于运算符只需要满足第一个操作数大于或等于第二个操作数表达式即可返回 true。

4.5.9　in 运算符

前面介绍过的运算符都与其在数学上的意义相同或相似，但 JavaScript 毕竟不是数学，因此也有很多独特的运算符。in 运算符就是其中之一，in 运算符检查对象中是否有某特定的属性。通常，在数组对象中存在一种称为元素索引的属性集合，该集合的每个元素都是一个非负整型值。因此可以通过 in 运算符取得数组索引集合，这是个非常有用的运算符。语法如下：

result = property in Object;

property 为 Object 对象包含的属性集合，result 接收从集合中按顺序逐一提取的属性。in 运算符应用十分广泛，通常用于遍历集合中的所有元素，比如数组，下面举例说明以加深印象。

【范例 4-18】有 5 种水果的价格数据，分别是梨 3.5 元、葡萄 7 元、香蕉 2 元、苹果 3 元和荔枝 6 元。现需要将这 5 种水果的价格显示在网页的价目表上以供客户查询，如示例代码 4-18 所示。

示例代码 4-18

```
01   <body>
02   <script language="javascript">                    // 脚本程序开始
03   <!--
04       var fruit = new Array( "梨", "3.5", "葡萄", "7", "香蕉", "2", "苹果", 3, "
         荔枝", 6 );                                     // 水果数组
05       for ( index in fruit )                         // 使用 in 运算符遍历水果数组
06       {
07           if( index%2 == 0 )                         // 如果索引为偶数即为水果名
08           {
09               document.write( "<li>" + fruit[index] + ": ");
```

```
10          }
11          else                                  // 元素索引为奇数则为对应水果的价格
12          {
13              document.write( fruit[index] + "元\t" );
                                                   // 输出水果价格
14              document.write( "<input id=\"Button"+ index + "\" type=\"button\" "
                                                   // 生成购买按钮
15              +"value=\" 购 买 \""+"onclick=\"return Button1_onclick(this.serial
                -1)\" serial=\""
16              + index +"\" /><br>" );            // 输出
17          }
18      }
19      function Button1_onclick( arg )           // 购买按钮的单击事件处理函数
20      {
21          alert("您即将购买: " + fruit[arg] );    // 根据按钮序列号判断客户购买的水果
22      }
23  -->
24  </script>
25  </body>
```

【运行结果】打开网页文件运行程序，其结果如图 4-18 所示。

图 4-18　商品列表

【代码解析】该代码段实现了水果价格发布功能，每种水果都生成与其对应的一个购买按钮。第 4 行使用一个数组来保存水果的名称和其价格，偶数元素保存水果名，奇数元素保存价格。第 7～10 行输出偶数元素，成为一行信息的第一部分。

第 11～18 行输出价格（奇数元素）作为对应信息行的第二部分，同时生成一个"购买按钮"。购买按钮的单击事件处理程序绑定到第 19～22 行定义的函数，处理用户单击"购买"按钮的事件。

> 提示　本例综合了前面所学的知识，也用到了后面才讲到的知识，读者现在不必深究，重点在于理解 in 运算符。

4.5.10　instanceof 运算符

instanceof 运算符返回一个布尔值，表明某对象是否是某个类的实例。得到一个对象时，有时需要得知其属于哪个类，确定对象的身份。使用语法如下：

```
result = Obj instanceof Class
```

如果 Obj 是类 Class 的对象，刚 result 值为 true 否则为 false。通常使用在布尔表达式中，以确定对象的类型，比如有一个数组对象，可以使用 instanceof 运算符来确定该对象是否是数组类型，如下面代码所示。

```
var nameList = new Array( "Lily", "Bob", "Petter" );        // 创建一个名字数组
var nameJet = "Jet";                        // Jet 的名字
if( nameList instanceof Array )             // 如果 nameList 是属性数组对象的实例，则
{
    nameList.push(nameJet );                // 将 Jet 的名字添加到数组中
}
if( nameJet instanceof Array )              // 检查 nameJet 是否是数组对象的实例
{
                                            // 一些有效的程序语句
}
```

以上代码段中 if 语句测试表达的值返回 true，因为 nameList 正是 Array 类的对象。然而 nameJet 则不是 Array 类的对象，因此第二个 if 语句的测试条件为 false。第二对花括号中的语句不会被执行。

> 提示 使用 instanceof 可以判断某一对象是否是某一个类的实例，当要确定某个对象的类型时可以使用 typeof 运算符。

4.6 字符串运算符简介

前面讲过了常见的数学运算符、关系运算符和一些特殊的运算符，本节将介绍与字符串相关的运算符。字符串也是一种数据，同样也存在相应的计算，因此程序设计语言也为字符串定义了相应的运算符。主要包括+、>、<、>=和<=这几种。接下来逐一介绍每个运算符的功能。

运算符 "+"，称为连接运算符，它的作用是将两个字符串按顺序连接成为新的字符串。这大大简化了字符串表达式的写法，使用语法如下：

```
result = string1 + string2;                 // 连接字符串
```

string1 和 string2 可以是字符串变量或常量，连接后形成的新串存入变量 result 中。也可以将连接后的新串作为参数传递，代码如下所示。

```
var str1 = "今天星期几了？";                  // 字符串变量
var str2 = "星期五";                         // 字符串变量
document.write( str1 + str2 );              // 输出连接后的字符串
```

上述代码中将 str1 和 str2 用连接运算符连接为一个串后作为参数传递给 write 方法。document 对象的 write 方法要求一个字符串作为参数。

4.7 赋值运算符简介

赋值运算符 "="，用于给变量赋值。赋值运算符将值与变量绑定起来，也就是说，值写入了变量所引用的内存单元。通常，仅声明的变量是没有初始值的，给变量填入数据最直接的办法就是使用赋值运算符将值赋予变量。代码如下所示。

```
var name = "Jet";                           // 字符串
```

以上代码将 "Jet" 赋予变量 name，"=" 运算符左边的操作数称为左值，其右边的操作数称为右值。左值必须是变量，右值可以是变量、常量或表达式。读者要注意区分以下两个概念。

- 声明，指仅宣布变量的存在，但没有为其实际分配存储空间。代码如下所示。

```
var name;                                   // 声明变量
```

变量 name 仅声明，表示它的存在，系统并不为它分配存储空间。

- 定义，声明并赋值。系统真正为变量分配存储空间，代码如下所示。

```
var name = "Lily";                      // 定义字符串变量
```

4.8　逻辑运算符简介

除了数学运算外，程序设计语言还包含另一种重要的运算，逻辑运算。通常是与、或、非和移位等，JavaScript 也为此类运算定义了相应的运算符。包括逻辑与、逻辑或和逻辑非等，本节将逐一讲解。

4.8.1　逻辑与运算符

逻辑与运算符 "&&"，属于双目运算符，操作数被当成布尔类型，可以是变量也可以是常量。"&&" 运算符的使用语法如下：

```
操作数 1 && 操作数 2                      // 与运算
```

将第一个操作数和第二个操作数相与，返回一个布尔值。在日常生活中，常遇到这样的情形，达到两厢情愿需要两个条件，A 喜欢 B，B 也喜欢 A。其中少一个都不行。为了判断 A 和 B 是否达到了两厢情愿，只需要将 A 和 B 这两条件作相与运算即可。代码如下所示。

```
01  var AWish = true;                    // A 同意
02  var BWish = true;                    // B 同意
03  if( AWish && BWish )                 // 逻辑表达式
04  {
05                                       // 达到两厢情愿
06  }
```

逻辑与运算符通常用于判断多个条件同时成立的场合，多个条件相与时需要所有条件都成立表达式才返回 true，下面举例以加深理解。

【范例 4-19】现有一付费影片下载网站的某个页面，其上某个影片对下载用户有要求：必须是 2 级注册用户，并且下载点数至少 30 点余额。不满足条件的用户不予以下载，限制功能的实现如示例代码 4-19 所示。

示例代码 4-19

```
01  <body>                              <!--文档体开始-->
02  <script language="javascript">      // 脚本程序开始
03  <!--
04  function Button1_onclick()          // 按钮事件处理程序
05  {
06      var isRegistered = true;        // 注册用户
07      var level = 3;                  // 级数为 3
08      var blance = 25;                // 账户余额
09      if( isRegistered && ( level >= 2 ) && ( blance >= 30 ) )
                                        // 必须是注册用户、等级大于等于 2、余额大于 30
10      {
11          alert( "您可以下载本资源" );    // 当前用户条件都满足时
12      }
13      else
14      {
15          alert( "您不能下载本资源" );    // 至少有一个条件不满足时
16      }
17  }
18  -->
19  </script>                           <!--脚本程序结束-->
```

```
20        单击下载本影片
21        <input id="Button1" type="button" value="下载" onclick="return Button1_
          onclick()" /> <!--下载按钮-->
22   </body>
```

【运行结果】打开网页文件运行程序，结果如图 4-19 所示。

图 4-19 下载前检测

【代码解析】该代码段实现了影片下载前检测用户状态的功能。第 21 行设置一个下载按钮，用户单击它即可启动下载。第 4~17 行定义一个函数作为下载按钮的单击事件处理程序，此程序检测用户的状态。第 9 行用与运算符检测三个条件，"是否已经注册"、"是否达到至少 2 级"和"是否至少有 30 点的余额"这三个条件，只要至少一个条件不成立，表达式即返回 false。从而不能进入下载页面，条件都成立则可以下载。

 提示　逻辑运算符也可以用于非逻辑表达式中。

4.8.2　逻辑或运算符

逻辑或运算符 "||"，属于双目运算符，对两个操作数进行或运算并返回一个布尔值。返回值表明两个操作数中是否至少有一个的值为 true，操作数可以是常量或变量，类型皆被转换为布尔型。使用语法如下：

操作数 1 || 操作数 2

逻辑或运算符通常用于判断多个条件中至少有一条成立即可通过测试的场合。例如，某个人仅凭身份证或学生证即可领取邮局里的邮包，可使用逻辑或运算符，代码如下所示。

```
01   var identity_card = true;              // 身份证
02   var student_IDC = false;               // 学生证
03   if( identity_card || student_IDC )     // 是否带了至少一种证件
04   {
05                                          // 允许领取
06   }
07   else                                   // 否则
08   {
09                                          // 不允许领取
10   }
```

上述代码中只需要 identity_card 或 student_IDC 为 true，if 语句的测试条件为真，则允许领取邮包，否则不允许。

4.8.3 逻辑非运算符

逻辑非运算符 "!"，属于单目运算符。对操作数的逻辑值取反，操作数可以是变量或常量。类型可以是任意 JavaScript 数据类型，和逻辑非运算符结合后的数据类型皆被当做布尔型。如果原来的值为 true 运算后将为 false，反之为 true。语法如下：

```
var v = false;                          // 布尔型变量
```

逻辑非运算符通常用于测试当某条件不成立时（即为 false），再通过一次取反条件则成立。条件语句测试通过，以原条件不成立为执行前提的代码就得到执行，代码如下所示。

```
01  var isBob = false;
02  if( !isBob )                        // 如果不是 Bob 时
03  {
04                                      // 如果此用户不是 Bob 时而采取的行动
05  }
```

4.9 位运算符简介

前面所讲的逻辑与、逻辑或和逻辑非都是依据操作数的值转换为布尔值后参与计算。例如，非零值为 true，零值为 false。而位运算符则对变量的二进制位间进行逻辑运算，因而取得一个新的值。位运算符包括位与、位或、位异或、位非和移位运算符。

学习位运算符之前，应该先了解存储单元的位模型。通常计算机中每一个内存单元是一个字节，一个字节由 8 个二进制位组成，二进制位是计算机里的最小的信息单元，模型如图 4-20 所示。

0	1	0	0	0	1	1	0

图 4-20　内存单元位模型

图 4-20 中黑粗边框表示一个内存字节单元，由 8 个二进制位构成。该单元的二进制值为 01000110，是无符号数字 74。位运算符对变量进行的运算是发生在二进制位级别，因此返回的值通常不用做布尔值。

4.9.1 位与运算符

位与运算使用符号 "&"，属于双目运算符。两个操作数的对应二进制位相与，对应两个位都为 1 时结果值中对应位也为 1，否则为 0。结果值的长度和两个操作数中位数最多者相同，通常用于测试某个操作数中的某位是否为 1，作为开关使用。语法如下：

```
var result = 操作数1 & 操作数2;
```

【范例 4–20】某地下通道有 8 条行车线，每 5 分钟只能随机允许其中数条通车。用红绿灯控制车道的停通，1 表示绿灯，0 表示红灯。测试 1、3、5、7 车道是否开通的程序如示例代码 4-20 所示。

示例代码 4-20

```
01  <body>                                  <!--文档体开始-->
02  <script language="javascript">          // 脚本程序开始
03  <!--
04  function Button1_onclick()              // 按钮单击事件处理程序
05  {
06      var currentState = 215;             // 目前车道开放的状态
07      if ( (currentState & 85) == 85 )    // 测试第 1、3、5、7 位是否为 1
08      {
09          alert( "已经开通 1、3、5、7 车道" );  // 输出信息
10      }
11      else                                // 其中至少有一位不为 1
```

```
12        {
13            alert( "1、3、5、7车道目前处于关闭状态" );        // 输出信息
14        }
15    }
16    -->
17  </script>                                        <!--脚本程序结束-->
18                                                   <!--检查按钮-->
19      <input id="Button1" type="button" value="查看1、3、5、7道是否已经通车"
20   onclick="return Button1_onclick()" />
21  </body>                                          <!--文档体结束-->
```

【运行结果】打开网页文件运行程序，结果如图 4-21 所示。

图 4-21　程序运行效果

【代码解析】该代码段使用位与运算符检测一个字节单元中的第 1、3、5、7 位是否为 1，将该单元的值与 85 做位与运算即可实现。第 6 行定义一个变量表示当前地下车道开放的状态，215 的二进制码为 11010111。表示第 1、2、3、5、7、8 道开通。第 7 行将状态码 215 与 85 做位与运算，85 的二进制码为 01010101，表示第 1、3、5、7 道开通。位与操作后如果结果为 85 则表示目标通道开通，否则至少有一条目标通道是关闭的。

4.9.2　位或运算符

位或运算符 "|" 原理与位与运算符基本上一样，唯一的差别就是两个操作数对应位间如果都不为 0 则结果的相应位为 1，否则为 0。使用的情形不再重述，语法如下：

var result = 操作数 1 | 操作数 2;

例如 2 的二进制码为 10，3 的二进制码为 11。2 和 3 作位或运算则得 3，因为 2 的第一位和 3 的第一位至少有一个为 1。因此结果的第一位为 1，2 的第 2 位和 3 的第 2 位至少有一个为 1，则结果的第 2 位也为 1。因此计算结果为 3，即二进制码为 11。

 提示　注意结合位与运算符的特点，这两者正好互补。

4.9.3　位异或运算符

位异或运算符 "^" 的作用是当两个操作数对应位不相同时结果的相应位即为 1，否则为 0。应用的情形与位与、位或相同，仅仅存在功能上的区别。人们通常使用该运算符测试两个位是否相同，语法如下：

var result = 操作数 1 ^ 操作数 2;

例如，2 的二进制码为 10，1 的二进制码为 01。2 与 1 作位异或运算将得到 3，因为两者的第一二位正好不相同，因此得到二进制码 11，也就是十进制数字 3。通常，位异或用在信息加密解密的场合，因为 A 和 B 位异或运算得 C，C 和 B 位异或运算得 A。

【范例 4-21】妙用位异或运算实现信息加密解密。为了不使密码"123456"以明文的形式存放，现将其加密，密钥为"666666"，输出加密后和解密后的密码，如示例代码 4-21 所示。

示例代码 4-21

```
01  <script language="javascript">          // 脚本程序开始
02  <!--
03      var user = "foxun";                  // 用户名
04      var password = 123456;               // 密码，需要对其加密
05      var key = 666666;                    // 加密密钥
06      var codedpassword = password ^ key;  // 将明文密码 123456 加密
07      alert( "加密后的密码: " + codedpassword );  // 输出加密后的密
08      codedpassword ^= key;                // 将加密后的密码解密
09      alert( "解密后的密码: " + codedpassword );  // 输出解密后的密码
10  -->
11  </script>                                <!--脚本程序结束-->
```

【运行结果】打开网页文件运行程序，结果如图 4-22 和图 4-23 所示。

图 4-22　加密后密码

图 4-23　解密后密码

【代码解析】该代码段第 3～5 行设定了用户信息，包括用户名、密码和加密密钥。第 6 行将密码和密钥进行位异或运算，得到加密后的密码。第 7 行输出加密后的密码，以表示加密成功。第 8 行将加密后的密码与密钥进行位异或运算，实现解密。第 9 行将解密后的密码输出，表示解密成功。

4.9.4　位非运算符

位非运算符"～"实现对操作数按位取反运算，属于单目运算符。操作数可以是任意 JavaScript 类型的常量或变量。运算的过程和结果如图 4-24 所示。

使用语法如下：

```
result = ~操作数;
```

$$\frac{\sim 10010011}{01101100}$$

图 4-24　位非运算符示意图

通过大量的实验证明，JavaScript 中对数据的位非运算有其独特的规律。看起来并不完全等同于其他编程语言所进行的位运算，对于字符串数据，按位取反后值为-1。对布尔值 true 和 false 取反分别得-2 和-1，对数值数据+N 得-(N+1)，-N 得 N-1。下面编写程序逐一测试。

【范例 4-22】测试按位反运算符，寻找其计算规律，如示例代码 4-22 所示。由于这段代码都很重要，因此不做加粗处理，读者需着重学习。

示例代码 4-22

```
01  <script language="javascript">          // 脚本程序开始
02  <!--
```

```
03      var msg = "正数取反: ";
04      for( i = 0; i<50; i++ )        // 连续对 0 到 49 进行位取反，并逐一添加输出字符串
05      {
06          msg += i + "=>" + (~i) + " ";     // 添加取反后的值到字符串中
07      }
08      msg += "\n 负数取反: ";
09      for( i = -50; i<0; i++ )      // 连续对-50 到-1 进行位取反，并逐一添加到输出字符串
10      {
11          msg += i + "=>" + (~i) + " ";       // 添加取反后的值到字符串中
12      }
13      msg += "\n 布尔值取反: ";
14      var b1 = true;                 //对布尔值 true 和 false 按位取反，并添加到输出字符串
15      msg += b1 + "=>" + (~b1) + " ";         // 添加取反后的值到字符串中
16      var b2 = false;
17      msg += b2 + "=>" + (~b2) + " ";         // 添加取反后的值到字符串中
18      msg += "\n 字符串取反: ";
19      var name = "Bob";                    // 对布尔值字符串按位取反，并添加到输出字符串
20      msg += "\"" + name + "\"" + "=>" + (~name) + " ";
21      alert( msg );                    // 输出
22  -->
23  </script>                                      <!--脚本程序结束-->
```

【运行结果】打开网页文件运行程序，结果如图 4-25 所示。

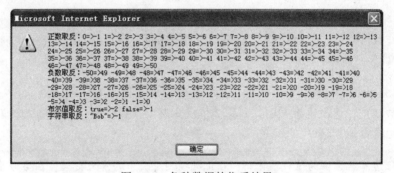

图 4-25　各种数据的位反结果

【代码解析】该代码段第 3～12 行对数值数据的正负数分别按位取反，以寻找其中规律。第 14～17 行对布尔值进行位取反，通过输出结果发现布尔值数据在取反前事先转换为数值型。第 19 行对字符串对象按位取位，得到"-1"，说明对象按位取反皆为"-1"，对象特性值则不然。

4.9.5　左移运算符

内存单元中的二进制数据按位作前述的与、或、反的运算可以形成新的数据。通过整体向左向右移动也可以形成新的数据。左移位运算符"<<"，实现整体向左移动低位补 0 的功能，属于双目运算符，语法如下：

result = 操作数 1 << 操作数 2

操作数 1 向左移动用操作数 2 表示的位数，例如"50<<3"可以将数据 1 的二进制位序列整体向左移动 3 位，代码如下所示。

```
var bitSet = 50;
bitSet = bitSet<<3;
```

50 的二进制码 110010 向左移 3 位后为 110010000，等于十进制数 400。向左移 n 位相当于原数乘以 2^n，执行的过程如图 4-26 所示。

110010 ——— 左移 3 位 ———→ 110010 000

图 4-26 左移位示意图

提 移位时一定考虑因为符号位的移动而带来的影响。
示

4.9.6 带符号右移运算符

前面讲过左移位运算符，与之对应的是右移位运算符。右移位包括带符号位右移和无符号位右移，共同之处是都移动给定的位数，不同之处是高位的处理方式不同。进一步学习移位操作之前，先来了解计算机中表示有符号数的方法。

通常，数据存储于计算机内存单元中。对于有符号数，除了保存表示数据大小的二进制位外，还使用一位来表示数据的符号。一般在最高位使用"1"表示负数，"0"表示正数。例如，"-10"的二进制码为 11100，"+10"的二进制码为 01100。最左边那位就是符号位，当进行右移位运算时将面临符号位如何处理的问题。

当移动的是有符号数，左边空出的位用数的符号位填充。向右移动超出的位将被丢弃，称为带符号右移位操作。其运算符为">>"，使用语法如下：

result = 操作数 1>>操作数 2;

两个操作数可以是任意 JavaScript 类型的变量或常量，操作数 1 的二进制位向右移用操作数 2 表示的位数。代码如下所示。

```
var number = -5;
number = number>>2;
```

有符号数-5 的二进制码为 1101，右移 2 位后变为 11；再使用符号位对左边空出的两位进行填充，因此最后变为 1111。

提 进行移位运算后数据的值将被更新，在位级控制应用中的意义更大，在类似 JavaScript
示 这种自动化脚本语言中并不常用。

4.9.7 高位补 0 右移运算符

前面已经提及右移运算时符号位的处理问题，那是针对有符号数的情况。当数是无符号数时，右移后在左边空出的位上填充 0，称为无符号右移位。对应的运算符是">>>"，使用语法如下：

result = 操作数 1>>>操作数 2;

操作数可以是任意类型的变量或常量，操作数 1 的二进制码将被右移用操作数 2 表示的位数，左边空出的位用 0 填充。右边超出的位被丢弃，如无符号数 5 的二进制码为 101，向右移 2 位后为 001，也就是十进制数 1。运算过程与有符号差不多一样，读者学习时将二者联系起来。

4.10 其他运算符

前面讲过操作数、算术运算符和逻辑运算符等，这些是程序设计语言最基本的要素。但是程序设计语言不是纯粹的数学计算和逻辑推理。因此程序设计语言还需要配备一些特殊的运算符用在一些特殊的场合。本节将介绍条件运算符、new 运算符、void 运算符、typeof 运算符、点运算符、数组存取运算符、delete 运算符、逗号运算符、this 运算符等。这些运算符相当重要，希望读者熟练掌握。

4.10.1　条件运算符

编程经常遇到根据条件在两个语句中执行其一的情况，用一个 if 语句显得麻烦。为简化程序的编码 JavaScript 提供了条件运算符，可以根据条件在两个语句间选择一个来执行。使用符号 "?:"，属于三目运算符，语法如下：

条件表达式 ? 语句 1: 语句 2

参数说明：

- 条件表达式，结果被作为布尔值处理的表达式。
- 语句 1，如果条件表达式返回 true 则执行之。
- 语句 2，如果条件表达式返回 false 则执行之。

条件运算符通常用于组织复杂的表达式。代码如下所示。

```
var hours = 8;                     // 已经 8 点
var msg = "现在是" + ( ((time<=12)&&(time>=6)) ? "上午": "不是上午" );
```

上述字符串表达式中使用了条件运算符，其判断当前时间而确定将哪个字符参与字符串连接运算。使用条件运算符大大方便了代码的编写。

> **提示** 尽管条件运算符在一些场合表现得很好，但也不能滥用。为了代码有更好的可读性，表达式不宜过于复杂。

4.10.2　new 运算符

JavaScript 是基于对象的语言，本书第 2 章在讲解有关复合数据类型的内容时已经创建了大量的对象。创建对象的一种方式是直接使用 new 运算符，该运算符创建一个类的实例对象。语法如下：

```
new constructure( [args,[…]] );
```

参数说明：

- constructure：是类的构造函数，用于构造对象。
- args：是传递给构造函数的参数，可选项。

例如，创建一个字符串对象的代码如下：

```
var myName = new String( "Foxsir" );
```

变量 myName 引用了新建的 String 对象，常量 "Foxsir" 被作为参数传递给 String 类的构造函数 String(arg)。使用 new 运算符创建的对象，若要删除须对引用对象的变量赋 null 值。

4.10.3　void 运算符

前面讲过的表达式都可以返回一个值，然而有些地方却不需要返回值。此时可以使用 void 运算符来避免表达式返回值，void 运算符可以带来灵活的设计。例如，将 JavaScript 代码写到 IE 地址栏中并执行，为了使当前文档内容不至于被清除，地址栏中的代码不能有返回值。

【范例 4–23】使用 IE 地址栏来执行简单的 JavaScript 代码，使之打开微软公司的网站首页（http://www.microsoft.com）如示例代码 4-23 所示。

示例代码 4-23

```
01    javascript:void( window.open("http://www.microsoft.com") );
                                                      // 在浏览器地址栏中执行
```

【运行结果】打开网页文件运行程序，结果如图 4-27 所示。

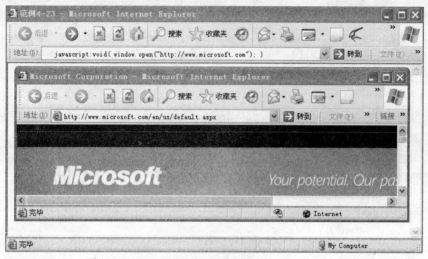

图 4-27　在地址栏中执行 JavaScript 代码

【代码解析】程序仅有一行代码，而且写到 IE 地址栏中。windows 对象的 open 方法可以打开一个新窗口，并加载指定地址的文件。open 方法返回一个值引用新打开的窗口，如果不使用 void 运算符屏蔽返回值，当前窗口的内容将被清除并且写入"[Object]"。

提示　void 可以让表达式被执行而结果被忽略，这个特性在一些场合非常有用。

4.10.4　类型检测运算符

因为 JavaScript 中每一个数据都属于一种数据类型，通过使用 typeof 运算符即可获得数据的类型名。typeof 返回一个表达式的值的类型名，在一些需要得知对象的类型的场合非常有用。使用语法如下：

```
typeof( 表达式 );
```

typeof 返回 6 种可能的值，分别为"Number"、"String"、"Boolean"、"Object"、"Function"和"undefined"。例如，求一个字符串对象的类型，代码如下所示。

```
var message = "欢迎您访问本站";                      // 消息字符串
var type = typeof(message );                          // 取变量类型名
```

4.10.5　对象属性存取运算符

对象属性存取运算符在一些书籍中称为点号运算符，使用符号"."表示。其作用是读取对象的属性，或者保存值到对象的属性，或者调用对象的方法。使用语法如下：

```
对象名.属性名或方法名
类名.方法名
```

第一种是调用实例对象的属性或方法。对象名必须是有效的对象引用，属性名或方法必须是对象所拥有的特性。第二种是调用类的静态方法，静态方法是所有对象共有的，类无须实例化即可使用的方法。例如，为了求"杨宗楠"的名字长度，可以使用如下代码。

```
01  var nameYZN = "杨宗楠";                              // 创建一个字符串对象
02  var len = nameYZN.length;                           // 调用String类对象的length属性
03  var xing = nameYZN.charAt(0);  // 调用 String 类对象的 charAt 方法，取得宗楠的姓
04  var unicodeOfYang = String.fromCharCode( 26472 );// "杨"的 unicode 编码为 26472
```

上述代码演示了如何使用点号运算符调用对象的属性和方法，以及如何调用类的静态方法。第 4 行直接调用 String 类的静态方法 fromCharCode，将 unicode 码 26472 转为"杨"字。

4.10.6 数组存取运算符

数组以元素为单位保存数据，读取其中的数据时需要读出元素。JavaScript 提供"[]"运算符用于存取数组元素，方括号中是要存取的元素的下标。这个运算符大大方便了数组的编程，使用语法如下：

数组名[下标]

通常使用一个循环将下标从 0 递增到数组的最大下标，结合"[]"运算符即可遍历数组，下面举例以加深印象。

【**范例 4-24**】现在有 5 个学生名字，存于数组中。要求将 5 个名字按存放的顺序输出，如示例代码 4-24 所示。

示例代码 4-24

```
01  <script language="javascript">              // 脚本开始
02  <!--
03      var nameList = new Array( "Tom", "Lisley", "Petter", "ZongNanYang", "Lily",
        "Jackson" );                            // 名单
04      for( index in nameList )                // 遍历名单
05      {
06          document.write( nameList[index] + "<br>" );
                                                //使用"[]"运算符读取数组元素的内容
07      }
08  -->
9  </script>                                    <!--脚本程序结束-->
```

【运行结果】打开网页文件运行程序，结果如图 4-28 所示。

图 4-28 输出名字

【代码解析】该代码段第 3 行创建一个数组用于保存学生的名字，第 6 行在循环语句中使用"[]"逐一提取数组元素。

4.10.7　delete 运算符

要删除使用 new 运算符创建的对象需要将对象的引用赋值 null，当引用为 0 时系统自动收回对象所占的资源。delete 运算符则可以删除对象的一个属性或数组的一个元素，JavaScript 对象的属性可以动态添加。对于动态添加的属性可以用 delete 运算符将其删除，与其他面向对象的编程语言不同。

【**范例 4–25**】用一个对象表示一个学生，为其动态添加姓名、性别和年龄等属性，如示例代码 4-25 所示。由于这段代码都很重要，因此不做加粗处理，读者需着重学习。

示例代码 4-25

```
01  <script language="javascript">              // 脚本程序开始
02  <!--
03    var student = new Object();              // 创建一个对象表示学生
04    student.name = "Tom";                    // 为学生对象添加"名字"属性
05    student.age = 20;                        // 添加"年龄"属性
06    student.sex = "男";                      // 添加"性别"属性
07                                             // 输出学生的三个属性
08    document.write( "<li>" + student["name"] + ": " + student["sex"] + " " +
      student["age"] );
09    delete student.age;                      // 删除学生的"年龄"属性
10                                             // 再次输出全部属性作对比
11    document.write( "<br>删除了 age 属性<br><li>" + student["name"] + ": "
12  + student["sex"] + " " + student["age"] );
13  -->
14  </script>                                          <!--脚本程序结束-->
```

【运行结果】打开网页文件运行程序，结果如图 4-29 所示。

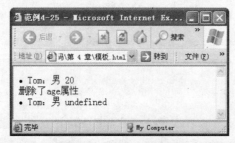

图 4-29　输出人物信息

【代码解析】该代码段第 3～6 行创建一个对象表示学生，并为之添加了三个属性。第 8 行输出学生对象的三个属性，第 9 行使用 delete 运算符将学生对象的 age 属性删除。第 11、12 行试图再次输出学生的三个属性，但 age 属性已经不存在了，因此输出为 undefined。

4.10.8　逗号运算符

逗号运算符使用符号 "，"，作用是使其两边的表达式按左到右的顺序被执行，并返回最右边表达式的值。使用语法如下：

表达式 1，表达式 2

逗号运算符常用在 for 循环中。示例如下：

```
01  var j = 0;                      // 取 0
02  for( i = 0; i<10; i ++, j++ )   // 循环 10 遍
03  {
```

```
04         j *= i;                              // 累乘
05    }
```

每次 for 循环执行到末端时，一般只允许一个表达式被执行。而 "," 运算符则可以使两个表达式得到执行，突破了该限制。

4.10.9 函数调用运算符

函数调用运算符 "call"，作用于 Function 对象。主要功能是调用对象的一个方法，并以另一个对象作替换为当前对象，以改变 this 指针的指向。JavaScript 函数和对象方法的调用通常发生于一个运行时上下文中，一般为 Global 对象上下文。但当前执行上下文可以更改，使用 call 运算符即可达到目的。语法如下：

对象名.call([thisObj , [arg1, [arg2, [argn, […]]]]])

参数说明如下。

- 对象名：为一个有效的 Function 对象。
- thisObj：是即将换为当前上下文对象的对象引用，可选，当省略时自动设置为 Global 对象。
- arg：是传递给 Function 对象的参数，可选。

使用 call 运算符可以改变函数执行上下文，这个特性在一些特殊场合非常有用，下面举例说明以加深理解。

【范例 4-26】现有两个学生对象，他们拥有值不相同的同种属性（姓名和年龄）。要求将学生的姓名和年龄输出，如示例代码 4-26 所示。

示例代码 4-26

```
01   <script language="javascript">          // 脚本程序开始
02   <!--
03     function showStudentInfo()             // 定义一个函数，用于输出学生信息
04     {
05                                            // 输出 this 指向的对象的 name、age 成员
06       document.write( "<li>" + this.name + " " + this.age + "<br>" );
07     }
08     function Student( _name, _age )        // 定义 Student 类的构造函数
09     {
10       this.name = _name;                   // 添加属性
11       this.age = _age;
12     }
13     var stu1 = new Student( "Tom", 20 );// 创建两个学生类实例
14     var stu2 = new Student( "Lily", 21 );
15     showStudentInfo.call( stu1 );          // 不同的上下文中调用 showStudentInfo
16     showStudentInfo.call( stu2 );
17   -->
18   </script>                               <!--脚本程序结束-->
```

【运行结果】打开网页文件运行程序，结果如图 4-30 所示。

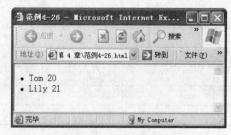

图 4-30　学生名字和年龄

【代码解析】该代码段第 3～7 行定义一个函数，用于输出 this 指针指向的对象的 name 和 age 两个属性。第 8～12 行定义一个学生类构造函数，用于创建学生对象。第 13、14 行创建了两个学生对象，第 15、16 行使用 call 运算符调用函数 showStudentInfo。此时执行上下文分别改变为 stu1 和 stu2，目的是重设函数对象 showStudentInfo 的 this 指针的指向。

> 提示 call 运算符提供了一种很好的改变执行上下文的机制，使用它可以做出巧妙的设计，读者请多加练习。

4.10.10 this 运算符

"this" 严格地说是一个关键字，也可以理解为运算符。面向对象的编程中要引用当前对象，this 运算符可以返回当前对象的引用。this 通常用在对象构造函数中，用来引用函数对象本身。语法如下：

this.属性名或方法名

给自定义对象添加属性时，在类构造函数中使用 this 运算符。例如，创建一个汽车类，给汽车添加最大速度和载重属性，代码如下所示。

```
01   function Car ( _rateMax, _ carryingCapacity )   // 构造函数
02   {
03       this. rateMax = _rateMax;                    // 添加属性：极速
04       this. carryingCapacity = _carryingCapacity; // 添加属性：最大载重
05   }
```

4.11 掌握运算符的优先级

前面的内容讲解了 JavaScript 中的表达式、操作数和运算符，表达式由运算符和操作数构成。到目前为止，读者所接触过的表达式都比较简单，但表达式可以是很复杂的复合表达式。在一个复杂的表达式中，多个运算符结合在一起，势必会出现计算的先后顺序问题。

JavaScript 中的运算符优先级是一套规则。该规则在计算表达式时控制运算符执行的顺序。具有较高优先级的运算符先于较低优先级的运算符得到执行。同等级的运算符按左到右的顺序进行。归纳总结如表 4-1 所示。

表 4-1 运算符优先级（从高到低）

运 算 符	说 明
. [] ()	字段访问、数组下标、函数调用及表达式分组
++ — - ~ ! delete new typeof void	一元运算符、返回数据类型、对象创建、未定义值
* / %	乘法、除法、取模
+ - +	加法、减法、字符串连接
<< >> >>>	移位
< <= > >= instanceof	小于、小于等于、大于、大于等于、instanceof
== != === !==	等于、不等于、严格相等、非严格相等
&	按位与
^	按位异或
|	按位或
&&	逻辑与

续表

运 算 符	说　明
||	逻辑或
?:	条件
= oP=	赋值、运算赋值
,	多重求值

由表 4-1 可以看出，运算符比较多，记住各运算符的优先级并不容易。因此编程时一般都使用圆括号 "()" 来决定表达式的计算顺序，示例如下：

```
((A + B)&C)>>3
```

在这里圆括号意义上完全等同于数学表达式里的圆括号，即括号内的优先级最高，最先得到计算。上述代码执行顺序为：A 加上 B，再将结果与 C 做位与运算，最后带符号右移 3 位。下面举例说明运算符的优先级。

【**范例 4–27**】编程测试 "＋、一、×、÷" 运算符的优先顺序，求表达式 "1+2/5-0.1*5" 的值并输出，如示例代码 4-27 所示。

示例代码 4-27

```
01   <script language="javascript">              // 脚本程序开始
02       var result1 = 1+2/5-0.1*5;             // 默认优先级顺序
03       var result2 = ((1+2)/5-0.1)*5;         // 用小括号改变优先级
04       document.write("<b>运行符优先级</b>");   // 输出标题
05       document.write("<li>1+2/5-0.1*5=" + result1 );   // 输出表达式 1 的结果
06       document.write("<li>((1+2)/5-0.1)*5=" + result2 ); // 输出表达式 2 的结果
07   </script>                                   <!--脚本程序结束-->
```

【运行结果】打开网页运行程序，运算结果如图 4-31 所示，对比其中两个不同表达式的结果。

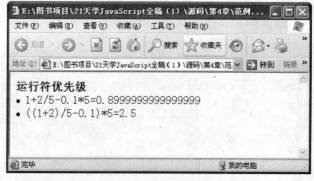

图 4-31　对比两个表达式的结果

【代码解析】代码段第 2、3 行分别定义两个算术表达式，第一个表达式使用默认运算符优先级。其运算顺序按 JavaScript 的规定，顺序为 "/、+、*、-"。第二个表达式使用小括号强制改变计算优先级，顺序为 "+、/、-、*"。

提示　编程时通常使用小括号决定计算优先级，而不用背优先级表。

4.12　小结

本章讲解了 JavaScript 中的表达式、操作数、算术运算符、关系运算符和逻辑运算符等内容；介绍了数在计算机中的表示以及如何进行位级运算，使用 new 运算符可以创建类的对象；删除对象动态添加的属性可以使用 delete 运算符。

instanceof 返回一个布尔值表示该对象是否是某个类的实例，typeof 则返回一个对象所属的类型名称。JavaScript 运算符种类繁多，各类运算符优先级各不相同，圆括号极大地方便了代码的书写。

4.13　习题

一、常见面试题

1. 表达式 null === undefined 的运算结果是否为真？

【解析】本题考查的是常见表达式的运算，只要掌握了表达式的基本概念，本题不难解答，答案是结果为真。

2. 说出 JavaScript 运算符的种类。

【解析】本题考查的是对 JavaScript 运算符的掌握程度。

【参考答案】算术运算符、关系运算符、字符串运算符、逻辑运算符、赋值运算符、位运算符等。

二、简答题

1. 什么是表达式？它有什么作用？

2. 列举出 JavaScript 中的运算符。

三、综合练习

1. 人们在网络上传送敏感信息时通常需要加密处理，以防被他人窃取。现在要求编写一个信息加密解密的应用程序，可以将数据信息加密成不可阅读识别的数据，同时又能将加密后的数据解密还原。

【提示】加密解密可以使用位异或运算实现，因为 A 与 B 异或得到 C，C 与 B 异或可以得到 A。因此 B 将成为密钥。字符串对象的 charCodeAt 方法可以取得一个字符的 unicode 编码，可以对此编码进行加密运算。fromCharCode 方法可以将一个 unicode 编辑还原为字符，因此可以从加密解密后的 unicode 码串还原字符串。参考代码如下：

```
01  <body>                              <!--文档体-->
02  <script language="javascript">      // 脚本程序开始
03  <!--
04  var msgCoded;                        // 加密后的串
05  var msgEncoded;                      // 解密后的串
06  function CodeAndEncode( pkey, date ) // 加密解密函数
07  {
08      var codedStr = "";               // 已加密或解密的字符序列
09      for( i = 0; i<date.length; i++ ) // 对信息串逐个加密
10      {
11          var dateCoded;               // 已加密或解密的字符的unicode编码
12          for( j = 0; j<pkey.length; j++ )
                                         // 密钥串的每个字符与串中当前字符进行位异或
13          {
14              var keyCoded = pkey.charCodeAt( j );
                                         // 从密钥串中提取一个字符的unicode编码
```

```
15              var dateCoded = date.charCodeAt(i) ^ keyCoded;
                                        // 异或运算
16          }
17      codedStr += String.fromCharCode( dateCoded );
18  }
19      return codedStr;                        // 返回信息串
20 }
21 function BtnCode_onclick()                   // "加密"按钮单击事件处理程序
22 {
23     var date = TextArea1.value;              // 提取要加密的文本
24     var key = Password1.value;               // 提取密钥
25     msgCoded = CodeAndEncode( key, date );   // 加密
26     TextArea1.value = msgCoded;              // 在文本域中显示加密结果
27 }
28 function BtnEncode_onclick()
29 {
30      var date = TextArea1.value;             // 提取要解密的文本
31      var key = Password1.value;              // 提取密钥
32      msgEncoded = CodeAndEncode( key, date );// 解密
33      TextArea1.value = msgEncoded;           // 在文本域中显示解密后的文本
34 }
35 -->
36 </script>                                    <!--脚本程序结束-->
37 <!--用户界面,设置一个文本域、一个文本编辑框、两个按钮-->
38       <textarea id="TextArea1" style="width: 331px; height: 211px"></
   textarea> <br />
39  密钥:  
40  <input id="Password1" type="password" /> 
41  <input id="BtnCode" type="button" value="加密" onclick="return BtnCode_
   onclick()"
42 style="width: 57px" />
43  <input id="BtnEncode" style="width: 55px" type="button" value="解密"
44 onclick="return BtnEncode_onclick()" />
45 </body>                                      <!--文档体结束-->
```

【运行结果】打开网页文件运行程序,加密结果如图 4-32 所示,解密结果如图 4-33 所示。

图 4-32 加密后的结果

图 4-33 解密后的结果

2.对数个学生的名字进行排序并输出,排序前的顺序为:"Tom"、"Petter"、"Jim"、"Lily"。

【提示】可以使用数组作为数据的容器,使用本章讲过的 in 运算符结合 for 循环遍历数组;

再使用关系运算符作字符串升降序比较，参考代码如下：

```
01  <script language="javascript">                // 脚本程序开始
02  <!--
03    var students = new Array( "Tom", "Petter", "Jim", "Lily" );// 学生名字
04    document.write( "排序前：" + students );   // 输出排序前的名字序列
05    for( n in students )                        // 在 for 语句中使用 in 运算符遍历数组
06    {
07      for( m in students )                      // 逐一比较
08      {
09        if( students[n] < students[m] )         // 使用 "<" 运算会进行升序比较
10        {
11          var temp = students[n];               // 交换数组元素内容
12          students[n] = students[m];
13          students[m] = temp;
14        }
15      }
16    }
17    document.write( "<br>" );                    // 输出换行
18    document.write( "排序后：" + students );   // 输出排序后的名字序列
19  -->
20  </script>                                      <!--脚本程序结束-->
```

【运行结果】打开网页文件运行程序，运行结果如图 4-34 所示。

图 4-34　运行结果

四、编程题

1. 编一程序计算 8*x*x+(x+y)*(3*x-8)的值。

【提示】本题可以设置几个变量，然后按照运算符的优先级进行运算即可。

2. 编写一程序计算表达式(((b + c) * 30 + 70 * (d-3)) * e)%7 的值。

【提示】本题与上题类似，只是需要多设置几个变量，然后即可按照相同方法得到计算结果。

第 5 章　控 制 语 句

JavaScript 中提供了多种用于程序流程控制的语句，这些语句分为选择和循环两大类。选择类语句包括 if、switch 系列，其中 if 语句根据条件执行相应的程序分支，而 switch 语句则枚举可供选择的值作为转移依据。在开发中，也总会碰上重复执行同一动作的情况，循环语句可用于描述此类问题。

循环语句包括 while、for 等。程序执行时可能会碰上类似除数为零的情况，这显然是一个错误，这种错误在 JavaScript 中统称为异常。发生异常时，程序常常被迫中止，但可使用 try-catch 语句捕捉并处理异常。本章将逐一详述各个知识点。

- 理解掌握条件选择语句的特点，并在实际编程时灵活使用。
- 理解掌握循环语句的特点和用法。
- 掌握异常处理结构的使用方法。
- 通过实际的练习来加深对程序控制结构的理解和应用。

以上几点是对读者在学习本章内容时所提出的基本要求，也是本章希望能够达到的目的。读者在学习本章内容时可以将其作为学习的参照。

5.1　使用选择语句

选择语句是指根据条件来选择一个任务分支的语句统称，实现分支程序设计。JavaScript 提供 if 条件选择语句和 switch 多路选择语句，这两种语句都体现在对任务分支的选择上。比如，某人在看钟表上的时间，如果小于凌晨 6 点就决定继续睡，如果大于 6 点，就起床去上班。这里体现出来的是根据时间值选择做某个动作，实现任务分支选择，如图 5-1 所示。

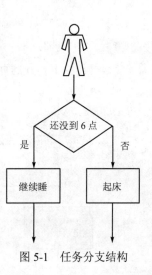

图 5-1　任务分支结构

5.1.1　if 选择语句

生活中一个形象的例子，出门前看看窗外，如果下雨就带伞，否则直接出门。编程中也有类似的问题，此时可用 if 语句来描述，其测试一个 Boolean 表达式，结果为真则执行某段程序。接下来介绍 if 语句的语法。

if 语句的第一种语法如下：

```
if( <表达式> )                    // 条件语句
{
    [ 语句组 ； ]                  // 程序语句序列
}
```

参数说明如下。

- 表达式：必需。执行时计算出一个 Boolean 值，若为真则执行语句组，否则不执行。
- 语句组：可选。可由一条或多条语句组成。

if 语句的第二种语法如下：

```
if( <表达式> )                    // 条件语句
```

```
<语句>;
```

参数说明如下。

- 表达式：必需。执行时计算出一个 Boolean 值，为真则执行其后那条语句。
- 语句：必需。仅为一条语句，如果为空则自动影响其后第一条语句。

执行 if 语句时，如果表达式的值为真，则执行块中的语句，否则直接执行 if 块后的语句。执行流程如图 5-2 所示。

注意 这里的"块"是指被"{"和"}"括起来的内容。

【范例 5-1】本例描述某人在查看当前时间，其根据当前时间决定做何事，演示 if 语句的用法。代码如示例代码 5-1 所示。

示例代码 5-1

```
01  <body>                              <!--文档体-->
02  <h1>                                <!-- 标题 -->
03  当前时间: 5 点
04  </h1>
05  <script language="javascript">      //脚本程序开始
06      var hours = 5;                  //设置一个值表示当前时间
07      if( hours < 6 )                 //使用 if 语句进行判断当前时间是否还不到 6 点
08      {                               //显示一个消息框表示某人做的动作
09          alert( "当前时间是" + hours + " 点，还没到 6 点，某人继续睡！");
10      }
11      /*其他程序语句*/
12  </script>                           <!--脚本程序结束-->
13  </body>                             <!--文档体结束-->
```

【运行结果】打开网页文件运行程序，其结果如图 5-3 所示。

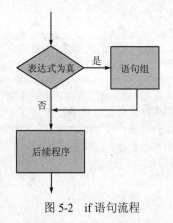

图 5-2 if 语句流程

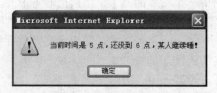

图 5-3 输出结果

【代码解析】该代码段的第 6 行定义一个变量 hours 表示当前时间，其值设定为 6。第 7～10 行使用一个 if 语句判断变量 hours 的值是否小于 6，小于 6 则执行 if 块花括号中的语句，即第 9 行，否则程序跳到第 11 行。展示了 if 语句的使用方法。

提示 if 块语句的花括号必须成对出现，不能交叉嵌套。

5.1.2　if-else 选择语句

if 语句仅根据表达式的值决定是否执行某个任务，没有其他更多的选择，而 if-else 语句则提供双路选择功能。其语法如下：

```
if ( <表达式> )                    // 表达式成立时
{
    [ 语句组 1; ]                   // 有效的程序语句
}
else                              // 表达式不成立时
{
    [ 语句组 2; ]                   // 有效的程序语句
}
```

参数说明如下。

- 表达式：必需。合法的 JavaScript 表达式或常数。
- 语句组 1：可选。可以由一条或多条语句组成，当表达式结果为真时执行。
- 语句组 2：可选。可以由一条或多条语句组成，当表达式结果为假时执行。

执行流程如图 5-4 所示。

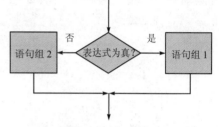

图 5-4　if-else 流程图

【范例 5-2】本例演示某人查看当前时间，如果还没到 7 点则继续睡觉，否则起床准备上班。if-else 语句用于描述当条件成立则如何，否则如何的问题，代码如示例代码 5-2 所示。

示例代码 5-2

```
01  <body>                                      <!--文档体-->
02  <h1>                                        <!-- 标题 -->
03  当前时间：7 点
04  </h1>
05  <script language="javascript">
06      var hours = 7;                          // 定义一个变量表示当前时间
07      if( hours < 6 )                         // 如果还没到 6 点则继续睡
08      {
09          alert( "当前时间是" + hours + " 点，还没到 6 点，某人继续睡！" );
                                                // 输出信息以表示继续睡
10      }
11      else                                    // 否则起床准备上班
12      {
13          alert( "当前时间是" + hours + " 点，某人该准备上班了！" );
                                                // 输出信息以表示上班
14      }
15  </script>                                   <!--脚本程序结束-->
16  </body>                                     <!--文档体结束-->
```

【运行结果】打开网页文件运行程序，其结果如图 5-5 所示。

【代码解析】该代码段第 6 行定义一个变量 hours 表示当前时间，设其初始值为 7。第 7～14 行使用一个 if-else 语句判断变量 hours 的值，出现两种情形，分别是 hours 值小于 6 或 hours 的值大于等于 6。此处 hours 值不小于 6，if 表达式所得的结果为假值，故流程转入第 11 行的 else 块得如图 5-5 所示结果。

图 5-5　输出执行结果

在 if-else 语句执行时，如果 if 后面的表达不为真就执行 else 块中的语句。这种语句使用非常广泛，是程序中最基本的控制结构之一。

> **提示**：如果 if 块或 else 块后是单条语句，则花括号可以省略，笔者建议一律使用花括号，统一编程风格。

5.1.3 if-else-if 选择语句

当有多个可供判断选择的条件时，单个 if-else 语句显然不能表达，于是有了 if-else-if 语句。严格地说，if-else-if 不是单独的语句，而是由多个 if-else 组合而成，实现多路判断。语法如下：

```
if( <表达式 1> )
{
    [ 语句组 1; ]
}
[ else if( <表达式 2> )
{
    [ 语句组 2; ]
}
else
{
    [ 语句组 3; ]
} ]
```

参数说明如下。

- 表达式：必需。
- 语句组：可选，由一条或多条语句组成。

执行流程如图 5-6 所示。

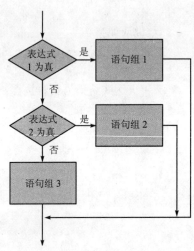

图 5-6 if-else-if 执行流程

【**范例 5-3**】本示例仍然延用上一节的实例模型，描述某人根据当前时间决定做何事，以演示 if-else-if 的用法。代码如示例代码 5-3 所示。

示例代码 5-3

```
01  <script language="javascript">              // 脚本程序开始
02      var hours = 7;                          //手工设定当前时间
03      if( hours < 6 )                         //如果还没到 6 点则
04      {
05          alert( "当前时间是" + hours + " 点，还没到 6 点，某人继续睡！" );
                                                // 输出信息以表示继续睡
06      }
07      else if( hours < 8 )                    // 介于 6~8 点之间
08      {
09          alert( "当前时间是" + hours + " 点，某人决定吃饭早餐！" );
                                                // 输出信息以表示吃早餐
10      }
11  </script>                                   <!--脚本程序结束-->
```

图 5-7 输出程序结果

【运行结果】打开网页文件运行程序，其结果如图 5-7 所示。

【代码解析】该代码段第 2 行定义变量 hours 表示当前时间，设其初始值为 7。第 3～10 行使用 if-else 判断 hours 和各个指定的值相比较的结果，组合成多路选择结构。程序执行时按顺序测试各个 if 块，若遇到满足条件的块时执行流程转入其中。从此忽略后面的 if 块，即使还有满足条件的 if 块，故编程时包含范围越广的条件应该越靠近末尾。

提示　当 if-else-if 结构中不止一个 if 满足条件时，则进入第一个 if 块，其后全部被忽略。这种多路选择的编写方式不方便后期代码维护，有一种更好的多路选择语句 switch，将在下一节讲述。

5.1.4　switch 多条件选择语句

用 if-else 语句实现多路选择结构使程序看起来不清晰，也不容易维护，于是可以选择 switch 语句代替。switch 实现多路选功能，在给定的多个选择中选择一个符合条件的分支来执行。语法如下：

```
switch ( <表达式> )
{
case < 标识 1 >:
    [ 语句组 1; ]
case < 标识 2 >:
    [ 语句组 2; ]
…
[default:]
    [ 语句组 3; ]
}
```

参数说明如下。
- 表达式：必需。合法的 JavaScript 语句。
- 标识：必需。当表达式的值与标识的值相等时则执行其后语句。
- 语句组：可选。由一条或多条语句组成。

执行流程图如 5-8 所示。

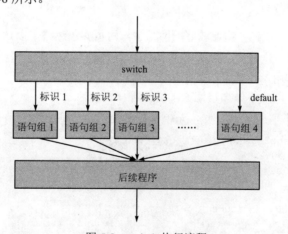

图 5-8　switch 执行流程

switch 语句通常使用在有多种出口选择的分支结构上，如信号处理中心可以对多个信号进行响应。针对不同的信号均有相应的处理，下面举例帮助理解。

【范例 5-4】编写一段程序，对所有进来的人问好，但不在名单之上的人除外，如示例代码 5-4 所示。

示例代码 5-4

01　<script language="javascript">// 脚本程序开始

```
02      var who = "Bob";              // 当前来人是 Bob
03      switch( who )                 // 使用开关语句，控制对每个人的问候，以至于不问错对象
04      {
05         case "Bob":                // 向 Bob 打招呼
06            alert( "Hello," + who );
                                      // 招呼信息
07            break;                  // 跳出选择语句组
08         case "Jim":                // 向 Jim 打招呼
09            alert( "Hello," + who );
                                      // 招呼信息
10            break;                  // 跳出选择语句组
11         case "Tom":                // 向 Tom 打招呼
12            alert( "Hello," + who );
                                      // 招呼信息
13            break;                  // 跳出选择语句组
14         default:                   // 不是名单中的人员时
15            alert( "Nobody~!");     // 输出普通消息
16      }
17   </script>                        <!--脚本程序结束-->
```

图 5-9　问候指定人员

【运行结果】打开网页文件运行程序，其结果如图 5-9 所示。

【代码解析】本例第 2 行设定当前来人是 Bob，第 3 行使用 switch 多路开关语句控制对来人的问候。第 14、15 行当来人不是名单上的人员之一时，显示 "Nobody!"。

5.1.5　选择语句综合示例

本节学习了 if、switch 两种选择语句，它们各有不同的特点，以针对不同的应用场合，下面编写一个综合范例加深对这两个语句的理解。

【范例 5-5】在一些设计得比较好的网站中，网页颜色风格可以切换。用户可以根据自己的喜好选择页面颜色，这是一个很实用的功能。本示例也实现了一个可以切换背景颜色的功能，起到抛砖引玉的作用，读者可以在此基础上做出更漂亮的页面，如示例代码 5-5 所示。由于这段代码都很重要，因此不做加粗处理，读者需着重学习。

示例代码 5-5

```
01  <body id="PageBody" style="background:red"><!--设定 body 节点的 ID，以便在
    JavaScript 代码中操作-->
02  <script language="javascript">     // 脚本程序开始
03  function ChangeBgColor( colorIndex )
04  {
05     var dombody = document.getElementById( "PageBody" );
                                       // 获取 body 节点
06     if( dombody == null )           // 如果没有 body 节点将直接返回
07     {
08        return;                      // 直接返回
09     }
10     else                            // body 节点引用成功获取
11     {
12        switch( colorIndex )         // 使用多路开关语句根据菜单传入的值更改网页背景
13        {
14        case 1:
15           dombody.style.background="#666666";//通过设定 style 元素的 background
                                                //属性以改变背景
```

```
16                break;
17            case 2:
18                dombody.style.background = "#003333";        // 设定背景色
19                break;
20            case 3:
21                dombody.style.background = "#ccccff"; •       // 设定背景色
22                break;
23            case 4:
24                dombody.style.background = "#6699cc";         // 设定背景色
25                break;
26            default:
27                dombody.style.background = "white";           // 设定背景色
28                break;
29            }
30        }
31    }
32    </script>
33    <!--各颜色菜单，用户单击菜单时，背景颜色将变为与菜单相同的颜色-->
34        <div style="width: 100px; height: 20px; text-align:center;
                                                    <!--表示菜单项的 DIV 层-->
35    background-color: #666666;" onclick="return ChangeBgColor( 1 )">
36        </div>
37        <div style="width: 100px; height: 20px; text-align:center;
                                                    <!--表示菜单项的 DIV 层-->
38     background-color: #003333;" onclick="return ChangeBgColor( 2 )">
39        </div>
40        <div style="width: 100px; height: 20px; text-align:center;
                                                    <!--表示菜单项的 DIV 层-->
41     background-color: #ccccff;" onclick="return ChangeBgColor( 3 )">
42        </div>
43        <div style="width: 100px; height: 20px; text-align:center;
                                                    <!--表示菜单项的 DIV 层-->
44     background-color: #6699cc;" onclick="return ChangeBgColor( 4 )">
45        </div>
46    </body>
```

【运行结果】打开网页文件运行程序，其结果如图 5-10 所示。

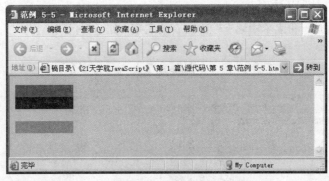

图 5-10　背景色菜单

【代码解析】该代码段第 5 行使用获取 body 节点，第 6～31 行判断若成功获得 body，则使用 switch 语句判断传入函数的参数选择相应的分支以更改网页背景为指定的颜色。第 33～45 行使用 4 个 DIV 元素作为颜色菜单，单击相应菜单将引起网页背景的改变。

> 提示　使用 JavaScript 结合 DOM 进行编程才能发挥 JavaScript 的长处。本书用到 DOM，但不专门讲解 DOM 编程，若有需要请读者查阅相关资料。

5.2　使用循环语句

在编程中有些指令需要执行很多遍，这就要编写大量的代码；而计算机则是专门用来快速完成重复和烦琐的工作，因此编程语言也就提供循环语句来减少重复指令的编写。将重复执行的动作放在循环语句中，计算机将根据条件执行。JavaScript 的循环语句包括 for、while、do-while、for-in 4 种，本节将逐一讲解。

5.2.1　for 循环语句

遇到重复执行指定次数的代码时，使用 for 循环比较合适。在执行 for 循环体中的语句前，有三个语句将得到执行，这三个语句的运行结果将决定是否要进入 for 循环体。for 循环的一般语法如下：

```
for( [表达式1]; [表达式2] ; [表达式3] )
{
     语句组;
}
```

参数说明如下。

- 表达式 1，可选项，第一次遇到 for 循环时得到执行的语句。
- 表达式 2，可选项，每一轮执行 for 循环体前都要执行该表达式一次。如果该表达式返回 true 进入 for 循环体中执行语句组，否则直接跳到 for 循环体后的第一条语句。当本项省略时，皆返回 true。
- 表达式 3，可选项，当语句组执行完毕后得到执行。
- 语句组，可选项，是一些有效的需要重复执行的程序语句。

执行流程如图 5-11 所示。

例如要从一份名单中逐一显示每一个名字，执行的动作就是：找到名单，输出。如果名单有 1000 个名字，这个程序的编码量将很大，因此可以 for 循环简化编码。

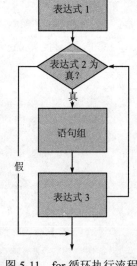

图 5-11　for 循环执行流程

【范例 5-6】从一份名单中逐一输出所有的名字，如示例代码 5-6 所示。

示例代码 5-6

```
01   <body>                                  <!--文档体-->
02     <div style="width: 261px; height: 70px; background-color: #cccccc;"
     id="NameList" align="center">
03     </div>
04     <script language="javascript">          // 脚本程序开始
05       var names = new Array( "Lily", "Tomson", "Alex", "Jack" );
                                                // 名单
06       for( i = 0; i< names.length; i++ )    // 遍历名单
07       {
08           var tn = document.createTextNode(names[i]+" ");
                                                // 创建一个文本节点，内容为名单
                                                //上当前名字
09           var nameList = document.getElementById( "NameList" );
                                                // 找出层 NameList
10           nameList.appendChild( tn );        // 将文本节点添加到层 NameList 上
12       }
```

```
13        </script>                              <!--脚本程序结束-->
</body>                                           <!--文档体结束-->
```

【运行结果】打开网页文件运行程序，其结果如图 5-12 所示。

图 5-12 输出名单

【代码解析】该代码段第 2 行创建一个 DIV（层）作为显示名字的容器，并设置其 ID 以便在 JavaScript 代码中操作。第 5 行创建一个数组作为名单，第 6～12 行遍历名单并逐一输出每个名字。第 8～10 行以名字为内容创建文本节点，并添加到显示名字的层容器中。

 for 循环的写法非常灵活，圆括号中的语句可以用来写出技巧性很强的代码，读者可以自行试验。

5.2.2　while 循环语句

当重复执行动作的情形比较简单时，就不需要用 for 循环，可以使用 while 循环代替。while 循环在执行循环体前测试一个条件，如果条件成立则进入循环体，否则跳到循环体后的第一条语句。语法如下：

```
while( 条件表达式 )
{
    语句组;
}
```

参数说明如下。

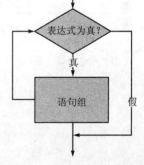

- 条件表达式：必选项，以其返回值作为进入循环体的条件。无论返回什么样类型的值，皆被作为布尔型处理，为真时进入循环体。
- 语句组：可选项，一条或多条语句组成。

执行流程如图 5-13 所示。

图 5-13　while 循环执行流程

在 while 循环体中操作 while 的条件表达，使循环到该结束时就结束。下面举例帮助读者理解掌握。

【范例 5-7】顺序输出 1～100 的整数，如示例代码 5-7 所示。

示例代码 5-7

```
01  <script language="javascript">              // 脚本程序开始
02      var num = 1;
03      while( num < 101 )                       // 若 num 小于 101 则继续循环
04      {
05          document.write( num + " " );         // 输出 num 加空格
```

```
06          num++;                          // num 递增
07      }
08  </script>                               <!--脚本程序结束-->
```

【运行结果】打开网页文件运行程序，其结果如图 5-14 所示。

【代码解析】该代码段第 3 行使用 num 是否小于 101 来决定是否进入循环体。第 6 行递增 num，当其值达到 101 后循环将结束。

5.2.3　do-while 循环语句

while 循环在进入循环前先测试条件表达式是否成立，而 do-while 循环则先执行一遍循环体。循环体内的语句执行之后再测试一个条件表达式，如果成立则继续执行下一轮循环，否则跳到 do-while 代码段后的第一条语句。语法如下：

```
do
{
    语句组;
} while( 条件表达式 );
```

参数含义与 while 语句相同，执行的流程如图 5-15 所示。

图 5-14　使用 while 循环输出

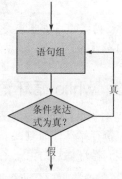

图 5-15　do-while 执行流程

【范例 5-8】把范例 5-7 改写为使用 do-while 结构，以示两者的区别，如示例代码 5-8 所示。

示例代码 5-8

```
01  <script language="javascript">      // 脚本程序开始
02      var num = 1;                     // 定义循环计数变量
03      do                              // 开始循环
04      {
05          document.write( num + " " );// 输出计数变量加空格
06          num++;                      // 使 num 自增 1，否则循环无法结束
07      }
08      while( num < 101 )              // 当 num>=101 时循环结束
09  </script>                           <!--脚本程序结束-->
```

【运行结果】打开网页文件运行程序，其结果如图 5-16 所示。

【代码解析】该代码段第 3～7 行为循环体，其内的语句将得到一次执行的机会，不管 while 后的条件表达式是否成立。

图 5-16　使用 do-while 循环输出

5.2.4　for-in 循环语句

for-in 语句是 for 语句的一个变体，同样是 for 循环语句，for-in 通常用于遍历某个集合的每个元素。比如数组有很多元素，其元素索引构成了一个集合。使用 for-in 语句可以遍历该集合，进而取得所有元素数据。语法如下：

```
for ( n in set)
{
    语句组;
}
```

n 为集合 set 的一个元素，当 set 元素个数为 0 时不执行循环体。for-in 语句在本书前面的内容中已经多次使用。限于篇幅在此不再举例子。

5.2.5　break 和 continue 跳转语句

一般情况下只要条件成立，循环体中的全部语句将得到执行，"停止循环"只会发生在条件表达式不成立时。为了能在循环体中直接控制循环中断或进行下一轮循环，JavaScript 提供了 break 和 continue 语句。break 语句将无条件跳出并结束当前的循环结构，continue 语句的作用是忽略其后的语句并结束此轮循环和开始新的一轮循环。这两个语句直接使用在需要中断的地方，没有特别的语法。下面举例说明 break 语句的用法。

【范例 5-9】做一个彩票摇奖程序，号码位数为 3 位，现有一彩迷所买的号为 352。随机给出中奖号码，输出这位彩迷的号码可以在尝试多少遍后中奖，如示例代码 5-9 所示。

示例代码 5-9

```
01  <script language="javascript">          // 脚本程序开始
02      var time = 0;
03      while( true )                         // 无限循环
04      {
05          time++;                           // 次数递增
06          var random = Math.floor( Math.random() * (1000) );
                                              // 摇奖，随机产生 3 位中奖号码
07          if( random == 352 )               // 这位彩票迷的号为：352
08          {
09              alert( "恭喜你，尝试了" + time + "遍，终于中了一次奖（号码：352)");
                                              // 中奖消息
10              break;                        // 跳出循环
11          }
12      }
13  </script>                                 <!--脚本程序结束-->
```

图 5-17　中奖信息

【运行结果】打开网页文件运行程序，其结果如图 5-17 所示。

【代码解析】该代码段第 5 行设定一个 time 变量作为计数器，记录尝试的次数。第 6 行随机产生一个 3 位中奖号，在第 7～11 行判断当前号码是否是题设中的彩迷所买的号，如果是就输出中奖信息并中断循环。

5.2.6　循环语句综合示例

前面几节讲解了 for、for-in、while、do-while 循环语句，这些语句用在需要多次重复执行相同动作的场合。下面实现一个简单的程序，提取页面中所有的超链接地址，并显示在对话框中。

【范例 5-10】提示当前页面中所有的超链接名称和网址，做成键值对输出，如示例代码 5-10 所示。

示例代码 5-10

```
01  <body>                                          // 脚本程序开始
02  <a href="http://www.cctv.com/default.shtml">
03  <span style="color: #000000">中央电视台</span></a><br />
04      <a href="http://www.sina.com.cn"><span style="color: #000000">新 浪</span>
        </a><br />                                  <!--链接-->
05      <a href="http://www.baidu.com/"><span style="color: #000000">百 度</span>
        </a><br />                                  <!--链接-->
06      <a href="http://www.163.com/"><span style="color: #000000">网 易</span>
        </a><br />                                  <!--链接-->
07      <a href="http://www.china.com"><span style="color: #000000">中 华 网</span>
        </a><br />                                  <!--链接-->
08      <a href="http://www.google.cn"><span style="color: #000000">Google</span>
        </a>                                        <!--链接-->
09  <script language="javascript">                  // 脚本程序开始
10      var adr = "";
11      for( n in document.links )                  // 遍历超链接集合
12      {
13          if( document.links.length == document.links[n] )
                                                    // 忽略第一个元素，因为表示集合的元素个数
14          {
15              continue;                           // 直接下一轮循环
16          }
                                                    // 提取链接名和网址，添加到字符串中
18          adr += document.links[n].childNodes[0].childNodes[0].toString()
                                                    // 将链接名及地址组合为文本
19              + ": \t"+ document.links[n] + "\n";
20      }
21      alert( adr );                               // 在对话框输出显示
22  </script>                                       <!--脚本程序结束-->
23  </body>                                         <!--文档体结束-->
```

【运行结果】打开网页文件运行程序，其结果如图 5-18 所示。

【代码解析】该代码段第 4～8 行创建数个超链接，第 11～20 行遍历超链接集合 Links，这是一个 DOM 对象，第一个元素为集合长度，因此使用第 13～16 行代码忽略它，不添加到输出消息串。第 18 行将每个链接名和网址组合到消息串中，并于第 21 行用消息框输出。

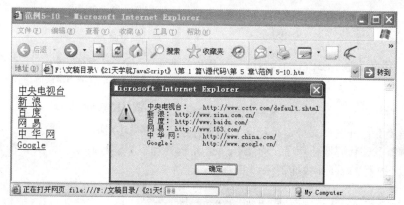

图 5-18 输出链接地址

 注意 在多个循环结构间进行选择时必须考虑其效率问题。

5.3 使用异常处理语句

程序运行过程中难免会出错,出错后的运行结果往往是不正确的,因此运行时出错的程序通常被强制中止。运行时的错误统称为异常,为了能在错误发生时得到一个处理的机会,JavaScript 提供了异常处理语句。包含 try-catch、try-catch-finally 和 throw,本节将逐一讲解。

5.3.1 try-catch 语句

try-catch 语句是一个异常捕捉和处理代码结构,当 try 块中的代码发生异常时,将由 catch 块捕捉并处理,语法如下:

```
try
{
  tryStatements
}
catch(exception)
{
  catchStatements
}
```

参数说明如下。

- tryStatements:必选项。可能发生错误的语句序列。
- exception:必选项。任何变量名,用于引用错误发生时的错误对象。
- catchStatements:可选项。错误处理语句,用于处理 tryStatements 中发生的错误。

编码时通常将可能发生错误的语句写入 try 块的花括号中,并在其后的 catch 块中处理错误。错误信息包含在一个错误对象(Error 对象)里,通过 exception 的引用可以访问该对象。根据错误对象中的错误信息以确定如何处理,下面举例说明。

【范例 5-11】 JavaScript 程序运行时,如果有非语法错误便引发一个异常。这里人为设置一个错误,以演示错误处理代码结构的用法,如示例代码 5-11 所示。

示例代码 5-11

```
01  <script language="javascript">    // 脚本程序开始
02  try
03  {
```

```
04        var n = error;                      // 人为引发一个错误，error 未定义就使用
05    }
06    catch( e )                               // 捕捉错误
07    {
08        alert( (e.number&0xFFFF) + "号错误: " + e.description );
                                               // 错误处理：仅输出错误信息
09    }
10  </script>                                  <!--脚本程序结束-->
```

【运行结果】打开网页文件运行程序，其运行结果如图 5-19 所示。

【代码解析】该代码段使用了一个 try-catch 结构处理程序运行时错误，第 4 行人为引发一个错误。第 6～9 行的 catch 块捕捉错误并处理。

图 5-19   输出错误号及其含义

> 提示   JavaScript 的错误为运行时错误和语法错误，语法错误在编译阶段发现；而运行时错误在运行过程中发现，错误处理语句仅能处理运行时错误。

5.3.2   try-catch-finally 语句

try-catch-finally 语句作用与 try-catch 语句一样，唯一的区别就是当所有过程执行完毕之后前者的 finally 块无条件被执行。也就是说无论如何都会执行 finally 块，语法如下：

```
try
{
    tryStatements;
}
catch( exception )
{
    handleStatements;
}
finally
{
    fianllyStatements;
}
```

参数说明如下。

- tryStatements：必选项，可能引发异常的语句。
- handleStatements：可选项，异常处理语句。
- finallyStatements：可选项，在其他过程执行结束后无条件执行的语句。

尽管没有错误发生 finally 块中的语句也会在最后得到执行，通常在此放置资源清理的程序代码。下面举例说明 try-catch-finally 语句的用法。

【范例 5-12】遍历一个有苹果名称的数组时人为引发一个异常，演示 try-catch-finally 语句的用法，如示例代码 5-12 所示。

示例代码 5-12

```
01  <script language="javascript">           // 脚本程序开始
02  try
03  {
```

```
04      var fruit = new Array( "鸭梨", "苹果", "葡萄", "李子" );
                                                    // 水果
05      for( n=0; n<fruit.length; m++ )         // 遍历数组, 在此人为引发一个异常
06      {
07          document.write( fruit[n] + " " );   // 在文档中输出数组元素
08      }
09  }
10  catch( e )                                   // 捕捉异常
11  {
12      alert( (e.number&0xFFFF) + "号错误: " + e.description );
                                                    // 处理异常
13  }
14  finally                                      // finally 块中清除数组所占的资源
15  {
16      fruit = null;                            // 断开变量 fruit 的引用
17      alert( "fruit="+fruit+"已经断开 fruit 数组的引用! "); // 输出提示信息
18  }
19  </script>                                    <!--脚本程序结束-->
```

【运行结果】打开网页文件运行程序, 其结果如图 5-20 和图 5-21 所示。

图 5-20 5007 号错误的含义   图 5-21 断开 fruit 引用

【代码解析】该代码段第 5 行使用一个未定义的变量 m, 人为引发一个异常。第 11~13 行捕捉异常并处理。第 14~18 行的 finally 块清理资源, 该语句无条件被执行, 可以保证 fruit 数组所占资源不被泄漏。

5.3.3　throw 语句

多个异常处理语句可以嵌套使用。当多个结构嵌套时, 处于里层 try-catch 语句不打算自己处理异常则可以将其抛出。父级 try-catch 语句可以接收到子级抛出的异常, 抛出操作使用 throw 语句。语法如下:

throw 表达式;

表达式的值是作为错误信息对象传出, 该对象将被 catch 语句捕获。throw 语句可以使用在打算抛出异常的任意地方, 现在举例说明其用法。

【范例 5-13】通常情况下 0 不能作为除数, 因此可以为除数为 0 定义一个异常并抛出, 如示例代码 5-13 所示。

示例代码 5-13

```
01  <script language="javascript">          // 脚本程序开始
02  try
03  {
04      var total = 100;                    // 被除数
05      var parts = 0;                      // 除数
06      if( parts == 0 )                    // 如果除数为 0 则抛出异常
07      {
08          throw "Error:parts is zero";    // 抛出异常
09      }
10      alert( "每人"+total/parts+"份");     // 输出提示信息
```

```
11     }
12     catch( e )                              // 此处将捕获 try 块中抛出的异常
13     {
14        alert( e );                          // 用对话框输出错误对象的信息
15     }
16  </script>
```

【运行结果】打开网页文件运行程序，其结果如图 5-22 所示。

【代码解析】该代码段演示了 throw 语句的用法。第 8 行抛出
异常，表示除数不能为零。第 12 行捕捉 try 块中抛出的异常，并
处理。

图 5-22　除数为 0

5.3.4　异常处理语句综合示例

本节学习了异常处理语句，使用异常处理有助于编写更健壮可靠的代码。JavaScript 的异
常处理语句在形式上和 C++、Java 等是一样的。下面举一个综合例子，巩固本节所学的知识。

【**范例 5-14**】做一个搜索页的用户界面，使用图片作为按钮。当鼠标移进移出按钮时按
钮状态发生改变，并且关键字文本框的内容自动被选中，如示例代码 5-14 所示。由于这段代
码都很重要，因此不做加粗处理，读者需着重学习。

示例代码 5-14

```
01  <body>                                       <!--文档体-->
02  <script language="javascript">
03     function btnSearch_MouseMove()            // 鼠标移进图片框时执行
04     {
05        try // 因为更换或加载图片可能出错，因此将代码放在 try 块中
06        {
07           var btnSearch = document.getElementById( "BtnSearch" );
                                                  // 获取图片框和文本框
08           var SchTxt = document.getElementById( "SearchTXT" );
09           var oriPicSrc = btnSearch.src; // 保存原来的图片
10           btnSearch.src = "icon2.png"; // 切换图片
11           SchTxt.select();              // 当鼠标移上按钮则自动选择文框中的文字
12        }
13        catch( e )                              // 捕捉异常
14        {
15            btnSearch.src=oriPicSrc;            // 更新失败则换上原来的图片
16        }
17     }
18     function btnSearch_MouseOut()             // 鼠标移出图片框时执行
19     {
20        try                                     // 异常处理块
21        {
22           var btnSearch = document.getElementById( "BtnSearch" );
                                                  // 获取图片框和文本框
23           var SchTxt = document.getElementById( "SearchTXT" );
24           var oriPicSrc = btnSearch.src; // 保存原图
25           btnSearch.src = "icon1.png"; // 切换图片
26        }
27        catch( e )                              // 捕捉并处理异常
28        {
29            btnSearch.src=oriPicSrc;            // 更新失败则换上原来的图片
30        }
31     }
32  </script>
```

```
33                                        <!--配置用户界面, 一文本框一图片框-->
34  <div style="border-right: #cccccc 1px solid; border-top: #cccccc 1px solid;
    left: 153px;                            <!-- 层 -->
35  border-left: #cccccc 1px solid; width: 235px; border-bottom: #cccccc 1px solid;
36  position: absolute; top: 66px; height: 74px; background-color: #ccffff">
37  <input id="SearchTXT" type="text" style="height:14px; left: 25px;
                                            <!-- 按钮 -->
38  position: absolute; top: 29px;" value="搜索关键词"/>
39  <img src="icon1.png" id="BtnSearch" style="width: 24px; height: 24px;
                                            <!--图片框-->
40  left: 187px; position: absolute; top: 27px;"
41  onmouseout="return btnSearch_MouseOut()" onmouseover="return btnSearch_
    MouseMove()"/>
42  </div>                                  <!-- 层结束 -->
43  </body>                                 <!--文档体结束-->
```

【运行结果】打开网页文件运行程序, 其结果如图 5-23 所示。

图 5-23　自动选中文本

【代码解析】该代码段实现了一个漂亮的用户界面。使用图片框鼠标事件处理程序更新按钮状态, 第 3～17 行定义了图片框鼠标移入事件处理程序。第 5～12 行将更新图片的代码放入 try 块中, 以免加载新图片出错时程序被中断。第 13～16 行捕捉错误并将原图片显示为按钮。第 18～31 行定义鼠标移出事件处理程序, 代码功能与移入事件处理程序十分相似。第 33～42 行配置 HTML 元素作为用户界面。

5.4　小结

本章主要学习了 JavaScript 中的流程控制语句, 有选择语句, 包括 if、switch 两种。if 语句是条件选择语句, switch 是多路选择语句, 这两者可以在功能上等价实现对方。循环语句包括 for、for-in、while 和 do-while 等。这些语句都能实现循环功能, 应用时根据它们的特点做恰当的选择。使用 try-catch 异常处理语句可以编写更安全更健壮的代码。throw 语句可以人为抛出异常, 巧妙地运用这个机制可以编写技巧性很高的代码。

5.5 习题

一、常见面试题

1. 关于 JavaScript 基本语句及其控制流程的考查。

【考题】分析下面的 JavaScript 代码段，输出的结果是：（　　　）

```
var a=12.52;
b=10.35;
c=Math.round(a);
d=Math.round(b);
document.write(c+"  "+d)
```

    A. 12.52　　　　10.35

    B. 13　　　　　　10

    C. 12　　　　　　10

    D. 13　　　　　　11

【解析】本题综合考查了程序结构的执行方式。正确答案为 D。

2. 关于程序语句的执行过程。

【考题】以下代码中，到第 5 行时，变量 count 的值是（　　　）。

```
1 for(var count = 0; ;)
2 if(count < 10)
3 count += 3;
4 else
5 alert(count);
```

    A. 0　　　　　　B. 3　　　　　　C. 11　　　　　　D. 12

【解析】本题综合考查了选择和循环结构的执行方式，读者只要理解这两种结构的执行流程，就不难得出本题的答案，本题的正确答案为 D。

二、简答题

1. 什么是控制语句？它有哪些形式？

2. 比较选择语句和循环语句的异同。

3. break 和 continue 语句的区别是什么？

三、综合练习

1. 网页设计中，常在客户端验证表单数据的正确性和完整性。在此使用 JavaScript 实现登录表单的数据验证，要求用户名不能为空且不超过 20 个字符，密码不能为空且不能为数字之外的 20 个以内的字符。

【提示】使用 DOM 对象操作表单，获取表单数据并验证，验证操作发生于输入焦点离开当前对象时。这里用到第 2 章讲过的 String 对象来操作字符串，参考代码如下：

```
01  <head>                                     <!--文档头-->
02      <title>练习 5-1</title>                 <!--文档标题-->
03  <script language="javascript" type="text/javascript">
                                               // 脚本程序开始
04  // <!CDATA[
05  var isDataOK = false;        // 开关变量，作为是否发送表单到服务器的依据
06  function Submit1_onclick()       // 按钮事件处理
07  {
```

```
08      return isDataOK;                         // 直接返回开关值
09  }
10  function onChange( obj )                      // 文本框事件处理
11  {
12      try                                       // 将可能出错的代码放入 try 块中
13      {
14        if( obj == "UserName" )                 // 如果发生焦点改变的对象是"用户名"框
15        {
16            var userObj = document.getElementById(obj);
                                                   // 获取用户名文本框对象
17            var user = new String(userObj.value);
                                                   // 取得用户名值
18            if( (user.length > 20)||(userObj.value == "")  // 如果用户名为空或大于20字符则
19            {
20                alert( "用户名不符合规则：超过20个字符或为空！" );
                                                   // 警告
21                userObj.value = "";             // 清除内容并关掉开关
22                isDataOK = false;               // 重置数据是否准备好的标志
23            }
24        }
25        else if( obj == "Password1" )           //如果焦点改变的对象是密码框
26        {
27            var pwdObj = document.getElementById(obj);
                                                   // 获取密码框对象
28            var pwd = new String(pwdObj.value);
29            if( (pwd.length > 20) || (pwd=="") )  // 判断长度
30            {
31                alert( "密码不符合规则：超过20字符或为空！" );
                                                   // 提示不符合规则
32                pwdObj.value = "";             // 清文本框数据
33                isDataOK = false;               // 不符合规则就关掉开关并返回
34                return;
35            }
36            for( i = 0; i<pwd.length; i++ )     // 长度合格时逐一判断字符是否
                                                   //是0~9之间
37            {
38              for( j = 0; j<10; j++ )           // 与0~9比较
39              {
40                  if( pwd.charAt(i) != j )      // 如果不是0~9中的数字
41                  {
42                      if( j==9 )                 // 如果已经比较到9
43                      {
44                          alert( "密码不符合规则：包含非数字字符！" );
                                                   // 提示不符合规则
45                          pwdObj.value = "";     // 清文本框数据
46                          isDataOK = false;      // 重置数据准备就绪标志
47                          return;                // 程序返回
48                      }
49                      else                       // 还没到9则
50                      {
51                          continue;              // 继续判断下一个
52                      }
53                  }
54                  else
```

```
55                    {
56                         break;                        // 只要有一个字符不符合规则
                                                        //就断开循环
57                    }
58                }
59            }
60            isDataOK = true;                         // 所有条件符合了则打开发送
                                                      //表单的开关
61        }
62    }
63    catch( e )
64    {
65        alert("对不起，有错误发生："+e.description);  // 如果有错误发生则输出错误信息
66    }
67 }
68 // ]]>
69 </script>
70 </head>
71 <body style="position: relative; background-color: white">
72     <!--配置用户截面，并绑定事件处理程序-->
73     <div style="border-right: silver 1px solid; border-top: silver 1px solid;
       border-left: silver 1px solid;
74        width: 330px; border-bottom: silver 1px solid; height: 137px;
75  background-color: ghostwhite; font-size: 12px; font-style: normal;">
76 <form id="frmLogin" action="#" method="post" style="position: absolute;
                                                      <!--表单-->
77    left: 17px; top: 22px; width: 320px; height: 104px;">
78     <span style="left: 42px; position: absolute; top: 23px; width: 177px;">
                                                      <!--文本节点: 账号-->
79 账号: <input id="UserName" style="height: 13px; width: 134px;" type="text"
80  onchange="onChange(this.id)"/>
81     </span>
82     <br/>
83     <span style="left: 42px; position: absolute; top: 50px">
                                                      <!--文本节点: 密码-->
84 密码: <input id="Password1" style="height: 13px;width:134px;"
85 type="password" onchange="onChange(this.id)"/>
86     </span>
87     <br />
88     <span style="position:absolute; left: 225px; top: 25px; width: 38px;">
                                                      <!--配置两个按钮-->
89        <input id="Reset1" type="reset" value="重设"/>
90        <input id="Submit1" type="submit" value="登录" onclick="return
          Submit1_onclick()" />
91     </span>
92     </form>
93     </div>                                          <!--层结束-->
94 </body>                                             <!--文档体结束-->
```

【运行结果】打开网页文件运行程序，其结果如图 5-24 所示。

2．有的网页不允许使用图片。现在编写一个程序，屏蔽掉网页上所有图片的显示，同时提供启用图片显示的功能，程序可以嵌入到网页中。

图 5-24 程序运行结果

【提示】使用 DOM 对象的 images 数组，设置每一个元素的可见性属性（style.visibility:hidden/visible）即可。参考代码如下：

```
01  <body>                                          <!--文档体-->
02                                                  <!--设置三张图片-->
03      <img src="icon1.png" style="visibility:visible;"/>
04      <img src="icon2.png" style="visibility:visible;"/>
05      <img src="icon3.png" style="visibility:visible;"/><br />
06      <!--设置两个按钮，一个发送"显示"命令，一个发送"屏蔽"命令-->
07      <input id="Button1" type="button" value="屏蔽" onclick="return Button1_
        onclick('hidden')" />
08      <input id="Button2" type="button" value="显示" onclick="return Button1_
        onclick('visible')" />
09  <script language="javascript">                   <!--脚本程序结束-->// 脚本程序开始
10  function Button1_onclick( arg )                  // 按钮的单击事件处理程序
11  {
12      try
13      {
14          var imgs = document.images;             // 取得网页中的所有图片
15          for( n in imgs )                        // 遍历图片数组
16          {
17              if( imgs[n] == imgs.length )        // 忽略第一个元素，因为其不是图片对象
18              {
19                  continue;                       // 下一轮循环
20              }
21              imgs[n].style.visibility= arg;// 使用传入的参数设置图片可视状态，
                                                    // 有 visible 和 hidden
22          }
23      }
24      catch( e )                                  // 捕捉异常
25      {
26          alert(e.description);                   // 出错时输出出错信息
27      }
28  }
29  </script>                                        <!--脚本程序结束-->
30  </body>                                          <!--文档体结束-->
```

【运行结果】打开网页文件运行程序，其结果如图 5-25 和图 5-26 所示。

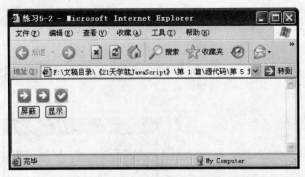

图 5-25　开启图片显示

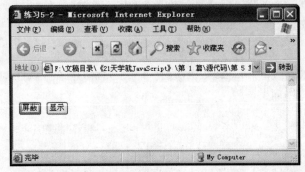

图 5-26　禁用图片显示

四、编程题

1. 写一个程序判断 2008 年是否是闰年。

【提示】本例可以利用 switch 语句来实现。

2. 写一个程序处理非语法错误。

【提示】可以参照异常处理有关语句进行操作。

第6章 函　　数

函数是完成特定任务的可重复调用的代码段，是 JavaScript 组织代码的单位。前面章节已经学习了数据类型、变量与常量、表达式与运算符和流程控制语句。使用已有的知识，读者可以写出较为简单有用的程序，但是对于功能复杂、代码量大的程序，需要使用 JavaScript 中一些高级的特性，如本章将要学习的函数。本章的内容包括函数的定义、函数的调用、函数的返回值和函数的作用域，接下来将逐一讲解这些内容。

- 理解函数的概念和作用。
- 学会定义和调用函数。
- 理解掌握函数的特点，有效地组织代码，实现代码复用。

以上几点是对读者在学习本章内容时所提出的基本要求，也是本章希望能够达到的目的。读者在学习本章内容时可以将其作为学习的参照。

6.1　函数的功能

函数的主要功能是将代码组织为可复用的单位，可以完成特定的任务并返回数据。在 JavaScript 中函数可以用做事件处理程序，在前面的章节中已经用过大量的函数处理事件。可以这样形象地理解，函数相当于一台磨面机，麦子（数据）从进料口进入机器内（函数体）进行加工，出料口出来的是面粉（返回值）。机器可以重复用来加工其他粮食，好比代码复用。

6.2　函数的定义

使用函数首先要先学会如何定义。JavaScript 的函数属于 Function 对象，因此可以使用 Function 对象的构造函数来创建一个函数。同时也可以使用 function 关键字以普通的形式来定义一个函数。这两种方式称为普通方式和变量方式，本节后面的内容将分别学习。

6.2.1　函数的普通定义方式

普通定义方式使用关键字 function，也是最常用的方式，形式上跟其他编程语言一样。语法格式如下：

```
function 函数名( [ 参数1, [ 参数2, [ 参数N ] ] ] )
{
    [ 语句组 ];
    [ return [表达式] ];
}
```

参数说明如下。

- function：必选项，定义函数用的关键字。
- 函数名：必选项，合法的 JavaScript 标识符。
- 参数：可选项，合法的 JavaScript 标识符，外部的数据可以通过参数传送到函数内部。
- 语句组：可选项，JavaScript 程序语句，当为空时函数没有任何动作。
- return：可选项，遇到此指令函数执行结束并返回，当省略该项时函数将在右花括号处结束。

● 表达式：可选项，其值作为函数返回值。

以上是普通函数定义方式的语法，下面举例说明以加深印象。

【范例 6-1】实现一个数值加法函数，返回两个数字的和。要求能进行参数验证，若参数不是数字或为空则抛出异常，如示例代码 6-1 所示。由于这段代码都很重要，因此不做加粗处理，读者需着重学习。

示例代码 6-1

```
01  <body>                                        <!--文档体-->
02  <script language="javascript">                // 脚本程序开始
03      function Sum( arg1, arg2 )                 // 数值加法函数
04      {
05          var sarg1 = new String(arg1);          // 将传入的参数转为字符串以便进行参数
                                                    // 检查
06          var sarg2 = new String(arg2);          // 将参数 2 转换为字符类型
07          if( (sarg1=="") || (sarg2=="") )       // 确保参数不为空
08          {
09              var e0 = new Error();               // 当有参数为空则抛出异常
10              e0.Serial = 1000001;                // 错误编号
11              if( sarg1=="" )                     // 根据为空的参数正确填写错误信息
12              {
13                  e0.message = "Sum 函数参数非法：第 1 个参数为空！";
                                                    // 错误描述信息
14              }
15              else
16              {
17                  e0.message = "Sum 函数参数非法：第 2 个参数为空！";
18              }
19              throw e0;                           // 抛出错误信息
20          }
21          for( i = 0; i<sarg1.length; i++ )      // 参数合法性检查
22          {
23              for( j=0; j<10; j++ )               // 检查所有字符
24              {
25                  if( sarg1.charAt(i)==j )        // 若不是数字则抛出错误信息
26                  {
27                      break;                       // 跳循环
28                  }
29                  else
30                  {
31                      if( j == 9 )                 // 当已经查询到数字 9 时
32                      {
33                          var e1 = new Error();    // 错误信息对象
34                          e1.Serial = 1000001;     // 错误编号
35                          e1.message = "Sum 函数参数："+sarg1+"是非法数字！";
                                                     // 错误描述信息
36                          throw e1;
37                      }
38                  }
39              }
40          }
41          for( k = 0; k<sarg2.length; k++ )      // 检查参数 2 是数字
42          {
43              for( l=0; l<10; l++ )               // 从 0~9 逐一比较
44              {
45                  if( sarg2.charAt(k)==l )        // 如果是 0~9 的数字
46                  {
```

```
47                    break;                        // 跳出循环
48                }
49                else
50                {
51                    if( l == 9 )                    // 只有包含非数字则抛出错误信息
52                    {
53                        var e2 = new Error();        // 创建错误对象
54                        e2.Serial = 1000001;         // 异常编号
55                        e2.message = "Sum 函数参数: "+sarg2+"是非法数字! ";
                                                      // 异常描述信息
56                        throw e2;                    // 抛出
57                    }
58                }
59            }
60        }
61        return Number(arg1) + Number(arg2);
                                                      // 参数都正确则返回两个值的和
62    }
63  function Button1_onclick()                       // "计算"按钮的单击事件处理程序
64  {
65      try                                          // 提取用户输入的数据
66      {
67          var Text1 = document.getElementById( "Text1" );
68          var Text2 = document.getElementById( "Text2" );
69          var Text3 = document.getElementById( "Text3" );
70          var sum = Sum( Text1.value, Text2.value );
                                                      // 调用函数进行计算
71          Text3.value = sum;                       // 输出计算结果
72      }
73      catch( e )                                   // 有错误发生则输出错误信息
74      {
75          alert( e.message );                      // 输出异常中的信息
76          if( e.serial == 1000001 )                // 如果是 1000001 号错误
77          {
78              alert( e.message );                  // 输出异常信息
79              e = null;                            // 断开对错误对象的引用
80          }
81      }
82  }
83  </script>                                        <!-- 脚本程序结束 -->
84                                                   <!--用户界面，包括三个文本框，一个按钮-->
85      <input id="Text1" type="text" style="width: 84px" maxlength="20" />
                                                      <!-- 文本框 -->
86      + <input id="Text2" type="text" style="width: 75px" maxlength="20" />
                                                      <!-- 文本框 -->
87      = <input id="Text3" type="text" style="width: 69px" />
                                                      <!-- 文本框 -->
88      <input id="Button1" type="button" value="计算" onclick="return Button1_
        onclick()" /> <!-- 按钮 -->
89  </body>
```

【运行结果】打开网页运行程序，其结果如图 6-1 所示。

【代码解析】该代码段完整地实现了一个数值加法函数 Sum。第 3～62 行是 Sum 函数的定义，第 5～60 行主要实现参数验证的功能，如果传入的数据不是数值型则抛出错误信息。如果参数合法，则在第 61 行返回两个数之和。

图 6-1　数值加法

 提示　函数可以嵌套定义，但不推荐这种做法。

6.2.2　函数的变量定义方式

函数变量定义方式是指以定义变量的方式定义函数，JavaScript 中所有函数都属于 Function 对象。于是可以使用 Function 对象的构造函数来创建一个函数，语法如下：

var 变量名 = new Function([参数 1, [参数 2, [参数 N]]], [函数体]);

参数说明如下。

- 变量名：必选项，代表函数名。是合法的 JavaScript 标识符。
- 参数：可选项，作为函数参数的字符串，必须是合法的 JavaScript 标识符，当函数没有参数时可以忽略此项。
- 函数体：可选项，一个字符串。相当于函数体内的程序语句序列，各语句使用分号格开。当忽略此项时函数不执行任何操作。

用这种方式定义的函数，调用方式和普通定义方式的函数一样，都是"函数名（参数）"的形式。下面举例以加深理解。

【范例 6-2】定义一个函数，实现两个数相乘并返回结果，如示例代码 6-2 所示。

示例代码 6-2

```
01    <script language="javascript">
02        var circularityArea = new Function( "r", "return r*r*Math.PI" );
                                              // 创建一个函数对象
03        var rCircle = 2;                    // 给定圆的半径
04        var area = circularityArea(rCircle); // 使用求圆面积的函数求面积
05        alert( "半径为 2 的圆面积为: " + area ); // 输出结果
06    </script>
```

【运行结果】打开网页运行程序，其结果如图 6-2 所示。

图 6-2　输出面积

【代码解析】该代码段第 2 行使用变量定义方式定义一个求圆面积的函数，第 3～5 行设定一个半径为 2 的圆并求其面积。

 提示 直接在 Function 构造函数中输入程序语句创建函数意义不大，函数对象的特点是动态创建函数。程序内部的指令由外部输入并使之得到执行，因此可以做出一些巧妙的设计，请读者自行摸索。

6.2.3 函数的指针调用方式

前面的代码中，函数的调用方式是常见而且普通的，但 JavaScript 中函数调用的形式比较多，非常灵活。有一种重要的、在其他语言中也经常使用的调用形式叫做回调，其机制是通过指针来调用函数。回调函数按照调用者的约定实现函数的功能，由调用者调用。通常使用在自己定义功能而由第三方去实现的场合，下面举例说明。

【**范例 6-3**】编写一个排序函数，实现数字排序。排序方法由客户函数实现，函数参数个数为两个，两个参数的关系作为排序后的元素间的关系，如示例代码 6-3 所示。

示例代码 6-3

```
01  <script language="javascript">
02  function SortNumber( obj, func )            // 定义通用排序函数
03  {
04      // 参数验证，如果第一个参数不是数组或第二个参数不是函数则抛出异常
05      if( !(obj instanceof Array) || !(func instanceof Function))
06      {
07          var e = new Error();                // 生成错误信息
08          e.number = 100000;                  // 定义错误号
09          e.message = "参数无效";             // 错误描述
10          throw e;                            // 抛出异常
11      }
12      for( n in obj )                         // 开始排序
13      {
14          for( m in obj )
15          {
16              if( func( obj[n], obj[m] ) )    // 使用回调函数排序，规则由用户设定
17              {
18                  var tmp = obj[n];           // 创建临时变量
19                  obj[n] = obj[m];            // 交换数据
20                  obj[m] = tmp;
21              }
22          }
23      }
24      return obj;                             // 返回排序后的数组
25  }
26  function greatThan( arg1, arg2 )            // 回调函数，用户定义的排序规则
27  {
28      return arg1 > arg2;                     // 规则：从大到小
29  }
30  try
31  {
32      var numAry = new Array( 5,8,6,32,1,45,7,25 ); // 生成一数组
33      document.write("<li>排序前："+numAry);   // 输出排序前的数据
34      SortNumber( numAry, greatThan )          // 调用排序函数
35      document.write("<li>排序后："+numAry);   // 输出排序后的数组
36  }
```

```
37      catch(e)                                          // 捕捉异常
38      {
39          alert( e.number+": "+e.message );            // 异常处理
40      }
41  </script>
```

【运行结果】打开网页运行程序，其结果如图 6-3 所示。

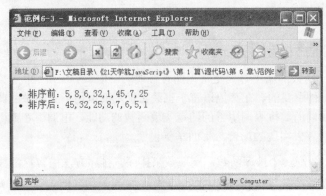

图 6-3　排序前后的数组

【代码解析】该代码段演示了回调函数的使用方法。第 2～25 行定义一个通用排序函数，其本身不定义排序规则，规则交由第三方函数实现。第 26～29 行定义一个函数，其内创建一个从大到小为关系的规则。第 32、33 行输出未排序的数组。第 34 行调用通用排序函数 SortNumber，排序规则为回调函数 greatThan。第 37～40 行捕捉并处理可能发生的异常。

6.2.4　认识函数参数

函数的参数是函数与外界交换数据的接口。外部的数据通过参数传入函数内部进行处理，同时函数内部的数据也可以通过参数传到外界。如范例 6-3 中函数 SortNumber 的第一个参数就是典型的数据交换接口。函数定义时圆括号里的参数称为形式参数，调用函数时传递的参数称为实际参数。JavaScript 的函数参数信息由 arguments 对象管理，下一节将讲解该对象。

6.2.5　认识 arguments 对象

arguments 对象代表正在执行的函数和调用它的参数。函数对象的 length 属性说明函数定义时指定的参数个数，arguments 对象的 length 属性说明调用函数时实际传递的参数个数。arguments 对象不能显式创建，函数在被调用时由 JavaScript 运行时环境创建并设定各个属性值，其中包括各个参数的值。通常使用 arguments 对象来验证所传递的参数是否符合函数要求，下面举例说明。

【范例 6-4】使用 arguments 对象验证函数的参数是否合法，如示例代码 6-4 所示。

示例代码 6-4

```
01  <script language="javascript">              // 脚本程序开始
02  function sum( arg1, arg2 )                  // 加法函数
03  {
04      var realArgCount = arguments.length;    // 调用函数时传递的实参个数
05      var frmArgCount = sum.length;           // 函数定义时的形参个数
06      if( realArgCount < frmArgCount )        // 如果实际参数个数少于形参个数
07      {
08          var e = new Error();                // 定义错误信息，然后抛出
```

```
09          e.number = 100001;                      // 错误编号
10          e.message = "实际参数个数不符合要求！";   // 错误消息
11          throw e;                                 // 抛出异常
12      }
13      return arguments[0] + arguments[1];          // 参数符合要求则从 arguments 对象中
                                                     // 提取实参并返回两者的和
14  }
15  try
16  {
17      document.write( "<p><h1>arguments 对象测试</h1></p>" );// 输出标题
18      document.write( "正确调用的结果：" + sum(10,20) );      // 输出正确调用的结果
19      document.write( "<br>不符合规则的调用结果：" );         // 人为引发一个不符合
                                                              // 规则的调用方式
20      document.write( sum(10) );
21  }
22  catch(e)                                                  // 捕捉错误
23  {
24      alert(e.number+"错误号："+e.message);                 // 输出错误信息
25  }
26  </script>                                                 <!-- 脚本程序结束 -->
```

【运行结果】打开网页运行程序，其结果如图 6-4 所示。

图 6-4　自定义异常

【代码解析】该代码段演示了 arguments 对象的使用方法。第 4～12 行分别判断实参是否符合形参的要求，不符合要求则抛出异常。第 13 行返回两个实参的和，以实现加法功能。第 17～20 行分别进行一次正确调用和不符合规则的调用，通过输出信息以加区别。

 提示　尽可能地在通用函数中检查参数是否符合要求。

6.3　函数返回类型

函数作为可重复使用的代码段，是一个独立的逻辑部件。可以将数据传入其中处理，也可以从中返回数据。返回形式分两种类型，即值类型和引用类型。值类型使用的是值传递方式，即传递数据的副本；而引用类型则是引用传递方式，即传递数据的地址。本节将分别讲解这两种方式。

6.3.1 值类型

值类型返回的是数据本身的副本，相当于复制了一份传递出去。一般情况下，函数返回的非对象数据都使用值返回方式，如下面的代码所示。

```
01  function sum( a , b )                    // 加法函数
02  {
03      return a + b;                        // 返回两个数之和
04  }
05  var c = sum( 1, 2 );                     // 测试
```

上面代码中的函数 sum 返回的是一个值，表达式 a+b 的结果为 3，3 将被返回并存储于变量 c 中。这是值传递方式，通常使用在返回的数据量比较小的时候，数据量比较大时使用另一种传递方式，即引用。

6.3.2 引用类型

引用类型返回的是数据的地址，而不是数据本身。引用传递的优点是速度快，但系统会为维护数据而付出额外的开销。通常返回复合类型数据时使用引用传递方式，如下面代码所示。

```
01  function getNameList()                                   // 定义函数，以获取名单
02  {
03      var List = new Array("Lily", "Petter", "Jetson" );  // 名单
04      return List;                                         // 返回名单引用
05  }
06  var nameList = getNameList();                            // 测试
07  nameList = null;                                         // 删除引用
```

上面代码中函数 getNameList 创建一个数组对象 List 并将其地址（引用）返回。第 6 行的变量 nameList 将获得数组对象 List 的一个引用，通过变量 nameList 可以操作数组中的数据。第 7 行断开变量 nameList 对数组对象的引用，这一操作将删除数组对象。

提示　值传递和引用传递的区别在于前者将数据的值复制传递，后者仅传送数据的地址。

6.3.3 使用返回函数

前面讨论的返回值都是数据本身或数据地址，然而函数可以返回一个函数指针。外部代码可以通过指针调用其引用的函数对象，调用方式和一般函数完全一样。一般情况下私有函数不能被外界直接调用，因此可以将一个私有函数的地址作为结果返回给外界使用，如下面代码所示。

```
01  function getSum()              // 定义加法函数
02  {
03      function sum( a, b )       // 定义私有函数
04      {
05          return a+b;            // 返回两个数之和
06      }
07      return sum;                // 返回私有函数的地址
08  }
09  var sumOfTwo = getSum();       // 取得私有函数地址
10  var total = sumOfTwo( 1, 2 );  // 求和
```

上面代码中函数 getSum 将其内部的函数 sum 的地址当做返回值返回，第 9 行通过调用 getSum 获得 sum 函数的指针。第 10 行通过指针调用 sum 函数，求两个值的和。

提示 支持通过指针调用函数，可以做出很巧妙的设计，请读者自行研究。

6.4 函数的分类

在 JavaScript 中可以简单地将函数分为构造函数、有返回值函数和无返回值函数。构造函数与一个特定的对象联系起来，有返回值函数与无返回值函数是常见的普通函数，本节将对这三者逐一介绍。

6.4.1 构造函数

构造函数是类用于创建新对象的函数，一般在此函数中对新建的对象做初始化工作。JavaScript 是基于对象而不是真正面向对象的语言，它没有类的概念，完成一个对象"类"的定义仅仅需要定义一个构造函数即可。如下面的代码所示，定义一个构造函数 Employee 用于创建雇员对象。

```
01    function Employee( name , sex , adr )
                                              // 雇员对象的构造函数
02    {
03        this.name = name;                   // 姓名属性
04        this.sex = sex;                     // 性别属性
05        this.address = adr;                 // 地址属性
06        this.getName = getName;             // 方法：取得雇员姓名
07    }
08    function getName()                      // 定义普通函数作为 Employee 对象的方法
09    {
10        return this.name;                   // 返回当前 name 属性
11    }
12    var e = new Employee( "sunsir", "男", "贵州贵阳" );
                                              // 使用构造函数创建一个雇员对象
13    var n = e.getName( );                   // 调用雇员对象的方法
```

上面代码演示了如何定义一个对象的构造函数，更多有关面向对象的内容参见本书第二篇有关内容。

6.4.2 有返回值的函数

有返回值函数是指函数执行结束时将有一个结果返回给调用者的函数，如下面代码中所定义的函数。mul 函数实现求两个数的积的功能，两个数相乘后势必有一个结果值产生，因此函数结束时应该将结果返回给调用者。

```
01  function mul( arg1, arg2 )              // 定义实现乘法的函数
02  {
03      return arg1 * arg2;                 // 返回两个数相乘的积
04  }
```

6.4.3 无返回值的函数

无返回值函数是指函数执行结束后不返回结果的函数。例如，下面的代码中所定义的 setStatusMessage 函数，该函数仅设置浏览器窗口的状态栏文本信息，无须返回结果值。

```
01  function setStatusMessage( text )       // 设置状态栏信息
02  {
03      window.status=text;                 // 设置状态栏信息文本
04  }
```

6.5　函数的作用域

前面的内容中，讲解了如何定义和调用函数。本节将讲解函数的作用域，函数的作用域是一个较为复杂的问题。每一个函数在执行时都处于一个特定的运行上下文中，该上下文决定了函数可以直接访问到的变量，那些变量所处的范围称为该函数的作用域。这部分内容，仅要求读者适当了解即可。

6.5.1　公有函数的作用域

公有函数是指定义在全局作用域中，每一个代码都可以调用的函数。例如，大家公有的物品，理论上谁都可以看得到，每个人都可以去使用。前面的例子代码所定义的函数都是公有函数，每一个地方都可以调用，这也是最常用的方法。下面再举一个例子，帮助说明何为公有函数。

```
01  <script language="javascript">
02    function GetType( obj )              // 本函数处于顶级作用域，用于求操作数的类型
03    {
04        return typeof( obj );            // 返回对象的类型
05    }
06    function fruit( name, price)         // 水果类构造函数
07    {
08        if( GetType( price ) != "number" )  // 调用顶级作用域中的函数 GetType
09        {
10          var e = new Error();           // 定义错误信息对象
11          e.message = "Price if not a number";  // 填写错误描述
12          throw e;                       // 抛出错误对象
13        }
14    }
15    var apple = new fruit( "apple", 2.0 );        // 测试
16  </script>
```

上面代码中定义了函数 GetType。这是一个处于顶级作用域中的函数，任何代码都可以调用它。

> 提示　JavaScript 中的函数和其他编程语言中的函数有相同的一面，也有非常难以理解的特性。在此笔者建议读者学习时尽量保持向其他编程语言看齐，这有助于提高学习的效率。

6.5.2　私有函数的作用域

私有函数是指处于局部作用域中的函数。当函数嵌套定义时，子级函数就是父级函数的私有函数。外界不能调用私有函数，私有函数只能被拥有该函数的函数代码调用，下面举例说明。

【范例 6-5】私有函数的使用，如示例代码 6-5 所示。

示例代码 6-5

```
01  <script language="javascript">        // 脚本程序开始
02  function a()                          // a 为最外层函数
03  {
04    function b()                        // b 为第 1 层函数
05    {
06      function c()                      // c 为第 2 层函数
07      {
08          document.write( "<li>C" );    // 输出字符 'C' 以示区别
09      }
```

```
10          document.write( "<li>B" );              // 输出字符'B'以示区别
11      }
12      document.write( "<li>A" );
13      b();                                        // a的代码调用a的私有函数b
14      c();                                        // a的代码尝试调用b的私有函数,将发生一个错误
15  }
16  a();                                            // 调用a
17  </script>                                       <!-- 脚本程序结束 -->
```

【运行结果】打开网页运行程序,其结果如图 6-5 所示。

图 6-5　违规调用的结果

【代码解析】该代码段第 2~15 行定义了处于顶级作用域的函数 a,其内又定义了一个私有函数 b。第 4~11 行定义函数 b,函数 b 中又定义了属于它的函数 c。第 13 行函数 a 的代码调用了它的私有函数 b,通过结果表明调用关系是正确的。第 14 行代码 a 试图调用函数 b 的私有函数 c,结果引发了一个错误。

6.5.3　使用 this 关键字

this 关键字引用运行上下文中的当前对象,JavaScript 的函数调用通常发生于某一个对象的上下文中。如果尚未指定当前对象,则调用函数的默认当前对象是 Global,使用 call 方法可以改变当前对象为指定的对象,下面举例说明。

【范例 6-6】公园里的椅子都是市民默认使用的公共椅子(公物),提到长椅便想到公园里的长椅。除非指定使用某人家里的长椅,如示例代码 6-6 所示。

示例代码 6-6

```
01  <body>                                          <!--文档体-->
02  <h1>this 关键字测试</h1>                          <!--标题-->
03  <script language="javascript">
04      var chair = "公园里的椅子";                    // 公物,谁都可以用
05      function TomHome( )                          // 汤姆的家
06      {
07          this.chair = "汤姆家的椅子";                // 汤姆家的椅子
08      }
09      function useChair( )                         // 使用椅子
10      {
11          document.write( "<li>此时使用的是: " + this.chair + "<br>");
                                                    // 输出当前椅子信息
12      }
```

```
13        var th = new TomHome();              // 生成一个新"家"实例
14        useChair();                          // 当前所在的场景是公园里
15        useChair.call( th );                 // 当前所在的场景是汤姆家
16    </script>                                 <!-- 脚本程序结束 -->
17    </body>                                   <!--文档体结束-->
```

【运行结果】打开网页运行程序，其结果如图 6-6 所示。

图 6-6　测试 this 的引用

【代码解析】本例形象地说明了 this 的含义。第 4 行定义一个全局变量 chair，其属于 Global 对象的属性。第 5～8 行定义一个构造函数，表示汤姆的家，其中设置椅子一把（变量 chair）。第 9～12 行定义一个函数表示使用椅子的动作，但未指明使用何处的椅子。

第 14 行使用默认的当前对象调用 useChair 函数，因为没有指明当前对象。Global 对象被默认使用，于是产生的效果是使用公园里的椅子。第 15 行指定了当前对象，this 指向"汤姆"的家 th，于是汤姆家中的 chair 变量被使用。

 this 关键字极其重要，使用时必须确定当前上下文对象是什么。

6.6　小结

本章主要学习了函数的概念、定义、使用方法和作用域。函数的普通定义方法使用得最为普遍，形式上和其他编程语言相近，变量式定义方法可以动态创建函数，用在一些特别的场合。函数通过参数与外界通信，定义时的形参个数由函数的 length 属性说明，运行时的实参个数由 arguments 对象的 length 属性说明。通常使用这两个属性验证参数是否符合要求，函数运行结束时可以返回一个值，传递方式有按值方式和引用方式。

在顶级作用域中定义的函数有公共访问属性，任何代码都可以访问；而定义在局部作用域中的私有函数只能由该局部代码访问。每一个函数调用都发生在一个特定的上下文环境中，属于一个特定对象的环境，this 指针引用当前对象，可以使用 call 方法改变当前对象。

6.7　习题

一、常见面试题

1．函数都有哪些返回类型？

【解析】本题考查的是关于函数的基本概念。

【参考答案】返回形式分两种类型，即值类型和引用类型。值类型使用的是值传递方式，即传递数据的副本；而引用类型则是引用传递方式，即传递数据的地址。

2. 关于函数基本语句的考查。

【考题】在 JavaScript 中，以下代码能产生输出的是（   ）。

A．document.write()　　　　　B．window.write()

C．document.confirm()　　　　D．write "The Undefined Function"

【解析】本题考查函数语句中基本的输入/输出语句，只要掌握相关概念，就可迅速得出本题的正确答案。参考答案为 A。

二、简答题

1. 简述一下函数的功能。

2. 简述 argument 对象的用处。

3. 如何调用函数？

三、综合练习

1. 为方便在网吧上网而不能自由访问本地文件的网友学习 JavaScript 程序设计。现在实现一个在线编辑和运行 JavaScript 代码的程序，只要用户打开相应的网页即可使用。

【提示】使用本章所学习的变量式定义函数的方法，将编辑框里的代码创建为一个函数即可实现。JavaScript 可以使用外面的文本动态创建函数并执行。参考代码如下：

```
01  <head>                                              <!--文档头-->
02      <title>综合练习 6-1</title>                      <!--标题-->
03  <script language="javascript" type="text/javascript">   // 脚本程序开始
04  // <![CDATA[
05  function Button1_onclick()                          // 按钮事件处理程序
06  {
07      try                                             // 捕捉异常
08      {
09          var cmdWin = document.getElementById("TextArea1");
                                                        // 获取文本框的引用
10          var str = "try{" + cmdWin.value + "}catch(e){alert('你的代码有错:
            '+e.description);}";                        // 构造函数体
11          var cmd = new Function(str);                // 构造函数
12          cmd();                                      // 调用函数
13      }
14      catch(e)                                        // 异常捕捉
15      {
16          alert("错误: "+e.description);              // 输出错误信息
17      }
18  }
19  // ]]>
20  </script>                                           <!-- 脚本程序结束 -->
21  </head>                                             <!-- 文档头结束 -->
22  <body>                                              <!--文档体-->
23                                                      <!--用户界面>
24  <div align="center" style="border-right: #000000 1px solid;
                                                        <!--Div 层 -->
25          border-top: #000000 1px solid; border-left: #000000 1px solid;
26          width: 618px; border-bottom: #000000 1px solid; height: 336px;
            background-color: #ffffff">
27          <textarea id="TextArea1" style="width: 612px; height: 300px">
            </textarea>                                 <!--文本域 -->
28          <input id="Button2" type="button" value="执行程序" onclick="return
```

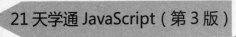
```
29          Button1_onclick()" style="width: 145px" /></div>
                                                    <!--按钮 -->
30   </body>                                        <!--文档体结束-->
```

【运行结果】打开网页运行程序，其结果如图 6-7 所示。

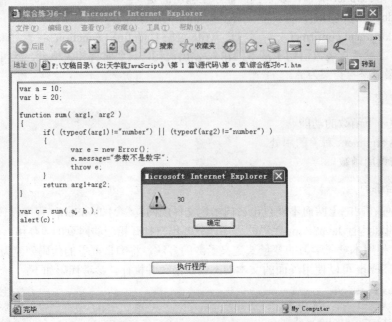

图 6-7　运行结果

2．现有 5 名学生"John"、"Wendy"、"Vicky"、"Kevin"和"Richard"，各人手中牌号为 4、2、5、1、3。现在要求将他们的名字按牌号排列，排列的规则由用户选定（升序和降序）。

【提示】本题的目的是巩固本章所学的知识，排序规则使用回调函数实现。学生对象使用函数对象实现，每个对象添加两个属性：号数和名字。创建一个文本节点显示结果，设置文本节点的 nodeValue 属性即可。参考代码如下，

```
01  <body>                                          <!-用户界面，一个DIV层和两个按钮-->
02  <div id="divNames" style="width: 422px; height: 100px; border-right: blue 1px
    solid;                                          <!--DIV层-->
03  border-top: blue 1px solid; border-left: blue 1px solid; border-bottom: blue
    1px solid;">
04  </div>                                          <!--DIV结束-->
05  <input id="Button1" type="button" value="升序" onclick="return
    Button_onclick(this.id)" />                    <!-- 按钮 -->
06  <input id="Button2" type="button" value="降序" onclick="return
    Button_onclick(this.id)"/>                     <!-- 按钮 -->
07  <script language="javascript" type="text/javascript">    // 脚本程序开始
08  // <![CDATA[
09  function Student( name, number )                // 学生对象构造函数
10  {
11      this.name = name;                           // 学生名字属性
12      this.number = number;                       // 学生牌号属性
13  }
14  var students = new Array( new Student("John",4), new Student("Wendy",2), new
    Student("Vicky",5),
15                   new Student("Kevin",1), new Student("Richard",3) );
                                                    // 5个学生
```

```
16   var g_orderRule;                              // 规则开关
17   var names = "";                               // 名字序列
18   for( x in students )                          // 组合排序前的学生名字
19   {
20       names += students[x].name + " ";
21   }
22   tn = document.createTextNode( names );        // 创建文本节点，用于显示结果
23   var div = document.getElementById("divNames");
                                                   // 获取 DIV 层
24   div.appendChild(tn)                           // 将文本节点添加为层的子节点
25   tn.nodeValue = names;                         // 设置文本节点的文字属性
26   function Order( obj, funcRule)                // 排序函数
27   {
28       if( (typeof(funcRule)!="function") || ( funcRule.length<2) )
                                                   // 检查参数的正确性
29       {
30           var e = new Error();                  // 不正确则抛出异常
31           e.message = "参数不符合要求";
32           throw e;
33       }
34       for( n in obj )                           // 遍历数据组，按回调函数的规则排序
35       {
36           for( m in obj )                       // 两两比较
37           {
38               // funcRule 为外部回调函数，用户可在回调函数中实现自己的排序规则
39               if( funcRule( obj[n].number, obj[m].number ) )
40               {
41                   var tmp = obj[n];             // 建立临时存储单元
42                   obj[n] = obj[m];              // 交换变量值
43                   obj[m] = tmp;
44               }
45           }
46       }
47       names = "";
48       for( x in obj )
49       {
50           names += obj[x].name + " ";           // 组合排序后的名字
51       }
52       tn.nodeValue = names;                     // 设置排序结果
53   }
54   function funcRule( arg1, arg2 )               // 排序规则回调函数
55   {
56       if( (typeof(arg1) != "number")||(typeof(arg2) != "number") )
                                                   // 参数检查
57       {
58           var e1 = new Error();                 // 创建异常对象
59           e1.message = "学生的序号属性为非数字";  // 填写异常信息
60           throw e1;                             // 抛出异常
61       }
62       if( g_orderRule )                         // 根据用户的选择设置排序规则
63       {
64           return arg1<arg2;                     // 升序
65       }
66       else
67       {
68           return arg1>arg2;                     // 降序
69       }
70   }
71   function Button_onclick( objID )             // 按钮单击事件处理程序
```

```
72   {
73      if( objID=="Button1" )                     // 如果单击的是 "升序按钮"
74      {
75         g_orderRule = true;                     // 设置升序或降序开关
76      }
77      else
78      {
79         g_orderRule = false;                    // 设置升序或降序开关
80      }
81      try
82      {
83         Order( students, funcRule );            // 排序并输出
84      }
85      catch( e )                                 // 捕捉异常
86      {
87         alert(e.message);                       // 处理异常
88      }
89   }
90   // ]]>
91   </script>                                     <!-- 脚本程序结束 -->
92   </body>                                       <!--文档体结束-->
```

【运行结果】打开网页运行程序，其结果如图 6-8 所示。

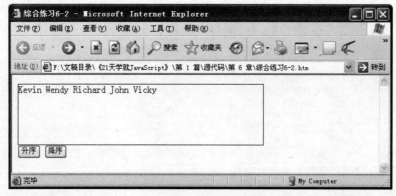

图 6-8　运行结果

四、编程题

1．编写一个函数，用来比较两个数的大小，返回值大的数。

【提示】本题的算法可以参考前面的有关章节。

2．编写一个实现数值累加的函数。

【提示】本题可以采用循环算法来实现。

第7章 数　　组

前面 6 章是 JavaScript 程序设计的基础，本章是基础篇的最后一部分。数组是 JavaScript 程序设计中用得最多的特性之一，通常用来组织存储大量数据。在程序设计中，数组应用随处可见，本章将对数组进行全面的讲解。

- 理解掌握数组的概念。
- 理解掌握数组各种常用的特性。
- 熟练掌握数组中数据的存取操作。
- 熟练掌握数组的各类操作和数组对象的常用方法。

以上几点是对读者在学习本章内容时所提出的基本要求，也是本章希望能够达到的目的。读者在学习本章内容时可以将其作为学习的参照。

7.1　数组简介

实际开发中，总是面临大量数据存储的问题。JavaScript 语言不像 C/C++那样适用于数据结构的设计，因此需要系统内部提供存储大量数据的工具，数组因此而产生。JavaScript 数组的目标是能组织存储各种各样的数据，并且访问方式和其他语言一样，特点是能混合存储类型不相同的数据。本节将让读者先了解数组的概念。

7.1.1　简单介绍数组概念

在本节开篇所述的内容中，读者已经知道 JavaScript 数组产生的背景。JavaScript 数组是指将多个数据对象编码存储、提供一致的存取方式的集合。每个数据对象都是数组的一个元素，通过数组对象的有关方法添加到数组中并为之分配一个唯一的索引号。与其他程序语言不同的是，JavaScript 的数组元素的数据类型可以不相同。

在 JavaScript 中，几乎所有数据存储相关的工作都由数组来完成。作为一种常用的数据容器，JavaScript 本身不能完成文件读写的操作，因此选择数组来组织数据比较合适，接下来将逐一介绍数组的相关知识。

7.1.2　认识数组元素

数组元素是指存储在数组中并赋予唯一索引号的数据段。各元素的数据类型可以是任意有效的 JavaScript 数据类型，元素按添加进数组的顺序存储于数组中。元素在数组中的形态如图 7-1 所示。

图 7-1　数组结构示意图

在图 7-1 中，"元素"表示数组元素字段的数据，阿拉伯数字表示元素下标索引号。

7.1.3　掌握多维数组

数组为元素指定了一个唯一的索引号，索引下标通常有单维与多维之分。单维数组是指通过一个索引号即可指定一个元素的数组，如 array[index]。多维数组是指通过两个以上的下标索引号才能确定一个元素的数组，如 array[index1][index2]。JavaScript 不支持严格意义上的多维数组，但是其数组的元素数据类型可以任意，因此可以将数组对象作为数组元素，以实现近似多维数组的功能。多维数组的模型如图 7-2 所示。

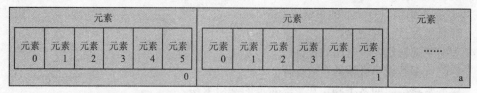

图 7-2　多维数组模型示意图

在图 7-2 中，使用数组作为数组的元素，可以多层嵌套，实现多维数组的功能。本节了解了数组的概念，下一节将学习如何创建数组。

7.2　如何创建一个数组

数组也是属于一种对象，使用前先创建一个数组对象。数组的创建方法和其他对象一样，都是使用 new 运算符和对象的构造函数。创建方式主要包括创建一个空数组、通过指定长度创建数组、通过指定元素创建数组和直接创建数组这几种方式，接下来分别讲解。

7.2.1　创建空数组

数组在创建时可以不包含任何元素数据，即空数组。创建后返回一个数组对象，使用该对象可以往数组中添加元素。语法如下：

```
var Obj = new Array();
```

上面语句将创建一个空数组。变量 Obj 引用创建后的数组对象，通过此变量可以操作数组，Array()为数组对象的构造函数。

提
示　创建数组的方式多种多样，选择一个合适的方式即可。

7.2.2　指定数组长度创建新数组

数组的元素个数称为数组的长度，数组对象的 length 属性指示数组的长度。在创建数组时可以指定数组的元素个数，通过这种方式可以创建一个有指定元素个数的数组对象。数组的长度信息在需要遍历数组时派上用场，比如有 5 个元素的数组，通过 5 次迭代操作即可读取所有元素。语法如下：

```
var Obj = new Array( Size );
```

Size 指明新建的数组有多少个元素。数组对象的 length 将被设置为 Size，仅指定长度但没有实际填充元素及其数据的数组将得不到数据存储空间。例如，某个人向酒店约定使用 5 个房间，但一直没去用，也没到过酒店。那 5 个房间实际上不会被分配，仅当真正去使用房间时才会发生分配活动。

7.2.3 指定数组元素创建新数组

创建数组的一个最为常用的方法是通过直接指定数组的元素来创建。新建的数组将包含创建时指定的元素，通常用在数据已经准备就绪的场合。语法如下：

```
var Obj = new Array( 元素1, 元素2, …, 元素N );
```

【范例 7-1】数组善于将每个独立的数据组织起来，提供一致的访问方式。现在创建一个数组用于保存"Peter"、"Tom"、"Vicky"和"Jet"这几个学生的名字，如示例代码 7-1 所示。

示例代码 7-1

```
01  <body>                                    <!--文档体-->
02  <h1>通过指定元素创建数组</h1>              <!--标题-->
03  <script language="javascript">            // 脚本程序开始
04      var students = new Array( "Peter", "Tom", "Vicky", "Jet" );
                                              // 通过指定元素创建数组
05      for( n in students )                  // 逐个输出数组中的名字
06      {
07          document.write( students[n] + " " );  // 将名字写入当前文档流中
08      }
09  </script>                                 <!-- 脚本程序结束 -->
10  </body>                                   <!--文档体结束-->
```

【运行结果】打开网页运行程序，其结果如图 7-3 所示。

图 7-3　输出数组元素

【代码解析】该代码段演示了通过指定元素创建数组的方法。第 4 行创建新数组时指定了元素数据，第 5~8 行遍历数组并输出每个元素，以验证是否已经创建成功。

7.2.4 直接创建新数组

JavaScript 创建数组的另一种简便方式是使用"[]"运算符直接创建，数组的元素也是创建时被指定的。这种方法的目标也是创建数组，与前面的方法相比仅仅是语法上的不同。语法如下：

```
var Obj = [ 元素1, 元素2, 元素3, …, 元素N ];
```

这种方法的语法十分简洁，使用这种方法创建示例 7-1 中的 students 数组代码如下：

```
var students = [ "peter", "Tom", "Vicky", "Jet" ];
```

7.3 数组元素基本操作

程序运行时通常需要读取数组中的数据，有时需要修改数组中的数据。因此这两者是数组应用中最基本的操作，本节将讲解如何读取、添加和删除数组元素。

7.3.1 提取数据——读取数组元素

读取数组元素最简单的方法就是使用"[]"运算符，此运算符在第 4 章已经讲过。使用"[]"运算符可以一次读取一个数组元素，语法如下：

数组名[下标索引];

目标元素通常由下标索引号决定，如读取第一个元素为"数组名[0]"，依此类推。下面的代码从一个填有商品名字的数组中读出第二种商品的名字。

```
var products = new Array( "洗衣粉", "香皂", "洗洁精" );       // 商品列表
var product = products[ 1 ];                                // 取出第二种商品
```

> 提示 使用"[]"运算符，通过递增或递减下标索引即可遍历数组的所有元素，前面的内容中已经多次使用。

7.3.2 添加数据——添加数组元素

JavaScript 的数组可以动态添加新元素，也可以动态删除原有的元素，下一节将讲解如何删除。添加新元素通常使用 Array 对象的 push 方法，push 方法是将新元素添加到数组的尾部。使用 unshift 可以将指定个数的新元素插入数组的开始位置，形成新的数组。后面的内容将详细介绍这两个方法，下面的代码演示添加元素的一般形式。

```
var students = new Array();               // 创建一个没有任何元素的数组
students.push( "Lily" );                  // 将 Lily 的名字添加到数组中
```

> 提示 也可以使用"[]"运算符指定一个新下标来添加新元素，新元素添加到指定的下标处。如果指定的下标超过数组的长度，数组将被扩展为新下标指定的长度。

7.3.3 删除数据——删除数组元素

数组元素可以动态删除，余下的元素按原顺序重新组合为新数组，下标也将被重新按从零开始顺序赋予给每个元素。通常使用 delete 运算符删除一个指定的元素，如果需要删除全部元素只需要删除数组对象即可。使用语法如下：

delete 数组名[下标];

例如，使用数组作为学生名单，现要删除数组中第一个元素，代码如下：

```
var names = Array( "李莉", "杨杨" );      // 有两个名字的名单
delete names[0];                          // 删除第一个名字"莉莉"
```

7.3.4 详解数组元素个数

前面提过数组对象的 length（长度）属性，该属性指示了数组元素的个数。通过设定 length 属性可以指定数组的长度。在得知长度情况下可以方便地遍历整个数组，读取数组元素个数信息的方法如下所示。

```
var Obj = new Array( 1, 2, 3 );
var count = Obj.length;
```

> 提示 尽管指定了数组的 length 属性，真正的有效元素只包含已经存入数据的元素，其他没有真正填充数据的元素仍然为空。

7.4 数组对象常见操作

数组主要用于组织存储数据，通常都需要对数组中的数据进行操作。系统内建的数组对象（Array）提供了多种操作数组的方法，这些方法集合可以完成基本的数组操作。例如元素的删除、添加、排序等。用户也可以为数组对象添加方法，以完成更为特殊的功能。Array 对象提供常用的方法包括 toString、join、push、pop、unshift、shift、concat、splice、slice、reverse、sort 和 toLocaleString 等，接下来逐一讲解。

7.4.1 字符转换——数组转换为字符串

toString 方法将数组表示为字符串，各个元素按顺序排列组合成为字符串返回。这个方法是从 Object 对象继承而来，通常使用在全部输出数组数据的场合，数组中的所有元素按顺序组成一个字符串。语法如下：

```
对象名.toString( [radix] );
```

radix 为可选参数，表示进制。当对象是数字对象时，该参数起作用。对象名是数组对象变量名，方法执行后各元素以 "," 隔开按顺序加入字符串中，现举例说明 toString 方法的特性。

【范例 7-2】有数个学生的名字："Peter"、"Vicky"、"LuWang" 和 "HuaLi"。现保存于数组中，要求按顺序输出数组中所有学生的名字，如示例代码 7-2 所示。

示例代码 7-2

```
01   <body>                                              <!--文档体-->
02   <h1>toString 方法的使用</h1>                        <!--标题-->
03   <script language="javascript">                      // 脚本程序开始
04      var names = ["Peter", "Vicky", "LuWang", "HuaLi"];  // 名字数组
05      document.write( names.toString() );             // 输出所有名字
06   </script>                                            <!-- 脚本程序结束 -->
07   </body>                                              <!--文档体结束-->
```

【运行结果】打开网页运行程序，其结果如图 7-4 所示。

图 7-4 输出数组信息

【代码解析】该代码段展示了 toString 方法应用在数组对象上的效果。第 3 行创建一个数组用于保存学生名字，第 5 行使用 toString 方法将数组元素作为组合字符串并输出。

7.4.2 字符连接——数组元素连接成字符串

上一节介绍的 toString 方法是将数组所有元素使用 "," 分隔符组合为字符串，分隔符固定不变。如果需要指定连接符号则可以使用 join 方法，该方法同样是将各元素组合为字符串，

但连接符号由用户指定。语法如下：

```
数组名.join(分隔符);
```

参数说明如下。

- 数组名：必选项，是一个有效的数组对象名。
- 分隔符：必选项，是一个字符串对象，作为各元素间的分隔字符串。

【**范例 7–3**】延用示例 7-2 的情景模型，现改用"-"符号分隔输出所有学生名字，如示例代码 7-3 所示。

示例代码 7-3

```
01   <body>                                         <!--文档体-->
02   <h1>join 方法的使用</h1>                        <!--标题-->
03   <script language="javascript">                 // 脚本程序开始
04      var names = ["Peter", "Vicky", "LuWang", "HuaLi"];
                                                    // 名字数组
05      document.write( names.join( "-" ) );        // 输出所有名字
06   </script>                                       <!-- 脚本程序结束 -->
07   </body>                                         <!--文档体结束-->
```

【运行结果】打开网页运行程序，其结果如图 7-5 所示。

图 7-5   join 方法组合数组数据

【代码解析】该代码段演示了 join 方法的使用。第 4 行创建学生名字数组，第 5 行使用 join 方法组合各元素为字符串并输出，使用"-"作为分隔符。

7.4.3   数据添加——在数组尾部添加元素

添加数组元素最直接的办法是使用 push 方法，一次可以添加单个元素或多个元素到数组末端。如果添加的元素是数组，则仅将数组对象的引用添加为原数组的一个元素，而不是所有元素添加至其中。push 方法很方便地动态添加新元素到数组中，使用语法如下：

```
数组名.push( [ 元素 1, [ 元素 2, [..., [元素 N ] ] ] ] );
```

参数说明如下。

- 数组名：必选项，有效的数组对象的变量名，新元素将添加到此数组中。
- 元素：可选项，可以是一个或多个 JavaScript 对象，使用","分隔。

push 是数组动态添加元素的最主要方法，现举例说明其用法，如范例 7-4 所示。

【**范例 7–4**】使用数组的 push 方法动态添加新元素。将用户从外部输入的名字添加到名单中，如示例代码 7-4 所示。

示例代码 7-4

```
01    <body>                                <!--文档体-->
02    <h1>push 方法的使用</h1>               <!--标题-->
03    <script language="javascript">         // 脚本程序开始
04    var List = new Array();                // 创建一个空数组作为名单
05    for( ; ; )                             // 无限循环
06    {
07        var name = prompt("请输入名字","名字");// 要求用户输入名字
08        if( name==null )                   // 如果用户取消则退出循环
09        {
10            break;                         // 跳出循环
11        }
12        List.push( name );                 // 将输入的数据作为数组元素添加到数组
13    }
14    var comList = List.join( " " );        // 使用空格将各元素隔开，作为字串符输出
15    document.write( comList );             // 输出组合之后的元素
16    </script>                             <!-- 脚本程序结束 -->
17    </body>                               <!--文档体结束-->
```

【运行结果】打开网页运行程序，其结果如图 7-6 所示。

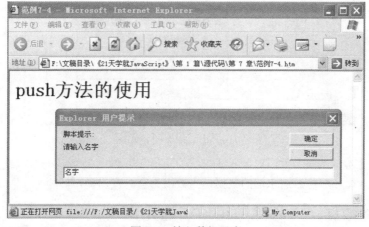

图 7-6　输入数组元素

【代码解析】本示例实现了与用户交互的功能，用户从外部输入数据，程序接收并处理。第 4 行创建一个空数组，作名单容器之用。第 5～13 行无限循环要求用户输入直到单击"取消"按钮为止。第 12 行将每一项新输入的数据都作为数组的元素添加到数组中，第 14、15 行将数组中的数据组合输出。

7.4.4　数据更新——删除数组的最后一个元素

pop 方法的作用是移除数组末尾的一个元素。前面讲过使用 delete 运算符删除指定的元素，与 delete 不同，pop 方法删除最后一个元素后还将其引用返回。堆栈有先进后出（FILO）的特点，pop 通常结合 push 方法一起使用，实现类似堆栈的功能。pop 方法语法如下：

数组名.pop();

数组名是一个有效的数组对象变量名，必选项，现举例说明 pop 方法的功能。

【范例 7-5】有一箱苹果，N 个人排队分享。按顺序一人一个，当箱里的苹果发完时发出警告，如示例代码 7-5 所示。

示例代码 7-5

```
01  <script language="javascript">                          // 脚本程序开始
02      var appleBox = new Array();                          // 使用数组作为苹果箱
03      appleBox.push( "红苹果 1", "红苹果 2", "红苹果 3", "红苹果 4", "红苹果 5", "红苹
        果 6" );                                             // 苹果装箱
04      for( ;appleBox.length != 0; )                        // 分发苹果，直到箱子是空的
05      {
06          var handle = appleBox.pop();                     // 从数组（箱）中弹出一个苹果
07          document.write( "<br>已发: " + handle );          // 输出
08      }
09      alert( "苹果已经分光~!" );                              // 分光时
10  </script>                                                <!-- 脚本程序结束 -->
```

【运行结果】打开网页运行程序，其结果如图 7-7 所示。

图 7-7　弹出数组中所有元素

【代码解析】本示例演示数组对象 pop 方法的功能。第 2、3 行创建一个数组并将元素压入其中。第 4～8 行循环删除数组末端的数据，当数组为空时发出提示。

7.4.5　删除数据——移除数组顶端的元素

上一节介绍的 pop 方法是移除数组末端的一个元素，而 shift 方法正好相反，其移除数组的第一个元素并将其返回。该方法执行后数组剩下的元素向前移动，下标索引号重新调整从 0 开始按顺序赋予所有元素。在大家所熟知的基本数据结构中，队列非常有用，其遵循先进先出（FIFO）的规则，与堆栈不同。shift 和 push 方法结合使用，可以将数组当成队列使用。shift 的语法如下：

数组名.shift( );

【范例 7-6】模拟售票窗口前的顾客队列，在队列最前面的人最先买到票。已经买到票的顾客出队，当库存票售完或队伍里没人则停止销售，如示例代码 7-6 所示。

示例代码 7-6

```
01  <body>                                                  <!--文档体-->
02  <h1>售票窗口模拟</h1>                                     <!--标题-->
03  <script language="javascript">                          // 脚本程序开始
04      var queue = new Array();                             // 购票队列
05      function client(name)                                // 顾客对象
06      {
```

```
07          this.name = name;                    // 顾客名字
08          this.ticket = NaN;                   // 票号
09      }
10      queue.push( new client("Lily"), new client("Peter"),
11              new client("Vicky"), new client("Tom"),
12              new client("Jackson") );   // 将顾客排队
13      tickets = 4;                          // 库存票数
14      for( ;((queue.length!=0)&&(tickets!=0)) ; )
                                              // 一直发售直到队伍里没有人或票已经售完
15      {
16          var current = queue.shift();      // 队首已经买到票的人离开队伍
17          current.ticket = tickets;
18          document.write("<br>已售: " + current.name + "，流水号" + tickets );
                                              // 输出已买到票的顾客信息
19          tickets --;                       // 卖出一张，库存减一
20      }
21      alert( "销售停止，目前队里有" + queue.length + "人，和" + tickets+"张票！" );
                                              // 销售停止通知
22  </script>                                  <!-- 脚本程序结束 -->
23  </body>                                    <!--文档体结束-->
```

【运行结果】打开网页运行程序，其结果如图 7-8 所示。

图 7-8 模拟售票

【代码解析】本示例使用数组对象的 push 方法和 shift 方法，实现了队列的功能。第 4 行创建一个空数组作为队列，第 5~9 行定义顾客的构造函数，用于创建顾客对象。第 10~12 行创建顾客对象并将他们按生成顺序列入队列中。第 13 行指定库存的票数，第 14~20 行循环销售，直到队伍没人或库存为零。第 21 行发送停止销售的通知。

 提
示 移除元素的方法比较多，在使用时考虑执行效率。

7.4.6 添加数据——在数组头部添元素

前面讲过的 push 方法是将元素压入数组的末尾，而 unshift 是将元素插入数组的首部。一次可以插入单个或多个元素，所有元素按顺序插入，操作完成后返回新数组的引用。新数组的元素下标索引号将从 0 开始按顺序赋予各个元素，语法如下：

数组名.unshift([元素 1，[元素 2，[元素 3，[…，[元素 N]]]]]);

参数说明如下。

- 数组名：必选项，有效的数组变量名。
- 元素：可选项，可以是一个或多个 JavaScript 对象。

unshift 方法的使用与前面讲过的各方法一样。如果不计较元素插入的位置，则推荐使用 push 方法。因为 unshift 方法将引发所有下标的改动，可能会影响依靠下标才能准确进行的计算，通常使用在类似插队的场合，下面举例说明。

【范例 7-7】测试 unshift 方法的作用，在数组首部添加两个元素后将其输出，如示例代码 7-7 所示。

示例代码 7-7

```
01  <body>                                          <!--文档体-->
02  <h1>unshift 方法的使用</h1>                      <!--标题-->
03  <script language="javascript">                  // 脚本程序开始
04      var queue = new Array( "A", "B", "C" );      // 创建一个队列
05      document.write( "<br>原数组：" + queue );      // 输出原数组
06      queue.unshift( "D", "E" );                   // 前端插入两个元素
07      document.write( "<br>在前端添加"D""E"两元素后：" + queue );
                                                     // 输出新数组
08  </script>                                        <!-- 脚本程序结束 -->
09  </body>                                          <!--文档体结束-->
```

【运行结果】打开网页运行程序，其结果如图 7-9 所示。

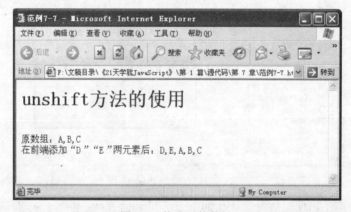

图 7-9　修改后的数组

【代码解析】该代码段第 4 行创建了一个包含三个元素的数组，第 5 行输出原数组与后面的新数组作比较。第 6 行在原数组前端插入两个元素后形成新数组，第 7 行输出新数组便于和原数组做对比。

7.4.7　扩充数组——添加元素并生成新数组

concat 方法可以将多个数组的元素连接一起成为新的数组，新数组中的元素按连接时的顺序排列。当需要合并多个数组时，此方法比较方便。语法如下：

数组名.concat([item1, [item2, [item3 , […, [itemN]]]]]);

参数说明如下。

- 数组名：必选项，其他所有数组要进行连接的 Array 对象。
- item：可选项，要连接到"数组名"引用的数组末尾的其他项目。可以是数组对象也可以是单个数组元素，或者是其他 JavaScript 对象。

将其他对象连接至数组和数组间相连接的方法完全一样，下面举例说明如何使用 concat 方法。

【**范例 7-8**】concat 的使用方法，模拟队列的衔接合并，如示例代码 7-8 所示。

示例代码 7-8

```
01  <body>                                        <!--文档体-->
02  <h1>concat 的使用示例</h1>                    <!--标题-->
03  <script language="javascript">                // 脚本程序开始
04      var queueA = new Array( "顾客1", "顾客2", "顾客3", "顾客4", "顾客5" );
                                                  // 窗口 A 前的队伍 A
05      var queueB = new Array( "顾客A", "顾客B", "顾客C", "顾客D", "顾客E" );
                                                  // 窗口 B 前的队伍 B
06      var qa = queueA.join( "-" );              // 组合队伍 A 的成员，使用"-"隔开
07      var qb = queueB.join( "-" );              // 组合队伍 B 的成员，使用"-"隔开
08      document.write( "窗口前的两个队伍：" );
09      document.write( "<br><li>" + qa );        // 输出队伍 A 的成员
10      document.write( "<br><li>" + qb );        // 输出队伍 B 的成员
11      queueA = queueA.concat( queueB );         // 将队伍 B 接到队伍 A 的后面
12      qa = queueA.join( "-" );                  // 组合合并后的队伍，使用"-"隔开
13      document.write( "<br>将队伍 B 合并到队伍 A：" );
14      document.write( "<br><li>" + qa );        // 输出合并后的队伍成员
15  </script>                                     <!-- 脚本程序结束 -->
16  </body>                                       <!--文档体结束-->
```

【运行结果】打开网页运行程序，其结果如图 7-10 所示。

图 7-10　组合数组

【代码解析】该代码段说明了 concat 方法的作用。第 4、5 行创建两个数组表示两个队伍。第 6～10 行将两个队伍的成员使用"-"符号分隔组合，最后输出。第 11 行调用 Array 对象的 concat 方法将数组 queueB 连接到 queueA 的末尾，形成新的数组且由变量 queueA 引用。第 12～14 行将新数组的成员使用"-"符号分隔组合输出。

7.4.8　更新移动数据——删除、替换或插入数组元素

splice 方法的作用是，从一个数组中移除一个或多个元素。剩下的元素组成一个数组，移除的元素组成另一个数组并返回它的引用。同时，原数组可以在移除的开始位置处顺带插入一个或多个新元素，达到修改替换数组元素的目的。这个操作的效果通常称为接合，使用语法如下：

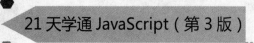

数组名.splice(start, deleteCount, [item1 [, item2 [, . . . [, itemN]]]]);

参数说明如下。

- 数组名：必选项，表示一个有效的数组对象，接合操作将发生在它上面。
- start：必选项，表示从数组中剪切的起始位置下标索引号。
- deleteCount：必选项，表示将从数组中切取的元素的个数。
- item：可选项，表示切取时插入原数组切入点开始处的一个或多个元素，要求为有效的 JavaScript 对象。

splice 所有效果可简述为包括切分、替换和接合，下面举例说明。

【范例 7-9】使用数组模拟学生出操队列，调用 splice 方法调整队伍，如示例代码 7-9所示。

示例代码 7-9

```
01  <body>                                        <!--文档体-->
02  <h1>splice 的使用示例</h1>                      <!--标题-->
03  <script language="javascript">                // 脚本程序开始
04      var queueA = new Array();                 // 体操队列 A
05      queueA.push( "学生 A", "学生 B", "学生 C", "学生 D", "学生 E", "学生 F");
                                                  // 队员进队
06      document.write( "<li>原来的队伍 A: <br>" + queueA );
                                                  // 输出队伍 A 的成员
07      var queueB = queueA.splice( 2, 3 );       // 从 A 队中的第 3 位学生开始抽出
                                                  // 3 名学生按顺序组成一个新队
08      document.write( "<br><li>调整后的队伍 A: <br>" + queueA );
                                                  // 输出裁员后的队伍 A
09      document.write( "<br><li>新建的队伍 B: <br>" + queueB );
                                                  // 输出从队伍 A 中切取成员形成的队伍 B
10      queueA.splice( 1,0, "学生 1", "学生 2" );
                                                  // 从队伍 A 的第 2 个学生处起插入两名学生
11      document.write( "<br><li>添加后的队伍 A: <br>" + queueA );
                                                  // 输出插入学生后的队伍 A
12  </script>                                     <!-- 脚本程序结束 -->
13  </body>                                       <!--文档体结束-->
```

【运行结果】打开网页运行程序，其结果如图 7-11 所示。

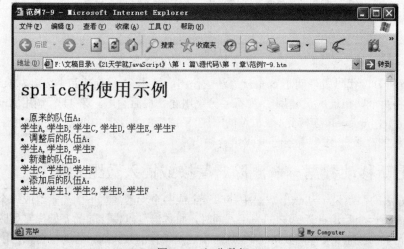

图 7-11　切分数组

【代码解析】该代码段说明了 splice 方法的作用。第 4、5 行创建一个数组作为学生队列。第 7 行使用 splice 方法从数组 queueA 中切取出数组 queueB，因此获得两个数组。第 10 行通过 splice 方法切取 0 个而插入两个项目的办法实现了对数组 queueA 的修改。

7.4.9　生成特定数据——获取数组中的一部分元素

slice 方法的作用是切取数组的一段元素，即切取指定下标索引区间中的元素作为新数组返回。功能与 splice 方法相似，使用语法如下：

数组名.slice(start, end);

参数说明如下。

- 数组名：必选项，作为切取源的数组。
- start：必选项，将要切取的起始下标索引号。
- end：可选项，将要切取的结束下标索引号。如果省略该项，则自动切取到数组的结尾。

slice 方法一直复制到 end 所指定的元素，但是不包括该元素。如果 start 为负，将它作为 length+start 处理，此处 length 为数组的长度。如果 end 为负，就将它作为 length+end 处理，此处 length 为数组的长度。如果省略 end，那么 slice 方法将一直复制到数组的结尾。如果 end 出现在 start 之前，不复制任何元素，下面举例说明 slice 方法的作用。

【范例 7-10】Array 对象的 slice 方法的作用，如示例代码 7-10 所示。

示例代码 7-10

```
01  <body>                                     <!--文档体-->
02  <h1>slice 方法的作用</h1>                    <!--标题-->
03  <script language="javascript">             // 脚本程序开始
04      var queueA = new Array();              // 体操队列 A
05      queueA.push( "学生 A", "学生 B", "学生 C", "学生 D", "学生 E", "学生 F");
                                               // 队员进队
06      queueA = queueA.slice( 1, 4 );         // 切取第二个到第三个元素作为新数组
07      alert( queueA );                       // 输出切取出来的数组
08  </script>                                  <!-- 脚本程序结束 -->
09  </body>                                    <!--文档体结束-->
```

【运行结果】打开网页运行程序，其结果如图 7-12 所示。

【代码解析】本示例演示了 Array 对象的 slice 方法的使用。第 4 行创建了一个数组 queueA，第 5 行将新元素压入数组 queueA。第 6 行使用 Array 对象的 slice 方法从数组 queueA 中切取一段元素，起点下标为 1 终点下标为 4（不包含 4）。

图 7-12　输出新数组

 注意　获取数组元素时很可能获得的是一个引用而不是值。

7.4.10　置换数据——颠倒数组元素的顺序

可以使用 reverse 方法将一个 Array 对象中所有元素的次序反转，然后返回元素顺序反转后的 Array 对象的引用。如果需要对数组的所有元素进行反序排列则此方法比较有用，使用语法如下：

数组名.reverse( );

例如，原来数组的元素顺序为"A，B，C"。执行 reverse 后产生一个新对象，其元素顺序

为 "C，B，A"，最后返回新对象的引用。下面举例说明。

【范例 7–11】使用 Array 对象的 reverse 方法将一个数组元素次序反转，如示例代码 7-11 所示。

示例代码 7-11

```
01    <body>                                                <!--文档体-->
02    <h1>reverse 方法的作用</h1>                            <!--标题-->
03    <script language="javascript">                         // 脚本程序开始
04       var queue = new Array( "甲", "乙", "丙", "丁" );     // 创建数组
05       var newQueue = queue.reverse();                     // 将 queue 的元素次序反转
06       document.write( "<li>翻转前: " + queue + "<br><li>翻转后: " + newQueue );
                                                             // 输出顺序反转前后的数组
07    </script>                                              <!-- 脚本程序结束 -->
08    </body>                                                <!--文档体结束-->
```

【运行结果】打开网页运行程序，其结果如图 7-13 所示。

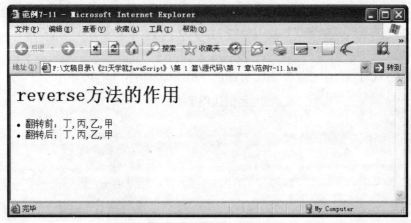

图 7-13　将数组元素反序

【代码解析】本示例第 4 行准备了一个数组对象 queue。第 5、6 行使用 reverse 方法将 queue 对象的元素次序反转后形成的新对象并将其内容输出。

7.4.11　数据排序——对数组元素进行排序

Array 对象的 sort 方法可以将一个数组中的所有元素排序。执行时先将调用该方法的数组中的元素按用户指定的方法进行排序，排序后的所有元素构成一个新数组并返回之。通常用来对数据排序，语法如下：

数组名.sort([sortfunction])

参数说明如下。

- 数组名：必选项，表示要进行排序的源数组对象。
- sortfunction：可选项。用来确定元素顺序的函数的名称。如果这个参数被省略，那么元素将按照 ASCII 字符顺序进行升序排列。

前面在讲变量式函数时已经演示过回调函数的使用，此处的 sort 方法中也用到了回调函数。上述语法中的参数 sortfunction 就是回调函数的指针，回调函数决定了排序的规则。函数 sortfunction 是一个双参数函数，它必须返回下列值之一。

- 负值：表示传给 sortfunction 两个实参中，第一个的值比第二个的小。

- 零：表示传给 sortfunction 两个实参的值相等。
- 正值：表示传给 sortfunction 两个实参中，第一个的值比第二个的大。

使用排序规则回调函数，用户可以规定 sort 函数如何对数组中的元素进行排序，下面举例说明 sort 方法的作用。

【**范例 7-12**】测试 Array 对象的 sort 方法的作用。将 1985、1970、1999、1998、2008、1963 这些年份按升序输出，如示例代码 7-12 所示。

示例代码 7-12

```
01  <body>                                    <!--文档体-->
02  <h1>sort 方法的作用</h1>                    <!--标题-->
03  <script language="javascript">            // 脚本程序开始
04      var years = new Array( 1985, 1970, 1999, 1998, 2008, 1963 );
                                              // 创建数组
05      function sortFunc( arg1, arg2 )       // 排序规则回调函数
06      {
07          if( arg1 < arg2 )                 // 当第一个元素小于第二个时返回一个负数
08          {
09              return -1;
10          }
11          if( arg1 > arg2 )                 // 当第一个元素大于第二个时返回一个正数
12          {
13              return 1;
14          }
15          if( arg1 == arg2 )                // 当第一个元素等于第二个时返回 0
16          {
17              return 0;
18          }
19      }
20      var Sortted = years.sort( sortFunc ); 
                                              // 排序
21      document.write( "排序前的各年份: <li>" + years );
                                              // 分别输出排序前后的数组
22      document.write( "<br>排序后的各年份: <li>" + Sortted );
23  </script>                                 <!-- 脚本程序结束 -->
24  </body>                                   <!--文档体结束-->
```

【运行结果】打开网页运行程序，其结果如图 7-14 所示。

图 7-14　输出排序前后的数组

【代码解析】本示例演示了 Array 对象 sort 方法的使用。第 4 行创建一个包含先后次序混乱的年份数据的数组。第 5～19 行定义了一个函数，其定义按 Array 对象的 sort 中的排序规则回调函数的要求。第 20 行数组对象 years 调用 sort 方法对其所有元素进行排序，排序规则由函数 sortFunc 指定。排序后的所有元素构成一个新数组，由变量 Sortted 引用。第 21、22 行分别输出排序前后的数组数据以示区别。

7.4.12　数据转换——将对象转换为本地字符串

toLocaleString 方法作用是将一个对象转换为本地字符串，主要是针对日期对象。全球范围内日期的表示形式有很多种，同样是 2008 年 3 月 2 日，在美国会表示为 03/02/08。而在欧洲，则表示为 02/03/08，因为各地区的习惯不一样。本地时间的表示格式由用户在"控制面板"的"区域设置"所作的设置来确定。toLocaleString 根据用户计算机上的设置来决定日期的显示格式，通常使用在数据格式本地化的场合。语法如下：

```
obj.toLocaleString();
```

obj 属于 Array、Date、Number 或 Object 类型对象。toLocaleString 方法将 obj 对象的值转换为本地字符串，并返回该字符串的引用，下面举例说明。

【范例 7-13】使用 toLocaleString 方法将日期对象转化为本地字符串并输出之，如示例代码 7-13 所示。

示例代码 7-13

```
01  <body>                                  <!--文档体-->
02  <h1>toLocaleString 方法的作用</h1>       <!--标题-->
03  <script language="javascript">          // 脚本程序开始
04      var date = new Date();              // 创建一个日期对象
05      alert( date.toLocaleString() );     // 将日期对象作为本地字符串输出
06  </script>                               <!-- 脚本程序结束 -->
07  </body>                                 <!--文档体结束-->
```

【运行结果】打开网页运行程序，其结果如图 7-15 所示。

【代码解析】本示例主要演示使用 toLocaleString 方法将日期对象转换为本地字符串。第 4 行创建一个代表本地当前时间的日期对象 date。第 5 行将对象 date 代表的日期按用户本地设置的日期格式转换为字符串并输出。

图 7-15　字符串本地化

JavaScript 是运用于互联网的编程语言。其编写的代码可能在国际上的不同地区运行，因此有必要使用 toLocaleString 将数据转换为本地格式。

7.5　小结

本章全面地学习了数组对象，数组对象是 JavaScript 程序设计中使用最多的数据结构。数组对象在使用之前必须先创建，通过使用 new 运算符调用 Array 构造函数即可。创建的方式有 4 种，分别是创建空对象、通过指定长度进行创建、通过指定元素进行创建和使用 "[]" 直接创建。数组对象的 length 属性表明数组元素的个数，通常它来帮助遍历数组中的所有元素。数组的元素属于 Array 对象的动态属性，因此可以使用 delete 运算符进行删除。数组对象 Array 提供了数个方法以操作数组的元素，包括添加（push、unshift）、删除（pop、shift）、修改（splice、slice）等。随着本章的结束，本书的基础篇也就此完结。建议读者对这之前的 7 个章节进行一次总结，做好准备迎接本书的第二篇——对象篇。

7.6　习题

一、常见面试题

1．谈谈 JavaScript 数组排序方法 sort() 的使用，重点介绍 sort() 参数的使用及其内部机制。

【解析】本题考核应聘者对数组排序的掌握。

【参考答案】Array 对象的 sort 方法可以将一个数组中的所有元素排序。执行时先将调用该方法的数组中的元素按用户指定的方法进行排序，排序后的所有元素构成一个新数组并返回之。该方法带两个参数，一个是要排序的数组，一个是确定元素顺序的函数的名称。

2．考查对方法的理解。

【考题】下列叙述错误的一项是（　　）。

　　A．shift 方法的作用是移除数组的第一个元素并将其返回

　　B．shift 方法的作用是移除数组的第一个元素不将其返回

　　C．unshift 方法的作用是将元素插入数组的首部

　　D．push 方法的作用是将元素压入数组的末尾

【解析】关于 shift 方法的叙述，书中有详细的介绍。参考答案为 B。

二、简答题

1．怎样添加元素并生成新数组？

2．如何获取数组中的一部分元素？

3．怎样对数组元素进行排序？

4．如何将对象转换为本地字符串？

三、综合练习

1．堆栈是一种常用的数据结构，其中的数据线性存放，数据的存取遵循先进后出的规则。例如，数据入栈的顺序为 "A、B、C"，出栈的顺序只能为 "C、B、A"。数据入栈的操作常被命名为 "push"，出栈为 "pop"，操作的过程跟向机枪弹夹中压入子弹和弹出子弹非常相似。现要求使用 JavaScript 语言设计一个堆栈数据结构（Stack），支持压入数据操作（push）和弹出数据的操作（pop）。

【提示】结合本章和上一章所学的知识很容易实现堆栈的功能，使用数组作为数据存储的基础结构。先设计一个 Stack 对象构造函数，并为该对象添加 push、pop 两个方法。这两个方

法中简单地调用 Array 对象的 push 和 pop 方法即可，参考代码如下：

```
01  <body>                                    <!--文档体-->
02  <h1>Stack（堆栈）对象的测试</h1>            <!--标题-->
03  <script language="javascript">            // 脚本程序开始
04     function Stack()                        // 定义一个 Stack（堆栈）对象的构造函数
05     {
06         var DateStorage = new Array();       // 创建一个数组作为数据仓库
07         this.push = function( obj )          // push 方法，压入数据对象
08         {
09             DateStorage.push( obj );         // 将数据存入仓库
10         }
11         this.pop = function()                // pop 方法，从栈中弹出数据对象
12         {
13             return DateStorage.pop();         // 数据从仓库取出
14         }
15     }
16     var cartridge_clip = new Stack();        // 测试 Stack 对象，模拟一个弹夹
17     cartridge_clip.push( "子弹 1" );          // 压入 5 颗子弹
18     cartridge_clip.push( "子弹 2" );
19     cartridge_clip.push( "子弹 3" );
20     cartridge_clip.push( "子弹 4" );
21     cartridge_clip.push( "子弹 5" );
22     document.write( "<li>子弹入夹顺序：子弹 1 子弹 2 子弹 3 子弹 4 子弹 5<br>" );
                                                 // 输出子弹入夹顺序
23     document.write( "<li>子弹出夹顺序：" );     // 输出子弹出夹顺序
24     for( ; ; )                               // 循环弹出夹中所有子弹
25     {
26         var cur = cartridge_clip.pop();      // 当前弹出的位于最顶端的子弹
27         if( cur == null )                    // 如果子弹弹尽时，跳出循环
28         {
29             break;                           // 跳出循环
30         }
31         document.write( cur + " " );         // 输出当前子弹名称
32     }
33  </script>                                  <!-- 脚本程序结束 -->
34  </body>                                    <!--文档体结束-->
```

【运行结果】打开网页运行程序，其结果如图 7-16 所示。

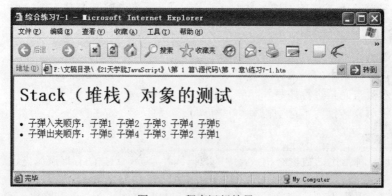

图 7-16　程序运行结果

2. 编写程序，实现一个从小到大的数字排序函数，函数的参数个数不定。用户可以往函数中传送任意多个参与排序的数字，函数返回一个数组，其中填充排序后的数字。程序的最后要求将数字"5、1、6、3、2、9、7"排序后输出结果。

136

【提示】使用上一章讲到的 arguments 对象和本章的数组对象，两者结合即可实现。通过 arguments 对象可以获得传递给排序函数的实参，将实参压入数组对象。使用数组对象的 sort 方法进行排序后返回，参考代码如下：

```
01  <script language="javascript">                    // 脚本程序开始
02     function mySort( )                              // 不定参数个数的排序函数
03     {
04        var args = new Array();                      // 使用数组作为参数存储容器
05        for( n = 0; n < arguments.length; n++ )      // 提取各实参
06        {
07           args.push( arguments[n] );                // 将实参压入数组
08        }
09        for( i = 0; i < args.length; i ++ )          // 逐一比较，从小到大进行排序
10        {
11           for( j = 0; j < args.length; j ++ )
12           {
13              if( args[i] < args[j] )                // 两两比较
14              {
15                 var tmp = args[i];                  // 小的数换到大的数前面
16                 args[i] = args[j];
17                 args[j] = tmp;
18              }
19           }
20        }
21        return args;                                 // 返回已经排序的数组
22     }
23     var result = mySort( 5, 1, 6, 3, 2, 9, 7 );    // 对题设中的数字进行排序
24     alert( result );                                // 显示结果
25  </script>                                          <!-- 脚本程序结束 -->
```

【运行结果】打开网页运行程序，其结果如图 7-17 所示。

图 7-17　程序运行结果

四、编程题

1．写一个程序找出 1000 以内能被 3 整除的数保存在数组 A 中、能被 4 整除的数保存在数组 B 中。再对两个数组相加，输出结果。

【提示】首先需要寻找出可以被 3 和 4 整除的数值，然后分别建立一个数组存放，最后实现相加操作。

2．在数组中用随机的方式存入 100 个数，再将这 100 个数相加输出。

【提示】本题可以参照前面的有关章节实现加法运算。

第二篇 对象篇

第 8 章 JavaScript 面向对象基础

学习了前面 7 章的内容，读者已经打下了编写完整的 JavaScript 程序的基础。从本章开始，将学习 JavaScript 应用开发层面的知识，主要包括一些常用对象的使用方法。

这里引入了一个新的概念，即面向对象。虽然在前面已经使用过很多对象，但没有对这个概念进行专门的讲解。面向对象设计方法是早在二三十年前，为了解决"软件危机"而被提出来的。如今很多优秀的设计方法都基于面向对象的设计方法，面向对象设计方法能更好地实现复杂系统的组织和代码复用。

JavaScript 是十几年前才被设计出来的语言，它的一些语言特性支持以面向对象的方法进行系统设计，甚至其内置的功能都是以对象的形式提供的。本章将带领读者学习 JavaScript 面向对象的特性。

- 了解面向对象的基本概念。
- 掌握对象的定义和使用方法。
- 掌握 JavaScript 的对象层次结构。
- 理解掌握事件概念和使用方法。

以上几点是对读者在学习本章内容时所提出的基本要求，也是本章希望能够达到的目的。读者在学习本章内容时可以将其作为学习的参照。

8.1 面向对象概念

早期面向结构的设计方法最经典的一句话是"自顶向下，逐步细化"，说明了设计的一般过程。以数据为中心，以分层的方法组织系统。与面向过程相联系的是一套相关的设计方法论，其中包含了许许多多的概念和术语。

面向对象设计方法被提出以后，随之而来的也是一整套设计方法。一切基于对象，是面向对象的核心，接着引入了很多早期开发者闻所未闻的新概念。学习面向对象设计方法，首先应该引入新的设计理念。这些基本的设计理念都体现在语言特性中，如封装、聚合、继承和多态等。对于 JavaScript 的初级用户，只在需要自定义新类型时能定义自己的类型并将其实例化，使应用的结构因为它而变得更清晰、易于维护即可。

8.1.1 面向对象中的语言

早期的程序员对 Pascal、Basic 等语言可能记忆犹新，它们都是典型的面向过程的语言。面向过程的语言将能完成特定任务的程序段独立起来做成函数，整个系统都是函数相互调用来处理数据，系统以数据流为中心。很显然，系统的各模块间是紧耦合关系。随着系统复杂度的增加，系统变得难以维护，最终实现不了当时硬件对软件规模的要求，于是产生了"软件危机"。当然了，编程语言也难辞其咎。

后来因为面向对象的流行，Pascal 被人们改造成支持面向对象的 Object Pascal。Basic 语言也被改进了，增加了一些面向对象的特性。真正很好地支持面向对象的语言有很早以前就设计出来的 Smalltalk 和 C++，以及后来的 Java 和 C#，除 C++外的三种语言都是纯面向对象的语言。其他一些流行的脚本语言也支持一些面向对象的特性，但那不是主要目的，如 Python、PHP、JavaScript 等。

面向对象的语言，要求至少能提供以下的功能。

- 封装：此特性可隐藏对象内部的实现细节，对外提供一致的访问接口。
- 聚合：将多个对象组合起来，实现更复杂的功能。
- 继承：简单的代码复用机制，使子类拥有父类的特性。
- 多态：以一致的方式使用不同的实现，实现接口不变性。

以上 4 点是面向对象语言一般特性，读者可能觉得抽象难懂。不懂也可以先将其放下继续学习下面的内容，JavaScript 的用户不需要深入掌握。

8.1.2　对象的构成方式

现实世界中的事物的特性都包含状态和行为两种成分，通过这两种成分即可描述一个事物的客观特征。例如这样来描述一只鱼：红色、重 1kg、长 10cm 且会游动。把上例中的鱼抽象出一个类，其有一些属性和行为方法，属于该类的任何一个对象都是这样拥有属性和行为方法。将前述模型抽象到编程语言中以后，对象也就由属性（数据）和方法（处理数据的方法）组成。

属性描述了对象的状态，方法是对象具有可实施的动作。前面所举的例子中，"色、重、长"都是鱼的属性，"游动"是鱼的行为（即方法）。对象就是以这样的方法来将数据和处理数据的方法包装在一起的。

8.2　对象应用

严格地讲，JavaScript 不是一种面向对象的语言，因为它没有提供面向对象语言所具有的一些明显特征，如继承和多态。因此，JavaScript 设计者把它称为"基于对象"，而不是"面向对象"的语言。在 JavaScript 中仅将相关的特性以对象的形式提供，开发者一般也只需要掌握内置对象的使用方法和构造简单的对象即可。本节将介绍如何使用对象。

8.2.1　详解对象声明和实例化

每一个对象都属于某一个类，类是所有属于该类的对象所具有的属性和方法的抽象描述。例如一条金鱼就是属于鱼类，所以得到一只具体的金鱼前首先明确鱼类。

JavaScript 中没有类的概念，创建一个对象只要定义一个该对象的构造函数并通过它创建对象即可。构造函数的定义方法在第 6 章中已经讲过，使用函数对象的 this 指针可以为函数对象动态添加属性。这里的对象的属性和方法也是通过 this 指针动态添加。

例如，欲创建一个 Card（名片）对象，每个对象又有这些属性：name（名字）、address（地址）、phone（电话）；则在 JavaScript 中可使用自定义对象，下面分步讲解。

（1）定义一个函数来构造新的对象 Card，这个函数称为对象的构造函数。

```
01   function Card( _name, _address, _phone )          // 定义构造函数
02   {
03       this.name=_name;                              // 初始化"名字"属性
04       this.address=_address;                        // 初始化"地址"属性
05       this.phone=_phone;                            // 初始化"电话"属性
06   }
```

 提示　this 关键字表示当前对象即由函数创建的那个对象。

（2）在 Card 对象中定义一个 printCard 方法，用于输出卡片上的信息。

```
01   function printCard()                                    // 打印信息
02   {
03       line1="Name:"+this.name+"<br>\n";                   // 读取 name
04       line2="Address:"+this.address+"<br>\n";             // 读取 address
05       line3="Phone:"+this.phone+"<br>\n"                  // 读取 phone
06       document.writeln(line1,line2,line3);
07   }
```

（3）修改 Card 对象，在 Card 对象中添加 printCard 函数的引用。

```
01   function Card(name,address,phone)                       // 构造函数
02   {
03       this.name=name;                                     //初始化 name、address、phone
04       this.address=address;
05       this.phone=phone;
06       this.printCard=printCard;                           // 创建 printCard 函数的定义
07   }
```

（4）即实例化一个 Card 对象并使用。

```
01   Tom=new Card( "Tom", "BeiJingRoad 123", "0851-12355" ); // 创建名片
02   Tom.printCard();                                        // 输出名片信息
```

上面分步讲解是为了更好地说明一个对象的产生过程，但真正的应用开发则是一气呵成。其中有太多的地方需要运用编程技巧，并灵活设计。将上述几步合成，如下例所示。

【范例 8-1】创建一个卡片对象，卡片上标有"名字"、"地址"和"电话"等信息。名片对象提供一个方法以输出这些信息，如示例代码 8-1 所示。

示例代码 8-1

```
01   <script language="javascript">                          // 脚本程序开始
02   function Card( name,address,phone )                     // 构造函数
03   {
04       this.name=name;                                     //初始化名片信息
05       this.address=address;
06       this.phone=phone;
07       this.printCard=function()                           // 创建 printCard 函数的定义
08       {
09           line1="Name:"+this.name+"<br>\n";               // 输出名片信息
10           line2="Address:"+this.address+"<br>\n";         // 读取地址
11           line3="Phone:"+this.phone+"<br>\n"              // 读取电话信息
12           document.writeln(line1,line2,line3);            // 输出
13       }
14   }
15   Tom=new Card( "Tom","BeiJingRoad 123","0851-12355" );   // 创建 Tom 的名片
16   Tom.printCard()                                         // 输出名片信息
17   </script>                                               <!-- 脚本程序结束 -->
```

【运行结果】打开网页文件运行程序，其结果如图 8-1 所示。

【代码解析】该代码段是声明和实例化一个对象的过程。代码第 2～14 行，定义了一个对象类构造函数 Card（名片）。名片包含三种信息，即三个属性，以及一个方法。第 15、16 行创建一个名片对象并输出其中的信息。

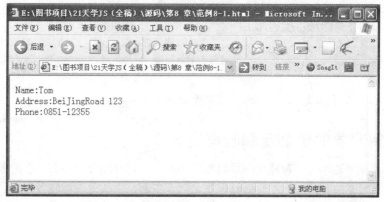

图 8-1　输出名片信息

8.2.2　详解对象的引用

学习第 2 章时，读者已经知道变量的一个用途是引用内存中的对象，并可以通过变量操作对象。对象被"new"运算符创建出来以后要由一个变量引用，才可以对其进行调用操作。在范例 8-1 中变量"Tom"就引用了一个 Card 对象实例。

对象的引用其实就是指对象的地址，通过那个地址可以找到对象的所在。对象的来源有如下几种方式，通过取得它的引用即可对它进行操作，如调用对象的方法或读取或设置对象的属性等。

- 引用 JavaScript 内部对象。
- 由浏览器环境中提供。
- 创建新对象。

这就是说一个对象在被引用之前，这个对象必须存在，否则引用将毫无意义，因而出现错误信息。从上面可以看出 JavaScript 引用对象可通过两种方式获取，要么创建新的对象，要么利用现存的对象。

【范例 8-2】创建一个内置的日期对象，输出当前的日期信息，如示例代码 8-2 所示。

示例代码 8-2

```
01  <script language="javascript">          // 脚本程序开始
02      var date;                            // 声明变量
03      date=new Date();                     // 创建日期对象
04      date=date.toLocaleString( );         // 将日期置转换为本地格式
05      alert( date );                       // 输出日期
06  </script>                                <!-- 脚本程序结束 -->
```

【运行结果】打开网页文件运行程序，其结果如图 8-2 所示。

【代码解析】第 3 行变量 date 引用了一个日期对象。第 4 行通过 date 变量调用日期对象的 toLocaleString 方法将日期信息以一个字符串对象的引用返回，此时 date 的引用已经发生了改变，指向一个 String 对象。

图 8-2　输出当前日期

8.2.3　详解对象的废除

对于不再使用的对象有必要将其所占用的资源回收起来。JavaScript 运行时系统回收资源遵循这样的原则，回收处于游离状态（也就是断开了引用的对象）的对象，回收栈帧回卷时被销毁的对象。栈的管理是自动的，但对于用户自己"new"出来的对象不再使用时将一个"null"
值赋予引用对象的变量即可。代码如下：

```
var object = new Object();        // 创建一个对象并由 object 变量引用之
object = null;                    // 断开引用，回收程序再次光顾时将回收上一行创建的对象
```

> **注意** 必须把对象的所有引用都设为 null，对象才会被清除。

8.2.4 详解对象的早绑定和晚绑定

早绑定也就是静态绑定，也称为编译时联编。像 C++ 这样的静态语言，它的多态表现在重
载机制和虚函数机制两方面。一方面重载机制是静态多态，也就是编译时多态。即通过参数的
类型的个数来区别同名函数，这样的区别在编译时就能确定。而另一方面就是虚函数机制，到
底执行父类的函数还是子类的同名函数须在运行时才能决定。JavaScript 是动态语言，没有早
绑定。

晚绑定也就是动态绑定，类型在运行时才能确定，一般动态语言都具有这样的特征。
JavaScript 的对象的类型在运行时才能确定，代码如下：

```
01  function Obj( _var )                // 构造函数
02  {
03      this.info = _var;               // 添加属性
04  }
05  var o1 = Obj（"Tom"）;              // 实例化对象
06  var o2 = Obj（ 666 ）;              // 实例化对象
```

函数 Obj 中的参数类型在程序还没运行时是无法确定的，通过给参数 _var 传送不同的参数可
以让函数 Obj 改变其职能，如它创建出来的对象可以保存一个字符串也可以保存一个数字等。

8.3 JavaScript 的对象层次

JavaScript 的对象结构包含几大部分，包括语言核心、基本的内置对象、浏览器对象和文
档对象，这几大部分各完成不同的功能。JavaScript 编程所使用到的语言特性也是这些。本节
将让读者对这些对象有个宏观印象，有关浏览器对象和文档对象的具体内容将在后面的章节中
介绍。

8.3.1 JavaScript 对象模型结构

前面介绍 JavaScript 对象的结构包含几大部分，JavaScript 对象模型的示意图如图 8-3 和图
8-4 所示。这几大部分及其包含的子级内容如下：

- 语言核心（变量常量、运算符、表达式、数据类型、控制语句等）。
- 基本内置对象（String、Date、Math 等）。
- 浏览器对象（window、Navigator、Location 等）。
- 文档对象（Document、Form、Image 等）。

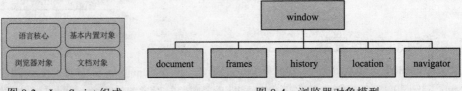

图 8-3 JavaScript 组成   图 8-4   浏览器对象模型

8.3.2 客户端对象层次简单介绍

JavaScript 客户端对象以树状的层次结构组织起来，window 对象处于最顶层，也就是树根。window 对象聚合其他子级对象实现整个客户端的功能，组织结构如图 8-5 所示。

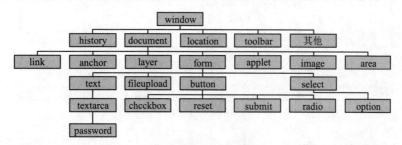

图 8-5 客户端层次图

图 8-5 中的 document 对象已经成为实际标准，因为所有主流浏览器都统一实现了它。在 W3C 规范中称为第 0 级 DOM，因为它们构成了文档功能的基本级别，在所有浏览器中都可以应用该级别。

8.3.3 浏览器对象模型详解

在 8.3.2 节中，图 8-3 已经展示了浏览器对象模型。它主要由 window、frames、history、location 以及 navigator 组成，其中 window 对象所包括的 document 对象又包括文档对象模型。window 对象定义了与浏览器对象相关联的属性和方法。下面列出浏览器对象的核心对象。

- window：关联当前浏览器窗口。
- document：包含各类（X）HTML 属性与文本片段的对象。
- frames[]：window 对象包含的框架数组，每个框架依次引用另外的 window 对象，该对象可包含更多的框架。
- history：包含了当前窗口的历史记录列表，即用户最近浏览的各类 URL 信息记录。
- location：包含一个 URL 及其片断表单中的可见文本。
- navigator：描述浏览器的基本特征（类型、版本等）的对象。

通过以上 3 节的内容，读者已经对 JavaScript 对象模型有一个大概的认识。window 对象用于管理所有与浏览器相关联的对象，从该对象中可以获知与浏览器相关的信息或对浏览器进行操作等。window 对象下的 document 对象用于管理当前浏览器中打开的文档，通过该对象可以获得文档信息和操作文档。现举例说明如何使用这一层关系。

【范例 8-3】通过使用浏览器对象模型，输出当前浏览器窗口中打开的文档的 URL 信息，并将它显示在窗口当中，如示例代码 8-3 所示。

示例代码 8-3

```
01   <script language="javascript">
02       window.document.write("这个网页文件来自: ".bold());
03       window.document.write( window.location.toString() );
04   </script>
```

【运行结果】打开网页文件运行程序，其结果如图 8-6 所示。

【代码解析】该代码段第 3 行调用 window 对象的 location 属性获得当前窗口中文档的 URL，再调用 window 对象下的 document 对象的 write 方法将 URL 文本写入到当前文档中。

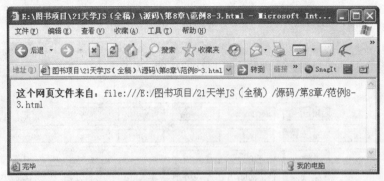

图 8-6　输出当前页的 URL

8.4　事件驱动与事件处理

事件是一些特定动作发生时所发出的信号。在 Web 页中，可以使用 JavaScript 程序响应这些事件。预定义事件有很多种，当页面加载完成时发生"onload"事件，当用户单击鼠标或敲击键盘时激发一些输入事件等。重要的是，可以使用 JavaScript 处理这些事件。本节将介绍如何驱动事件及响应事件。

8.4.1　详解事件与事件驱动

事件是一些事物发生的信号，如用户在一个按钮上单击鼠标或按下键盘上的某个键。使用一些特定的标识符来标识这些信号，单击鼠标使用"onclick"，键盘按下使用"onkeydown"等。这些事件在发生前是不可预料的，但发生时可以有一次处理它的机会，于是产生"发生－处理"这样的模式。

Web 页中存在很多"发生－处理"这样的关系，比如一个文本框突然没有了焦点或字符数量改变了，当发生事件时系统就调用监听这些事件的函数。因此，整个系统可以使用事件的发生来驱动运作，这就是所谓的事件驱动。下面举例说明如何处理事件。

【范例 8-4】响应编辑框的"onkeyup"事件，当用户按回车键时将文本框中的内容显示在对话框中，如示例代码 8-4 所示。

示例代码 8-4

```
01  <html>                                   <!--文档开始-->
02  <head>                                   <!--文档头-->
03  <title>范例 8-4</title>                   <!--标题-->
04  <script language="JavaScript">           // 脚本程序开始
05  function OnKeyUp(_e)                      // 释放按键事件处理程序
06  {
07      var e = _e?_e:window.event;          // 获取有效的事件对象
08      if( event.keyCode == 13 )            // 按下的是否是回车键
09      {
10          alert( "您输入的内容是："+Text1.value );  // 将文本框中的内容显示在消息框中
11      }
12  }
13  </script>                                <!-- 脚本程序结束 -->
14  </head>                                   <!--文档头结束-->
15  <body>                                    <!--文档体-->
16      <h1>事件处理示例</h1><br />           <!--标题-->
17      <!--通过文本框中的 onkeyup 属性绑定释放按键事件处理程序-->
```

```
18        <input id="Text1" type="text" onkeyup="OnKeyUp()" style="width: 423px;
          height: 178px" />
19  </body>                                    <!--文档体结束-->
20  </html>                                    <!--文档结束-->
```

【运行结果】打开网页文件运行程序，其结果如图 8-7 所示。

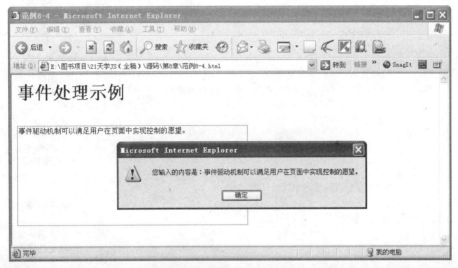

图 8-7 输出文本框中的文本

【代码解析】第 5～12 行定义一个函数用于处理按键释放事件，其判断如果按下的是回车键则显示文本框中的字符。第 18 行将之前定义的事件处理函数与文本框关联起来。

8.4.2 掌握事件与处理代码关联

在范例 8-4 中已经演示了如何处理事件，读者也看到了将事件处理程序与发生事件的对象关联起来的方法。将事件处理程序与事件源对象关联起来的方法不止一种，现在总结如下：

- 在 HTML 标签属性中指定相应事件及其处理程序。
- 在 JavaScript 程序中设置对象的事件属性。
- 在<script>标签对中编写元素对象的事件处理程序代码。使用<script>标签的 for 属性指定事件源并用 event 属性指定事件名，这通常运用于网页文档中的各种控件对象的事件处理程序。

【范例 8-5】演示将事件与处理代码关联的几种方法。在页面中屏蔽右键菜单，当单击鼠标右键时显示一个信息框，如示例代码 8-5 所示。由于这段代码都很重要，因此不做加粗处理，读者需着重学习。

示例代码 8-5

```
01  <html>                                      <!--文档开始-->
02  <head>                                      <!--文档头-->
03  <script language="javascript">              // 脚本程序开始
04  function hideContextmenu1()                 // 隐藏右键菜单
05  {
06      alert("1，这时静态绑定的鼠标右键单击事件处理程序");
                        // 显示信息，以表示已经执行这个程序
07      window.event.returnValue = false;
                        // 将返回值设置 false 表示事件未处理，使下一个处理程序有机会执行
```

```
08          document.oncontextmenu = hideContextMenu2;
                                    // 再次动态绑定一个右键单击事件处事程序
09      }
10      </script>
11      <script language="javascript">              <!-- 脚本程序结束 -->
12      function hideContextMenu2()
13      {
14          alert("2，动态设定的右键单击事件处理程序");       // 显示信息
15          window.event.returnValue = false;            // 返回 false 表示事件未处理
16      }
17      </script>                                    <!-- 脚本程序结束 -->
18      <!-- 直接设置元素对象的事件属性 -->
19      <script language="javascript" for="document" event="oncontextmenu">
                                              // 脚本程序开始
20          window.event.returnValue=false;
21          document.oncontextmenu = hideContextMenu2; //绑定一个右键单击事件处事程序
22          alert("3，通过在<script>标签中指定右键单击事件处理程序");   // 输出提示
23      </script>                                      <!-- 脚本程序结束 -->
24      </head>
25      <!--静态绑定的鼠标右键单击事件处理程序-->
26      <body oncontextmenu="hideContextmenu1()">              <!--文档体-->
27      已经屏蔽了鼠标右键菜单，请单击鼠标右键
28      </body>                                          <!--文档体结束-->
29      </html>                                          <!--文档结束-->
```

【运行结果】打开网页文件运行程序，其结果如图 8-8 所示。

图 8-8　处理鼠标右键事件

【代码解析】该段代码第 4～9 行定义一个函数作为右键单击事件处理程序，其中动态添加一个新的处理程序并使用之得到执行。第 12～16 行是为动态添加右键单击事件处理程序而准备的函数。第 19～23 行在 "<script>" 代码对中创建用于静态绑定处理右键单击事件的函数，它的优先级比第 26 行通过标签属性静态绑定的处理程序低，因此在本例中它得不到执行的机会。

8.4.3　函数调用事件

响应事件的编程在代码层面有 3 种方式。第 1 种是将一个函数作为事件处理程序，第 2 种是直接在对象事件属性字符串中编写 JavaScript 代码，第 3 种是在 JavaScript 代码中动态绑定处理程序。下面介绍第 1 种方式，形式如下面代码所示。

```
01      <script language="javascript">                  // 脚本程序开始
02          function eventHandler()                     // 事件处理程序
```

```
03          {
04                                                               // 程序语句
05          }
06    </script>                                              <!-- 脚本程序结束 -->
07    <!—onclick 事件发生时直接调用 eventHandler 函数-->
08    <input type="button" onclick="eventHandler()"/>        <!--按钮-->
```

上面代码中，当按钮发生 onclick 事件时，eventHandler 函数将被调用。在该函数中完成事件处理工作，这是调用函数的事件，也是绑定事件处理程序的方式之一。JavaScript 中有很多事件，表 8-1 列出了常用事件，以便读者编程时查阅。

表 8-1　JavaScript 中常用的事件

事　件	描　述
onBlur	对象失去焦点，可以是某文字或文字区
onchange	对象改变，可以是某文字或文字区
onclick	鼠标单击某按钮
onfocus	对象获得焦点，可由键盘或鼠标所引起
onload	载入某网页，能产生此事件的 window 及 document 对象
onmouseovwer	鼠标移至某对象上
onmouseout	鼠标移离对象
onselect	选取某对象，如文字或文字区
onsubmit	提交表单，能产生此事件的有表单对象
onunload	卸载某网页，能产生此事件的有 window 及 document

8.4.4　代码调用事件

上一节中介绍的调用函数的事件处理方法是使用得最多的事件处理方法。使用该方法的代码可读性比较强，并且在函数中可以输入多个 JavaScript 语句，能完成拥有复杂功能的程序。但是，有些时候事件所激发的响应比较简单，这时就可以将响应的代码直接写在事件中。也就是说 JavaScript 中的代码不一定都得放在"<script>"标签对中。

【范例 8-6】在标签的事件属性字符串中编写程序，检查用户输入的密码明文，如示例代码 8-6 所示。

示例代码 8-6

```
01    <body>                                                 <!--文档体-->
02    <form id="form1" name="form1" method="post" action="">  <!--表单-->
03        <label>姓名：                                      <!--姓名标签-->
04            <input type="text" name="textfield" />          <!--按钮-->
05        </label>                                            <!--标签结束-->
06        <p>                                                 <!--段落-->
07        <label>密码：                                      <!--密码标签-->
08            <input type="password" id="password" name="textfield2" />
                                                               <!--密码框-->
09        </label><p>
10        <input type="submit" name="Submit" value="查看密码和姓名"  <!--按钮-->
11            onclick="javascript:alert('姓名: '+form1.textfield.value+'\n 密码:
              '+form1.password.value);"/>
12        </p>
13    </form>                                                 <!--表单结束-->
14    </body>                                                 <!--文档体结束-->
```

【运行结果】打开网页文件运行程序，其结果如图 8-9 所示。

【代码解析】本代码段是调用代码的事件的例子。关键是代码第 11 行，onclick 事件调用代码："javascript:alert('姓名：'+form1.textfield.value+'\n 密码：'+form1.password.value);"，这样看起来比较简洁。这种方法在实际使用时比较常见，以后的例子中也可以见到。

图 8-9　输出密码明文

8.4.5　掌握设置对象事件的方法

事件处理程序可以在程序代码中给对象绑定，属于动态绑定的方式。这种方式灵活性比较大，根据任务的需要添加或移除不同的处理程序。这种方法通常结合 DOM 对象一起使用，通过 DOM 对象才能设置对象的事件属性，下面举例说明。

【范例 8-7】设置对象事件的方法，如示例代码 8-7 所示。

示例代码 8-7

```
01  <html>                                    <!--文档开始-->
02  <head>                                    <!--文档头-->
03  <title>范例 8-7</title>                   <!--标题-->
04  <script language="javascript">            // 脚本程序开始
05  function  HandleAllLinks()                // 处理所有链接
06  {
07      for(var i = 0; i < document.links.length; i++)
                                              // 为每一个超链接对象添加单击事件处理程序
08      {
09          document.links[i].onclick = HandleLink;    // 添加事件处理程序
10      }
11  }
12  function HandleLink()                      // 定义事件处理函数
13  {
14      alert("即将离开当前页面！");            // 提示消息
15  }
16  </script>                                 <!-- 脚本程序结束 -->
17  </head>
18  <body onload=" HandleAllLinks ()">         <!--文档体-->
19  <li><a href="范例 8-1.html">范例 8-1</a></li>    <!--链接-->
20  <li><a href="范例 8-2.html">范例 8-2</a></li>    <!--链接-->
21  </body>                                    <!--文档体结束-->
22  </html>                                    <!--文档结束-->
```

【运行结果】打开网页文件运行程序，其结果如图 8-10 所示。

图 8-10　处理对象单击事件

【代码解析】该代码段第 18 行绑定了一个"onload"事件处理程序，在页面加载完毕时调用第 5~11 行定义的函数，其中逐一设置页面上所有超链接对象的单击事件处理程序。

8.4.6　掌握显式调用事件处理程序

在发生事件时，浏览器通常会调用绑定在对象相应事件属性上的处理程序。而在 JavaScript 中，事件并不是一定要由用户激发，也可以通过代码直接激发事件。当真的很需要事件发生时，可以通过人为的代码激发，使相应的处理函数得以执行。下面举例说明如何使用。

【范例 8-8】设置对象事件的方法，如示例代码 8-8 所示。

示例代码 8-8

```
01  <body>                                         <!--文档体-->
02  <form name="myform" method="post" action="">   <!--表单-->
03      <input type="submit" name="mybutton" value="提交" onclick="return
        clickHandler()"> <!--按钮-->
04  </form>                                         <!--表单结束-->
05  <script language="javascript">                  // 脚本程序开始
06  function clickHandler()                         // "提交"按钮单击事件处理程序
07  {
08      alert("即将提交表单！");                       // 提示信息
09      return true;                                // 返回真表示可以发送表单
10  }
11  myform.mybutton.onclick();                      // 主动激发"onclick"事件
12  </script>                                       <!-- 脚本程序结束 -->
13  </body>                                         <!--文档体结束-->
```

【运行结果】打开网页文件运行程序，其结果如图 8-11 所示。

【代码解析】该代码段第 3 行给"提交"按钮绑定单击事件处理程序，第 11 行主动激发该按钮的单击事件而不需要用户使用鼠标单击按钮。

8.4.7　事件处理程序的返回值

在 JavaScript 中，并不要求事件处理程序有返回值。如果事件处理程序没有返回值，浏览器就会以默认情况进行处理。但是，在很多情况下程序都要求事件处理程序要有一个返回值，通过这个返回值来判断事件处理程序是否正确处理，或者通过这个返回值来判断是否进行下一步操作。在这种情况下，事件处理程序返回值都为布尔值，如果为 false 则阻止浏览器的下一步操作，如果为 true 则进行默认的操作。

图 8-11　表单提交前提示

【范例 8-9】使用事件处理程序的返回值，求用户输入的数的累加值，如示例代码 8-9 所示。

示例代码 8-9

```
01  <html><head><title>范例 8-9</title>            <!--文档开始-->
02  <script language="javascript">                 // 脚本程序开始
03  function SetNumber(n)                          // 处理数字序列
04  {
05      var NumArr = new Array();                   // 创建数字数组
06      for(var i=0;i<=n;i++)                       // 逐一添加到数组
07      {
08          NumArr[i]=i;                            // 给数组赋值
09      }
10      return NumArr;                              // 返回数组的值
11  }
12  function GetSum()                              // 求累加
13  {
14      var n=prompt("请输入您的值","1");          // 取得输入值
15      if(n<-1)                                    // 判断输入值是否符合要求
16      {
17          alert("您输入的值不合法，请重新输入!");  // 提示
18          GetSum();                               // 递归调用
19      }
20      if(n!=null)                                 // 输入有效时
21      {
22          var NumArr = new Array();               // 创建数组
23          var sum=0;
24          NumArr = SetNumber(n);                  // 取得函数返回值
25          for(num in NumArr)                      // 逐一求和
26          {
27              sum=sum+NumArr[num];                // 求和
28          }
29          alert("从 0 到"+n+"的和为:"+sum);       // 输出结果
30      }
31      else
32      {
33          return;                                 // 直接返回
34      }
```

```
35      }
36    </script>                                    <!-- 脚本程序结束 -->
37    </head>                                      <!--文档头结束-->
38    <body>                                       <!--文档体-->
39    <input name="" type="Submit"  value="求和" onClick="GetSum()" />
                                                   <!--按钮-->
40    </body></html>                               <!--文档结束-->
```

【运行结果】打开网页文件运行程序，其结果如图 8-12 所示。

图 8-12　输入进行累加的数字

【代码解析】本代码段是返回一个数组对象，这个数组已经赋过值，然后访问其中的元素，以求和。程序比较简单，SetNumber 函数就是给一个数组赋值的过程，它返回一个数组 arr。

8.4.8　事件与 this 运算符

由于事件通常都会调用一个函数，因此在函数体中处理数据时，常常需要使用到一些与对象相关的参数。此时可以通过 this 运算符来传递参数。this 运算符代表的是对象本身。

【范例 8-10】通过给事件处理程序传递 this 参数，获取事件源对象的引用。单击提交按钮时在信息框中显示用户输入的字符，如示例代码 8-10 所示。

示例代码 8-10

```
01    <head>                                       <!--文档头-->
02    <meta http-equiv="Content-Type" content="text/html; charset=gb2312" />
                                                   <!---元数据-->
03    <script language="javascript">               // 脚本程序开始
04    function mymethod(str)                        // 事件处理程序
05    {
06        alert("您输入的是: "+str)                  // 显示用户输入的语句
07    }
08    </script>                                     <!-- 脚本程序结束 -->
09    </head>                                       <!--文档头结束-->
10    <body>                                        <!--文档体-->
11    <form action="" method="get">                <!--表单-->
12    <!-- 调用 mymethod()函数用 this.value 取得当前对象的值做参数 -->
13    <input type="text" name="text" onChange="mymethod(this.value)"/>
                                                   <!--文本框-->
14    <input type="submit" name="button" value="提交" />   <!--按钮-->
15    </form>                                       <!--表单结束-->
16    </body>                                       <!--文档体结束-->
```

【运行结果】打开网页文件运行程序，其结果如图 8-13 所示。

图 8-13　读取文本框中的文本

【代码解析】代码第 13 行中的 this.value 给事件处理程序传递引用事件源对象的 this 参数及其属性，以便在事件处理函数中使用事件源对象的特性。

 提示　这个方法可以很方便地获得事件源对象的信息，因此可以使用一个处理程序处理多个对象的事件。

8.5　常用事件

浏览器中可以产生的事件有很多，不同的对象可能产生的事件也有所不同。例如，文本框可以产生 focus（得到输入焦点）事件，而图像就不可能产生该事件。本节将会介绍常用的事件，以及可以触发这些事件的对象。

8.5.1　详解浏览器事件

事件通常都是由浏览器所产生，而不是由 JavaScript 本身所产生。因此，对于不同的浏览器来说，可以产生的事件有可能不同。即使是同一种浏览器，不同版本之间所能产生的事件都不可能完全相同。例如，在 IE 6.0 中可以产生 activate 事件，而在 Netscape6.0 中和 IE5.0 中都不能产生该事件。

8.5.2　详解鼠标移动事件

鼠标移动事件包含 3 种，分别对应着 3 个状态，分别为移出对象、在对象上移动和移过对象。事件名称分别为 mouseout、mousemove 和 mouseover，事件源是鼠标。移动事件使用的方法如下面代码所示。

```
01    <body onMousemove="javascript:this.style.background='#ffCCff';">
                                                        <!--文档体-->
02       <li onMouseOut="javascript:this.style.background='#ff66ff';"
                                                        <!--列表项-->
03          onMouseOver="javascript:this.style.background='#00CCC0';">
04       鼠标移过来
05       </li>                                          <!--列表项结束-->
06    </body>                                           <!--文档体结束-->
```

8.5.3　详解鼠标单击事件

鼠标单击事件分为单击事件（click）、双击事件（dblclick）、鼠标键按下（mousedown）和鼠标键释放（mouseup）4 种。其中单击是指完成按下鼠标键并释放这一个完整的过程后产生的事件；mousedown 事件是指在按下鼠标键时产生事件，并不去理会有没有释放鼠标键；mouseup 事件是指在释放鼠标键时产生的事件，在按下鼠标键时并不会对该事件产生影响。

【**范例 8-11**】处理文本框的鼠标事件，判断鼠标的状态，如示例代码 8-11 所示。

示例代码 8-11

```
01    <title>鼠标单击事件</title>                                    <!--标题-->
02    <script language="javascript">                                // 脚本程序开始
03    function dclick()                                            // 双击事件处理程序
04    {
05        form1.text.value="您双击了页面！";                        // 设置文本框中显示的内容
06    }
07    function Click()                                             // 单击事件处理程序
08    {
09        form1.text.value+="您单击了页面";                         // 设置文本信息
10    }
11    function down()                                              // 鼠标按下事件处理程序
12    {
13        form1.text.value="您按下了鼠标";                          // 设置文本信息
14    }
15    function up()                                                // 鼠标键释放事件处理程序
16    {
17        form1.text.value="您释放了鼠标";                          // 设置文本信息
18    }
19    </script>                                                    <!-- 脚本程序结束 -->
20    </head>
21    <body onDblclick="dclick()" onMousedown="down()" onMouseup="up()" onClick=
      "Click()" >                                                  <!--文档体-->
22    <form id="form1" name="form1" method="post" action="">       <!--表单-->
23      <label>                                                    <!--标签-->
24      <textarea name="text" cols="50" rows="2"></textarea>       <!--文本域-->
25      </label>                                                   <!--标签结束-->
26    </form>                                                      <!--表单结束-->
27    </body>                                                      <!--文档体结束-->
```

【运行结果】打开网页文件运行程序，其结果如图 8-14 所示。

图 8-14　检测鼠标状态

【代码解析】这个例子演示鼠标事件使用方法。代码第 21 行是指当发生这些事件时，调用相应的函数处理，并将结果显示在文本框中。

8.5.4 详解加载与卸载事件

加载与卸载事件比较简单，分别为 load 与 unload。其中 load 事件是在加载网页完毕时产生的事件，所谓加载网页是指浏览器打开网页；unload 事件是卸载网页时产生的事件，所谓卸载网页是指关闭浏览器窗口或从当前页面跳转到其他页面，即当前网页从浏览器窗口中卸载。以下代码是在网页关闭时显示一个消息框。

```
<body onload="alert('welcome'); " unload="alert('see you');">
                                              // 文档加载完毕时显示消息
```

8.5.5 详解得到焦点与失去焦点事件

得到焦点（focus）通常是指选中了文本框等，并且可以在其中输入文字。失去焦点（blur）与得到焦点相反，是指将焦点从文本框中移出去。在 HTML4.01 中规定 A、AREA、LABEL、INPUT、SELECT、TEXTAREA 和 BUTTON 元素拥有 onfocus 属性和 onblur 属性。但是在 IE 6.0 与 Netscape 7.0 中都支持 body 元素的 onfocus 和 onblur 属性。下面的代码分别处理了得失焦点事件。

```
<input type="text" name="text" onblur="alert('失去焦点');" onfocus="alert('得到焦
点');" />// 文本框失去焦点时提示
```

8.5.6 详解键盘事件

键盘事件通常是指在文本框中输入文字时发生的事件，与鼠标事件相似，键盘事件也分为按下键盘键事件（keydown）、释放键盘键事件（keyup）和按下并释放键盘键事件（keypress）三种。三种事件的区别与 mousedown 事件、mouseup 事件和 click 事件的区别相似。

在 HTML 4.01 中规定 INPUT 和 textarea 元素拥有 onkeydown 属性、onkeyup 属性和 onkeypress 属性。但是在 IE 6.0 与 Netscape7.0 中都支持 body 元素 onkeydown 属性、onkeyup 属性和 onkeypress 属性。

【范例 8-12】处理文本框的键盘事件，在文本框中显示键盘的按键状态，如示例代码 8-12 所示。

示例代码 8-12

```
01  <title>键盘事件</title>                        <!--标题-->
02  <script language="javascript">                  // 脚本程序开始
03  function press()                                // 击键事件处理程序
04  {
05      form1.text.value="这是 onKeypress 事件";    // 设置文本框提示信息
06  }
07  function down()                                 // 键按下事件处理程序
08  {
09      form1.text.value="这是 onKeydown 事件";     // 设置文本框提示信息
10  }
11  function up()                                   // 键释放事件处理程序
12  {
13      form1.text.value="这是 onKeyup 事件";       // 设置文本框提示信息
14  }
15  </script>                                       <!-- 脚本程序结束 -->
16  </head>
17  <body onkeydown="down()" onkeyup="up()" onKeypress="press()" >
                                                    <!--绑定事件处理程序-->
```

```
18    <form id="form1" name="form1" method="post" action="">     <!--表单-->
19      <label>                                                   <!--标签开始-->
20      <textarea name="text" cols="50" rows="2"></textarea>     <!--文本域-->
21      </label>                                                  <!--标签结束-->
22    </form>                                                      <!--表单结束-->
23    按键盘触发键盘事件
24    </body>                                                      <!--文档体结束-->
```

【运行结果】打开网页文件运行程序，其结果如图 8-15 所示。

图 8-15　检测键盘状态

【代码解析】这个例子是对键盘事件应用的举例。键盘事件与鼠标事件相似。

8.5.7　详解提交与重置事件

提交事件（submit）与重置事件（reset）都是在 form 元素中所产生的事件。提交事件是在提交表单时激发的事件，重置事件是在重置表单内容时激发的事件。这两个事件都能通过接收返回的 false 来取消提交表单或取消重置表单。在实际应用中，这两个事件用得最多。在这里就不举例子了。

8.5.8　详解选择与改变事件

选择事件（select）通常是指文本框中的文字被选择时产生的事件。改变事件（change）通常在文本框或下拉列表框中激发。在下拉列表框中，只要修改了可选项，就会激发 change 事件；在文本框中，只有修改了文本框中的文字并在文本框失去焦点时才会被激发。

【范例 8-13】处理选择事件，检查用户所选择的城市，并在文本框中显示用户在下拉列表框中选择的选项，如示例代码 8-13 所示。

示例代码 8-13

```
01    <script language="javascript">                    // 脚本程序开始
02    function strCon(str)                              // 连接字符串
03    {
04        if(str!='请选择')                              // 如果选择的是默认项
05        {
06            form1.text.value="您选择的是："+str;        // 设置文本框提示信息
07        }
08        else                                          // 否则
09        {
10            form1.text.value="";                      // 设置文本框提示信息
11        }
12    }
```

```
13  </script>                                              <!-- 脚本程序结束 -->
14  <form id="form1" name="form1" method="post" action="">  <!--表单-->
15  <label>
16  <textarea name="text" cols="50" rows="2" onSelect="alert('您想复制吗？')">
    </textarea>
17  </label><p><label><select name="select1" onchange="strAdd(this.value)" >
18  <option value="请选择">请选择</option><option value="北京">北京</option>
                                                            <!--选项-->
19  <option value="上海">上海</option><option value="武汉">武汉</option>
                                                            <!--选项-->
20  <option value="重庆">重庆</option><option value="南京">南京</option>
                                                            <!--选项-->
21  <option value="其他">其他</option></select></label></p>  <!--选项-->
22  </form>                                                  <!--表单结束-->
```

【运行结果】打开网页文件运行程序，其结果如图 8-16 所示。

图 8-16　处理下拉列表框事件

【代码解析】第 2～12 行定义函数处理下拉列表框的选择事件，当选择一个有效的项时在对话框中输出该值的值。第 16 行绑定程序处理文本框的选择事件，当选择其中的文本时输出提示信息。

8.6　小结

本章主要介绍了 JavaScript 基于对象的特性及对象的层次结构，要求读者了解面向对象的一些基本术语，对面向对象有一定的认识，重点把握对象和事件的概念。JavaScript 之所以可以与用户互动，是因为 JavaScript 的事件驱动与事件处理机制。由于事件驱动是由浏览器所产生的，所以不同的浏览器可以产生的事件是不相同的。本章介绍了 HTML4.01 标准中所规定的几种事件，这几种事件都是在 JavaScript 编程中常用的事件，希望读者可以熟练掌握。

8.7　习题

一、常见面试题

1．用代码创建一个汽车对象，并让其具备颜色、高度、长度三个属性，同时具备 run 这个方法，方法没有参数，只是输出一个结果。

【解析】本题考核对 JavaScript 中对象的理解。创建对象可参考本章的第 8.2 节。这里不再给出参考答案。

2．考查事件的使用。

【考题】下面代码的作用是什么（　　　）？

```
01    <Form>
02    <Input type="text" name="Test" value="Test"
03    onCharge="check('this.test)">
04    </Form>
```

    A．接收用户输入信息　　　　　　　　B．调用一个函数
    C．仅仅是一个表单　　　　　　　　　D．当用户输入字符值改变时触发事件

【解析】本题第 3 行使用了事件，主要考核应聘者对事件调用机制的理解。参考答案为 D。

二、简答题

1．简述常用的事件有哪些。
2．请写出对象的声明和实例化的过程。
3．简述 JavaScript 的事件驱动与事件处理机制。

三、综合练习

    建立两个菜单。要求菜单 a 为学生身份，有三项内容，分别为小学生，中学生，大学生。菜单 b 为学生的课程，它能智能响应菜单 a 的请求。如菜单 a 选择了小学生则菜单 b 自动显示小学课程（小学数学、小学语文、小学英语）。最后将所选择的信息收集起来，用对话框或文本框显示出来，中学课程（中学数学、中学物理、中学英语……），大学课程（大学物理、大学数学、大学政治……）。最后的效果如图 8-17 所示。

    【提示】本题有一点综合，首先要创建一个二维的数组，用于存放数据，这个数组也就是一个对象，同时还要创建两个菜单栏，根据第 1 个菜单栏的选项确定第 2 个中的内容。参考代码如下：

```
01    <script language="javascript">                              // 脚本程序开始
02    var selItm = new Array(4);                                 // 列表框上选择数组
03    for (i=0; i<4; i++){                                       // 每一个元素引用一个数组
04        selItm[i] = new Array();                               // 创建数组
05    }
06    selItm[0][0] = new Option("请选择", " ");                   //定义基本选项
07    selItm[1][0] = new Option("小学数学", "小学数学");           // 选项
08    selItm[1][1] = new Option("小学语文", "小学语文");           // 选项
09    selItm[1][2] = new Option("小学英语", "小学英语");           // 选项
10    selItm[2][0] = new Option("中学数学", "中学数学");           // 选项
11    selItm[2][1] = new Option("中学物理", "中学物理");           // 选项
12    selItm[2][2] = new Option("中学语文", "中学语文");           // 选项
13    selItm[2][3] = new Option("中学英语", "中学英语");           // 选项
14    selItm[2][4] = new Option("中学政治", "中学政治");           // 选项
15    selItm[3][0] = new Option("大学数学", "大学数学");           // 选项
16    selItm[3][1] = new Option("大学物理", "大学物理");           // 选项
17    selItm[3][2] = new Option("大学语文", "大学语文");           // 选项
18    selItm[3][3] = new Option("大学英语", "大学英语");           // 选项
19    selItm[3][4] = new Option("大学政治", "大学政治");           // 选项
20    function OnS1Change(x){                                    // 处理下拉列表框 1 的事件
21        var temp = document.form1.sel12;                       // 列表框 1 引用
22        for (i=0;i<selItm[x].length;i++){                      // 遍历
23            temp.options[i]=new Option(selItm[x][i].text,selItm[x][i].value);
                                                                 // 实例化对象
24        }
25        temp.options[0].selected=true;                         // 显示菜单 1 的初始值
26    }
```

```
27    function OnS2Change(str1,str2){
28        if(str1>0){
29            switch(str1){                              // 识别身份
30                case 1:str1="小学生";break;             // 小学生
31                case 2:str1="中学生";break;             // 中学生
32                case 3:str1="大学生";break;             // 大学生
33            }
34            alert("您的身份是: "+str1+"\n 您最喜欢的科目是: "+str2);
                                                          // 输出信息
35        }
36        else
37            alert("您没有选择身份");                    // 提示
38    }
39    </script>                                          <!-- 脚本程序结束 -->
40    <form name="form1" method="post" action="">        <!--表单-->
41    <label>您的身份是: <select name="sel1" onChange="OnS1Change(this.value)">
                                                          <!--标签-->
42    <option value="0">请选择</option><option value="1">小学生</option>
                                                          <!--选项-->
43    <option value="2">中学生</option><option value="3">大学生</option>
                                                          <!--选项-->
44    </select>您最喜欢的科目: </label><label>           <!--标签->
45    <select name="sel12"/></label><label>              <!--按钮-->
46    <input type="submit" name="Submit" value="确定" onClick="OnS2Change(sel1.
      value,sel12.value)">
47    </label></form>                                    <!--表单结束-->
```

【运行结果】打开网页文件，运行结果如图 8-17 所示。

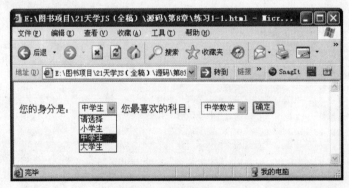

图 8-17　程序运行结果

四、编程题

1. 声明实例化一个类，并对其进行引用。

【提示】注意首先需要定义，然后才可以调用。

2. 写一个事件处理函数，要求在一个文本中输入字符，另一个也跟着显示同样的内容。

【提示】本题的相关代码可以参照事件处理的有关函数进行。

第 9 章　窗口和框架

窗口对象代表着整个浏览器窗口，窗口聚合了浏览器中所有对象的功能。通过窗口可以操作这些对象，JavaScript 利用这样的关系实现其客户端开发的功能。窗口对象名为 window，是浏览器层次结构中的顶级对象。与之相似的是框架，框架也是一个 window 对象，但其属于其他 window 对象的子对象。通过框架，可以在一个窗口中显示独立且相互联系着的多个文档。

- 了解认识 window 对象。
- 掌握 window 对象的属性和方法的使用。
- 学会窗口的一些基本操作。
- 掌握框架的结构特性。
- 学会使用框架结构。

以上几点是对读者在学习本章内容时所提出的基本要求，也是本章希望能够达到的目的。读者在学习本章内容时可以将其作为学习的参照。

9.1　window 对象

前面的章节中，也许读者已经见到诸如 window.alert("Hello word!")之类的语句。但前面笔者一直避开 window 而不谈，这一节将揭开这个角色的神秘面纱。window 其实也是一个对象，它是客户端 JavaScript 最高层对象，在 JavaScript 中具有很重要的地位，也是使用最多、最适用、最基本、最简单的对象。

9.1.1　认识 window 对象

简而言之，window 对象是浏览器窗口对文档提供一个显示的容器，是每一个加载文档的父对象。window 对象还是所有其他对象的顶级对象，通过对 window 对象的子对象进行操作，可以实现更多的动态效果。

window 对象代表的是打开的浏览器窗口。通过 window 对象可以控制窗口的大小和位置、由窗口弹出的对话框、打开窗口与关闭窗口，还可以控制窗口上是否显示地址栏、工具栏、状态栏等栏目。对于窗口中的内容，window 对象可以控制是否重载网页、返回上一个文档或前进到下一个文档，甚至于还可以停止加载文档。在框架方面，window 对象可以处理框架与框架之间的关系，并通过这种关系在一个框架中处理另一个框架中的文档。

9.1.2　认识 window 对象的使用方法

window 对象代表当前打开的浏览器窗口，其作为顶级对象。window 对象的方法和属性的调用和其他对象一样，区别是 window 对象不需要创建即可直接使用。需要注意的是 window 对象名称是小写，下面是其属性和方法的调用语法。

```
window.属性名
window.方法名(参数列表)
```

因为是顶层对象，为了简化编码，当前窗口的 window 对象方法的调用可以不写 window 对象的名称。通常，下面的语句总是被简写，示例如下：

```
01   window.document.write( "JavaScript 编程！" );              // 未简化的编码
02   document.write( "JavaScript 编程！" );                     // 简化编码
```

对于要操作其他浏览器窗口的 window 对象，还需要窗口对象的引用。下面举例说明如何使用 window 对象。

【范例 9-1】 取得文本框中输入的字符的个数，如示例代码 9-1 所示。

示例代码 9-1

```
01   <script language="javascript">                            // 脚本程序开始
02   function GetCharCount( textObj )                          // 获取字符数
03   {
04       if (textObj.length > 10)                              // 如果超过10个字
05       {
06               alert("请重新输入你的姓名（少于10个字符）");    // 输出提示
07       }
08       else                                                  // 否则
09       {
10               alert("您输入了"+textObj.length+"个字符");     // 输出字符个数
11       }
12   }
13   </script>                                                 <!-- 程序结束 -->
14   请输入您的姓名(少于10个字符)：
15   Name: <INPUT TYPE="text" NAME="userName" onBlur="GetCharCount(userName.value)">
```

【运行结果】 打开网页文件运行程序，其结果如图 9-1 所示。

图 9-1　限制输入字符数量

【代码解析】 该代码段第 4～12 行定义函数 GetCharCount，在其中实现读取文本框中字符个数的功能。第 15 行将函数 GetCharCount 绑定为文本框的事件处理程序。

> **提示** 在事件处理中调用 location 属性、close 方法或 open 方法时必须使用实例名称。

9.2　window 对象事件及使用方法

上一节已经对 window 对象做了大体的介绍。作为一个对象，一般会有相应的方法、属性和事件。而 window 对象有大量的事件，这些事件在网页中的应用可以说是无处不在，它们实现了和用户的交互。这一节将讨论 window 对象事件及其使用方法，主要学习它的一些常见的事件，如 onclick、onFocus、onLoad、onUnload、onresize 和 onerror 事件。

9.2.1 装进去——装载文档

一个网页在浏览器加载到完全显示之前的那段时间内，通常有相应的提示信息。例如，"正在打开网页……"或"网页正在加载……"等，网页加载完毕时激发一个 onload 事件。通常在该事件处理程序中进行与网页加载完毕相关的操作，该事件是 body 标签的属性。

该事件也可以作用于 IMG 元素，通常借助该事件以实现图片预加载功能。当作用在 body 元素中时，只有当整个网页都加载完毕后才会被激发。下面举一个关于 onload 事件的例子。

【范例 9–2】加载一个文档，在加载的过程中给用户以提示，如示例代码 9-2 所示。

示例代码 9-2

```
01   <body onload="onLoaded()">                        <!--绑定 onload 事件处理程序-->
02   <script language="javascript" type="text/javascript">   // 脚本程序开始
03   function onLoaded()                                // onload 事件处理程序
04   {
05       alert("文档加载完毕! ");                        // 文档加载完毕时输出提示信息
06   }
07   </script>                                          <!-- 程序结束 -->
08   </body>                                            <!--文档体结束-->
```

【运行结果】打开网页文件运行程序，其结果如图 9-2 所示。

图 9-2　文档加载完毕时提示

【代码解析】该代码段中第 2 行为当前文档绑定 onload 事件处理程序，在文档加载完毕时将调用 onLoaded 函数。第 3～6 行定义函数 onLoaded，其主要向用户输出提示信息。

9.2.2 卸下来——卸载文档

与 load 事件相反，unload 事件是在浏览器窗口卸载文档时所激发的事件。所谓卸载是浏览器的一个功能，即在加载新文档之前，浏览器会清除当前的浏览器窗口的内容。用这个事件可以在卸载文档时给用户一个提示信息，比如说一个问候。

【范例 9–3】当卸载文档时给浏览者一个问候，如示例代码 9-3 所示。

示例代码 9-3

```
01   <html>                                    <!--文档开始-->
02       <head>                                <!--文档头    -->
03       <title>卸载文档</title>                <!--文档的标题   -->
04       </head>                               <!--文档头结束   -->
```

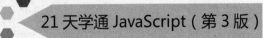

```
05    <body onUnload="alert('欢迎您再来')">          <!--文档体自动加载弹出信息框语句-->
06        <a href=" http:<!-- -->www.baidu.com">百度</a>  <!--设置一个超链接-->
07    </body>                                      <!--文档体结束      -->
08    </html>                                      <!--文档结束        -->
```

【运行结果】打开网页文件运行程序，其结果如图 9-3 所示。

图 9-3　离开当前页时输出信息

【代码解析】本例中当关闭文档或离开这个页面时会触发 onUnload 事件，也就是说当链接百度主页时会触发这个事件，就弹出一个对话框显示相关信息，如代码第 5~7 所示。

9.2.3　焦点处理——得到焦点与失去焦点

所谓得到焦点是指浏览器窗口为当前的活动窗口，得到焦点时触发窗口对象的 focus 事件。相反的是当浏览器窗口变为后台窗口时，称为失去焦点。发生这种转换时触发名为 blur 的事件。通常 focus 事件与 blur 事件会联合起来，使用在与窗口活动状态有关的场合，下面举例说明。

【范例 9-4】处理 focus 与 blur 事件，使窗口变为活动时网页背景为红色，失去焦点时背景为灰色，如示例代码 9-4 所示。

示例代码 9-4

```
01    <head>                                       <!--文档头-->
02    <title>得到焦点与失去焦点</title>              <!--标题-->
03    <script language="javascript">               // 脚本程序开始
04    function OnFocus()                            // onFocus 事件处理程序
05    {
06        Body.style.background="red";             // 网页背景设置为红色
07    }
08    function OnBlur()                             // onBlur 事件处理函数
09    {
10        Body.style.background="gray";            // 网页背景设为灰色
11    }
12    </script>                                     <!-- 程序结束 -->
13    </head>                                       <!-- 文档头结束 -->
14    <body id="Body" onFocus="OnFocus()" onBlur="OnBlur()"><!--绑定事件处理程序-->
15        <label id="info">失去焦点时窗口背景变为灰色，得到焦点时为红色。<!--标签-->
16    </label>
17    </body>                                       <!--文档体结束-->
```

【运行结果】打开网页文件运行程序，其结果如图 9-4 所示。

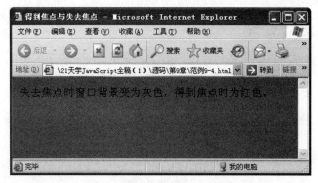

图 9-4 窗口活动时网页背景

【代码解析】该代码段中第 4～11 行定义两个函数分别处理窗口的 onFocus 和 onBlur 事件，在得到焦点和失去焦点时改变窗口背景色。

9.2.4 调整窗口的大小

窗口对象提供两个方法用于调整窗口的大小，分别是 resizeTo 和 resizeBy。其中，resizeBy 是相对于当前尺寸调整窗口大小，而 resizeTo 是把窗口设置成指定的宽度和高度。当浏览器窗口大小被调整时，将会触发 resize 事件。可以在处理该事件时进行与窗口尺寸变化相关的操作，比如限制窗口的大小。

在 body 元素里可以通过 onresize 属性来设置 resize 事件所调用的函数。例如，一个网页在某个尺寸窗口下浏览可能会达到比较好的效果，那么就可以使用 resize 事件来监视用户是否改变了窗口大小，如果改变的话，就提示用户。

【范例 9-5】调整窗口的大小，让窗口的大小一直变化，如示例代码 9-5 所示。

示例代码 9-5

```
01  <input type="submit" name="Submit" value="单击我" onclick="Size(10, 1000)">
02  <script language="javascript">
03  function Size(x, y)                              //定义函数
04  {
05      self.resizeBy(x, y);                        //改变窗口的大小
06      alert("窗口长宽已经改变，你看到了吗？注意还在变哦！")    //提示信息
07      self.resizeTo(y, x)                         //设置窗口的大小
08  }
09  </script>                                       <!-- 程序结束 -->
```

【运行结果】打开网页文件运行程序，其结果如图 9-5 所示。

图 9-5 调整浏览器窗口大小

【代码解析】该代码段第 5 行执行后窗口的长和宽都发生了变化，水平方向增加了 10 像素而垂直方向则增加了 1000 像素。当第 7 行执行后，窗口的宽为 1000 像素，高为 10 像素。

 提示 早期版本对调整窗口的大小有一些限制，但是大多数主流浏览器都允许这些操作。

9.2.5 对错误进行处理

window 对象中有一个可以用来处理错误信息的事件 error，该事件由浏览器产生。以 IE 浏览器为例，一旦产生了 JavaScript 错误，就会在窗口状态栏中显示错误提示。只有在当前窗口中发生了 JavaScript 错误才激发 error 事件，虽然能得到错误通过，但与 try…catch…finally 异常处理结构不同，后者是语言机制，在这种机制下错误是可以挽回的。下面举例说明如何响应 error 事件。

【范例 9-6】错误处理事件的使用，如示例代码 9-6 所示。

示例代码 9-6

```
01  <body>                                              <!--文档体-->
02  <script language="javascript">                      // JavaScript
03  function errmsg(message,url,line)                    // 错误处理
04  {
        // 输出错误信息
05      alert("您的程序有错误:"+message+"url:"+url+"\n"+"line:"+line+"\n");
06      return true;                                     // 返回真表示已处理
07  }
08  window.onerror=errmsg;                               // 绑定错误处理程序
09  </script>
10  <form id="form1" name="form1" method="post" action=""><!--表单-->
11  <label>                                              <!--标签-->
12  <input type="submit" name="Submit" value="提交" onclick="po()" />
13  </label>                                             <!--标签的结束-->
14  </form>                                              <!--表单结束-->
15  </body>                                              <!--文档体结束-->
```

【运行结果】打开网页文件运行程序，其结果如图 9-6 所示。

图 9-6 错误处理

【代码解析】该代码段第 3～7 行定义函数作为 error 事件处理程序，其主要输出错误信息。第 8 行绑定 error 事件处理程序，发生 JavaScript 错误时将调用绑定的函数。第 12 行为提交按钮绑定了一个不存在的 onclick 事件处理程序，人为引发错误，以激发 error 事件。

 提示 可以结合 try…catch 结构和 error 事件来处理程序中的错误。

9.3 对话框

为方便与用户进行基本的交互，window 对象提供了三种对话框，包括警告对话框、询问对话框和输入对话框。本节将介绍这三种对话框的特点及使用方法。

9.3.1 过滤错误——警告对话框

警告对话框是一个带感叹图标的小窗口，显示文本信息并且使扬声器发出"嗒～"的声音。通常用来输出一些简单的文本信息，通过调用 window 对象的 alert 方法即可显示一个警告对话框，方法如下：

```
window.alert(message)
```

其中，参数 message 是输出在对话框上的文本串，编码时也可以省略"window"，如下代码所示。

```
alert(message);
```

【**范例 9-7**】当用户进入页面时给用户一个问候，离开时也给用户一个问候，如示例代码 9-7 所示。

示例代码 9-7

```
01  <script language="javascript">          // 脚本程序开始
02  function SayHello()                      // 定义函数
03  {
04    alert("Hello!");                       // 在对话框中输出问候消息
05  }
06  function SayBey()                        // 定义函数
07  {
08      alert("bye");                        // 弹出一个对话框，显示告别信息
09  }
10  window.onload=SayHello;                  // 页面载入时调用 SayHello 函数
11  window.onunload=SayBey;                  // 页面关闭时调用 SayBey 函数
12  </script>                                <!-- 程序结束 -->
```

【运行结果】打开网页文件运行程序，其结果如图 9-7 和图 9-8 所示。

图 9-7 网页加载时

图 9-8 网页卸载时

【代码解析】该代码段第 2 行和第 6 行分别创建两个函数。这两个函数都是用 alert 方法显示不同信息。第 8 行代码是在窗体被载入时，触发 onload 事件，从而调用 SayHello 函数，其中的第 4 行代码就弹出一个消息框向访问者致以问候。第 9 行代码是在窗体被关闭时，触发 onunload 事件，从而调用 SayBye 函数，弹出对话框输出"bye"。

> 提示 alert 方法还有一个重要的作用，那就是可以用来对代码进行调试。当不清楚一段代码执行到哪一步，或者不知道当前变量的取值情况时，可以用该方法来调试信息。

9.3.2　信息确认——询问对话框

询问对话框是具有双向交互的信息框，系统在对话框上放置按钮，根据用户的选择返回不同的值。设计程序时可以根据不同的值予以不同的响应，实现互动的效果。询问对话框通常放在网页中，对用户进行询问并根据其选择而进入不同的流程。使用方法如下：

```
window.confirm(string)
```

confirm 返回的是一个 Boolean 值，如果单击了"确定"按钮将返回"true"；如果单击了"取消"按钮则会返回"false"。返回值可以储存在一个变量中，其形式如下：

```
var result=window.confirm("你喜欢电脑吗？");
```

【范例9-8】在关闭前询问用户是否要关闭，避免由于误操作带来损失，如示例代码 9-8 所示。

示例代码 9-8

```
01  <script language="javascript">              // 脚本程序开始
02  function OnClosing()                        // 关闭前事件处理程序
03  {
04      if( window.confirm("真的要关闭？") )      // 询问
05      {
06          return true;                        // 确定关闭
07      }
08      else
09      {
10              return false;                   // 不关闭
11      }
12  }
13  </script>                                   <!-- 程序结束 -->
14  <body onbeforeunload="return OnClosing()"/> <!--绑定事件处理程序-->
```

【运行结果】打开网页运行程序，关闭网页窗口时将发出如图 9-9 所示的提示。

图 9-9　关闭前询问

【代码解析】该代码段第 2～12 行定义函数 OnClosing，其用于处理窗口"准备关闭"事件。在关闭窗口前调用，通过 confirm 对话框询问用户是否要关闭。第 14 行绑定 onbeforeunload 事件处理程序，在窗口关闭前激发此事件。

提示　小小的询问框可以为网页带来人性化。

9.3.3　信息录入——输入对话框

很多情况下需要向网页中的程序输入数据，简单的鼠标交互显然不能满足要求。此时可以使用 window 对象提供的输入对话框，通过该对话框可以输入数据。通过 window 的 prompt 方法即可显示输入对话框，使用方法如下：

window.prompt(提示信息，默认值)

同样地，可以省略"window"写成如下形式。

prompt(提示信息，默认值)

【**范例 9-9**】使用 prompt 对话框输入数据，实现简单的答题程序，如示例代码 9-9 所示。

示例代码 9-9

```
01  <script language="javascript">            // javascript 程序开始
02  function qustion()                        // 自定义一个函数
03  {
04      var result                            // 定义一个变量
05      result=window.prompt("未来世界哪个国家最强大？", "中国");// 取得用户输入的值
06      if(result=="中国")                    // 判断用户的输入是否正确
07          alert("你真聪明!!!")              // 提示用户信息
08      else
09          alert("请你再思考一下!");         // 弹出对话框提示用户信息
10  }
11  </script>                                 <!-- 程序结束 -->
12  <input type="submit" name="Submit" value="答题" onclick="qustion()" />
```

【运行结果】打开网页文件运行程序，单击"答题"按钮，则弹出如图 9-10 对话框。

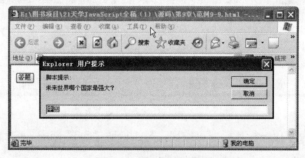

图 9-10　程序运行界面

【代码解析】该代码段第 2～10 行定义函数 question 作为"答题"按钮的单击事件处理程序。其中通过调用 window 对象的 prompt 方法实现用户数据的输入。第 12 行绑定"答题"按钮的单击事件处理程序。

 如果想得到非字符串型的返回结果（如数值型），则需要使用 parseInt 方法或其他合适的方法来进行类型转换。

9.4　状态栏

状态栏是用户 UI 中一种重要的元素，主要用来显示程序当前任务状态或一些提示信息。浏览器窗口同样存在状态栏，并且可以使用脚本程序对其进行操作，比如设置要显示的文本信息等。本节将让读者了解状态栏及其操作方法，使其在应用中有实际的用途。

9.4.1 详解状态栏

浏览器的状态栏通常位于窗口的底部，用于显示一些任务状态信息等。在通常情况下，状态显示当前浏览器的工作状态或用户交互提示信息。IE 中的状态栏如图 9-11 所示。

图 9-11　IE 状态栏

9.4.2 认识默认状态栏信息

默认情况下，状态栏里的信息都是空的，只有在加载网页或将鼠标放在超链接上时，状态栏中才会显示与任务目标相关的瞬间信息。window 对象的 defaultStatus 属性可以用来设置在状态栏中的默认文本，当不显示瞬间信息时，状态栏可以显示这个默认文本。defaultStatus 属性是一个可读写的字符串。

【范例 9-10】设置状态栏默认信息，显示网站的宣传文字信息，如示例代码 9-10 所示。

示例代码 9-10

```
01  <script language="javascript">                    // 脚本程序开始
02      window.defaultStatus="本站提供影片下载、音像素材、电子书籍等服务。";
                                                      // 设置状态栏默认信息
03  </script>                                         <!-- 程序结束 -->
```

【运行结果】打开网页文件运行程序，其结果如图 9-12 所示。

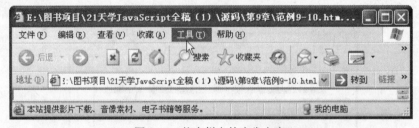

图 9-12　状态栏上的广告文字

【代码解析】本程序仅一行代码即可实现，第 2 行通过设置 window 对象的 defaultStatus 属性设置状态栏默认文本。

提示　通过定时切换默认文本属性可以动态播放广告信息。

9.4.3 认识状态栏瞬间信息

window 对象的 defaultStatus 属性可以用来读取或设置状态栏的默认信息，但如果要设置状态栏的瞬间信息，就必须要使用 window 对象的 status 属性。在默认情况下，将鼠标放在一个超链接上时，状态栏会显示该超链接的 URL，此时的状态栏信息就是瞬间信息。当鼠标离开超链接时，状态栏就会显示默认的状态栏信息，瞬间信息消失。

【范例 9-11】在状态栏上显示本机当前时间，如示例代码 9-11 所示。

示例代码 9-11

```
01  <script language="javascript">            // 脚本程序开始
02  function SetStatus()                      // 设置状态栏
03  {
04      d=new Date();                         // 创建一个日期对象
05      time=d.getHours()+":"+d.getMinutes()+":"+d.getSeconds(); // 取得当前时间
06      window.status=time;                   // 显示当前时间
07  }
08  setInterval("SetStatus()", 1000);         // 设定定时器
09  </script>                                 // 脚本程序结束
10  </head>                                   <!--文档头结束-->
11  <body >                                   <!--文档体开始-->
12  请观察左下角的状态栏
13  </body>                                   <!--文档体结束 -->
```

【运行结果】打开网页文件运行程序，其结果如图 9-13 所示。

图 9-13　在状态栏上输出时间

【代码解析】该代码段中第 2～7 行定义定时器函数，其向浏览器状态栏输出当前日期信息。第 8 行设定定时器每秒更新一次。

提示　状态栏的应用有很多，这里只是列举了两个常见的应用，读者可以多做尝试。

9.5　窗口操作

　　window 对象代表当前打开的浏览器窗口，其提供许多用于操作浏览器窗口的方法，主要包括新开窗口、关闭窗口、窗口聚焦、滚动窗口、移动窗口、调整窗口大小等。用户可以根据需要在应用中调用相关的方法。

9.5.1　打开一个新窗口

　　使用window对象的open方法可以打开一个新的浏览器窗口,新窗口作为本窗口的子窗口。相应的本窗口作为新窗口的次窗口，并持有对新窗口的一个引用，通过该引用可以适度地操作新窗口。open 方法的语法如下：

```
window.open(url,name,features,replace)
```

参数说明：
- url，一个字符串。在新窗口中打开的文档的 URL。
- name，一个字符串。新打开的窗口的名字，用 HTML 链接的 target 属性进行定位时会有用。

- features，一个字符串。列举窗口的特征。
- replace，一个布尔值。指明是否允许 url 替换窗口的内容，适用于已创建的窗口。

【范例 9–12】打开一个宽高为 200*300 的新窗口，其内容为"百度"网站首页，如示例代码 9-12 所示。

示例代码 9-12

```
01  <script language="javascript">                    //JavaScript 开头
02  function op()                                     //自定义 op 函数
03  {
04      window.open("http://www.baidu.com","baidu","heigh=300,width=200");
                                                       //打开一个指定的窗口
05  }
06  op();                                             //调用 op 函数
07  </script>
```

【运行结果】打开网页文件运行程序，其结果如图 9-14 所示。

图 9-14　在新窗口中打开网页

【代码解析】该代码段第 4 行使用 open 方法，打开一个高 300 像素、宽 200 像素的窗口，窗口显示了百度网站首页的内容。

提示　窗口特性参数默认值使窗口具有所有普通特征，但只要指定了其中一项，其他项自动被禁用。

9.5.2　认识窗口名字

窗口的名字在窗口打开时可以设定，仍然用 open 方法，只是充分运用它的参数的设置，具体的运用方法见下面的实例。window.open 方法可以设置新开窗口的名称，该窗口名称在 a 元素和 form 元素的 target 属性中使用。

【范例 9–13】打开一个新的浏览器窗口，指定其名字为 myForm，如示例代码 9-13 所示。

示例代码 9-13

```
01  <script language="javascript">                    //JavaScript 程序开始标签
02  function name()                                   //自定义函数
03  {
04      window.open("","myForm","height=300,width=200,scrollbars=yes");
```

```
05    }                                    //打开一个新窗口
06    name();                              //调用 name 函数
07  </script>                              <!-- 程序结束 -->
```

【运行结果】打开网页文件运行程序，其结果如图 9-15 所示。

【代码解析】该代码段第 4 行用 open 方法构造了一个空白文档，文档名为 myForm，高为 300 像素、宽为 200 像素而且带有滚动条。

图 9-15 设置新开窗口的标题

9.5.3 如何关闭窗口

可以通过程序关闭浏览器窗口，只要调用 window 对象的 close 方法即可。如果获得一个 window 对象的引用时，通过该引用去调用其 close 方法就可以关掉一个与之相关的窗口。通常情况下，父窗口通过这种方式关闭子窗口。语法如下：

窗口名.close()

【范例 9-14】通过程序关闭当前浏览器窗口，如示例代码 9-14 所示。

示例代码 9-14

```
01  <head>                                            <!--文档头-->
02  <meta http-equiv="Content-Type" content="text/html; charset=gb2312" />
03  <title>关闭当前文档</title>                        <!--标题-->
04  <script language="javascript">                    // 脚本程序开始
05  function closeWindow()                            // 关闭窗口的函数
06  {
07      if(self.closed)                               // 如果已经关闭
08      {
09          alert("窗口已经关闭")                       // 则提示
10      }
11      else                                          // 否则
12      {
13          self.close()                              // 关闭当前窗口
14      }
15  }
16  </script>                                         <!-- 程序结束 -->
17  </head>                                           <!-- 文档头结束 -->
18  <body>                                            <!--文档体结束-->
```

```
19    <label>                                              <!--标签开始-->
20    <input type="submit" name="Submit" onClick="closeWindow()" value="关闭" >
                                                           <!--按钮-->
21    </label>                                             <!--标签结束-->
22    </body>                                              <!--文档体结束-->
```

【运行结果】打开网页文件运行程序，其结果如图 9-16 所示。

【代码解析】该代码段的核心是第 7～14 行，主要用来判断窗口是否关闭，如果没有，就关闭当前窗口，它是由按钮的单击事件引发的。

图 9-16　关闭前询问

 注意 self 指的是当前的文档，self.close()也就是关闭当前文档。

9.5.4　对窗口进行引用

前面已经提到通过窗口的引用可以操作内容，同时可以操作窗口的内容。使用这些特性可以在一个窗口中控制另一个窗口的内容，如向一个新开的浏览器窗口中输出内容。下面举例说明。

【范例 9-15】打开一个新的窗口并操作其中的内容，如示例代码 9-15 所示。

示例代码 9-15

```
01    <html>
02        <head>                                           <!--文档头-->
03            <title>操作新开窗口中的数据</title>           <!--文档标题-->
04        </head>                                          <!--文档头结束-->
05        <body>                                           <!--文档体-->
06            <form name="myForm">                         <!--表单-->
07            <input type="text" name="myText1"><br>       <!--文本框-->
08            <input type="text" name="myText2"><br>       <!--文本框+换行-->
09            <input type="button" value="查看效果" onClick="openWindow (myText1.
              value,myText2.value)">
10            </form>                                      <!--结束表单-->
11    <script language="javascript" type="text/javascript">//JavaScript 开始
12        <!--
13        function openWindow(t1,t2)                       //自定义一个函数
14        {
15            var myWin = window.open("new.html","","width=300,height=300");
                                                           //打开一个新窗口
16            myWin.myForm.myText1.value = "由父级窗口输入的文字："+t1;
```

```
                                                      //取得文本框中的数据
17          myWin.myForm.myText2.value = "由父级窗口输入的文字: "+t2;
                                                      //取得文本框中的数据
18              }
19              -->
20      </script>                                     <!--文档结束-->
21  </body>                                           <!--文档体结束-->
22  </html>                                           <!--文档结束-->
```

new.html 文件中的代码如下:

new.html 文件代码

```
01  <html>                                            <!--文档开始-->
02      <head>                                        <!--文档头-->
03          <title>新开的窗口</title>                 <!--文档标题-->
04      </head>                                       <!--文档头结束-->
05      <body>                                        <!--文档体开始标签-->
06          <form name="myForm">                      <!--表单-->
07              <input type="text" name="myText1" size="40"><br><!--文本框-->
08              <input type="text" name="myText2" size="40"><br><!--文本框-->
09          </form>                                   <!--表单结束-->
10  </body>                                           <!--文档体结束-->
11  </html>                                           <!--文档结束-->
```

【运行结果】打开网页文件运行程序,其结果如图 9-17 所示。

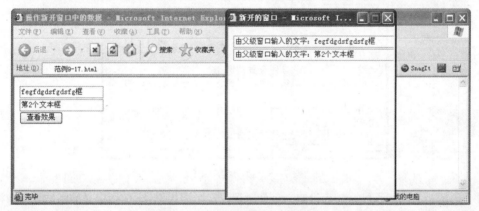

图 9-17　操作新开窗口中的数据

【代码解析】在示例代码 9-18 中,代码第 9~10 行是一个表单其中有两个文本框,还有一个响应单击事件的一个按钮。代码第 13~18 行则是引用窗口的过程。先打开一个新的窗口,这个窗口就是 new.html,同时创建一个 myWin 对象,可以看到它也有两个文本框,然后操作新打开的这个窗口的数据。

9.5.5　对文档进行滚动

浏览器中的内容大于其显示区域时,一般会出现滚动条方便查看被遮挡的内容。用户可以拖动滚动条,也可以通过程序来控制窗口的滚动。调用 window 对象的 scrollBy 或 scrollTo 方法即可滚动文档,在一些设计比较人性化的文章阅读页面上就看到这样的应用,文章自动上滚,方便阅读。scrollBy 和 scrollTo 使用方法如下:

```
myWindow.scrollBy(50,0);                              //向右滚动 50 像素
myWindow.scrollBy(-50,0);                             //向左滚动 50 像素
```

```
myWindow.scrollTo(1,1);                                    //滚动到原点
myWindow.scrollT0o(100,100);                               //滚动到坐标（100，100）
```

【**范例 9-16**】实现窗口中的文档自动向上滚动，方便阅读，如示例代码 9-16 所示。

示例代码 9-16

```
01    <body>                                               <!--文档体-->
02        <script language="javascript">                   // 脚本程序开始
03            var tm = setInterval( "ScroWin()", 100 );    // 设定计时器
04            function ScroWin()                           // 定时器函数
05            {
06                window.scrollBy( 0, 1 );                 // 向上滚动 1px
07            }
08        </script>                                        <!-- 程序结束 -->
09        浏览器中的内容大于其显示区域时，<br>             <!--文本-->
10        一般会出现滚动条方便查看被遮挡的内容。<br>       <!--文本-->
11        用户可以拖动滚动条，也可以通过程序来控制窗口的滚动。<br>  <!--文本-->
12        调用 window 对象的 scrollBy 或 scrollTo 方法即可滚动文档，<br><!--文本-->
13        在一些设计比较人性化的文章阅读页面上就看到这样的应用，<br>  <!--文本-->
14        文章自动上滚，方便阅读<br>                       <!--¬文本-->
15    </body>                                              <!--文档体结束-->
```

【运行结果】打开网页文件运行程序，其结果如图 9-18 所示。

图 9-18   自动滚动文档

【代码解析】该代码段第 3 行设定一个计时器，定时调用第 4～7 行定义的函数，每秒将文档向上滚动 1 个像素。

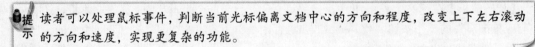

提示　读者可以处理鼠标事件，判断当前光标偏离文档中心的方向和程度，改变上下左右滚动的方向和速度，实现更复杂的功能。

9.6   超时与时间间隔

某些时候需要定时执行某些代码，或者周期性地调用某个函数，传统的编码方法无法完成。针对这个问题 JavaScript 提供内置函数 setTimeout，可以指定一个延时及延时之后开始执行的时间。window 对象中也提供了一些方法可以用来设置代码的执行时间和执行方式，如在某个指定的时间执行代码或让代码周期执行等。

9.6.1 对代码延迟执行

在 JavaScript 程序中，除了函数是需要调用时才执行的代码之外，所有代码都是在浏览器读取代码时立刻执行的。但使用 window 对象的 setTimeout 方法可以延迟代码的执行时间，也可以用该方法来指定代码的执行时间。setTimeout 方法的语法如下所示。

```
window.setTimeout(code,delay)
```

【范例 9–17】程序延迟调用，如示例代码 9-17 所示。

示例代码 9-17

```
01   <script language="javascript">                      // JavaScript 脚本
02   var ident;                                          // 定时器标识
03   dent=window.setTimeout("alert('延时时间到了')",3000)  // 设置一个延迟调用
04   </script>                                           <!-- 程序结束 -->
```

【运行结果】打开网页文件运行程序，3 秒后弹出对话框，如图 9-19 所示。

图 9-19　程序执行结果

【代码解析】该代码段第 3 行利用 setTimeout 内置函数设置了延迟时间为 3 秒，所执行的代码为一条 JavaScript 语句，弹出一个对话框。

9.6.2 认识周期性执行代码

前面的代码延迟执行机制在执行一次后就失效，而在应用中，有时希望某个程序能反复执行，比如说倒计时等，需要每秒执行一次。为此可以使用 window 方法的 setInterval 方法，该函数设置一个定时器，每当定时时间到时就调用一次用户设定的定时器函数。

【范例 9–18】周期性执行代码，显示一个时钟，这个时钟显示的是当前的年月日和小时，每秒钟刷新一次，如示例代码 9-18 所示。

示例代码 9-18

```
01   <html>                                              <!--文档开始-->
02       <head>                                          <!--文档的头-->
03           <title>周期执行</title>                       <!--文档的标题-->
04           <script language="javascript" type="text/javascript">
05           <!--
06           function myFun()                            //自定义函数
07           {
08               setInterval("setDate()",1000); // 1 秒钟调用 setDate()一次
09           }
10           function setsDate()                         //自定义函数
```

```
11                    {
12                         var myDate = new Date();        //创建一个日期对象
13                         myForm.showDate.value = myDate.toLocaleString();
                                                           //显示日期和时间
14                    }
15            -->
16            </script>                                    <!-- JavaScript 程序结束-->
17      </head>
18      <body onLoad="myFun()">                            <!--自动加载 myFun 函数-->
19            <form name="myForm">                         <!--表单-->
20                 当前时间为: <input type="text" name="showDate" size="25">
                                                           <!--显示时间的文本框-->
21            </form>                                      <!--结束表单-->
22      </body>                                            <!--文档体部分结束-->
23 </html>                                                 <!--文档结束-->
```

【运行结果】打开网页文件运行程序，如图 9-20 所示。

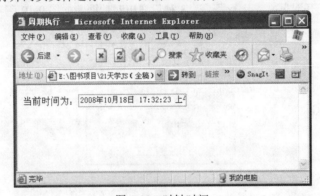

图 9-20 时钟时间

【代码解析】该代码段第 6～8 行是开启时钟的开关，当网页载入时会自动调用这个函数。第 10～14 行定义定时器函数，每隔 1 秒钟将调用一次该函数，其设置文本框中的文本以更新页面中的时间。

9.6.3 停止执行周期性执行代码

使用 setInterval 方法可以可以设定计时器，设定计时器时将返回一个计时器的引用。当不再需要时可以使用 clearInterval 方法移除计时器，其接收一个计时器 ID 作为参数，语法如下：

```
window.clearInterval(id)
```

【范例 9-19】使用计时器定时刷新网页，刷新前向用户询问。当用户连续取消三次以后程序自动取消定时刷新，如示例代码 9-19 所示。

示例代码 9-19

```
01  <script language="javascript">                    // 脚本程序开始
02       var tm = 0;                                   // 计时器
03       var count = 0;                                // 计数器
04       function ReloadPage()                         // 计时器函数
05       {
06            if( window.confirm("是否要重新加载? ") )    // 询问用户是否要重新加载
07            {
08                 window.location.reload();            // 重新加载
```

```
09              }
10              else
11              {
12                  if( ++count==3 )            // 三次尝试后将自动移除计时器
13                  {
14                      clearInterval( tm );    // 清除计时器
15                  }
16              }
17          }
18          tm = setInterval("ReloadPage()", 1000);    // 设定计时器
19  </script>                                          <!-- 程序结束 -->
```

【运行结果】打开网页文件运行程序，一秒后弹出如图 9-21 所示对话框，询问用户是否刷新网页。

图 9-21　定时输出信息

【代码解析】该代码段第 4～17 行定义计时器函数 ReloadPage，其询问用户是否刷新网页，当连续三次被拒绝后自动取消。第 14 行清除计时器，第 18 行设定计时器。

9.6.4　取消延迟代码执行

前面介绍过如何停止周期性执行代码，与此类似，window 对象中的 clearTimeout 方法也可以取消延迟执行的代码。因为在实际应用中，如果有时出现特殊情况，不再需要程序自延迟执行的时候，就得想办法取消延迟。clearTimeout 方法可以做到这一点。它的语法代码如下所示：

```
window.clearTimeout(id)
```

【范例 9–20】取消延迟执行代码，设计两个按钮，一个开启延迟功能，另一个关闭延迟功能，如示例代码 9-20 所示。

示例代码 9-20

```
02  <head>                                          <!--文档的头-->
03  <title>取消延迟执行</title>                      <!--文档标题-->
04  <script language="javascript">                  //JavaScript 开始
05  function showClock()                            //自定义函数
06  {
07      d=new Date()                                //创建一个时间对象
08      window.status=d.toLocaleString()            //在状态栏中显示当前时间
09      ident=window.setTimeout("showClock()",1000);  //设置一秒钟更新一次
10  }
11  </script>                                        <!-- JavaScript 结束-->
12  </head>                                          <!--文档头结束-->
```

```
13  <body>                                              <!--文档体开始-->
14    <p>                                               <!--段落-->
15    <input type="submit" name="Submit" value="开始" onClick="showClock()">
                                                        <!--开始按钮-->
16    <input type="submit" name="Submit2" value="取消延迟" onClick="window.clear
      Timeout(ident);")>
17    </p>                                              <!--段结束-->
18  </body>                                             <!--文档体结束-->
```

【运行结果】打开网页文件运行程序，如图 9-22 所示。

【代码解析】该代码段中 showClock 函数使得状态栏中显示了当前的时间，代码第 16 行，当单击"开始"按钮时程序反复调用。代码第 17 行，当单击"取消延迟"按钮时则停止调用。

图 9-22   延迟执行代码

9.7   框架操作

在上网浏览网页时，时常会看到一些特别的页面，这种页面将网页分隔成几个不同的区域，这些区域是相对独立但又有一定的联系的，可以在不同的地方加载不同的网页，这里所应用的正是框架。

HTML 中的 frameset 元素可以创建框架。虽然在很多时候都把框架称为 Frame 对象，但是事实上，在 JavaScript 中并不存在 Frame 对象。所谓的 Frame 对象只是 window 对象的一个实例，该对象拥有 window 对象的所有方法和属性及事件。

9.7.1   框架简介

一个浏览器窗口可以同时显示多个相互独立的网页，其所有的容器被称为框架。每一个框架都相当于一个独立的浏览器窗口，这些框架使用包含在 frameset（框架集合）标签中的 frame 标签创建。JavaScript 用 window 对象描述框架，每个 frame 对象都是一个 window 对象，并且拥有 window 对象所有的方法和属性。

9.7.2   详解父窗口与子窗口

在 window 对象中有一个 frames 属性，该属性是个数组，数组中的元素代表着框架中所包含的窗口。因此，在框架页中可以使用 frames[0]表示第 1 个子窗口、frames[1]表示第 2 个子窗口，依此类推。如果一个窗口中没有包含框架，那么 frames[]数组为空，也就是 frames[]数组中的元素个数为 0。

当一个窗口有多个框架时，每个框架都有一个 frame 对象表示，frame 对象的名称与在 <frame>标签中指定的 name 属性相同。窗口中每个框架对象都是 parent 窗口的子对象。假设用下列 HTML 定义一组框架。

```
01    <frameset rows="200" cols="200">                           // 框架集
02    <frame name="topleft" src="topleft.html">                  // 框架1
03    <frame name="topright" src="topright.html">                // 框架2
04    <frame name="bottomleft" src="bottomleft.html">            // 框架3
05    <frame name="bottomright" src="bottomright.html">          // 框架4
06    </frameset>                                                 // 结束框架集
```

这个 HTML 把窗口分成 4 个部分。如果在 topleft.html 中引用其他窗口，则为 parent.topleft、parent.bottomleft，以此类推。不过，在文档中可以不用名称来引用，可以用 frames 数组，索引从 0 开始。如 parent.frames[0]、parent.frames[1]、parent.frames[2] 等，也相当于 parent.topleft、parent.bottomleft。window.frames[] 是一个数组，包括了窗口中的每一个框架。

【范例 9-21】父窗口访问子窗口，从主窗口中将信息写入三个子窗口中，如示例代码 9-21 所示。

示例代码 9-21

```
01    <script language="javascript">                              //JavaScript 程序
02    function OnClick()                                          //按钮事件处理
03    {
04        for (i=0;i<window.frames.length;i++)                    //逐一访问框架
05        {
06            window.frames[i].document.write("向第" + (i+1) + "个子窗口输出内容");
                                                                  //在子窗口文档中输入
07            window.frames[i].document.close();                  //关闭输出
08        }
09    }
10    </script>                                                   <!--框架1-->
11    <iframe src="#" height="50"></iframe><br/>                  <!--框架2-->
12    <iframe src="#" height="50"></iframe><br/>                  <!--框架3-->
13    <iframe src="#" height="50"></iframe><br/>                  <!--框架4-->
14    <input type="button" value="查看窗口的内容" onClick="OnClick()"><!--按钮-->
```

【运行结果】打开网页文件运行程序，如图 9-23 所示。

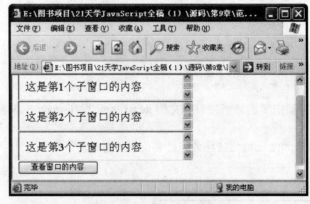

图 9-23 父窗口访问子窗口

【代码解析】该代码段第 2～9 行定义函数 OnClick，其处理按钮单击事件，遍历子窗口并向它们输出内容。第 11～13 行设置几个子窗口。

注意 要记住关闭子窗口文档时的输出流。

9.7.3 详解窗口之间的关系

对于一个复杂的框架，窗口之间可以相互访问，它主要包括对框架自身的引用、父窗口对子窗口的引用、子窗口对父窗口及其他窗口的引用、对顶级窗口的引用。下面是一个对父窗口引用的例子的演示。

```
01  <script type="text/javascript">                        // JavaScript 开始
02  function Show()                                        //自定义函数显示信息
03  {
04      alert("父窗口的变量 a 的值= "+  window.parent.a);    //显示父窗口变量的值
05      alert("父窗口的函数 GetString() = "+ window.parent.GetString());
                                                           //显示父窗口 GetString 的值
06      alert("父窗口的元素 div 的 innerHTML = "+
07  window.parent.document.getElementById("div1").innerHTML);
                                                           //输出父窗口 div 中的值
08  }
09  </script>                                              <!-- 程序结束 -->
```

提示 读者可以根据这段代码自己完善父窗口对子窗口，以及子窗口对父窗口的引用。

9.7.4 认识窗口名字

每一个窗口都有一个 name 属性，其表示一个窗口名，可以通过窗口来索引一个窗口的引用。在多框架页中 name 属性使用得比较多，通过 name 属性可以取得框架窗口的引用，进行将一个新文档在指定窗口中打开显示，如存在一个窗口集合如下：

```
01  <frameset>                              <!--框架集合-->
02  <frame src="menu.html" name="menu">     <!--菜单窗口-->
03  <frame src="main.html" name="main">     <!--主窗口  -->
04  </frameset>
```

下面是个超链接，该链接属于 menu.html 文档，其带有一个 target 属性，指明将在哪个窗口中打开链接指向的文档，如下面代码所示。

```
<a href="Item1.html" target="main">
```

当用户在 menu 窗口中单击该链接时，文档 item1.html 将在 main 框架窗口中打开。

提示 通过窗口名可以很方便地指定链接文档将要使用的窗口。

9.8 小结

本章介绍了 window 对象及其常用的属性、事件和方法，与 window 对象相关的对话框、状态栏的操作和应用，以及如何实现代码的延迟执行、周期性执行，同时也介绍了框架的基本应用。window 对象是 JavaScript 程序设计中使用较为频繁的对象之一，读者应当熟练掌握，下一章将介绍屏幕和浏览器对象。

9.9 习题

一、常见面试题

1. JavaScript 中三种弹出式对话框的命令是什么？

【解析】考查对话框的熟悉程度，首先要知道有哪三种对话框，然后要知道用什么命令去调用。

【参考答案】警告对话框（alert）、询问对话框（confirm）和输入对话框（prompt）。

2. 考查计时器的应用。

【考题】分析下面这段代码的作用（　　　）。

```
01  <script language="javascript">
02  var ident;
03  dent=window.setTimeout("alert('延时时间到了')",3000)
04  </script>
```

　A. 3min 后弹出对话框　　　　　　　B. 30s 后弹出对话框

　C. 3s 后弹出对话框　　　　　　　　D. 不会弹出对话框

【解析】本题考查对 setTimeout 的掌握情况，这是一个设置好时间的计时器，参考答案为 C。

二、简答题

1. 窗口的操作方法有哪些？简述如何创建一个新窗口和关闭一个窗口。

2. 简述如何实现代码的延迟调用和取消延迟。

3. 为什么要使用框架？请说说它的好处。

三、综合练习

设计一个计时器，定时轮流打开用户指定在列表中的网页地址，新开的窗口大小指定为 400*300，每打开一个新窗口时都先关掉上一个老窗口，实现广告轮播。

【提示】可以使用前面介绍的 window 对象的 open 方法打开和设置新窗口的大小。地址列表可用数组实现，设置定时功能可使用 setInterval 函数，参考代码如下：

```
01  <script language="javascript">
02  var adrList = new Array();              // 创建一个用于存储地址的数组
03  function addNewAddressAndStart( )       // 定义函数，实现添加地址和设定间隔时间
04  {
05      for( ;; )                           // 循环要求用户输入网址
06      {
07          var adr = prompt( "请添加一个新地址,此步骤将连续添加多个地址,要停止添加请按"取
            消":", "" );
08          if( adr == null )               // 用户取消输入时跳出当前循环
09              break;
10          adrList.push( adr );            // 将用户输入的网址存储到数组的尾部
11      }
12      var interal = prompt( "请设定打开新窗口的时间间隔,以毫秒为单位: ", "1000" );
                                            //输入时间间隔
13      if ( interal == null )              // 如果用户忽略上一步则自动设置为 5 秒
14          interal = 5000;
15      setInterval( "start()", interal );  // 使用 setInterval 设置间隔(interal/
                                            //1000)秒就运行一次 start 函数
16      refreshList();                      // 刷新地址列表
17  }
18  var curAD = 0;                          // 使用就是 curAD 以指示当前要打开的页面
19  var oldWin = null;                      // 使用变量 oldWin 引用当前打开的窗口
```

```
20   function start( )                    // 定义函数打开新窗口
21   {
22      if( oldWin != null )              // 定义函数打开新窗口
23         oldWin.close();
24      if( adrList.length == 0 )         // 如果地址列表为空，则函数什么也不做，直接返回
25      {
26         Addresslist.value = "地址列表为空";return;
27      }
28      oldWin = window.open( adrList[curAD], "", "width=400,height=300" );
                                          // 打开新窗口
29      curAD ++ ;                        // 将指示器 curAD 递增
30      if( curAD == adrList.length )     // 如果已经超过数组的末端则置 0，指向数组首元素
31         curAD = 0;                     // 指示器置 0
32   }
33   function refreshList()               // 刷新地址列表
34   {
35      Addresslist.value = "";           // 清空地址
36      for( index in adrList )           // 遍历
37         Addresslist.value += adrList[index] + "\r\n";
38   }
39   </script>
40   <!--定义一个文本域用以显示地址列表-->
41   <textarea id="Addresslist" style="width: 349px; height: 263px" readonly=
     "readOnly"></textarea><br />
42   <!--定义一个按钮用以添加新地址-->
43   <input type="button" onclick="addNewAddressAndStart()" value="添加新地址"
     style="width: 349px" />
```

【运行结果】打开网页文件运行程序，效果如图 9-24 所示。

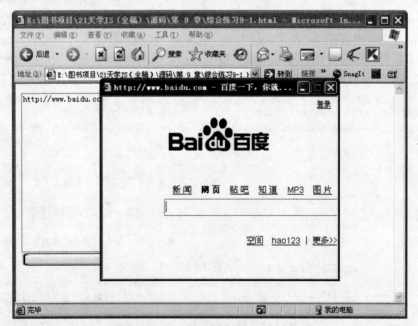

图 9-24　定时打开地址表中的网页

四、编程题

1．写一程序实现一问一答的模式，要求用对话框提问，用对话框回答。

【提示】重点考查对话框和弹出框。

2．写一程序实现每三秒换一幅图片。

【提示】本题需要设置延迟时间。

第 10 章　屏幕和浏览器对象

screen 对象也称为屏幕对象，是一个由 JavaScript 自动创建的对象，用来描述屏幕的颜色和显示信息。navigator 对象也称为浏览器对象，用来描述客户端浏览器的相关信息。通过使用这两个对象可以进行与显示和浏览器相关的操作，本章将分别对它们进行讲解。

- 学习屏幕对象并掌握其基本运用。
- 掌握浏览器对象及相关子对象的基本运用。
- 能在网页程序开发中熟练使用这两个对象来解决实际问题。

以上几点是对读者在学习本章内容时所提出的基本要求，也是本章希望能够达到的目的。读者在学习本章内容时可以将其作为学习的参照。

10.1　认识屏幕对象

屏幕对象（screen）提供了获取显示器信息的功能，显示器信息的主要用途是确定网页在客户机上所能达到的最大显示空间。很多情况下，用户的显示器大小尺寸不同，以同一尺寸设计的网页往往得不到期望的效果，为此需得知用户显示器的信息，在运行时确定网页的布局。

10.1.1　利用屏幕对象检测显示器参数

检测显示器参数有助于确定网页在客户机上所能显示的大小，主要使用 screen 对象提供的接口。显示的参数一般都包括显示面积的宽度、高度和色深等，其中宽度、高度是比较有意义的，直接与网页布局有关，色深只是影响图形色彩的逼真程度。下面举例演示如何检测显示器参数，下一节将开始针对显示器中各参数进行单独讲解。

【范例 10-1】检测用户显示器的参数，并在当前文档中输出结果，如示例代码 10-1 所示。

示例代码 10-1

```
01   <script language="javascript">              // 程序开始
02   with (document)                             //用 with 语句引用 document 的属性
03   {
04       write ("您的屏幕显示设定值如下: <p>");                  //输出提示语句
05       write ("屏幕的实际高度为", screen.availHeight, "<br>");//输出屏幕的实际高
06       write ("屏幕的实际宽度为", screen.availWidth, "<br>"); //输出屏幕的实际宽
07       write ("屏幕的色盘深度为", screen.colorDepth, "<br>"); //输出屏幕的色盘深度
08       write ("屏幕区域的高度为", screen.height, "<br>");     //输出屏幕的区域高度
09       write ("屏幕区域的宽度为", screen.width);              //输出屏幕的区域宽度
10   }
11   </script>                                   <!--程序结束-->
```

【运行结果】打开网页文件运行程序，其结果如图 10-1 所示。

【代码解析】该代码段中第 4～9 行将用户显示器的各参数输出在当前文档中。

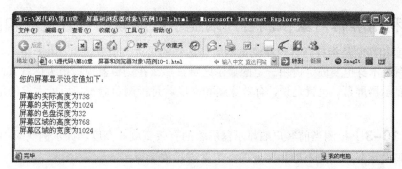

图 10-1　用户显示器参数

 提示 实际宽度、高度（有效宽度、高度）是指除去系统固定占用的区域后的宽度、高度。

10.1.2　利用屏幕对象检测客户端显示器屏幕分辨率

显示器分辨率是指显示器所能显示的宽度和高度，通常以像素（pixel）为单位，如笔者的显示器的分辨率为 1280*800。在实际应用中，为了使制作的网页能适应不同的浏览器环境，最好使用 JavaScript 程序对用户的显示器进行检测，动态调整网页的布局。

【**范例 10-2**】检查用户的显示器分辨率，确定是否是浏览本网页所要求的分辨率（800*600），如示例代码 10-2 所示。

示例代码 10-2

```
01   <script language="javascript">                              // 程序开始
02   var screen=800;                                            // 宽 800 像素
03   document.write("您的屏幕分辨率是"+screen.width+" * "+screen.height);
                                                                // 屏幕分辨率
04   if(screen.width!=screen)                                   // 不是所要求的宽度
05   {
06       document.write(",不是最佳分辨率,建议您将屏幕分辨率调整为 800*600。");// 提示
07   }
08   else
09   {
10       document.write(", 符合本站最佳浏览环境。");              // 提示
11   }
12   </script>                                                  <!--程序结束-->
```

【运行结果】打开网页文件运行程序，其结果如图 10-2 所示。

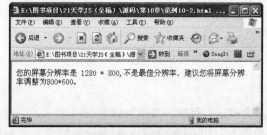

图 10-2　建议修改分辨率

【代码解析】该代码段第 2 行设置本站所要求的屏幕宽度。第 3 行则取得用户当前浏览器的分辨率，然后将取得的数值和事先设定的数值相比较，从而确定用户的浏览环境是否为最佳。

10.1.3　利用屏幕对象检测客户端显示器屏幕的有效宽度和高度

有效宽度和高度是指打开客户端浏览器所能达到的最大宽度和高度。由于在不同的操作系统中，操作系统本身也要固定占用一定的显示区域，那么在浏览器窗口最大化打开时，也不一定占满整个显示器屏幕。也就是说，有效宽度和高度就是指浏览器窗口所能占据的最大宽度和高度。

【**范例 10-3**】检测当前客户端显示器屏幕的有效宽度和高度，如示例代码 10-3 所示。由于这段代码很重要，因此不做加粗处理，读者需着重学习。

示例代码 10-3

```
01  <html>                                          <!--文档开始-->
02  <head></head>                                   <!--文档头-->
03  <body>                                          <!--文档体-->
04  <script language="javascript">                  // javascript 开始
05  with(document)                                  // 设置上下文
06  {
07      writeln(" 网页可见区域宽: "+ document.body.clientWidth+"<br>");
                                                    // 网页可见区域宽
08      writeln(" 网页可见区域高: "+ document.body.clientHeight+"<br>");
                                                    // 网页可见区域高
09      writeln(" 网页可见区域宽: "+ document.body.offsetWidth + " (包括边线和滚动条
        的宽)"+"<br>");
10      writeln(" 网页可见区域高: "+ document.body.offsetHeight + " (包括边线的
        宽)"+"<br>");
11      writeln(" 网页正文全文宽: "+ document.body.scrollWidth+"<br>");
                                                    // 网页正文全文宽
12      writeln(" 网页正文全文高: "+ document.body.scrollHeight+"<br>");
                                                    // 网页正文全文高
13      writeln( " 网页被卷去的高(ff): "+ document.body.scrollTop+"<br>");
                                                    // 网页被卷去顶部分(ff)
14      writeln(" 网页被卷去的高(ie): "+ document.documentElement.scrollTop+
        "<br>");
15      writeln( " 网页被卷去的左: "+ document.body.scrollLeft+"<br>");
                                                    // 网页被卷去左部分
16      writeln( " 网页正文部分上: "+ window.screenTop+"<br>");      // 网页正文部分上
17      writeln( " 网页正文部分左: "+ window.screenLeft+"<br>");      // 网页正文部分左
18      writeln(" 屏幕分辨率的高: "+ window.screen.height+"<br>"); // 分辨率高
19      riteln(" 屏幕分辨率的宽: "+ window.screen.width+"<br>");     // 分辨率宽
20      writeln( " 屏幕可用工作区高度: "+ window.screen.availHeight+"<br>");
                                                    // 有效工作区高度
21      writeln( " 屏幕可用工作区宽度: "+ window.screen.availWidth+"<br>");
                                                    // 有效工作区宽度
22  }
23  </script>                                       <!--程序结束-->
24  </body>                                         <!--文档体结束-->
25  </html>                                         <!--文档结束-->
```

【运行结果】打开网页文件运行程序，其结果如图 10-3 所示。

【代码解析】该代码段第 5 行用 with 语句将 document 对象设置为其块中的上下文默认对象。代码第 7～21 行分别获取了显示器屏幕的有效高度和宽度，将屏幕的各属性全部输出。

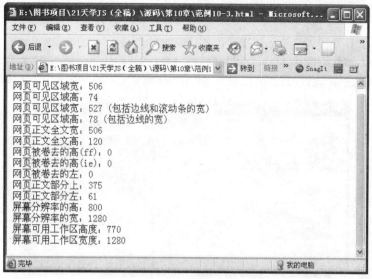

图 10-3 屏幕的有效宽度和高度

10.1.4 利用屏幕对象进行网页开屏

网页开屏是一种特效，在网页打开时，窗口由小变大逐渐展开到最大，增强视觉效果。使用脚本程序操作本文介绍的 screen 对象即可实现这种效果。方法是在打开新窗口时，将其尺寸设置为最小，然后通过用定时器逐渐增加其尺寸，当增加到一个合适的尺寸时移除定时器即可。下面通过一个简单的例子来演示。

【**范例 10-4**】实现网页开屏效果，打开新窗口时其从小逐渐变大，如示例代码 10-4 所示。

示例代码 10-4

```
01  <script language="javaScript">                    // 程序开始
02  <!--
03  var x=10;                                         // 窗口的初始高宽为 10
04  var y=window.screen.availHeight;                  // 最终高为显示器实际可用高
05  var dx=5;                                         // 定义每次增量 dx;
06  var newFrm=window.open("","newForm","menubar=0,toolbar=0");  // 打开新窗口
07  newFrm.resizeTo(x,y);                             // 将窗口缩放到指定大小
08  var intervalID=window.setInterval("active()",100);
                                                      // 设置定时调用一次 active
09  function active()
10  {
11      if(newFrm.closed)                             // 如果 newFrm 关闭
12      {
13          clearInterval(intervalID);               // 移除定时器
14          return;                                   // 返回
15      }
16      if(x<screen.availWidth)
17          x+=dx;                                    //当 x 小于屏幕可用工作区宽度时
18      else
19          clearInterval(intervalID);               // 移除定时器
20      newFrm.resizeTo(x,y);                         // 窗口改变到指定大小
21  }
22  </script>                                         <!--程序结束-->
```

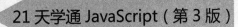

```
23  <input type="button"  value="stop" onClick="clearInterval(intervalID);newFrm.
    close();">
```

【运行结果】打开网页文件运行程序，其结果如图 10-4 所示。

【代码解析】该代码段第 3～5 行设置新打开窗口的初始状态，第 6、7 行创建一个新窗口并移到指定位置然后再设置每隔 0.1s 调用一次 active 函数。第 9～21 行实现窗口的缩放功能。

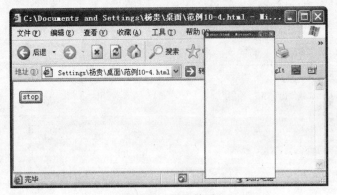

图 10-4　开屏效果

> 提示　读者可以使用 screen 对象的 availHeight 和 availWidth 属性尝试实现网页动态布局设计。

10.2　认识浏览器对象

JavaScript 中使用 navigator 对象（浏览器对象）来操作浏览器，其包含了浏览器的整体信息，如浏览器名称、版本号等。早期的 Netscape 浏览器称为 Navigator 浏览器，navigator 对象是在 Navigator 浏览器之后命名的。后来，navigator 对象成为一种标准，IE 浏览器也支持 navigator 对象。但是不同的浏览器都制定了不同的 navigator 对象属性，使得 navigator 对象属性显得不统一。

10.2.1　获取浏览器对象的属性值

在进行 Web 开发时，通过 navigator 对象的属性来确定用户浏览器的版本，进而编写有针对某一浏览器版本的代码。因为当前流行着几大浏览器，并且各浏览器对 W3C 的 Web 规范的实现都有区别，在编程时有必要识别不同的浏览器。navigator 的常用属性如下：

- appCodeNam，浏览器的代码名称。
- appName，浏览器的实际名称。
- appVersion，浏览器的版本号和平台信息。

这些都是在 Web 开发中经常用到的属性。例如，XMLHttpRequest 对象创建方式，在 IE 浏览器中和其他浏览器是不同的，因此需要通过读取 navigator 对象的 appName 属性来确定是不是在 IE 中。

【范例 10-5】使用 navigator 对象，输出当前浏览器的信息，如示例代码 10-5 所示。

示例代码 10-5

```
01  <body>                              <!--文档体->
02  <Script language="javascript">      //JavaScript 标签
03  with (document)                     //用 with 语句引用 document 的方法
```

```
04    {
05        write ("你的浏览器信息：<OL>");                      //输出浏览器信息
06        write ("<LI>代码："+navigator.appCodeName);         //输出浏览器代码
07        write ("<LI>名称："+navigator.appName);             //输出浏览器名称
08        write ("<LI>版本："+navigator.appVersion);          //输出浏览器版本
09        write ("<LI>语言："+navigator.language);            //输出浏览器语言
10        write ("<LI>编译平台："+navigator.platform);        //输出浏览器编译平台
11        write ("<LI>用户表头："+navigator.userAgent) ;      //输出浏览器用户表头
12    }
13    </script>                                              <!--程序结束-->
14    </body>                                                <!--文档体结束-->
```

【运行结果】打开网页文件运行程序，其结果如图 10-5 所示。

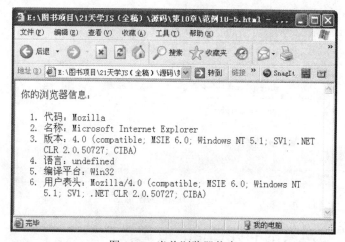

图 10-5　当前浏览器信息

【代码解析】这个例子演示了浏览器对象的属性的使用方法，代码第 5～11 行分别打印出了浏览器的代码、名称版本、语言、编译平台和用户表头。

10.2.2　MimeType 对象和 Plugin 对象详解

MimeType 对象提供当前浏览器所支持的 MIME 类型信息，其中 MIME 类型信息以数组的形式保存。Plugin 主要管理当前浏览器中已经安装的插件或外挂程序的信息，在应用中该对象非常重要。例如，检测当前浏览器是否已经安装 Flash 播放器插件，如果还没有则可以提醒用户下载并安装，这对包含 Flash 内容的网页非常重要。下面通过例子说明如何枚举浏览器所支持的 MIME 类型。

【范例 10-6】检查浏览器支持 MIME 类型的种类和当前已安装的外挂程序，如示例代码 10-6 所示。

示例代码 10-6

```
01    <script language="javascript">                         // 程序开始
02    var count = navigator.mimeTypes.countgth;              // 取得 MIME 数量
03    with (document)                                         // 改变上下文对象
04    {
05        write ("当前浏览器共支持" + count + "种 MIME 类型：");
06        write ("<TABLE BORDER>")                            // 输出表格
07        write ("<CAPTION>MIME type 清单</CAPTION>")         // 输出标题
08        write ("<TR><TH> <TH>名称<TH>描述<TH>扩展名<TH>附注")
```

```
09        for (var i=0; i<count; i++)                        // 遍历 MIME 数组
10        {
11            write("<TR><TD>" + i + "<TD>" + navigator.mimeTypes[i].type +
                                                              // 输出各项的值
12            "<TD>" + navigator.mimeTypes[i].description +"<TD>" +
13            navigator.mimeTypes[i].suffixes + "<TD>" +
14            navigator.mimeTypes[i].enabledPlugin.name);     // 输出插件名
15        }
16    }
17  </script>                                                <!-- 程序结束 -->
```

【运行结果】打开网页文件运行程序，其结果如图 10-6 所示。

【代码解析】该代码段第 5～8 行是控制在浏览器中显示的形式（表格形式）。代码第 9～15 行读取 MimeType 对象相关属性并输出。

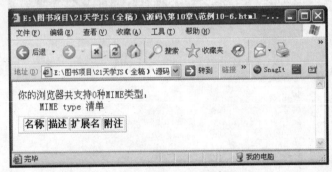

图 10-6   MIME 类型信息

10.2.3   浏览器对象的 javaEnabled 属性详解

javaEnabled 方法用于判断当前浏览器是否已经启用 Java 支持功能。该方法对于包含 JavaApplet（将在本书第 19 章专门讲解）程序的网页非常有用，由此方法得出的结果可以确定是否使用 Java 程序。它对于不包含 Java 程序的网页意义不大，调用方法如下：

```
navigator.javaEnabled()
```

【范例 10-7】检查浏览器是否已经启用 Java 支持功能，如示例代码 10-7 所示。

示例代码 10-7

```
01  <script language="javascript">                           //JavaScript 开始
02      document.write("navigator 对象的方法"+"<br>")
03      if(navigator.javaEnabled())                          //浏览器是否支持 Java 的方法
04      {
05          document.write("浏览器支持并启用了 Java 的方法!") ;
                                                             //提示用户支持 Java 方法
06      }
07      else                                                 // 不支持时
08      {
09          document.write("浏览器不支持或没有启用 Java 的方法! ")
                                                             //提示用户不支持 Java 方法
10      }
11  </script>                                                <!--程序结束-->
```

【运行结果】打开网页文件运行程序，其结果如图 10-7 所示。

【代码解析】该代码段第 3 行通过调用 navigator 对象的 javaEnabled 方法来确定是否已经开启 Java 支持功能。返回 true 则知已经开启，返回 false 未开启。

在互联网技术刚刚兴起时，JavaApplet 在 Web 页中的交互性特别强大，很受用户欢迎。浏览器技术也正好刚刚发展，于是内建了与 Java 相关的功能，本文介绍的 javaEnabled 就是其一。

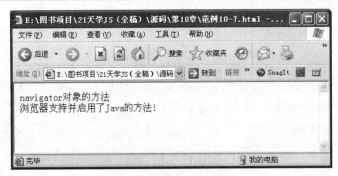

图 10-7　当前浏览器支持 Java

10.3　小结

本章介绍了 screen 对象和 navigator 对象，其中 screen 对象主要描述客户端的显示器信息，如屏幕的分辨率、可用屏幕宽度和高度、可用颜色数等。navigator 对象主要描述浏览器的整体信息，如浏览器名称、版本号等。这两个对象在应用开发中比较重要，通常用来实现与网页布局相关的功能，navigator 对象提供插件检测的功能，检测某一插件是否已经安装对依赖于某一插件的 Web 页意义重大。

10.4　习题

一、常见面试题

1．简述 navigator 对象的作用。

【解析】本题只是对一般概念的考核，JavaScript 的主要操作都依靠对象，所以要熟悉每个对象的作用。

【参考答案】JavaScript 中使用 navigator 对象（浏览器对象）来操作浏览器，其包含了浏览器的整体信息，如浏览器名称、版本号等。

2．分析下面这段代码的作用（　　）。

```
01  <script  language="javascript1.2">
02    var  s=800;
03    document.write("您的屏幕分辨率是  "+screen.width+" * "+screen.height);
04    if(screen.width!=s)
05      {
06          document.write(",不是最佳分辨率。")
07      }
08    else11      {
09      document.write("，符合本站最佳浏览环境。");
10      }
11  </script>
```

A．判断用户所使用的是否是最佳分辨率

B．最佳分辨率是 1024*800

C．可以获取用户当前的分辨率

    D．该程序没办法获取用户的分辨率

【解析】本题考查对 screen 对象的了解，参考答案为 C。

二、简答题

1．列举屏幕和浏览器对象的一些常用方法与属性。

2．如何检验用户的分辨率？

三、综合练习

1．编写程序，使用户可以定制窗口的背景色、窗口大小和字体颜色。

【提示】结合本章和第 9 章的知识，使用 window 对象的 resizeTo 方法操作窗口的尺寸。通过修改 document 对象的 bgColor 和 fgColor 属性来更改网页背景色和字体颜色，参考代码如下：

```
01  <script language="JavaScript">                                      // 程序开始
02  function Apply()                                                    // 应用更改
03  {
04      document.bgColor=BGCLR.value;                                   // 设置背景色
05      document.fgColor=FTCLR.value;                                   // 设置字体颜色
06      window.resizeTo(parseInt(WIDTH.value), parseInt(HEIGHT.value));
                                                                        // 设置窗口尺寸
07  }
08  </script>                                                           // 程序结束
09  背景颜色: <input type="text" value="#333333" id="BGCLR"><br>    <!--背景-->
10  字体颜色: <input type="text" value="#000000" id="FTCLR"><br>    <!--字体-->
11  窗口宽度: <input type="text" value="800" id="WIDTH"><br>        <!--宽度-->
12  窗口高度: <input type="text" value="600" id="HEIGHT">           <!--高度-->
13  <input type="button" value="应用更改" onClick="Apply()">         <!--按钮-->
```

【运行结果】打开网页文件运行程序，其效果如图 10-8 所示。

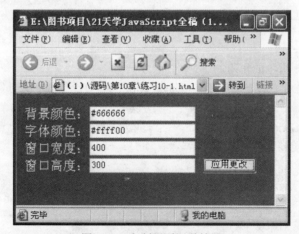

图 10-8　定制网页视觉效果

2．实现打字机式字符输出效果，将"21 天学 JavaScript，乐趣无穷！"用打字效果输出。

【提示】使用定时器实现打字延迟，使用获取子串的方式从完整的字符消息串中提取文本，逐串增加字符。参考代码如下：

```
01  <SCRIPT language="JavaScript">                                      // 程序开始
02      var str = "21 天学 JavaScript，乐趣无穷！ ";                    // 信息文本
03      var wrt = "";var index=0;                                       // 初始变量
04      function OnTime()                                               // 时钟事件
05      {
```

```
06              wrt = str.substring( 0, (++index)%str.length ); // 取子串
07              VP.innerHTML = wrt;                              // 设置文本
08          }
09          setInterval( " OnTime()", 300 );                    // 设置定时器
10      </SCRIPT>
11      <DIV id="VP"></DIV>                                     <!--信息层-->
```

【运行结果】打开网页运行程序，将出现如图 10-9 所示的打字效果。

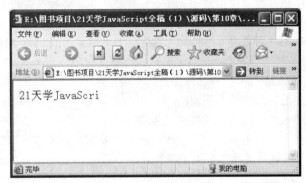

图 10-9　打字效果

四、编程题

1．写一个程序，对用户浏览器的属性进行查看。

【提示】该题的有关代码可以参考前面的有关章节。

2．新打开一个窗口，其初始大小为 100*100，然后慢慢扩大到 1024*800。

【提示】该题的有关代码可以参考前面的有关章节。

第 11 章 文 档 对 象

本书前面的内容中已经大量使用过 document 对象，本章将对其进行专门讲解。document 是一个文档的逻辑对象，管理与一个文档相关的信息并提供操作文档的接口，在 JavaScript 中称它为文档对象。document 对象是 window 对象的一个子对象，window 对象代表浏览器窗口，而 document 对象代表了浏览器窗口中的文档。

- 理解并掌握 document 对象，并在应用开发中灵活运用。
- 理解并掌握图像对象的特性及应用。
- 理解并掌握锚对象的链接对象的特性及运用。

以上几点是对读者在学习本章内容时所提出的基本要求，也是本章希望能够达到的目的。读者在学习本章内容时可以将其作为学习的参照。

11.1　文档对象概述

document 对象代表一个浏览器窗口或框架中显示的 HTML 文件。浏览器在加载 HTML 文档时，为每一个 HTML 文档创建相应的 document 对象。JavaScript 通过 document 对象来操作 HTML 文档，如创建节点、改变文档显示的内容等。

11.1.1　初识文档对象

文档对象即 document 对象，它为操作 HTML 文档提供接口。document 拥有大量的属性和方法，其组合了大量的子级对象，如图像对象、超链接对象、表单对象等。这些子对象可以用来控制 HTML 文档中的图片、超链接、表单元素等。document 对象为操作文档提供一个统一的接口，其负责管理下级子对象的关系信息。HTML 文档中相当多的功能是由子级对象提供的，document 对象对这些功能进行组合抽象。

11.1.2　详解文档对象的使用方法

document 对象不需要手工创建，在文档初始化时就已经由系统内部创建。直接调用其方法或属性即可，通常在程序中使用，如文档 URL、最后修改日期、超链接颜色等属性。结合配置文件可以实现文档定制的功能，调用语法如下：

```
01   document.location=";          //设置链接
02   document.lastModfied;         //查看文档最后修改时间
```

使用形式和其他对象没有区别，下面通过例子来加深认识。

【范例 11-1】使两个文本框中的文字内容保持一致，在一个文本框中输入字符，另一个也发生相应的变化，如示例代码 11-1 所示。

示例代码 11-1

```
01   <html>
02   <head><title>范例 11-1</title></head>        <!--文档头和标题-->
03   <body ><p>                                   <!--文档体-->
04   <form name="first" >                         <!--第 1 个表单-->
05       文本框 1:
```

```
06                              <!--用表单名引用表单及元素-->
07 <input type="text" onKeyPress="document. second.elements[0].value=this.value;
   "value="在这里输入内容" >
08 </form>
09 <form name="second">                <!--第2个表单-->
10     文本框2：
11                              <!--绑定事件处理程序-->
12 <input type=text onKeyPress="document.forms[0].elements[0].value=this.value;
   " value="在这里输入内容13">          <!--触发onKeyPress事件的文本框-->
14 </form>
15 </body>
```

【运行结果】打开网页文件运行程序，在其中一个文本框中输入内容，另外一个也跟着变化，效果如图 11-1 所示。

图 11-1　两个文本框内容一致

【代码解析】该代码段第 7、12 行在 HTML 标签中嵌入 JavaScript 程序，其保持当前文本框的内容与另一个文本一致。即在第 1 个表单中输入值时，触发键盘事件，执行嵌入在 HTML 标签中的 JavaScript 程序，使得表单 2 中的文本框中的文本与文本框 1 中的一样。

 document 对象的内容非常多，涉及文档操作的各个方面，读者需要在应用中慢慢积累。

11.1.3　对标签中的值进行引用

在前面的章节中，要引用表中文本框的值所用的方法是访问文本框的 value 属性。而在 document 对象中则不必用这种方法，可以使用 getElementById 方法，它的功能比前面的方法更强大，是通过标签的 id 来访问标签中的值，所以这种方法不局限于表单，访问更方便、更自由。

【范例 11-2】document 对象的 getElementById(ID)属性访问指定标签中的值，如示例代码 11-2 所示。

示例代码 11-2

```
01 <html>
02 <head>                         <!--文档的头-->
03 <title>范例11-2</title>         <!--文档的标题-->
04 <script type="text/JavaScript">  //JavaScript 开始
05 function getValue()             //取得特定的元素的值
06 {
07     var x=document.getElementById("myHeader");
```

```
                                            //取得 id 值为 myHeader 的标签的值
08            // innerHTML 获得从对象的起始位置到终止位置的全部内容，包括 Html 标签
09            alert(x.innerHTML);                    //输出信息
10   }
10   </script>                                <!-- JavaScript 结束-->
12   </head>                                  <!--文档头的结束-->
13   <body>                                   <!--文档主体-->
14   <h1 id="myHeader" onclick="getValue()">单击这里</h1><!--标题标签-->
15   </body>                                  <!--主体的结束-->
16   </html>
```

【运行结果】打开网页文件运行程序，其结果如图 11-2 所示。

图 11-2　通过标签 ID 控制标签

【代码解析】该代码段第 5～7 行的功能是取得特定元素的值，用 getElementById 返回指定 ID　myHeader 的值，并用消息框显示出来。代码第 10～16 行是 HTML 代码段，在这一段中，第 14 行中有一个 id 为 myHeader 响应单击事件的一个标题标签。

 注意　在操作文档的一个特定的元素时，最好给该元素一个 ID 属性，为它指定一个（在文档中）唯一的名称，然后就可以用该 ID 查找想要的元素。

11.1.4　详解引用文档中对象的方法

既然文档中有对象，自然就会去思考究竟应该怎样引用这些对象，浏览器为文档保留表单对象的数组，引用这些对象的方法如下所示。

```
document.forms[0]
document.forms[1]
```

事实上，在前面几章中已经提过这种引用。document 对象在文本所确定的索引值是根据其对象载入的文档中的顺序来确定。一般地，文档中的<form>标记确定了文档中文档对象的顺序，这种引用对象的方法就是引用表单的一种方法，因此可以使用表单名来引用。如果页面中只有一个表单，则这两种方法都可以。

```
document.entryForm.entry.value
document.forms[0].entry.value
```

【范例 11-3】在一个表单中输入信息，而在同一页面的另一表单中显示输入的信息，如示例代码 11-3 所示。由于这段代码很重要，因此不做加粗处理，读者需着重学习。

示例代码 11-3

```
01    <title>范例 11-3</title>                                    <!--文档的头各标题-->
02    <script language="JavaScript">                             //JavaScript 程序
03    function msg()                                             //自定义函数处理用户输入的数据
04    {
05    for(i=0;i<document.forms[1].length-1;i++)                  //访问文档标签中的元素
06    {
07    document.Myform.showMsg.value +=document.forms[1].elements[i].value+"\
      n";                                                       //第 i-1 个<form>标签
08    }
09        alert(Myform.showMsg.value);                          //输出引用的信息
10    }
11    </script>                                                  <!-- JavaScript 结束标签-->
12        </head>                                                <!--JavaScript 头的>结束 --
13    <body>                                                     <!--主体-->
14    <form name="Myform">                                      <!--表单-->
15        <p>显示个人信息</p>                                    <!--带文本的段落-->
16        <p>                                                    <!--段落-->
17        <textarea name="showMsg" cols="40" rows="8" ></textarea>
                                                                 <!--文本框-->
18        </p>                                                   <!--段落结束-->
19     </form>                                                   <!--表单结束-->
20    <form name="form1" method="post" action="">
                                                                 <!--创建一个表单-->
21    个人信息<br>
22        姓名：<input type="text" name="Name"  >  <!--姓名文本模框-->
23        <p>
24        性别：<input type="text" name="sex">      <!--性别文本模框-->
25        </p>
26        <p>
27    学号：<input type="text" name="num">                      <!--学号文本模框-->
28    <label>
29     <input type="submit" name="Submit" value="提交" onClick="msg()"><!--提
      交表单调用 img 函数-->
30    </label>
31        </p>
32    </form>
33 </body></html>
```

【运行结果】打开网页文件运行程序，其结果如图 11-3 所示。

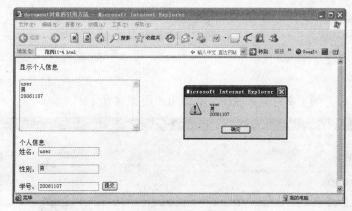

图 11-3   程序运行测试

【代码解析】该代码段第 3～11 行的功能是取得用户提交的表单信息，并在另一个表单中显示出来。该代码使用一个循环，——访问表单中的元素，并取得每个元素值的输出。

> 注意 建议尽可能使用对象名，因为即使改变了 HTML 文档中对象的物理顺序，对象名的引用不用修改可照样工作。

11.2　文档对象的应用

前面介绍了文档对象及如何使用这个对象，本节将讨论它的一些应用。由于 document 对象的属性和方法比较多，而且在实际应用中使用也比较广泛，是 JavaScript 中最重要的一个对象。下面通过一些例子来介绍这些应用。

11.2.1　美化链接——设置超链接的颜色

在一个网页中，通常都有很多链接，因此也有很多的链接文本。在默认情况下，未访问过的文本呈蓝色，已访问过的和正在访问的则为暗红色。但是，如果所有的链接都千篇一律地使用这一种风格，可能有时会使页面显得很单调。

为了解决这个问题，document 对象提供了 vlinkColor 属性、linkColor 属性和 alinkColor 属性。这三个属性可以分别设置文档中未访问过的超链接的颜色、已访问过的超链接的颜色和正在访问的超链接的颜色。这样就可以使得页面的色彩更加丰富。

【范例 11-4】设置超链接的颜色，使得超链接文本在访问前后字体发生变化，如示例代码 11-4 所示。

示例代码 11-4

```
01  <html>
02  <head>                                        <!--文档的头-->
03  <Script Language="JavaScript">                //JavaScript 开始
04  function setcolor()
05  {
06      document.vlinkColor="blue";               // 未访问过的超链接的颜色
07      document.linkColor="green";               // 已访问过的超链接的颜色
08      document.alinkcolor="red";                // 访问过的超链接的颜色
09  }
10  </script>                                     <!-- JavaScript 结束-->
11  </head>                                       <!--文档头的结束-->
12  <body>                                        <!--主体-->
13  <A href="http:<!-- -->www.baidu.com" onMouseOver="setcolor()"> 到百度查询</a>
                                                  <!--链接-->
14  </body>                                       <!--主体结束-->
15  </html>
```

【运行结果】打开网页文件运行程序，其结果如图 11-4 所示。

图 11-4　链接颜色

【代码解析】该代码段第 6～8 行设置了超链接在访问前、访问后和正在访问时的颜色。其中将访问前的颜色设置为 blue，访问中的颜色设置为 green，而访问后的颜色则设置为 red。

 提示 本例比较精简。但这几个属性在实际应用中比较实用，建议读者最好能记下来，自己去推敲。

11.2.2 美化网页——设置网页背景颜色和默认文字颜色

document 对象中包含保存网页背景和文档默认字体颜色的属性，背景颜色属性为 bgColor，默认字体颜色属性为 fgColor，两者都是可读写的。通过更改这两个属性的值可以改变网页背景色和字体颜色，效果与在 "<body>" 标签中设定的一样。下面通实例的形式来加深读者印象。

【**范例 11-5**】使用 bgColor 属性和 fgColor 属性来设置网页背景颜色和默认文字颜色，如示例代码 11-5 所示。

示例代码 11-5

```
01  <html>
02  <head>                              <!--文档的头-->
03  <title>范例 11-5</title>            <!--文档的标题-->
04  <script language="JavaScript">      //JavaScript 开始
05  document.bgColor="black" ;          // 设置背景颜色
06  document.fgColor="white"            // 设置字体颜色
07  function changeColor()              //自定义一个改变颜色的函数
08  {
09      document.bgColor="";            // 设置背景颜色
10      document.body.text="blue" ;     // 设置字体颜色
11  }
12  function outColor()                 //当鼠标移开时调用下面这个函数
13  {
14      document.bgColor="pink";        // 设置背景颜色
15      document.body.text="white";     // 设置字体颜色
16  }
17  </script>                           //JavaScript 结束
18  </head>                             <!--头的结束-->
19  <body>                              <!--主体-->
20  <h1 onMouseOver="changeColor()" onMouseOut="outColor()">玉楼春</h1>
                                        <!-- 1级题-->
21  <P onMouseOver="changeColor()" onMouseOut="outColor()"> 晚妆初了明肌雪，春殿
    嫔娥鱼贯列。</P>
22  <P onMouseOver="changeColor()" onMouseOut="outColor()"> 凤箫吹断水云闲，重按
    霓裳歌遍彻。</P>
23  <P onMouseOver="changeColor()" onMouseOut="outColor()"> 临风谁更飘香屑，醉拍
    阑干情味切。</P>
24  <P onMouseOver="changeColor()" onMouseOut="outColor()"> 归时休放烛花红，待踏
    马蹄清夜月。</P>
25  </body>                             <!--主体结束-->
26  </html>
```

【运行结果】打开网页文件运行程序，其结果如图 11-5 所示。

【代码解析】该代码段第 7～11 行自定义一个变色函数，其中第 9、10 行分别是设置网页的背景色和文字的颜色。第 12～16 是当鼠标移开文字时将其背景色设为 pink，字体颜色设为 white。

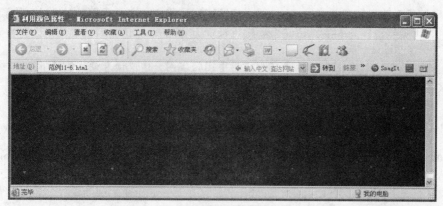

图 11-5　改变网页背景色

> 提示　在设计网页时，需要设置背景色和前景色，这时可以用范例 11-5 的方式来调试这两种颜色的设置，这样可以找到一组最佳的颜色组合。

11.2.3　设置文档信息

浏览器中的每一个 HTML 文档都包含最后修改日期、标题、URL 地址等信息，于是 document 对象中也有相应的属性保存这些信息。通过读取 lastModified、title 和 url 属性即可获得，其中 url 属性比较常用，它表明了文档的来源。在 HTML 文件的最下方输出这些信息，可以方便用户查看文档是否已经更新，也可以根据这些信息来确定是否需要重新打印文档。

【范例 11–6】使用 document 对象来显示文档的信息，如示例代码 11-6 所示。

示例代码 11-6

```
01  <html>                                              <!--文档的头-->
02  <head>
03  <title>范例11-6</title>                              <!--文档的标题-->
04  </head>                                             <!--文档头的结束-->
05  <body>                                              <!--文档主体-->
06  <script language="JavaScript">                       //JavaScript 开始
07      with(document)                                  //访问 document 对象的属性
08      {
09          writeln("最后一次修改时间: "+document.lastModified+"<br>");
                                                        //显示修改时间
10          writeln("标题:"+document.title+"<br>");       //显示标题
11          writeln("URL:"+document.URL+"<br>");         //显示 URL
12      }
13  </script>                                            <!--结束 JavaScript -->
14  </body>                                              <!--文档主体结束-->
15  </html>
```

【运行结果】打开网页文件运行程序，其结果如图 11-6 所示。

【代码解析】该代码段第 7～12 行读取一些文档信息属性的值，并输出文档的标题、最后一次的修改时间和文档的地址。

> 注意　文档的属性有很多，这里只列举了三个，有兴趣的读者可以去查找相关资料查阅。

图 11-6 文档信息

11.2.4 如何在标题栏中显示滚动信息

网页中经常可以看到滚动显示信息的"跑马灯"程序，这些程序通常用在状态栏里，其实这种程序不只是用在状态栏中，也可以用在标题栏中。将 document 对象的 title 属性与 window 对象的 setInterval 方法相结合，可以在浏览器窗口显示动态标题，也就是可以在标题栏里实现信息的滚动。

【范例 11-7】在标题栏中显示滚动信息，如示例代码 11-7 所示。

示例代码 11-7

```
01  <script>                                      //JavaScript 程序
02  var str="欢迎光临本站!"                        //给字符串赋初值
03  function titleMove()
04  {
05      str=str.substring(1,str.length)+str.substring(0,1);
                                                  //设置当前标题栏和状态栏中要显示的字符
06      document.title=str;                       //重新设置文档的标题
07      status=str;                               //设置状态栏的信息
08  }
09  if(str.length>20)str="欢迎光临本站!";          //如果字符数大于指定的长度,让它变成初始状态
10      setInterval("titleMove()",100);          // 调节滚动速度
11  </script>                                     //JavaScript 结束
```

【运行结果】打开网页文件运行程序，其结果如图 11-7 所示。

图 11-7 状态栏信息

【代码解析】该代码段第 3～8 行的作用是重新设置标题栏中的信息，而每次信息都不一样。代码第 9、10 行是利用 setInterval 方法，以指定的周期（以毫秒计）来调用函数或计算表达式。setInterval 方法每隔 0.1 秒调用一次函数。代码第 5 行运用 substring(N1,N2)这个常用的字符串处理函数，截取不同的字符串。再利用 title 属性显示出来，就可以做出滚动效果。

 注意 setInterval 方法的使用。同时使用标题栏和状态栏虽然显示的空间比较小，但是加以合理利用后，也会给网页增添一分艺术效果。

11.2.5　如何防止盗链

盗链就是自己网站上的链接目标不在自己的服务器上，而在别人的服务器上，也就是使用别人的资源的一种行为。一般来说，是一些网站利用别人网站中做得很好的作品，将其地址放在自己网中，以此来吸引浏览者，提高自己网站的知名度。这种做法是在不花费任何代价的情况下，增加自己网站的内容，而被引用的网站则会增加其服务器的负担等不良影响。这显然是一种不公平的现象。幸运的是，JavaScript 提供的 document 对象的 referrer 属性可以解决这个问题。

【**范例 11-8**】下面是一个非常实用的防盗链程序，如示例代码 11-8 所示。

示例代码 11-8

```
01  <script language="javascript" >
02  <!--
03  var frontURL = document.referrer;              //上一个文档的 URL
04  var host=location.hostname;                    //当前主机域名
05  if(frontURL !="")                              //判断上一文档地址是否为空
06      {
07          var frontHost=frontURL.substring(7,host.length+7)
                                                   //取得上一文档的域名
08          if(host==frontHost)                    //判断两个文档的域名是否一致
09          {
10              alert("没有盗链! ")                //域名一致提示用户访问合法
11          }
12          else
13          {
14              alert("您是非法链接，请通过本部访问")   //域名不一致提示用户访问非法
15          }
16      }
17      else
18      {
19          alert("您是直接打开该文档的，没有盗链")   //用户直接打开的文档
20      }
21  -->
22  </script>
```

【运行结果】打开网页文件运行程序，其结果如图 11-8 所示。

图 11-8　直接打开链接

【代码解析】该代码段第 3、4 行首先取得上一文档的地址和当前文档的域名。代码第 5～20 行的作用是判断是否是盗链。具体实现思路是：在上一文档地址不为空的情况下，也就是说，不是直接打开当前文档时，就分别取当前文档的域名和上一文档的域名相比较，如果一样，则不为盗链，否则就是盗链。

　注意　上面这个例子是用在服务器中检验盗链的问题，因此，要将本程序放在服务器下运行才能体现出真正的效果。

11.2.6 详解在网页中输出内容

也许在网页中输出内容,在前面的章节已经接触得够多了,不过从来都没有对它进行过深入的讨论,本节将对这个问题进行探讨。

在网页中输出内容的方法有多种,可以简单地输出文字,也可以将多个字符串连接后输出。一般使用 write 方法和 writeln 方法。但要注意 write 方法和 writeln 方法的区别。

【范例 11-9】用 document 的 writeln 和 write 属性在网页中输出内,如示例代码 11-9 所示。

示例代码 11-9

```
01    <script language="JavaScript">              //JavaScript 开始
02    var str="必须用 document.writeln()";        //给字符串 str 赋值
03    with(document)                              //访问 document 对象的属性
04    {
05        writeln("<b>您好,</b>");                  //输出粗体的 "您好"
06        write("欢迎光临! "+"<br>")                 //输出信息并换行
07        writeln("<p><b>在 js 标签之间,");          //另起一个段落输出相应的内容
08        writeln(str+"在网页中写 HTML</b></p>");    //向网页中写入信息
09    }
10    </script>
```

【运行结果】打开网页文件运行程序,其结果如图 11-9 所示。

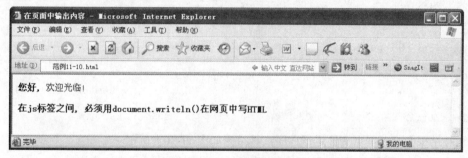

图 11-9   在文档中输出内容

【代码解析】该代码段第 5~8 行中,分别使用 write 和 writeln 方法输出不同的信息,以示这两者的区别。

> **提示** write 和 writeln 的主要区别是:document.writeln 方法会在其输出结果后添加一个换行符("\n"),而 document.write 方法则不会。然而,在 XHTML 中,除非在个别情况下(例如<pre>标签或者在<textarea>中),回车或换行符都会被忽略。因此,一般不会感觉到二者的区别。

11.2.7 详解在其他文档中输出内容

使用 document 对象的 write 方法和 writeln 方法除了可以在当前文档中输出内容之外,还可以在其他浏览器窗口的文档中输出内容。在介绍如何在其他文档中输出内容之前,先介绍 document 对象中的另外两个方法,调用方法如下:

```
document.open()
document.close()
```

这两个方法在前一章中已经介绍过，但在这里又会用上。看下面一个例子，它是在其他文档中输出信息。

【**范例 11-10**】在当前文档的程序中将信息写入其他文档，如示例代码 11-10 所示。

示例代码 11-10

```
01  <html>
02  <head>                                  <!--文档的头-->
03  <script language="javascript">          //JavaScript 开始
04  function openWin()
05  {
06      newWindow=window.open(""," ", "height=250, width=250,toolbar=no,enubar
        =no");                              //新建一个窗口
07      newWindow.document.write("<title>例子</title>")
                                            // 向新窗口中写入 HTML 的 title
08      newWindow.document.write("<body bgcolor=#ffffff>")
                                            // 向新窗口中写入 HTML 的 body
09      newWindow.document.write("<h1>Hello!</h1>")
                                            //设置新窗口内容的主标题
10      newWindow.document.write("New window opened!")
                                            //在新窗口中写入内容
11      newWindow.document.write("</body>") //新窗口主体结束标签
12      newWindow.document.write("</html>") //新窗口 html 结束标签
13      newWindow.document.close()          //关闭文档流
14  }
15  </script>
16  </head>
17  <body>
18  <!--  调用 openWin()函数,打开一个新窗口-->
19  <a href="#"onClick="openWin()">打开一个窗口</a>    <!--用链接的方式打开新窗口-->
20  <input type="button" onClick="openWin()" value="打开窗口">
                                            <!--用按钮的方式打开新窗口-->
21  </body>
22  </html>
```

【运行结果】打开网页文件运行程序，其结果如图 11-10 所示。

图 11-10　向其他文档输出内容

【代码解析】该代码段第 5～15 行的作用是打开一个新的窗口，并向其中写入 HTML 代码，代码第 7～12 行分别向新窗口写入了 html 标签、头、主体、标题等。最后写入信息完成，要关闭文档流。代码第 19、20 行用了不同的两种方式来调用 openWin 函数。

注意　当向新打开的文档对象中写完所有的内容后，一定要调用 close 方法关闭文档流。

11.2.8 详解输出非 HTML 文档

到目前为止，打开一个新的 HTML 文档可能对读者来说已经不是什么难事了，但有时想打开的并不是一个 HTML 文档，就得考虑怎样输出一个非 HTML 文档。

使用 open 方法可以打开一个文档流，在默认情况下将会打开一个新的 HTML 文档。如果要想打开的不是 HTML 文档，就要给 open 方法传递一个参数。

【**范例 11-11**】document 对象的属性应用举例，如示例代码 11-11 所示。

示例代码 11-11

```
01   <html>
02   <head>                                        <!--文档的头-->
03   <title>范例 11-11</title>                      <!--文档的标题-->
04   <script language="javascript">                //JavaScript 开始
05   function openwin()                            //自定义函数
06   {
07                                                 //打开一个 txt 类型的文档
08       OpenWindow=window.open("test.txt", "newwin", "height=250, width=250,
         toolbar=no");
09       OpenWindow.document.title="一个非 HTML 窗口" ;// 给窗口命名
10   }
11   </script>                                     <!-- JavaScript 结束-->
12   </head>                                       <!--文档头的结束-->
13   <body>                                        <!--主体-->
14   <!--  调用 openwin()函数-->
15   <a href="#" onclick="openwin()">打开一个非 HTML 窗口</a>
                                                   <!--单击打开一个链接-->
16   <input type="button" onclick="openwin()" value="打开一个非 HTML 窗口">
                                                   <!--单击按钮调用 openwin -->
17   </body>
18   </html>
```

【运行结果】打开网页文件运行程序，其结果如图 11-11 所示。

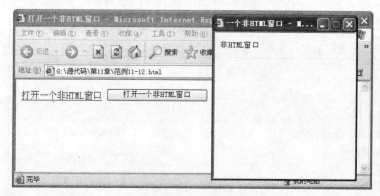

图 11-11 打开新窗口

【代码解析】该代码段第 5～10 行的功能是打开一个非 HTML 文档，它主要是由 open 方法的参数所确定的，在 open 的参数设置过程中，可以人为指定打开的文档类型，本例指定的为 test.txt。

 注意 在使用 open 方法时，参数的设置是有讲究的，值得读者去研究。

11.2.9 认识文档中的所有 HTML 元素

IE 浏览器为 document 对象扩展了一个 all 属性，该属性可以返回一个数组，数组中的元素为 HTML 文档中的所有 HTML 元素。document.all[]是文档中所有标签组成的一个数组变量，包括文档对象中所有的元素。

【范例 11-12】获取文档中所有的 HTML 元素，如示例代码 11-12 所示。

示例代码 11-12

```
01  <html>
02  <head>                                                      <!--文档的头-->
03  <title>范例 11-12</title>                                   <!--文档的标题-->
04  </head>
05  <body>                                                      <!--文档的主体-->
06  <h1>忆江南·怀旧</h1>                                        <!--一级标题-->
07  <hr/>                                                       <!--水平线 -->
08      <p>多少恨 ， <em>昨夜梦魂中</em>。 还似旧时游上苑</p>    <!--带文本的段落-->
09      <p> <em>车如流水马如龙</em></p>
10      <p> <em id="special">花月正春风</em></p>
11  <hr/>                                                       <!--水平线 -->
12  <script  language="javascript">
13      var i;                                                  //定义变量 i
14      var sum;                                                //定义 sun 变量
15      sum = document.all.length;                              // 取得元素的个数
16      document.write('document.all.length='+sum+"<br />");    // 输出元素的个数
17      for (i = 0; i < sum; i++)                               //循环访问
18      {
19          document.write("document.all["+i+"]="+document.all[i].tagName+
          "<br />");                                            // 输出各元素
20      }
21  </script>
22  </body>
23  </html>
```

【运行结果】打开网页文件运行程序，其结果如图 11-12 所示。

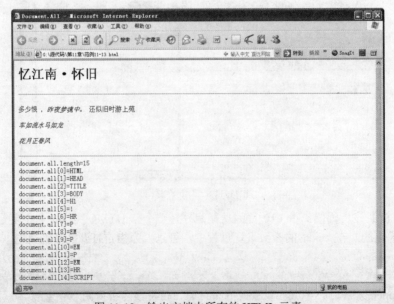

图 11-12　输出文档中所有的 HTML 元素

【代码解析】该代码段第 15 行使用 all 属性取得页面元素的个数。代码第 16～20 行的作用是将页面中的元素逐一输出，代码第 6～11 行中有大量不同的元素，使用 all 属性可以将这些元素全部找到。

11.2.10 如何引用文档中的 HTML 元素

document 对象的 all 属性返回值为包含文档中所有 HTML 标签的数组，对 all[] 数组中元素的引用方法有三种，分别为 document.all[i]、document.all[name] 和 document.all.tags[tagName]。

【**范例 11-13**】用三种方法引用文档中的 HTML 元素，如示例代码 11-13 所示。

示例代码 11-13

```
01   <html>
02   <head><title>范例 11-13</title>                <!--文档的头和标题-->
03   <script language="JavaScript">                 //JavaScript 开始
04   function Value()                               //一个自定义函数
05   {
06   var str=new Array(3);                          //创建一个数组
07   str[0]= document.all.cnlTest1.value;           //用第一种方法获得文本框中输入的内容
08   str[1]= document.all["cnlTest2"].value;        //用第二种方法获得文本框中输入的内容
09   str[2]=document.all.tags('form')[0].cnlTest3.value;
                                                    //用第三种方法获得文本框中输入的内容
10   with(document)                                 //访问 document 对象的属性值
11   {
12       //下面三行是输出的信息
13       write("姓名: "+str[0]+"<br>");             //输出姓名
14       writeln("住址: "+str[1]+"<br>");            //输出住址
15       writeln("工号: "+str[2]+"<br>");            //输出工号
16   }
17   }
18   </script>                                      <!-- JavaScript 结束-->
19   </head>
20   <body>                                         <!--主体的结束-->
21   <form action="" method="get" name="form1">     <!--表单-->
22       <p>   </p>                            <!--段落-->
23       <p>姓名:                                   <!--段落-->
24       <input id="cnlTest1" name="cnlTest1" value="">       <!--姓名文本框-->
25       </p>
26       <p>
27       住址:  <input id="cnlTest2" name="cnlTest2" value=""><!--住址文本框-->
28       </p>
29       <p>
30       工号:  <input id="cnlTest3" name="cnlTest3" value=""><!--工号文本框-->
31       </p>
32       <p>
33       <input name="" type="Submit" onClick="Value()" value="显示信息">
                                                    <!--显示所有的信息-->
34       </p>
35   </form>
36   </body>                                        <!--主体结束-->
37   </html>
```

【运行结果】打开网页文件运行程序，其结果如图 11-13 所示。

【代码解析】该代码段第 10～12 行分别用了三种不同的方法来引用文本框中输入的内容，然后由第 13～18 行代码将所引用的内容按一定的格式输出。

图 11-13　示例运行结果

> 注意　这三种方法都可以引用文档中的元素，但它们各有所长，在不同的场合用不同的方法，读者必须比较这三种方法，才能在网页设计中开发出高效的程序。

11.2.11　如何引用文档元素中的子元素

在 IE 浏览器中，document 对象的 all 属性可以返回整个 HTML 文档中的所有 HTML 元素，而在实际运用中，很少有需要获得所有元素的情况，通常需要获得某个元素下的子元素。为此，IE 浏览器又扩展了一个 children 属性，该属性用来返回一个文档中某个元素的所有子元素。

【范例 11-14】引用文档元素中的子元素，如示例代码 11-14 所示。

示例代码 11-14

```
01    <html>
02    <head><title>范例 11-14</title>              <!--文档的标题-->
03    <script >
04    function selectAll()                         <!--将 td1 中所有的 checkbox 设置为选中状态-->
05    {
06        // 用 getElementById 获取 select1 元素的结点，同时用 child.length 获取子元素个数
07        for ( var i = 0; i<document.getElementById("select1").children.length; i ++ )
08        {
09            // 将子元素放在 obj 中，并修改它的 checked 状态
10            var obj =document.getElementById("select1").children[i];
                                                    //取得用户选择的值
11            if (obj && obj.type && obj.type=="checkbox" )
12            obj.checked =true ;                   //设置为被选中状态
13        }
14    }
15    </script>
16    </head>
17    <body>
18    <table border =1 cellpadding =0 cellspacing =0 width =300 >
19        <tr >
20            <td id ="select1" >
21                <input type ="button" value ="全选" onClick ="selectAll()" >
                                                    <!--响应单击事件的按钮-->
22                <br >
23                <input type ="checkbox" > 1 <br>    <!--复选按钮 1-->
24                <input type ="checkbox" > 2 <br>    <!--复选按钮 2-->
25                <input type ="checkbox" > 3 <br>    <!--复选按钮 3-->
26                <input type ="checkbox" > 4 <br>    <!--复选按钮 4-->
27                <input type ="checkbox" > 5 <br>    <!--复选按钮 5-->
28                <input type ="checkbox" > 6 <br>    <!--复选按钮 6-->
```

```
29                    <input  type ="checkbox"> 7 <br>          <!--复选按钮 7-->
30                    </td >
31                    </tr >
32          <tr >
33          <td  id ="select2">
34          <p>
35                    <input  type ="checkbox" > 11 <br>         <!--复选按钮 8-->
36                    <input  type ="checkbox" > 12 <br>         <!--复选按钮 9-->
37          </p></td >
38      </tr >
39  </table >
40  </body>
41  </html>
```

【运行结果】打开网页文件运行程序，其结果如图 11-14 所示。

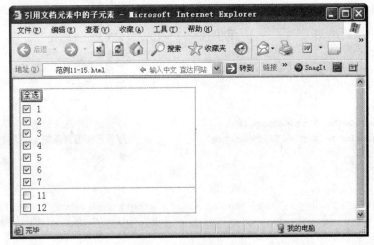

图 11-14　示例运行结果

【代码解析】该代码段第 4～14 行的功能是实现将复选框全部选择的功能，使用
getElementById 的 children 属性来返回 select1 元素的所有子元素，代码第 23～26 行所代表的 7
个复选框就是它的子元素。取得子元素后，就可以对子元素进行操作，这里就是设置子元素为
选中状态。

 提示　关于 getElementById 方法的使用，其内容是比较丰富的，建议读者查阅相关的资料。

11.3　图像对象

图像在网页设计中有很重要的用途，它是美化网页的关键，通过一些 Img、Gif 类图像，
可以为网页带来视觉享受，也可以让用户有更直观的感受，还可以产生很大的视觉冲击力。因
此，图像对象在网页中的使用也是非同寻常的。本节将会介绍 Image 对象及其使用方法。

11.3.1　图像对象概述

Image 对象又称为图像对象。它是一个特殊数组中的元素，这个数组就是 document 对象的
images 属性的返回值。只是这个数组中的每一个元素都是一个 Image 对象用来设置图片的属性、
方法和事件等。

在 HTML 文档里，有可能会存在多张图片，JavaScript 在加载 HTML 文档时，就会自动创

建一个 images[]数组，这些数组就是图像对象。数组中的元素个数由 HTML 文档中的<img>标签决定。JavaScript 为每一个<img>标签在 images 数组中创建一个元素。因此，images[]数组的每一个元素都代表着 HTML 文档中的一张图片，通过对 images[]数组元素的引用，可以达到引用图片的目的。

11.3.2 如何创建和使用图像对象

若要使用图像对象，首先要知道如何创建一个图像对象。创建一个对象的方法与第 8 章中所介绍的方法一样。这是一个内置对象，可以直接创建，方法如下。

```
newImg = new Image()
```

可以通过改变所创建对象的方法和属性来调整图像的显示。

【范例 11-15】创建一个图像对象并显示图片，如示例代码 11-15 所示。

示例代码 11-15

```
01    <html>
02    <head><title>范例 11-15</title>            <!--文档的头-->
03    <script language = "JavaScript">           //JavaScript 开始
04    function changeImg()
05    {
06        newImage = new Image();                //创建一个图像对象
07        newImage.src = "flower.jpg";           //设置图像对象的 src 属性
08    }
09    </script>
10    </head>
11    <body onLoad="javascript:changeImg()">     <!--调用 changeImg -->
12    <a href="#" onMouseOver="javascript:document.img01.src='flower.jpg'">
                                                 <!--响应鼠标事件的链接 -->
13    <img name="img01" src="flower1.jpg"></a>   <!--图片标签-->
14    </body>
15    </html>
```

【运行结果】打开网页文件运行程序，其结果如图 11-15 所示。

图 11-15 示例运行结果

【代码解析】该代码段第 4~8 行创建一个图像对象，同时给这个对象的 src 属性进行设置。代码第 12 行则用了一个嵌入 HTML 的 JavaScript 程序，这个链接响应 onMouseOver 事件。因此，当鼠标移到图像上时，就会自动调用程序，将原来的图片换成另一幅图片。

 提示 image 对象属于内置对象，不熟悉的读者可以查看第 8 章中有关对象的介绍。

11.3.3 掌握图像对象的 onerror 事件

在实际开发设计的过程中，有时会在网页上显示无效图片，对一个网站来说也算是大煞风景的事。当然，在操作中错误是难免的，但如果错误能以友好的方式告诉用户图片无效，而不是直接给用户看默认的红叉就更好。为了解决上述问题，可以在图片的 onerror 事件中将图片的 src 属性设置为网站上已存在的有效图片。

【范例 11-16】 防止网页上出现无效图，当图片无效时，显示一幅特定的图片，如示例代码 11-16 所示。

示例代码 11-16

```
01   <head>
02   <title>范例 11-16</title>                         <!--文档标题-->
03   </head>
04   <body>
05   <script language="javascript">
06   delay = 1000;                                     //设置图片显示的时间间隔
07   imageNum = 1                                       //将变量 imageNum 的初值设为 1
08   theImages = new Array()                            // 创建一个 Image 对象，并给数组赋值
09   for(i = 1; i < 7; i++)
10   {
11       theImages[i] = new Image()                     //创建一个新的 Image 对象
12       theImages[i].src = "pic/pic" + i + ".jpg"
13   }
14   function animate()
15   {
16       document.animation.src = theImages[imageNum].src    //显示图片
17       imageNum++                                      //图片索引
18       if(imageNum >6)                                 //显示到最后一张时跳到第一张
19       {
20           imageNum = 1                                //图片跳到第一张
21       }
22   }
23   </script>
24       <div align="center">
25       <img name="animation" src="image1.gif" alt="正在加载图片请稍等'"onLoad="
     setTimeout('animate()',delay)" onerror="this.src='flower.jpg'" height=
     "100"></div> <!--触发 onerro、onLoad 事件-->
26   </body>
```

【运行结果】 打开网页文件运行程序，其结果如图 11-16 所示。

图 11-16 示例运行结果

【代码解析】 该代码段第 23、24 行中，IMG 的 src 属性中设置的图片为 mage1.gif，而实际

的文件中并没有这张图片。也就是说，在加载时一定会显示一幅无效图片。这时后面的 onerror 事件就派上用场了，onerror 的 src 设置了一幅新的图片，该图片是一幅有效的图片。onload 事件则在加载图片时被触发，延迟调用 animate 函数，代码第 14～22 行的功能是置换图片。

> **注意** Image 对象没有可以使用的方法，但是 Image 对象支持 abort、error 等事件，这些事件是大多数其他对象都不支持的。

11.3.4 掌握显示图片的信息

运用 Image 对象的属性，大多都可以获取图片的相关信息，而图片的这些信息是在<img>标签中指定的，同时这些属性不是只读的，也可以在程序中更改。下面是一个获取图片信息的例子。

【**范例 11-17**】显示图片的信息，如示例代码 11-17 所示。由于这段代码都很重要，因此不做加粗处理，读者需着重学习。

示例代码 11-17

```
01  <head><title>范例 11-17</title>
02      <script language="javascript">
03      <!--
04          function showProps(pic)
05          {
06              var str="Image Properties\n\n";
                                        //定义一个 str 字符串，并为其赋值
07              str += "alt: "+pic.alt + "\n";
                                        //在字符串内添加图像的 alt 属性信息
08              str += "border: "+pic.border + "\n";
                                        //alt 在字符串内添加图像的边框信息
09              str += "complete: "+pic.complete + "\n";
                                        //在字符串内添加图像是否载入的信息
10              str += "height: "+pic.height + "\n";
                                        //在字符串内添加图像的高度信息
11              str += "hspace: "+pic.hspace + "\n";
                                        //在字符串内添加图像的 hspace 属性信息
12              str += "lowsrc: "+pic.lowsrc + "\n";
                                        //在字符串内添加图像的 lowsrc 属性信息
13              str += "name: "+pic.name + "\n";
                                        //在字符串内添加图像的名称信息
14              str += "src: "+pic.src + "\n";
                                        //在字符串内添加图像的 src 属性信息
15              str += "vspace: "+pic.vspace + "\n";
                                        //在字符串内添加图像的 vspace 属性信息
16              str += "width: "+pic.width + "\n";
                                        //在字符串内添加图像的宽度信息
17              alert(str);             //弹出一个对话框，显示图像的相关属性信息
18          }
19      //-->
20      </script>
21  </head>
22  <body>
23  <center>
24      <h1>访问图像属性</h1><p>
25      <img src="flower.jpg" alt="The Image" lowsrc="flower.jpg" id="testimage"
        name="testimage"
26  width="200" height="150" border="1"hspace="10" vspace="15"> <br><br><!--定义
```

```
        一个<img>,并设置其相关
27    属性-->
28    <form action="#" method="get">
29        <!--通过 onclick 调用 showProps 函数,显示图像的名称-->
30        <input type="button" value="显示属性"onclick="showProps(document.images
          ['testimage']);">
31        <!--通过 onclick 使用新图像替换原来的图像-->
32        <input type="button" value="替换图像"onclick="document.testimage.src=
          'flower1.jpg';"><p>
33        <!--通过 onclick 重新载入原来的图像-->
34        <input type="button" value="重新载入原图像" onClick="document.testimage.
          src='flower.jpg';">
      </form>
```

【运行结果】打开网页文件运行程序,其结果如图 11-17 所示。

图 11-17　示例运行结果

【代码解析】该代码段第 6～16 行的功能是取得图片的各个属性,并将值存储在变量 str 中,代码第 17 行用一个对话框将其显示出来。代码第 32～34 则是通过在 HTML 中嵌入 JavaScript 程序来执行相关的操作,这两个操作是对图片属性使用的一个举例。

> 提示　图片的属性有很多,读者至少要掌握其中几种常用的属性,比如 src、图片的高和宽等。

11.3.5　对图片进行置换

Image 对象中的大多数属性都是只读属性,但其中的 src 属性却是一个可读写的属性,通过改变 Image 对象中的 src 属性值,可以改变置换图片。

【范例 11-18】定时切换图片,实现幻灯片效果,如示例代码 11-18 所示。

示例代码 11-18

```
01    <title>范例 11-18</title>                    <!--文档的标题-->
02    <script language="JavaScript">              //JavaScript 开始
```

```
03   i=0;                                        //变量 i 赋值为 0
04   function picChange()
05   {
06       i++;                                     //变量 i 加 1
07       if(i==2)                                 // 实现图片的交替置换
08       {
09           pic.src="flower.jpg"                 //设置新的 src 值
10           i=0;                                 //变量 i 赋值为 0
11       }
12       else
13           pic.src="flower1.jpg"                //设置新的 src 值
14   }
15   setInterval("picChange()",1000)             //一秒钟调用一次 picChange()
16   </script>                                    <!-- JavaScript 标签的结束-->
17   </head>                                      <!--文档的头的结束-->
18   <body>                                       <!--主体-->
19   <div align="center">                         <!--设置为居中显示-->
20     <p><img src="flower1.jpg" name="pic"/></p>
                                                  <!--显示一张图片- ->
21   </div>                                       <!-- div 标签的结束-->
22   </body>
```

【运行结果】打开网页文件运行程序，其结果如图 11-18 所示。

图 11-18　示例运行结果

【代码解析】该代码段第 4～14 行的作用是实现图片的置换，是根据变量 i 的值来确定该加载哪一张图片，代码第 15 行是在指定的时间里调用一次 picChange 函数，而调用一次 picChange 函数变量 i 的值就发生一次变化。也就是说，图片跟着变化一次，从而实现图片的置换。

11.3.6　认识随机图片

产生一幅随机图片的原理与置换图片的原理类似，在产生随机图片之前先产生一个随机数，再根据随机数来显示一张图片。下面的例子可以在网页上循环地显示图片，并且图片显示是无规律的。这种方式常用在网页的广告中，使用户在浏览网页时随机显示图片广告。

【范例 11-19】在网页中随机显示图片广告，如示例代码 11-19 所示。

示例代码 11-19

```
01   <html xmlns="http://www.w3.org/1999/xhtml">
02   <head>                                       <!--文档的头-->
03   <title>范例 11-19</title>                     <!--文档的标题-->
04   </head>
05   <body>
06   <script language="JavaScript">                //JavaScript 开始
```

```
07      // 初始化图片地址
08      var pics=new Array("pic/pic1.jpg","pic/pic2.jpg","pic/pic3.jpg","pic/pic4.
        jpg","pic/pic5.jpg");
09      function showPic()
10      {
11          var n=Math.abs(5-Math.floor(Math.random()*10));
                                        // 随机取得要显示的图片的地址
12          if(n==5)n=4;
13          pic.src=pics[n];            //取得 src 的值
14      }
15      setInterval("showPic()",1000);      //每秒钟都随机换一幅图
16      </script>                            <!--JavaScript 结束-->
17      <img src="flower.jpg" name="pic" height="300"/>
18      </body>                             <!--主体结束-->
```

【运行结果】打开网页文件运行程序，其结果如图 11-19 所示。

图 11-19　示例运行结果

【代码解析】该代码段第 8 行创建一个数组用于保存图片的 URL。第 9～14 行定义函数 showPic，它的作用是实现为图片框 pic 随机设置 src 属性，起到随机更换图片的作用，这里使用了内置对象 Math 的 random 方法。第 15 行设置定时器，每秒钟调用一次 showPic，实现图片的随机置换。

11.3.7　动态改变图片大小

要想使制作的网页图片可以动态改变大小，通常要使用 Image 对象的 width 属性和 height 属性，它们可以动态改变图片的大小，这是通过改变 width 和 height 的值来实现的。

【范例 11-20】动态改变图片大小，如示例代码 11-20 所示。

示例代码 11-20

```
01      <head>                          <!--文档的头-->
02      <title>动态改变图片的大小</title>     <!--文档的标题-->
03      <script language="JavaScript">      //JavaScript 开始
04      var n=2;                            //给变量赋值
```

```
05   var r=1;                           //给变量 r 赋值 1
06   var control=true;                  //给变量 control 的值赋为真
07   function warp()                    //自定义一个函数
08   {
09       if(control==true)n++;          //当 control 为真时，变量 n 加 1
10       else n--;                      //当 control 为假时变量 n 减 1
11       if(n==300)control=false;       //控制图片的走向（增大/缩小）
12       if(n==1)control=true;          //控制图片的走向（增大/缩小）
13       if(control==true)
14       {
15           pic.width=pic.width+1      //图片的宽加 1 像素
16           pic.height=pic.width+1     //图片的高加 1 像素
17       }
18       else
19       {
20           pic.width=pic.width-1      //图片的宽减少 1 像素
21           pic.height=pic.width-1     //图片的高减少 1 像素
22       }
23   }
24   setInterval("warp()",30)          //每隔 30 毫秒调用一次 warp 函数
25   </script>                          <!--JavaScript 结束-->
26   </head>                            <!--结束 head-->
27   <body>                             <!--主体-->
28   <img src="flower1.jpg" name="pic"/><--图片框-->
29   </body>
```

【运行结果】打开网页文件运行程序，其结果如图 11-20 所示。

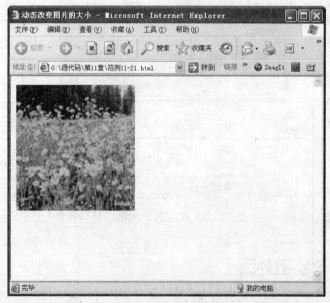

图 11-20　示例运行结果

【代码解析】该代码段第 24 行设置了一个自动调用函数，这个函数每 30 秒调用一次自定义函数 warp，而代码第 7～23 行是自定义函数 warp，它的功能是使图片的大小发生变化，代码第 13～22 行改变的是图片的高与宽。

提示 图片的属性有很多，不可能都能记得，但是几个常见的属性一定要熟悉。

11.4　链接对象

document 对象的 links 属性可以返回一个数组,该数组中的每一个元素都是一个 link 对象,也称为链接对象。在一个 HTML 文档中,可能会存在多个超链接,JavaScript 在加载 HTML 文档时,就会自动创建一个 links[]数组,数组中的元素个数由 HTML 文档中的<a>标签和<area>标签个数所决定。

11.4.1　链接对象简介

link 对象是指引用的文档中的超链接,包括<a>标签、</a>标签及这两个标签之间的文字。由于超链接元素的 href 属性值为文件 URL,因此,link 对象的大多数属性与 location 对象的属性相同,如 href(完整的 URL)、host(包括冒号和端口号的 URL 的主机名部分)、search 等。JavaScript 会将每一个超链接都以 link 对象的形式存放在 links[]数组中,links[]数组中的每一个元素所代表的就是 HTML 文档中的每一个超链接,可以使用以下方法来引用 links[]数组中的元素。

link 对象可以支持的事件与 Image 对象可以支持的事件大致相同。如 onclick(单击)和 onmouseover(鼠标移到对象上)等。

11.4.2　掌握感知鼠标移动事件

在很多时候,可能需要一些链接效果,因为一般网页中有很多超链接,如果都千篇一律地用一种方式,而且都需要单击才可以发生相应的动作。使用 Link 对象可以让链接更具特色,程序更人性化。link 对象可以支持鼠标移动事件,这样可以根据事件驱动原理来实现一些特殊的效果。

【范例 11-21】感知鼠标移动事件,即鼠标移到文字上时,页面会发生变化,如示例代码 11-21 所示。

示例代码 11-21

```
01   <html xmlns="http://www.w3.org/1999/xhtml">
02      <head>                              <!--文档的头-->
03         <title>链接对象的事件</title>      <!--文档标题-->
04      </head>                             <!--文档的头-->结束
05      <body>                              <!--文档主体-->
06         <a href="#" title="该链接的目标是本页面" onmousemove="alert (this.title)"
                                            <!--响应鼠标事件-->
07         onmouseout="alert('鼠标移开')">鼠标移动过来</a>
                                            <!--响应鼠标移出事件->
08      </body>                             <!--主体的结束-->
09   </html>
```

【运行结果】打开网页文件运行程序,其结果如图 11-21 所示。

图 11-21　示例运行结果

【代码解析】该代码段第 6、7 行的作用是感知鼠标移动事件，这两行是一个链接，这个链接响应 onmousemove 和 onmouseout 事件，这两个事件分别执行不同的 JavaScript 程序。

 提示　链接对象主要支持的事件有 onDblClick、onKeyDown、onKeyPress、onKeyUp、onMouseDown、onMouseOut 和 onMouseUp。

11.4.3　对一个网页上的所有超链接进行查看

使用 link 对象可以查看一个网页上有哪些超链接，并且可以设置这些超链接的属性。

【范例 11-22】查看一个网页上的所有超链接，如示例代码 11-22 所示。

示例代码 11-22

```
01  <head>
02  <title>查看页面所有的超链接</title>          <!--文档的标题-->
03  </head>                                      <!--文档的头-->
04  <body>                                       <!--文档的主体-->
05  <p><a href="http://www.163.com">http://www.163.com</a></p>
                                                 <!--链接到 163 -->
06  <p><a href="http://www.sohu.com">http://www.sohu.com</a></p>
                                                 <!--链接到搜狐-->
07  <p><a href="http://www.21cn.com">http://www.21cn.com</a></p>
                                                 <!--链接到 21.cn -->
08  <p><a href="http://www.sina.com">http://www.sina.com</a>
                                                 <!--链接到新浪网-->
09  <script type="text/JavaScript">              //JavaScript
10  function showLinks()                         //自定义一个函数显示所有的链接
11  {
12      links=document.all.tags("a");            //取得页面所有的超链接,存放在 links 数组中
13      var str="";                              //str 字符串先为空值
14      k=0;                                     //k 赋初值我为 0
15      for(i in links)                          //获取 links 对象中的值
16      {
17          // 其地址下标是从 1 开始的。当下标为 0 时,表示链接个数,将值取出来放在 str 中
18          if(k!=0)str+=links[i]+"\n";          //将所取得的结果放在字符串 str 中
19          k++;                                 //变量中加 1
20      }
21      alert("一共有"+links.length+"个链接,分别是:\n"+str);
                                                 //输出文档中所有的链接数
22  }
23  </script>                                    <!-- JavaScript -->
24  </p>                                         <!--段落的结束-->
25  <p>                                          <!--段落开始-->
26    <label>
27    <input type="submit" name="Submit" value="查看超链接" onclick="showLinks()"
      /><!--查看按钮-->
28    </label>                                   <!--结束标签-->
29  </p>
30  </body>
```

【运行结果】打开网页文件运行程序，其结果如图 11-22 所示。

【代码解析】该代码段第 5～9 行在页面中设置了 4 个超链接，代码第 12 行是将这个页面中的超链接全部取得并存放在一个数组中。代码第 15～22 行则是对这个数组进行处理，也就是访问这个数组得到具体的超链接及链接的数量。

图 11-22　示例运行结果

 注意　link 对象返回的数组地址下标是从 1 开始的，而下标为 0 的单元存放的是链接个数。

11.4.4　认识翻页程序

使用 link 对象可以完成翻页功能。当一个网页的内容很多时就有可能需要分为多页显示。也有可能是因为其他需要，几个网页具有连续性，因此需要通过"上一页"、"下一页"等链接联系到一起，这就是翻页功能。要真正完成一个分页显示的功能，需要用下面的方法。

【范例 11–23】 JavaScript 实现真正的分页显示，如示例代码 11-23 所示。由于这段代码都很重要，因此不做加粗处理，读者需着重学习。

示例代码 11-23

```
01  <title>范例 11-23</title>                      <!--文档的标题-->
02  <style type="text/css">                        <! -- JavaScript -->
03  <!-- 设置显示的样式-->
04  body                                           <--主体的样式-->
05  {
06      background-color: #FFCC00;                 <! --背景颜色-->
07  }
08  .STYLE4 {                                      ! 定义 css 类型-->
09      font-size: 40px;                           <! --字体为 40 -->
10      font-family: "楷体_GB2312";                 <! --字体为楷体_GB2312-->
11      text-indent: 2px;                          <! --字的行高为 2px -->
12      }
13  .STYLE5 {font-size: 36px}                      <! --字体为 36px -->
14  -->
15  </style>
16  </head><body>                                  <! --文档的主体- -->
17  <div >                                         <! -- div 标签-->
18  <table width="957" border="0" cellspacing="0" cellpadding="0"
                                                   <! --表格-->
19  <tr>                                           <! --表格的行-->
20      <td colspan="4" align="center"><span class="STYLE5">长恨歌</span></td>
                                                   <! --表格的列-->
21  </tr>                                          <! --行结束-->
22  <tr>
23      <td height="369" colspan="4" valign="top">
24      <div align="center" ><div align="left"  id="wz" class="STYLE4">  汉皇重色
```

思倾国, 御宇多年求不得。

25　杨家有女初长成, 养在深闺人未识。天生丽质难自弃, 一朝选在君王侧。回眸一笑百媚生, 六宫粉黛无颜色。春寒

26　赐浴华清池, 温泉水滑洗凝脂。侍儿扶起娇无力, 始是新承恩泽时。云鬓花颜金步摇, 芙蓉帐暖度春宵。春宵苦短

27　日高起, 从此君王不早朝。承欢侍宴无闲暇, 春从春游夜专夜。　后宫佳丽三千人, 三千宠爱在一身。金屋妆成娇

28　侍夜, 玉楼宴罢醉和春。姊妹弟兄皆列士, 可怜光彩生门户。　遂令天下父母心, 不重生男重生女。骊宫高处入青

29　云, 仙乐风飘处处闻。缓歌慢舞凝丝竹, 尽日君王看不足。

```
30       </div>                          <! -- div 标签的结束-->
31       </div>                          <! --div 标签的结束-- >
32       </td>                           <! --列表格的结束-->
33       </tr>                           <! --行的结束-->
34       <tr>                            <! --表格的行-->
35           <td width="175"><div align="center" ><a href="范例 11-24.html?id=1">
             第一页</a></div></td>
36           <td width="175"><div align="center" onclick="Link(2)">上一页</div>
             </td>
37           <td width="175"><div align="center" onclick="Link(3)">下一页</div>
             </td>
38           <td width="432"><div align="center"><a href="范例 11-24.html?id=4">
             最后页</a></div></td>
39       </tr>                           <! --表格的行结束-->
40       </table>                        <! --表格标签-->
41   </div>                              <! -- div 标签的结束-->
42   <script language="JavaScript">
43   var chapter=new Array(4);                //创建一个数组
44   // 初始化数组 chapter, 其中的内容读者可以自己加, 也可以参考本书的源代码
45   chapter[0]="见代码文件范例 11-24 ";      //给数组的第一个元素赋值
46   chapter[1]="见代码文件范例 11-24 ";      //给数组的第二个元素赋值
47   chapter[2]=" 见代码文件范例 11-24 ";     //给数组的第三个元素赋值
48   chapter[3]=" 见代码文件范例 11-24";      //给数组的第四个元素赋值
49   var url=self.document.location.href;     //取得当前网页的路径
50   var id=url.indexOf("=");                 //以=为标志找到所在的位置
51   if(id!=-1)
52   {
53       id++;                               // "=" 所在的位置加 1
54       d=url.substring(id,url.length);     //取得当前的 id 值
55       wz.removeChild(wz.firstChild);      //删除文本结点
56       nodeText = document.createTextNode(chapter[id-1]);  //新文本节点的内容
57       wz.appendChild(nodeText );          //创建文本结点
58   }
59   function Link(str)
60   {
61       var url=self.document.location.href;  // 取得本地链接的地址
62       var n=url.indexOf("=");              //找到 "=" 的位置
63       if(n==-1)
64       {
65           n=1;                            //当 "=" 不存在时 n=1
66       }
67       else                                //当 "=" 存在时, 取得页面 id 的值
                                             //并存入变量 n 中
68       {
69           n++;
70           n=url.substring(n,url.length);  //从等号所在的位置取后面的字符作为值
71       }
72       if(str==2)                          //当 str 的值为 2 时
73       {
```

```
74              if(n==1)                                //判断当前是否为首页
75              {
76                  alert("当前已经是首页了");            //提示当前已经是主页
77              }
78              else
79              {
80                  n--;                                //n 的值减去 1
81                  self.document.location.href="范例 11-24.html?id="+n;
                                                        //上一页的地址
82              }
83          }
84          else
85          {
86              if(n==4)                                //判断当前是否为尾页
87              {
88                  alert("当前已经是最后一页了");        //提示用户当前已经是尾页了
89              }
90              else
91              {
92                  n++;
93                  self.document.location.href="范例 11-24.html?id="+n;
                                                        //下一页的地址
94              }
95          }
96      }
97  </script>                                           <!--结束 JavaScript-->
98  </body>                                             <!--结束主体-->
```

【运行结果】打开网页文件运行程序，其结果如图 11-23 所示。

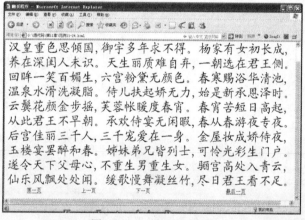

图 11-23 示例运行结果

【代码解析】要用 JavaScript 实现翻页，必须用到 document 的 getElementById 方法，代码第 51~58 行是本程序的关键点，这一段是处理分页的过程。本例的实现过程大致为，先创建一个数组，在数组中存入资料，然后通过提取本页面的 search 值，如代码第 49~58 行和第 61~95 行所示，通过改变这个值来达到显示不同文章的目的。

11.4.5 认识网站目录

使用 link 对象不但可以查看一个网页中的所有超链接，还可以通过与 window 对象相结合，根据网页中的超链接一直追踪到其他网页的超链接，这样，可以看到一个网站的所有超链接地址。

【范例 11-24】 网站目录，如示例代码 11-24 所示。由于这段代码都很重要，因此不做加粗处理，读者需着重学习。

示例代码 11-24

```
01   <head>
02   <title>范例 11-24</title>                          <!--文档的标题-->
03   <script language="JavaScript">                     //JavaScript 开始
04   function showRoot()                                //自定义函数
05   {
06       links=document.all.tags('a');                  //找到所有的链接，并存放在 links 中
07       var n=links.length;                            //取得超链接的个数
08       var path=new Array(n);                         //定义一个数组，用于存放路径
09       var k=0;                                        //k 赋值为 0
10       for(var i=0;i<n;i++)                           //一个循环语句,查找网页的路径
11       {
12       //查看的是本地网站的目录，因此下面的 localhost 和 127.0.0.1 可以根据实际情况更换
       hostname
13           if(document.links[i].href.indexOf("localhost")!=-1||document.
             links[i].href.indexOf("127.0.0.1")!=-1)
14           {
15               path[k]=document.links[i].pathname;
                                                        //将路径存放在 path 数组中
16               k++;                                    //k 的值加 1
17           }
18       }
19       var str="";                                    //给 str 赋空值
20       var s="";                                      //给 s 赋空值
21       for(var j in path)                             //访问 path 对象
22       {
23           s=path[j].split("/");                      //以 "/" 为标志分开各级路径，并存入 s 数组中
24           for(l=0;l<s.length-1;l++)                  //将路径存放在字符串 str 中
25           {
26               str+=s[l]+"/";                         //取得除最后一个元素以外的各级路径
27           }
28           str+="\n";                                 //加一个换行
29       }
30       alert("网站的目录为: \n"+str);                  //显示路径
31   }
32   </script>                                          <!-- JavaScript 结束-->
33   </head>
34   <body onload="showRoot()">                         <!--文档的主体-->
35   <a href="database/index.html">链接数据库主页</a>
                                                        <!--链接-->
36   <a href="database/SQL/EmplDir_MySQL.sql">链接 SOL 数据库</a>
37   <a href="Editor/editor.htm">链接文本编辑器</a>
38   <a href="Editor/HtmlEditor/smile/smile16.gif">查看图片</a>
39   </body>
```

图 11-24 示例运行结果

【运行结果】 在服务器中运行网页文件,其结果如图 11-24 所示。

【代码解析】 该代码段第 4～31 行的作用是查找网站目录，代码第 6～8 行先找出所有的超链接，然后将这些链接放在一个数组中，接着再访问这个数组，找出它们的 hostname，去掉重复的值，剩余的便是本网站的目录。代码第 21～31 行的作用是取得最后一个元素以外的各级路径。

这个程序如果用在网站的主页中，效果会更好，而且这个程序要放在服务器中运行。

11.5 锚对象

在加载 HTML 文档时，JavaScript 就会自动创建一个 anchors 数组，数组中元素的个数由本页面中锚的个数所确定。JavaScript 将每个锚以 anchor 对象的形式放在 anchors 数组中。因此，anchors 数组中每个元素都是 HTML 中的一个锚。锚主要用来在 HTML 文档中指定偏移量的位置点，在实际应用中有很大的作用。本节将对锚对象进行介绍。

11.5.1 锚对象简介

锚对象也就是 anchor 对象，它是指由 document 对象的 anchors 属性返回的一个数组中的每个元素。它也是 document 对象的一个属性，是通过在<a>标签中设置 name 属性来创建的。创建 anchor 对象的格式如下：

```
01   <a [href="图像名称"]              <!--定义链接名称-->
02      name="文章"                    <!--定义锚的名称-->
03         [traget="窗口名称"]>        <!--定义窗口名称-->
04         字符串
05   </a>                              <!--链接结束标签-->
```

HTML 文件中<a name>标记的属性都属于 anchors 属性。因此，它可以使用 length 属性。

```
document.anchors.length              <!--锚的个数-->
document.anchors[索引号码]           <!--取得对应的值-->
```

11.5.2 认识锚对象与链接对象的区别

锚对象和链接对象有共同点，也有不同点。它们都是由<a>标签所创建的，但并不是每个<a>标签都能创建 link 对象或 anchor 对象。要创建 link 对象，<a>标签中必须要有 href 属性；如果要创建 anchor 对象，<a>标签中必须要有 name 属性。如果<a>标签中既有 href 属性，又有 name 属性，那么就可同时创建 link 对象和 anchor 对象。

【范例 11-25】取得文档中的锚与链接数，如示例代码 11-25 所示。

示例代码 11-25

```
01   <html>
02      <head><title>范例 11-25</title>              <!--标题标签-->
03      </head>                                      <!--头标签-->
04      <body>
05        <form action="" method="get"></form>      <!--表单-->
06        <a name="Link1" href="http://www.baidu.com">链接到第一个文本</a><br>
                                                     <!--链接-->
07        <a name="Link2" href="http://mail.163.com">链接到第二个文本</a><br>
                                                     <!--链接-->
08        <a name="Link2" href="http://www.taobao.com">链接到第三个文本</a><br>
                                                     <!--链接-->
09        <a href="#Link1">第一锚点</a>              <!--设置锚点-->
10        <a href="#Link2">第二锚点</a>              <!--设置锚点-->
11        <a Href="#Link3">第三锚点</a>              <!--设置锚点-->
12      <br>
13   <script language="JavaScript">                  //JavaScript 程序
14      document.write("文档有"+document.links.length+"个链接"+"<br>");
```

```
                                                      //输出链接总数
15        document.write("文档有"+document.anchors.length+"个锚点"+"<br>");
                                                      //输出锚点数
16        document.write("文档有"+document.forms.length+"个表单");
                                                      //输出文档表单的个数
17    </script>                                       //JavaScript 结束
18    </body>                                         //主体结束
19  </html>
```

【运行结果】打开网页文件运行程序，其结果如图 11-25 所示。

【代码解析】该代码段第 5～11 行在文档中先创建一些链接和锚。代码第 14～16 行的作用是查找当前页面所有的链接与锚，同时输出所有的锚与链接的个数及表单的个数。

图 11-25　示例运行结果

11.5.3　巧建文档索引

锚通常都在一个内容比较多的网页中使用。当网页内容比较多的时候，可以在网页的不同位置设置不同的锚，通过对锚的引用让用户直接跳转到锚所在位置。使用 anchor 对象，可以很方便地为一个网页上的锚创建索引。

【范例 11–26】本例有两个文档，它主要展示了如何用锚在文档中找到指定的位置，如示例代码 11-26 所示。

示例代码 11-26

```
01  <head>
02  <title>范例 11-26</title>                         <!--文档的标题-->
03  </head>                                           <!--文档的头-->
04  <body>                                            <!--文档的主体-->
05  <script language="javascript">                    //JavaScript 程序
06  // 打开一个窗口，窗口名为 newWindow，宽为 250，高为 100
07  window2=open("link2.html","newWindow", "scrollbars=yes,width=250, height=150)
08  function toWin(num)
09  {
10  if (window2.document.anchors.length > num)        //判断锚的数量是否为空
11  {
12      window2.location.hash=num;                    //链接到对应的锚
13      window2.focus();                              //链接的窗口得到焦点
14  }
15  else
16  {
17      alert("锚不存在！");                           //当锚不存在时提示用户
18  }
```

```
19      }
20    </script>
21    <b>链接和锚</b>                                    <!--粗体的字-->
22    <form>
23        <P>单击一个按钮可以在窗口 2 中显示对应的锚<P>
24        <input type="button" value="主板型号" name="link0_button" onClick=
       "toWin(0)"> <!--查找锚 0-->
25        <input type="button" value="CPU 型号" name="link0_button" onClick=
       "toWin(1)"> <!--查找锚 1-->
26        <input type="button" value="硬盘型号" name="link0_button"onClick=
       "toWin(2)"> <!--查找锚 2-->
27        <input type="button" value="内存型号" name="link0_button" onClick="toWin
       (3)"> <!--查找锚 3-->
28        <input type="button" value="***" name="link0_button"onClick="toWin(this.
       value)">
29        </P></P>
30    </form>
31    </body>
```

【运行结果】打开网页文件运行程序，单击“主板型号”按钮，结果如图 11-26 所示。

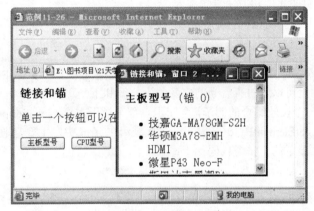

图 11-26　示例运行结果

【代码解析】该代码段中，第 8～20 行定义函数 toWin，其作用是定位在新窗口中的锚。第 22～30 行创建一些按钮用做用户界面，单击相应的按钮，即可查看新窗口中的相关信息。

11.6　小结

本章介绍了 document 对象，以及该对象下的 Image 对象、link 对象和 anchor 对象。其中，document 对象代表网页中的文档、Image 对象代表文档中的所有图片、link 对象代表文档中的所有超链接、anchor 对象代表文档中的所有锚。灵活使用这些对象的方法和属性，可以实现很多动态效果。

11.7 习题

一、常见的面试题

1．盗链是网站常见的危害问题，如何防止盗链？你通常都用什么方法?

【解析】本题考核应聘者的经验，如果是初学者，即使学习过，也不容易回答。只有经验丰富的人才可以圆满地回答这个问题。

【参考答案】一般使用 JavaScript 中 document 对象的 referrer 属性来解决盗链问题。具体代码可参考 11.2.5 节的介绍。

2．为什么登录注册时一般都使用验证码？如何实现?

【解析】本题考核应聘者对于验证码的掌握情况。验证码是为了防止机器人自动注册危害网站。实现验证码可以用随机图片来表示，根据 11.3.6 节的内容，自己写一个验证码试试。

二、简答题

1．简述 write 和 writeln 的用法和区别。

2．文档对象常见的属性和方法有哪些?

3．简述锚对象与链接对象的区别。

三、综合练习

1．制作一个分页显示的程序，假设有 10 篇文章，要求要在一个页面中，能从第一篇一一浏览到最后一篇，并且可以随时查看当前文章的上一篇和下一篇。

【提示】本题是一个比较综合的例子，其知识点都来源于本章。JavaScript 实现真正的分页，要用到 document 的 getElementById 方法，将文章显示在 ifrm 中，主要是通过改变 ifrm 的 src 属性的值来完成分页显示的。参考代码如下。

```
01    <html xmlns="http://www.w3.org/1999/xhtml">
02    <head>
03    <title>翻页程序</title>                     <!--文档的标题-->
04    <style type="text/css">                     <!-- css 样式-->
05    <!--
06    .STYLE1 {font-size: xx-large}               <!--设置字体加大型-->
07    body
08    {
09        background-color: #FFCC00;              <!--设置背景颜色-->
10    }
11    -->
12    </style>                                    <!--结束样式的设置-->
13    </head><body>                               <!--主体-->
14    <script language="JavaScript">              //JavaScript 程序
15    var chapter=new Array(10);                  //创建一个数组
16    var p=0;                                     //变量赋初值
17    for(i=0;i<chapter.length;i++)               //给数组赋初值
18    {
19      chapter[i]=i;                             //给数组里的元素赋值
20    }
21    function Link(str)                          //设置一个自定义的函数
22    {
23    switch(str)                                 //设置 str 用于判断客户的操作
24        {
25        case 1://表示第一页
26            document.getElementById("p").src="chapter/1.txt";
```

```
                                                //更改 iframe 的 src 属性
27          p=0;                                //记录当前的页码 0 表示第一页
28          break;
29      case 2:                                 //表示客户要求执行上一页
30          if(p!=0)                            //判断当前是否为第一页
31          {
32              p--;                            //更改当前页码记录
33          }
34          else                                //如果当前为第一页，则提示客户
35          {
36              alert("当前已经是第一篇了");      //提示用户这是最后一篇
37               break;
38          }
39          document.getElementById("p").src="chapter/"+(chapter[p]+1)+".txt";
40          break;
41      case 3:                                 //执行下一页的请求
42          if(p<chapter.length-1)              //判断当前是否是最后一页
43          {
44              p++;                            //更改当前页码记录
45          }
46          else                                //如果已经到了最后一页，则提示
47
48          {
49              alert("已经到了最后一篇");        //提示用户这里最后一篇
50              break;                          //退出循环
51          }
52          document.getElementById("p").src="chapter/"+(chapter[p]+1)+".txt";
53          break;
54      case 4:                                 //执行最后一页的请求
55          document.getElementById("p").src="chapter/"+chapter.length+".txt";
56          p=9;                                //更改当前页码记录
57          break;                              //跳出循环
58      }
59 }
60 </script>
61 <div >                                       <!-- div 标签-->
62  <table width="760" border="0" cellspacing="0" cellpadding="0">
                                                <!--表格-->
63      <tr>                                    <!--表格行开始-->
64      <td colspan="4" align="center"><span class="STYLE1">古诗十首</span></td>
                                                <!--表格列-->
65      </tr>                                   <!--表格行结束-->
66      <tr>                                    <!--表格行开始-->
67      <td height="310" colspan="4" valign="top">
                                                <!--表格列-->
68      <div align="center" id="wz" >           <!--一个居中的div 标签-->
69          <iframe src="chapter/1.txt" id="p" name="p" height="300" width=
            "400"></iframe>
70      </div>
71   </td>                                      <!--表格列结束-->
72   </tr>
73      <tr>                                    <!--表格行-->
74      <td><div align="center" onclick="Link(1)">第一篇</div></td>
                                                <!--在单元中设置一个链接-->
75      <td><div align="center" onclick="Link(2)">上一篇</div></td>
                                                <!--在单元中设置一个链接-->
76      <td><div align="center" onclick="Link(3)">下一篇</div></td>
```

```
                                             <!--在单元中设置一个链接-->
77      <td><div align="center" onclick="Link(4)">最后一篇</div></td>
                                             <!--在单元中设置一个链接-->
78      </tr>
79    </table>
80   </div>
81   </body>
```

【运行结果】打开网页文件运行程序，其结果如图 11-27 所示。

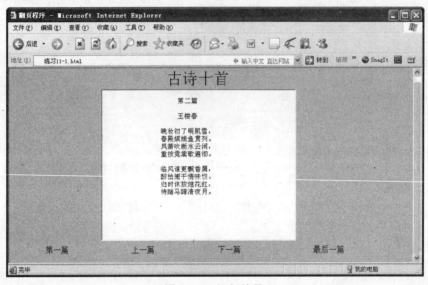

图 11-27　运行结果

2．写一个程序，让一张图片从指定的位置自左向右慢慢运动。当运动到指定地点后，图片又反向运动，并且在运动中交替显示图片。

【提示】本题的难度并不大，主要是复习图片的几个属性。图片的运动是取决于它的位置，要改变图片的 hspace 和 vspace 的值，而交替图片则要改变图片的 src 的值。参考代码如下。

```
01   <head>
02   <title>横向运动的图片</title>              <--文档的标题-->
03   <script language="JavaScript">            //JavaScript 开始
04   var v=120;                                //给变量 v 赋初值
05   var h=0;                                  //给变量 h 赋初值
06   var i=0;                                  //给变量 i 赋初值
07   var k=1;                                  //给变量 k 赋初值
08   function move()
09   {
10       pic.vspace=v;                         //设置水平位置
11       pic.hspace=h;                         //设置垂直位置
12       i++;
13       if(i%20==0)k++;                       //如果能被 20 整除，则变量 i 加 1
14       if(k%2==0)
15       {
16           pic.src="flower1.jpg";            //显示 flower1.jpg 这幅图
17       }
18       else
19       {
20           pic.src="flower.jpg";             //显示 flower.jpg 这幅图
21       }
22       if(i>400)
```

```
23          {
24              h=h-2;                              //如果 i 大于 400，则变量 h 减 2
25          }
26          else
27          {
28              h+=2;
29          }
30          if(i==800)i=1;                          //如果 i 小于 400，则变量 h 加 2
31      }
32  </script>                                    <!-- JavaScript 结束-->
33  </head>                                      <!--设置头的结束-->
34  <body onload="setInterval('move()',100)" >  <!--自动调用 move 方法-->
35  <img src="flower1.jpg" vspace="1"  hspace="100" name="pic" height="100"/><!--
    显示图片-->
36  </body>
```

【运行结果】打开网页文件运行程序，其结果如图 11-28 所示。

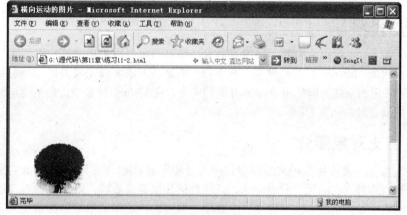

图 11-28　运行结果

四、编程题

1. 写一程序实现图片自动随机切换。

【提示】本题可以参照前面有关章节的代码执行。

2. 设计一个简单的文字编辑器，可以调整文字的大小、颜色和对齐方式。

【提示】参考前面章节有关的代码，即可完成本题的操作。

第 12 章　历史对象和地址对象

history 对象也就是历史对象，客户端浏览器窗口最近浏览过的历史网址是通过该对象来存储管理的。location 对象即称地址对象，它所代表的是客户端浏览器窗口的 URL 地址信息。
- 理解并掌握历史对象的特性及使用方法。
- 了解地址对象及其作用。
- 能熟练运用历史对象和地址对象解决一些实际问题。

以上几点是对读者在学习本章内容时所提出的基本要求，也是本章希望能够达到的目的。读者在学习本章内容时可以将其作为学习的参照。

12.1　历史对象

history 对象是 JavaScript 中的一种内置对象，该对象可以用来记录客户端浏览器窗口最近浏览过的历史网址。history 对象提供了一些方法，由这些方法可以完成类似与浏览器窗口中的前进、后退等按钮的功能。但是出于安全方面的考虑，在 history 对象中，是不能访问当前的浏览器窗口最近浏览过的网页 URL。

12.1.1　历史对象简介

history 对象的主要作用是用来跟踪窗口中曾经使用的 URL，它是 document 对象的属性。history 对象没有事件，它的属性只有一个，该属性的作用是查看客户端浏览器窗口的历史列表中访问过的网页个数。它的方法有三个，主要用在检查客户端浏览器窗口的历史列表中访问过的网页个数，还可以实现从一个页面跳转到另一个页面。在实际应用中，如涉及页面的跳转问题，可以用这个对象来解决。

 说它只有一个属性只是针对 IE，其实它还有其他属性，但 IE 不支持，如 history 对象的 current、next 和 previous 属性。IE 只支持 length 属性。

12.1.2　如何前进到上一页和后退到下一页

history 对象有 back 和 forward 两个方法，它们可以跳转到当前页的上一页和下一页，同时可以用 length 属性来查看客户端浏览器窗口的历史列表中访问过的网页的个数。其使用方法如下面代码所示。

```
01   history.back()              //移至前一页
02   history.forward()           //移至后一页
03   history.go(号码,URL)         //设置相对数字，移动页面
```

go(string)装入历史表中 URL 字符串包含这个子串的最近的一个文档，示例如下：

```
history,go("characters")         //装入 URL 中包含字符串 characters 的最近一个文档
```

【范例 12-1】前进到当前页的上一页和下一页，如示例代码 12-1 所示。

示例代码 12-1

```
01   <html>
```

```
02        <head>
03            <title>前进与后退</title>                      <!--文档的标题-->
04        </head>                                            <!-- 文档的头-->
05        <body>                                             <!--文档的主体-->
06            <p>                                            <!--段落-->
07            <input type="button" value="后退到上一页" onClick="history.back()">
                                                             <!--后退按钮-->
08            <input type="button" value="前进到下一页" onClick="history.forward()">
                                                             <!--前进按钮-->
09        </p>                                               <!--结束段落-->
10            <form name="form1" method="post" action="">    <!--表单的开头-->
11            <label><br>                                    <!--标签-->
12                姓名:
13                    <input type="text" name="textfield">   <!--姓名的文本框-->
14            </label>
15            <p>
16            性别:
17                <label>
18        <input type="text" name="textfield2">              <!--性别的文本框-->
19            </label>                                        <!--标签的结束-->
20            </p>                                            <!--段落的结束-->
21        <label><br>                                         <!--换行-->
22        </label>                                            <!--标签-->
23        <p>                                                 <!--段落-->
24        <label>                                             <!--标签的开头-->
25            <input type="submit" name="Submit" value="提交">
                                                             <!--提交按钮-->
27            </label>                                        <!--标签的结束-->
28            </p>                                            <!--段落的结束-->
29        </form>                                             <!--表单的结束-->
30        </body>                                             <!--主体的结束-->
31 </html>
```

【运行结果】打开网页文件运行程序，其结果如图 12-1 所示。

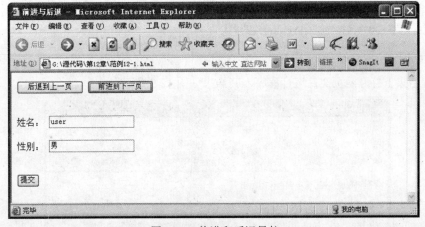

图 12-1 前进和后退导航

【代码解析】该代码段第 6～9 行创建两个按钮分别实现网页的前进与后退，用了 back 和 forward 两个方法。代码第 10～29 行的作用是创建一个表单，这个表单包括两个文本框和一个按钮。当提交表单后，进入到下一个页面，只是下一个页面很特殊，就是原来的这个页面，可以看到原来填写的资料不见了。当单击后退时会回到原来的页面，这时上次填写的资料在表单中还能看见。

 提示 只用 go 方法也可以实现前进和后退功能。

12.1.3 如何实现页面的跳转

有时候，在实际应用中需要从一个页面直接跳到另一个页面，这时可以用 history 对象的 go 方法直接跳转到某个历史 URL。例如以下代码为前进到下一个访问过的 URL，相当于 history.forward 方法，语法如下：

```
history.go(n)
```

当 n>0 时，装入历史表中往前数的第 n 个文档；n=0 时装入当前文档；n<0 时，装入历史表中往后数的第 n 个文档。而以下代码为返回到上一个访问过的 URL，相当于 history.back() 方法。

```
history.go(-1)
```

【范例 12-2】实现页面自动跳转程序，如示例代码 12-2 所示。

示例代码 12-2

```
01  <html>
02      <head>                                          <!--文档的头-->
03          <title>newpaeg</title>                      <!--文档的标题-->
04          <script language="javascript">              //JavaScript
05          function Go()                               //一个自定义函数实现跳转功能
06          {
07          //跳转到http://www.sohu.com 页面，是转至同一目录还是其他网页根据给出的地址决定
08              window.location.href="http://www.baidu.com";
09          }
10          setTimeout("Go()",5000);                    //5 秒钟后执行 Go()
11          </script>                                    <!-- javascript 结束-->
12      </head>                                          <!--文档头结束-->
13      <body>                                           <!--主体-->
14      页面将在 5 秒钟后跳转到百度网站首页
15      </body>                                          <!--主体结束-->
16  </html>
```

【运行结果】打开网页文件运行程序，其结果如图 12-2 所示。

图 12-2 页面自动跳转

【代码解析】该代码段第 5～11 行中，跳转是通过改变 document 对象的 href 属性的值来完

成的。代码第 10 行设置了一个延迟调用，程序 5 秒钟后自动跳到其他的页面上。

12.2　地址对象

location 对象也是 JavaScript 中的一种默认对象，它所代表的是当前显示的文档的 URL，这个对象可以访问当前文档 URL 的各个不同部分。JavaScript 一般用 location 对象来访问装入当前窗口文档的 URL。

12.2.1　URL 对象简介

URL 也就是路径地址的意思，在网页中指的是访问的路径。它的构成有一定的规范，通常情况下，一个 URL 会有下面的格式：协议（//）+主机:端口（/）+路径名称（#）+哈希标识(?)+搜索条件。示例如下：

```
http://localhost/web/index.php?id=12
```

这些部分是满足这样的要求的："协议"是 URL 的起始部分，直到包含到第一个冒号；"主机"描述了主机和域名，或者一个网络主机的 IP 地址；"端口"描述了服务器用于通信的通信端口；路径名称描述了 URL 的路径方面的信息；"哈希标识"描述了 URL 中的锚名称，包括哈希掩码（#），此属性只应用于 HTTP 的 URL；"搜索条件"字符串包含变量和值的配对，每对之间由一个"&"连接。示例如下：

```
http://localhost/web/index.php?id=12&ip=127#
```

location（地址）对象描述的是某一个窗口对象所打开的地址，是一个非常常见的对象，它是 window 和 document 对象的属性。

 哈希标识和搜索条件并不是必需的，但协议是一定要有的。

12.2.2　如何获取指定地址的各属性值

在进行网页编程时，通常会涉及对地址的处理问题，如页面间的参数传递等，这些都与地址本身的一些属性有关。这些属性大多都是用来引用当前文档的 URL 的各个部分，示例如下：

```
location.href      //取得整个 URL 字符串
location.protocol //含有 URL 第一部分的字符串
location.hostname //包含 URL 中主机名的字符串
```

下面将演示如何从一个地址中取得想要的信息，也就是说，如何获取一个地址的各个部分。

【范例 12–3】取得当前地址对象的属性，并输出 URL 中的协议、主机名等信息，如示例代码 12-3 所示。

示例代码 12-3

```
01  <html xmlns="http://www.w3.org/1999/xhtml">
02    <head>                                            <!--文档的头-->
03      <meta http-equiv="Content-Type" content="text/html; charset=gb2312" />
04      <title>取得地址对象的属性</title>                <!--文档的标题-->
05      <script language="javascript">
06        function getMsg()                              //取得信息的函数
07        {
08          url=window.location.href;        //取得当前地址
09          with(document)
10          {
```

```
11                    write("地址的协议："+location.protocol+"<br>");
                                          //输出地址协议
12                    write("地址的主机名："+location.hostname+"<br>");
                                          //输出主机名
13                    write("地址的主机和端口号："+location.host+"<br>")
                                          //输出主机和端口号
14                    write("取得路径名："+location.pathname+"<br>");
                                          //取得路径名
15                    write("取得整个地址："+url+"<br>");
                                          //取得整个地址
16                }
17            }
18        </script>                       <!-JavaScript 程序结束-->
19    </head>                             <!--文档的头结束-->
20    <body>                              <!--文档的主体结束-->
21        <input type="submit" name="Submit" value="取得地址对象的属性" onclick
          ="getMsg()" />
22    </body>
23 </html>
```

【运行结果】打开网页文件运行程序，其结果如图 12-3 所示。

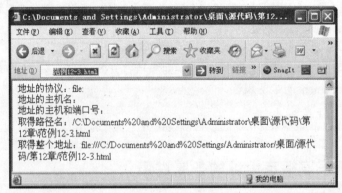

图 12-3　文档定位信息

【代码解析】该代码段第 6～17 定义函数 getMsg，其中通过读取 window.location 的 href 属性获得当前文档的 URL 信息。第 11～15 行读取 location 的相关属性以获得主机等信息并输出。

12.2.3　如何加载新网页

在设计网页的过程中，时常会用到加载一个新网页的情况，这时仍然可以用 location 对象的 href 属性轻松完成这一功能，该属性返回值为当前文档的 URL，如果将该属性值设置为新的 URL，那么浏览器会自动加载该 URL 的内容，从而达到加载一个新的网页的目的。

【范例 12-4】手动加载新网页，让按钮具有超链接的功能，如示例代码 12-4 所示。

示例代码 12-4

```
01 <html xmlns="http://www.w3.org/1999/xhtml">
02    <head>                             <!--文档的头-->
03        <title>单击按钮链接到指定的 URL</title> <!--文档的标题-->
04        <script language="javascript">    //JavaScript
05        function gotoUrl()                //取得文档的地址
06        {
07            window.location.href="http://google.com";
                                          // 前往指定的页面 http://google.com
```

```
08                         }
09              </script>                          <!-- 结束 JavaScript--> t
10      </head>                                    <!--结束头-->
11      <body>                                     <!--主体部分-->
12              <input type="submit" name="Submit" value="前往 Google" onclick=
                "gotoUrl()" />                     <!--调用函数-->
13      </body>                                    <!--结束主体部分-->
14  </html>
```

【运行结果】打开网页文件运行程序，其结果如图 12-4 所示。

图 12-4　导航到新网页

【代码解析】该代码段的第 8 行通过设定 location 的 href 属性，单击按钮后，调用 gotoUrl 函数，则会自动加载 href 属性设定的值所对应的 URL，从而实现将指定 URL 的文档加载到浏览器中。

 location 对象属性不是只读属性，可以为 location 对象的属性赋值。同样，如果修改了 location 对象的其他属性，浏览器也会自动更新 URL，并显示新的 URL 的内容。

12.2.4　如何获取参数

获取参数可以说是一个非常重要，也相当实用的操作，通过 location 对象的 search 属性，可以获得从 URL 中传递过来的参数和参数值。然后在 JavaScript 代码中可以处理这些参数和参数值。在网页制作中，这常常也是很重要的技术，当参数以 GET 的方式传输时，用这个方法是很有效的。

【范例 12-5】获取当前地址的参数，如示例代码 12-5 所示。

示例代码 12-5

```
01  <html>
02      <head><title>范例 12-5</title>             <!--文档的标题-->
03      <script language="javascript">            //JavaScript
04      function init()
05      {
06              var str=window.location.href;      //取得当前的地址
07              var pos=str.indexOf("?");          //以?为标志找其所在位置
08              if(pos==-1)                         //如果 pos 为 1，则说明没有参数
09              {
10                      text.value="无参数";        //显示结果没有参数
11              }
12              else
13              {
14                      var strs=str.substring(pos+1,str.length);
```

```
                                                    //取?后的字符
15                var strValue=strs.split('&');    //用&将字符串 strs 分成几部分,
                                                    //分别存放在数组 strValue 中
16                var i=0;
17                while(i<strValue.length)          //遍历数组取中的值显示出来
18                {
19                    text.value+=strValue[i];       //在文本框中显示结果
21                    i++;                           //变量加 1
20                    text.value+= "\r\n"'           //换行
22                }
23            }
24        }
25    </script>                                      <!--结束 JavaScript -->
26    </head>                                        <!--结束头-->
27    <body onLoad="init()">                         <!--自动调用 init-->
28      <label>                                      <!--标签-->
29      <div align="center">                         <!-- div 标签-->
30      <p>                                          <!--段落-->
31       <textarea name="text" rows="10"></textarea> </p>
                                                     <!--文本域-->
32        <p><a href="范例 12-5.html?id1=15&id2=16&id3=17&id4=19&id5=21&id9
          =456">查看本链接参数
33    </a></p>                                       <!--段落-->
34        </div>                                     <!--结束 div -->
35    </label>                                       <!-- 结束-->
36 </body> </html>
```

【运行结果】打开网页文件运行程序，其结果如图 12-5 所示。

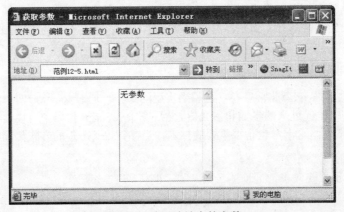

图 12-5　请示地址中的参数

【代码解析】这个例子实现获取网页参数的功能，代码第 6～24 行中，首先获取当前 href，然后以"？"为标志，截取"？"以后的字符串，再以"&"为标志，将各个参数分开并存储在一个数组中，最后遍历这个数组，将值显示在文本框中。代码第 17～22 行的作用就是遍历数组，并在文本框中显示结果。

12.2.5　如何装载新文档与重新装载当前文档

文档的装载在应用中也是比较常见的，然而它的装载方式一共有三种，即 assign、replace 和 reload。其中，reload 方法用于根据浏览器 reload 按钮定义的策略重新装入窗口的当前文档。replace 方法取一个 URL 参数，从当前文档历史清单中装入 URL，并显示指定的页面。在使用中要注意这三者之间的区别，具体的使用方法见范例 12-6。

【范例 12-6】用 location 的三种方法加载一个文档，如示例代码 12-6 所示。

示例代码 12-6

```
01  <head>
02      <title>范例12-6</title>
03          <script language="javascript">
04          function Assign()
05           {
06              location.assign("http://www.baidu.com");
                                //加载一个新文档，和 location 对象的 href 属性一样
07              }
08          function Replace(){
09              location.replace("http://mail.163.com");
                                //使用新的 URL 替换当前文档，不加入到浏览器的历史中
10              }
11      function Reload()
12      {
13              ocation.reload("http://www.google.cn/");
                                // 重新载入当前文档，有一个 bool 参数
14      }
15      </script>
16      </head>
17      <body>
18          <div  onClick="Assign()">前往百度首页</div>
19          <div  onClick="Replace()">163 邮箱登录</div>
20          <div  onClick="Reload()">前往 google 首页</div>
21      </body>
```

【运行结果】打开网页文件运行程序，其结果如图 12-6 所示。

图 12-6　示例运行结果

【代码解析】该代码段第 4～7 行是用 Assign 方法加载一个新的文档，这个方法与 location 对象的 href 属性一样，代码第 8～10 行是用 replace 加载一个新文档，这个方法是使用新的 URL 替换当前文档，而且不加入到浏览器的历史中，代码第 11～14 行则是用 reload 方法加载一个文档，它有一个 bool 参数，默认为 false，参数为 true 时从服务器载入，为 false 时从缓存载入。

12.2.6　如何刷新文档

在实际应用中，经常会涉及对文档的刷新，JavaScript 提供了一种刷新方法。使用 location 对象的 reload 方法可以刷新当前文档。reload 方法的语法如下所示。

`location.reload(loadType)`

不过刷新页面的方法比较多，下面的例子中将列举几个。

【范例 12-7】地址对象方法的应用：刷新文档，如示例代码 12-7 所示。

示例代码 12-7

```
01  <html xmlns="http://www.w3.org/1999/xhtml">
02      <head>                                       <!--文档的头-->
03      <meta http-equiv="Content-Type" content="text/html; charset=gb2312" />
04        <title>刷新文档</title>                    <!--文档的标题-->
05      </head>
06      <body>                                       <!--文档的主体-->
07      <input type=button value=刷新 onclick="history.go(0)">
                                                     <!-- go 方法刷新页面-->
08      <input type=button value=刷新 onclick="location.reload()">
                                                     <!-- reaload 方法刷新页面-->
09      <input type=button value=刷新 onclick="location=location">
                                                     <!-- load 方法刷新页面-->
10      <input type=button value=刷新 onclick="window.navigate(location)">
                                                     <!-- navigate 方法刷新页面-->
11      <input type=button value=刷新 onclick="location.replace(location)">
                                                     <!-- replace 方法刷新页面-->
12      </body>
13  </html>
```

【运行结果】打开网页文件运行程序，其结果如图 12-7 所示。

图 12-7   多种刷新方式

【代码解析】程序运行以后，当单击各个刷新按钮时，都能实现刷新功能。代码第 7～11 行分别用了 5 种方法来实现页面刷新。主要利用了历史对象和地址对象来实现。

提示 这里几乎列举了所有的刷新的方法，读者最好能记住这些方法。

12.2.7   如何加载新文档

加载一个新文档，除了用 open 方法以外还可以用 location 对象所提供的方法。location 对象所提供的 replace 方法可以用一个 URL 来取代当前窗口的 URL，以达到加载新文档的效果。replace 方法的语法如下所示。

```
location.replace(url)
```

【范例 12-8】实现动态加载一个新文档，如示例代码 12-8 所示。

示例代码 12-8

```
01  <script>
02  var pos = 0                          //给变量 pos 赋初值 0
```

```
03        function test()                    //自定义test函数
04        {
05            str=window.location;            //取得当前地址
06            str=str.replace('/');           //将地址以"/"为标志分成几组并存放在一个数组中
07            window.location.str;
08        }
09        function goUrl()                    //自定义函数获取新地址
10        {
11            pos++                          //pos加1
12            location.replace("http://www.baidu.com?id=" + pos)
                                             //加载新页面
13        }
14  </script>                                <!--结束javascript -->
15  <input type="button" value="取消" onclick="test()" class="button" />
                                             <!--取消按钮响应单击事件 -->
16  <input type=button value="加载新页面" onclick="goUrl()">
                                             <!--单击按钮加载一个新页面 -->
```

【运行结果】打开网页文件运行程序，其结果如图 12-8 所示。

图 12-8　程序运行界面

【代码解析】程序运行以后，如图 12-8 所示，单击"加载新网页"按钮则会加载一个带有参数的网页。如代码第 11、12 行所示。而代码第 5~7 行则是 replace 方法的另一种用法，返回根据正则表达式进行文字替换后的字符串的复制。关于正则表达式，将在本书第 16 章中详细讲解。

提示　加载新文档的方法有很多，读者要注意比较这些方法之间的区别，在合适的场合用合适的方法。

12.3　小结

本章介绍了两个 JavaScript 默认的对象，一个是 history 对象，用于描述浏览器窗口打开文档历史；另一个是 location 对象，用于描述浏览器窗口 URL。history 对象可以查看浏览器窗口历史列表中 URL 的个数，也可以前进、后退或跳转到某个已经访问过的 URL。location 对象可以引用当前文档的 URL 的各个部分，也可以通过设置 URL 各个部分来达到加载新 URL 的目的。另外 location 对象还可以刷新当前文档和用新文档替换当前文档。

12.4　习题

一、常见面试题

1. 简述 location 对象的作用

【解析】本题考查对 location 对象的理解。

【参考答案】location 对象也是 JavaScript 中的一种默认对象，它所代表的是当前显示的文档的 URL。这个对象可以访问当前文档 URL 的各个不同部分。JavaScript 一般用 location 对象来访问装入当前窗口文档的 URL。

2. 考查基本代码。

【考题】分析下面这两行代码的作用（　　　）。

```
01  <A href="javascript: history.back( )"> </A>
02  <A href="javascript: history.forward( )"> </A>
```

A．代码第 1 行的作用相当于后退按钮

B．代码第 2 行的作用相当于后退按钮

C．代码第 1 行的作用相当于前进按钮

D．以上表述不都不正确

【解析】本题考核对 history 对象的掌握，参考答案为 A。

二、简答题

1. 简述历史对象和地址对象的属性和方法。
2. 可以用哪些方法来刷新文档？
3. 简述地址对象和锚对象的区别。

三、综合练习

制作一个登录界面，输入用户名与密码，并且进行验证，当验证成功，则跳转到指定的页面（自己设定），当不成功时返回当前页，并且用两个超链接，一个实现"提交"的功能，另一个实现"重置"的功能。

【提示】本段代码实现了登录验证和验证后的跳转。在跳转时主要运用了 location 属性的相关方法如 location.replace、location.href、location.go 等。参考代码如下：

```
01  <head>
02  <title>练习 12-1</title>                      <!--文档的头-->
03  <script language="javascript">                //JavaScript
04  function check()                              //自定义函数
05  {
06      var strName=usr.value;                    //取得用户输入的用户名
07      var strPsd=psd.value;                     //取得用户输入的密码
08
09      if(strName=="zhang" && strPsd=="8030204") // 判断是否登录成功
10      {
11          var url="http://mail.163.com";        //设置登录地址
12          alert("登录成功! ");                   //提示用户登录成功
13          location.replace(url);                //跳转到目标页面
14      }
15      else
16      {
17
18          alert("用户名或密码有误，请重新登录! ");// 当密码或用户名不对时，重新回到页面
19          psd.value="";
```

```
20            window.location.back(-1);          //返回到登录页面
21          }
22   }
23   function reset()                              // 实现重置
24   {
25        psd.value="";                            清空密码框
26        usr.value="";                            //清空用户名框
27   }
28   </script>                                     <!--JavaScript 代码的结束-->
29   </head>                                       <!--文档的头结束-->
30   <body>                                        <!--文档主体-->
31    <p align="center">用户登录</p>               <!--带文本的段落标签-->
32    <p align="center">用户名:                     <!--带文本的段落标签-->
33      <input type="text" name="usr" />           <!--用户名文本框-->
34    </p>                                         <!--段落结束标签-->
35    <label></label>                             <!--标签-->
36    <p align="center">密　码:                     <!--带文本的段落标签-->
37      <label>
38      <input type="password" name="psd" />      <!--密码标签-->
39      </label>                                   <!--标签的结束-->
40    </p>                                         <!--段落的结束-->
41    <!-- 相当于发送按钮和重设按钮的超链接-->
42    <p align="center"><a href="javascript:submit()" onclick="check()" >提交</a>
                                                   <!--提交按钮-->
43    <a href="javascript:reset()"> 重置</a></p> <!--重置按钮-->
44   </body>
```

【运行结果】打开网页文件运行程序, 运行结果如图 12-9 所示。

图 12-9　表单界面

四、编程题

1. 制作一个简易的相册。

【提示】需要制作几个按钮, 如需要制作上一页、下一页按钮等。

2. 制作一个简易的登录界面, 当用户输入密码正确时就跳转到指定的页面。

【提示】可以参照第三题的有关代码执行。

第 13 章　表单对象和表单元素

在前面的例子中，读者已经接触到很多 JavaScript 代码，有的与表单 form 对象的元素相关，比如按钮、文本输入框等。form 对象是为了实现网页的交互性而设计的，可以通过 form 获得用户提交的信息。在前面第 11 章中学习 document 对象时，提到过它的 forms 属性，想必读者还有印象。本章将继续对这一属性进行探讨。forms 返回的是一个数组，其中的每一个元素都是它的对象，form 对象被称为表单。

- 掌握表单对象的属性、方法和事件。
- 熟练运用表单对象，特别是表单的验证。
- 了解表单元素的概念和命名。
- 熟练使用文本框和按钮的基本操作。

以上几点是对读者在学习本章内容时所提出的基本要求，也是本章希望能够达到的目的。读者在学习本章内容时可以将其作为学习的参照。

13.1　表单对象概述

读者在前面已经接触到了几种对象，知道了 window 对象为所有对象的顶层对象，由 window 对象的层次结构不难看出，document 对象为其中一个很重要的对象。document 对象的 forms 属性可以返回一个数组，数组中的元素都是 form 对象。form 对象又称为表单对象，该对象主要负责数据采集的功能，可以让用户实现输入文字、选择选项和提交数据等功能。

13.1.1　表单对象简介

简单地说，表单就是<form></form>之间部分。一个表单一般由三个基本组成部分组成，分别为表单标签、表单域和表单按钮。它是域、按钮、文本、图像和其他元素的容器，可以在表单中用 JavaScript 来处理这些元素。

一个表单对象代表了 HTML 文档中的表单，由于 HTML 中的表单会由很多表单元素组成，因此 form 对象也会包含很多子对象。JavaScript 会为每个<form>标签创建一个 form 对象，并将这些 form 对象存放在 forms[]数组中。因此，可以使用以下代码来获得文档中的 form 对象。

```
document.forms[i]
```

> 提示　上面的方法并不是唯一引用表单的方式。还有 document.forms(0)、document.forms.0 等方式。

13.1.2　对大小写进行转换

大小写转换也是一个比较常见的技术，通常在网页中需要处理大小写的问题，比如在输入验证码的时候，假若不要求大小写，就可以统一转化成大写或小写。

将小写转换成大写的方法是 toUpperCase，将大写转换成小写，则用 toLowerCase 方法。

【范例 13-1】大小写的转换，如示例代码 13-1 所示。

示例代码 13-1

```
01  <html>
02  <head                                      <!--文档的头-->
03      <title>范例 13-1</title>                <!--文档的标题-->
04  </head>                                     <!--文档头的结束-->
05  <script language="javascript">             //JavaScript 开始
06  function setCase (caseSpec)                 //自定义处理大小写转换的函数
07  {
08      if (caseSpec == "upper")                //判断是否转换成大写
09      {
10          //将 First name 转换成大写
11          document.myForm.firstName.value=document.myForm.firstName.value.
            toUpperCase();
12          //将 lastName 转换成大写
13          document.myForm.lastName.value=document.myForm.lastName.value.
            toUpperCase();
14      }
15      else//转换成小写
16      {
17          //将 First name 转换成小写
18          document.myForm.firstName.value=document.myForm.firstName.value.
            toLowerCase();
19          //将 lastName 转换成小写
20          document.myForm.lastName.value=document.myForm.lastName.value.
            toLowerCase()
21      }
22  }
23  </script>
24  <body>
25  <form name="myForm">                        <!--表单起始部分-->
26  <b>First name:</b>
27      <input type="text" name="firstName" size=20>   <!--姓名输入文本框-->
28      <br><b>Last name:</b>                   <!--文字标签-->
29      <input type="text" name="lastName" size=20>    <!--姓名输入文本框-->
30      <p><input type="button" value="转换成大写" name="upperButton"onClick=
        "setCase('upper')">
31      <input type="button" value="转换成小写" name="lowerButton" onClick=
        "setCase('lower')">
32  </form></p>                                 <!--表单结束部分-->
33  </body>                                     <!--主体结束部分-->
34  </html>                                     <!--结束 html-->
```

【运行结果】打开网页文件运行程序，其结果如图 13-1 所示。

图 13-1　示例运行结果

【代码解析】该代码段第 8~21 行的作用是实现字母大小写的转换，先判断变量 caseSpec

的值，如果为 upper 则将文本框中的字符转换为大写，否则就转换为小写。主要是用 toUpperCase 和 toLowerCase 方法来实现的。

13.1.3　表单的提交和重置

对于提交按钮和重置按钮，相信读者在前面的章节已经见过多次了。不过这里要告诉读者的是，并不是所有实现提交和重置的操作，都非得要用这两个按钮。事实上还可用其他的方法来代替它们。它们就是 form 对象中的 reset 和 submit 两个方法。这两个方法类似于单击了"重置"和"提交"按钮。其中 reset 相当于重置按钮，submit 相当于提交按钮。

【范例 13-2】用代码模拟表单的提交按钮和重置按钮，如示例代码 13-2 所示。

示例代码 13-2

```
01   <html>
02   <head>
03       <title>范例 13-2</title>                          <!--文档的标题-->
04       <script language="javascript">                    //JavaScript
05       function Submit()                                 //自定义函数
06       {
07           form1.submit();                               //提交表单的方法
08           alert("提交成功");                             //提示用户信息
09       }
10       function Reset()                                  //自定义函数实现重置
11       {
12           form1.reset();                                //重置表单的方法
13       }
14       </script>                                         <!--结束 JavaScript-->
15   </head>                                               <!--结束头-->
16   <body>                                                <!--文档主体-->
17   <form name="form1">                                   <!--表单-->
18       <b>user:</b>                                      <!--粗体的 user-->
19       <input type="text" name="Name" size=20>           <!--姓名输入框-->
20       <br>                                              <!--换行-->
21       <B>password:</B>                                  <!--粗体密码-->
22       <input type="password" name="psd" size=20>        <!--密码输入框-->
23   <P><div onClick="Submit()">提交</div>                  <!--提交按钮-->
24   <div onClick="Reset()">重置</div>                      <!--重置按钮-->
25   </form></P>                                           <!--表单结束-->
26   </body>
27   </html>
```

【运行结果】打开网页文件运行程序，其结果如图 13-2 所示。

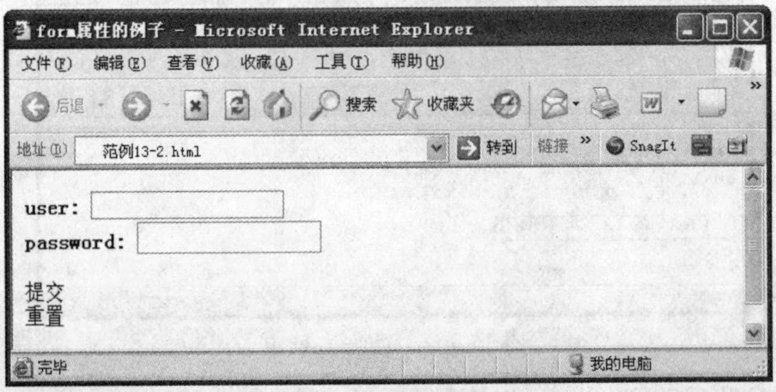

图 13-2　示例运行结果

【代码解析】该代码段第 5～9 行是提交表单的方法。代码第 10～13 行是重置表单的方法。这两个方法都不是用按钮实现的，但效果与按钮是一致的。

提示　表面上看用按钮和代码实现提交，好像有很大的差别，其实它们的实现原理是一样的。

13.1.4　响应表单的提交和重置

前面讲了表单的提交和重置。现在来考虑当一个表单按下提交或重置按钮后，它是怎样来响应提交和重置的。其实也是很简单，只要运用 form 对象的两个事件 onreset（重置时触发事件）和 onsubmit（提交时触发事件）就可以了。

【范例 13-3】当用户重置或提交表单时，询问用户是否确定他所要执行的操作，如示例代码 13-3 所示。

示例代码 13-3

```
01  <html>
02  <head>
03  <title>Submit 和 Reset 的使用</title>              <!--文档的标题-->
04  <script language="JavaScript">                      //JavaScript
05      function allowReset()                           //自定义函数用于设置数据
06      {
07          return window.confirm("确定重置吗？");      //响应 onReset 事件
08      }
09      function allowSend()                            //自定义函数用于发送数据
10      {
11          return window.confirm("确认发送吗？");      //响应 onSubmit 事件
12      }
13  </script>                                           <!--结束 JavaScript-->
14  </head>
15  <body>                                              <!--文档主体-->
16  <!-- 设置 onReset 和 onSubmit 事件 -->
17  <form  action="" onReset="return allowReset()"onSubmit="return allowSend()">
    <!--调用 allowSend 函数-->
18      name:<input type="text" name="lastName"><P>     <!--姓名文本框-->
19      address:<input type="text" name="address"><P>   <!--地址文本框-->
20      city:<input TYPE="text" name="city"><P>         <!--城市文本框-->
21  <input typeE="radio" name="gender" CHECKED>男        <!--性别单选按钮-->
22  <input type="radio" name="gender">女 <P>
23  <input type="checkbox" name="retired">同意<P>
24  <input type="reset">                                <!--重置按钮-->
25  <input type="submit">                               <!--提交按钮-->
26  </form>                                             <!--表单结束-->
27  </body>
```

【运行结果】打开网页文件运行程序，其结果如图 13-3 所示。

【代码解析】该代码段第 5～8 行的作用是响应重置按钮事件，当用户重置时，会弹出一个询问的对话框，如果用户单击了确定则重置表单，否则就取消重置操作。代码第 9～12 行则响应按钮提交的事件，也可以智能地提示用户，当用户再次确定提交时，则提交表单，否则不执行提交表单操作。

提示　一般对于重置和提交事件，最好是首先询问用户，以免用户不小心误操作。

图 13-3   示例运行结果

13.2   表单对象的应用

利用 form 对象有很多的属性、方法和事件，而且这些方法和事件在实战中作用都是比较大的，特别是利用这些属性、方法和事件，可以实现很多动态效果，使得网页的交互性变得很强。本节将举几个比较经典例子来说明。由于篇幅有限，有很多精彩的应用，希望读者自己去研究，这几个例子只是抛砖引玉。

13.2.1   如何进行表单验证

JavaScript 常用的功能之一就是表单验证，表单验证是指验证表单中输入的内容是否合法。它一般用在提交表单前进行表单验证，这样可以节约服务器处理的时间，同时也为用户节省了等待时间。所做的工作比较简单，而执行的效率又最高，这是 JavaScript 最优越的性能之一。

【范例 13-4】下面是一个简单的混合表单验证，主要是验证用户输入是否为 E-mail 地址和是否为空，如示例代码 13-4 所示。

示例代码 13-4

```
01  <head>
02  <meta http-equiv="Content-Type" content="text/html; charset=gb2312" />
03      <title>验证表单</title>                          <!--文档的标题-->
04  <script language="javascript">                      //JavaScript
05  function check()                                   //自定义函数
06  {
07      if(form1.name.value==""||form1.age.value==""||form1.mail.value=="")
                                                       //检验输入信息是否完善
08      {
09          alert("您没有完善您的资料");                //提示用户没填完整资料
10      }
11      else
12      {
13          var str=form1.mail.value                   //获取文本框的值
14          var n=str.indexOf("@",1);                  //检查是否有@
15          if((n==-1)||(n==(str.length-1)))           //验证输入是否合法
16          {
17              alert("您的 E-mail 地址不合法，请重新输入"); //提示用户输入不合法
18              return false;                          //不提交表单
```

```
19                }
20                alert("验证成功!!! ");                    //显示验证成功的信息
21            }
22    }
23    </script>                                           <!--JavaScript 结束-->
24    </head>                                             <!--结束文档头-->
25    <body>                                              <!--文档主体-->
26    <form id="form1" name="form1" method="post" action="">  <!--表单开始-->
27        姓名:
28        <label>                                         <!--姓名标签-->
29        <input type="text" name="name" />               <!--姓名文本框-->
30        </label>                                        <!--标签结束-->
31        <p>年龄:                                        <!--另起一段落-->
32        <label>                                         <!--年龄标签-->
33        <input type="text" name="age" />                <!--年龄文本框-->
34        </label>                                        <!--标签结束-->
35        </p>
36        <p>email:                                       <!--email-->
37        <label>
38        <input type="text" name="mail" />               <!--email 文本框-->
39        </label>
40        <label>
41        <input type="submit" name="Submit" value="提交"  onclick="check()"/>
                                                          <!--选择按钮-->
42        </label>
43        <label>
44        <input type="reset" name="Submit2" value="重置" />   <!--重置按钮-->
45        </label>
46        </p>
47    </form>                                             <!--结束表单-->
48    </body>
```

【运行结果】打开网页文件运行程序，其结果如图 13-4 所示。

图 13-4　示例运行结果

【代码解析】该代码段第 7～21 行的作用是验证表单，其中代码第 7～10 行是检验用户表单的填写是否完全，而在资料填写完全的情况下，再验证表单中的相关内容是否符合条件，本例就是验证是否为电子邮箱地址，检查用户输入邮箱地址的格式是否对。

 注意　上面这个例子的验证还可以采用正则表达式，使用正则表达式将更专业。关于正则表达式将在后面的第 16 章详细讲解。

13.2.2 认识循环验证表单

在上一节的例子中，通过元素名称判断每一个文本框是否输入了文字，这种方法使用起来比较方便，源代码看上去也比较直观。然而，form 对象的 elements 属性可以返回所有表单中的元素，因此可以使用一个循环来判断 elements[] 数组中对象的 value 属性值的长度是否为 0 来验证表单。

【**范例 13–5**】表单对象的属性应用举例，如示例代码 13-5 所示。

示例代码 13-5

```
01  <head>
02      <title 范例 13-5</title>                    <!--文档标题-->
03  <script type="text/javascript">
04  function check()                               <!--自定义表单验证的函数-->
05  {
06      var Len=form1.elements.length;             //取得表单元素的个数
07      for(var i=0;i<Len;i++)                      //循环访问
08      {
09          if(form1.elements[i].value.length==0)  //验证表单
10          {
11              alert("你的资料没有填写完善");        //提示资料没有填写完善
12              return false;                      //不提交
13          }
14      }
15      var str=form1.mail.value                   //取得用户输入的 E-mail 信息
16          var n=str.indexOf("@",1);              //查找@
17          if((n==-1)||(n==(str.length-1)))       //验证表单中的 E-mail 是否合法
18          {
19              alert("您的 E-mail 地址不合法，请重新输入"); //表单验证不成功
20              return false;                      //不提交
21          }
22          alert("验证成功!!! ");                   //验证成功并提交表单
23  }
24   </script>                                     <!--结束 JavaScript-->
25  </head>                                        <!--结束头-->
26  <body>
27  <form id="form1" name="form1" method="post" action="">  <!--创建一个表单-->
28   姓名:
29  <label>                                        <!--一个标签-->
30  <input type="text" name="name" />              <!--姓名的文本框-->
31  </label>
32  <p>年龄:                                        <!--另起一段落-->
33   <label>                                       <!--标签-->
34   <input type="text" name="age" />              <!--年龄文本框-->
35   /label>
36  </p>
37  <p>
38  <label>住址:
39  <input type="text" name="textfield" />         <!--住址的文本框-->
40  </label>                                        <!--标签-->
41  </p>                                            <!--段落-->
42   <p> 43      <label>籍贯:
44  <input type="text" name="textfield2" />        <!--籍贯文本框-->
45  </label>                                        <!--标签-->
46  </p>                                            <!--段落-->
```

```
47        <p>email:
48        <label>                                    <!--标签-->
49        <input type="text" name="mail" />          <!--E-mail 文本框-->
50         </label>
51        <label>
52        <input type="submit" name="Submit" value="提交"  onclick="check()"/>
                                                     <!--提交按钮-->
53        </label>
54        <label>
55        <input type="reset" name="Submit2" value="重置" />   <!--重置按钮-->
56        </label>                                    <!--标签-->
57        </p>                                        <!--段落-->
58    </form>                                         <!--表单-->
59    </body>                                         <!--主体结束-->
```

【运行结果】打开网页文件运行程序，其结果如图 13-5 所示。

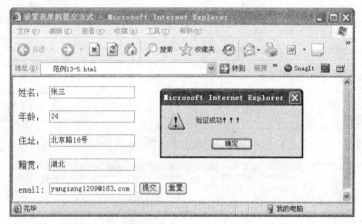

图 13-5　示例运行结果

【代码解析】该代码段第 27～58 行创建了一个表单，其元素比较多。这时就适合用表单的循环验证的方法来验证。代码第 6～13 行的作用是通过计算文本框中的值的长度，如果长度为 0 表示文本框为空，这样使过程变得简单。

13.2.3　掌握设置表单的提交方式

一般来说当用户填写完表单之后，就可以将表单提交到一个指定的地方然后进行处理。这个指定的方式通常有两种，一种就是直接提交到动态网页，另一种是提交给邮件。这两种方式的目的都是一样的，就是要将当前提交的信息存储起来，以供日后使用。而前者可能是保存在数据库中，后者则保存在邮箱中，但都能达到目的。下面的例子可以让用户自己选择将表单以哪种方法提交。

【范例 13-6】设置表单的提交方式，如示例代码 13-6 所示。

示例代码 13-6

```
01  <head>
02  <title>表单的发送方式</title>                      <!--文档的标题-->
03  <script language="javascript">
04  function send()
05  {
06      var str=confirm("你确定用 E-mail 方式发送表单吗？");
                                              //许多询问以那种方式发送表单
```

```
07        if(str)                                        //判断是否以邮件的方式发送表单
08        {
09            form1.action="mailto:yangxing1209@163.com";//设置为 E-mail 发送方式
10        }
11    }
12  </script>
13  </head>                                          <!--文档头结束-->
14  <body>                                           <!--文档主体部分-->
15  <form id="form1" name="form1" method="post" action="">  <!--表单-->
16  <label>                                          <!--标签-->
17  姓名:
18  <input type="text" name="textfield" />           <!--姓名的文本输入框-->
19      </label>
20      <p>
21          <label>                                  <!--标签-->
22      住址:
24      <input type="text" name="textfield2" />       <!--住址的文本输入框-->
23      </label>
24      <label>
25      <input type="submit" name="Submit" value="提交"  onclick="send()"/>
                                                     <!--提交按钮-->
26      </label>
27  </p>                                             <!--段落-->
28  </form>                                          <!--表单的结束-->
29  </body>
```

【运行结果】打开网页文件运行程序，其结果如图 13-6 所示。

图 13-6 示例运行结果

【代码解析】该代码段第 4～11 行的作用是处理用户提交的方式，当用户单击提交按钮以后，调用自定义函数 send，在这个函数中设置了一个 confirm 对话框，用来询问用户要选择哪种方式提交表单，确定以后就可以设置文档的相应 action 属性以达到目的。

 注意　表单的发送一般有两种情况，要在合适的时候用合适的方法。

13.2.4　认识重置表单的提示

在默认情况下，如果用户单击了重置表单按钮，浏览器窗口就会马上将表单中的所有元素的值设置为初始状态。如果用户一不小心单击了该按钮，则会清除所有已经填写完毕的数据。为了防止这种意外情况的出现，在单击重置按钮时，弹出一个确认框，让用户确认是否重置表单。

【范例 13–7】重置表单的提示，如示例代码 13-7 所示。

示例代码 13-7

```
01  <head>
02  <title>重置表单的提示</title>                      <!--文档标题-->
03  <script language="javascript">
04  function Reset()                                 //自定义函数
05  {
06      var result=confirm("你确定重置吗？");         //询问用户是否确定重置表单
07      return result;                                //返回结果
08  }
09  </script>                                        //JavaScript 结束
10  </head>                                          //head 结束
11  <body>
12  <!-设置表单重置事件的处理-->
13  <form id="form1" name="form1" method="post" action="" onreset="return Reset()">
14      姓名：
15      <label>
16      <input type="text" name="textfield" />       <!--姓名文本框-->
17          <br />                                   <!--换行-->
18          <br />                                   <!--换行-->
19          年龄：
20      <input type="text" name="textfield2" />      <!--年龄文本框-->
21          <br />                                   <!--换行-->
22          <br />                                   <!--换行-->
23          地址：
24      <input type="text" name="textfield3" />      <!--地址文本框-->
25          <br />                                   <!--换行-->
26      <input type="submit" name="Submit" value="提交" />   <!--提交按钮-->
27      <input type="reset" name="Submit2" value="重置" />   <!--重置按钮-->
28          <br />                                   <!--换行-->
29          </label>
30  </form>                                          <!--表单结束-->
31  </body>                                          <!--主体结束-->
```

【运行结果】打开网页文件运行程序，其结果如图 13-7 所示。

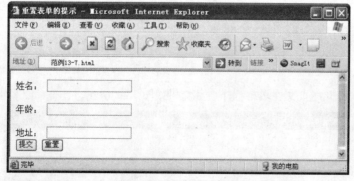

图 13-7　示例运行结果

【代码解析】该代码段第 4～8 行的作用是返回一个 confirm 对话框，用来判断是否继续执行重置，返回一个 bool 型的值，也就是真假值，当返回值为真时则重置表单，为假则不重置表单。

13.2.5　如何不使用提交按钮来提交表单

通常在表单中，都是使用单击提交按钮的方法来提交表单。然而，在 form 对象中有一个 submit 方法，使用该方法可以在不使用提交按钮的情况下提交表单。

【**范例 13-8**】实现不使用提交按钮提交表单，如示例代码 13-8 所示。

示例代码 13-8

```
01    <head>
02    <title>不使用提交按钮提交表单/title>
03    <script language="javascript">
04    function send()
05    {
06        var result=confirm("你确定提交吗？");      <!--询问用户是否确定重置表单-->
07        if(result)                               <!--确定是否要提交表单-->
08        {
09            form1.submit();                      <!--提交表单-->
10        }
11        else
12        {
13            return false;                        <!--不提交表单-->
14        }
15    }
16    </script>                                     <!--JavaScript 结束-->
17    </head>                                       <!--头结束-->
18    <body>                                        <!--文档主体-->
19    <form id="form1" name="form1" method="post" actio n="" onreset="return Reset()">
                                                    //表单
20        姓名：
21        <label>
22        <input type="text" name="textfield" />    <!--姓名文本输入框-->
23        <br />                                    <!--换行-->
24        <br />                                    <!--换行-->
25        年龄：
26        <input type="text" name="textfield2" />   <!--年龄文本框-->
27        <br />                                    <!--换行-->
28        <br />                                    <!--换行-->
29        地址：
30        <input type="text" name="textfield3" />   <!--地址文本框-->
31        <br />                                    <!--换行-->
32        <div onclick="send()">提交</div>           <!--提交按钮-->
33        <br />                                    <!--换行-->
34        </label>                                  <!--标签-->
35    </form>                                       <!--表单结束-->
36    </body>                                       <!--主体结束-->
```

【运行结果】打开网页文件运行程序，其结果如图 13-8 所示。

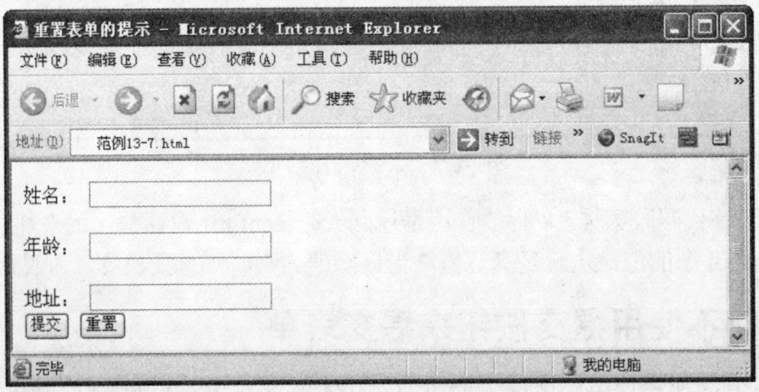

图 13-8   示例运行结果

【代码解析】该代码段第 4～15 行的作用是不使用提交按钮提交表单，同样地，也是通过返回值来确定的，代码第 6～14 行的作用就是判断是否提交表单，当确定提交时则使用表单的 submit 方法。

 注意　在前面的章节中也介绍过不用表单中的按钮也可以实现重置与提交，不过和这里的方法相比是有差别的，请读者仔细区别。

13.3　表单元素

form 表单中可以存在很多表单元素，通常在浏览器窗口中，看不到 form 元素，但是可以看到这些表单元素。在 HTML 中的标签有 form、input、textarea、select 和 option。表单标签 form 定义的表单里头，必须有行为属性 action，它告诉表单当提交的时候将内容发往何处。可选的方法属性 method 告诉表单数据将怎样发送，有 get（默认的）和 post 两个值。常用到的是设置 post 值，它可以隐藏信息（get 的信息会暴露在 URL 中），这些都是表单元素。

13.3.1　表单元素简介

在 HTML 中定义的表单元素有很多，这些表单元素可以让用户输入文字，如文本框、密码框等；或者让用户选择可选项，如下拉列表、复选框等；也可以让用户提交信息或重置表单，如提交按钮、重置按钮等；甚至还可以为程序员提供开发上的便利，如隐藏框等。所以一个表单元素看起来如下面代码所示。

```
01  <form action="reg.asp" method="post">   <!--表单的开头-->
02  <input type="text" />                   <!--文本框-->
03  <!--更多的表单元素-->
04  <input type="image" />                  <!--图片框-->
05  <input type="button" />                 <!--按钮-->
06  </form>                                 <!--表单结束标签-->
```

 注意　一个标签在表单制作中起到的作用很重要，有很多种形式，就如上面的 input 标签，它就有 10 种形式，这些需要读者实践体验。

13.3.2　表单元素的命名方式

在上一节中可以看出，<form>标签与</form>标签之间可以存在很多表单元素。form 对象中可以使用 elements[]数组来获得代表这些表单元素的子对象。elements[]数组中存放的是各种类型的 form 对象的子对象，elements[]数组中的元素是由<form>标签与</form>标签之间表单元素所组成的，因此可以使用以下代码来获得代表 HTML 文档中的第一个 form 对象中的第二个元素的对象。

```
form1.elements[1]
```

【范例 13-9】通过表单元素的命名来访问表单元素的值，其方法有三种，如示例代码 13-9 所示。

示例代码 13-9

```
01  <head>
02  <title>表单元素的命名</title>          <!--文档的标题-->
03  <script language="javascript">          //JavaScript
04      function show()
```

```
05        {
06            var str1=form1.elements[0].value;              //元素命名访问方法一
07            var str2=form1.text3.value;                     //元素命名访问方法二
08            var str3=document.forms[1].elements[0].value;   //元素命名访问方法三
09            alert("name="+str1+"\n\r"+"age="+str2+"\n\r"+"PassWord="+str3);
                                                                //显示信息
10        }
11  </script>
12  </head>                                                    <!--头结束-->
13  <body>                                                     <!--主体部分-->
14  <form id="form1" name="form1" method="post" action="">     <!--表单的开头-->
15      <label>                                                <!--姓名标签-->
16       姓名：
17      <input type="text" name="text1" />                      <!--文本框-->
18      </label>                                               <!--姓名标签的结束-->
19      <label>                                                <!--年龄标签-->
20       年龄：
21      <input type="text" name="text3" />                      <!--年龄文本框-->
22      </label>
23  </form>                                                     <!--表单结束-->
24  <form id="form2" name="form2" method="post" action="">     <!--第二个表单-->
25      <label>                                                <!--密码标签-->
26       密码：
27      <input type="password" name="text2" />                  <!--文本框-->
28      </label>
29  </form>                                                     <!--表单的结束-->
30  <div onclick="show()" align="center">查看信息</div>/<!--单击这里调用 show 函数-->
31  </body>
```

【运行结果】打开网页文件运行程序，其结果如图 13-9 所示。

图 13-9　示例运行结果

【代码解析】该代码段第 4～10 行分别用了三种不同的命名方法引用表单，代码第 14～29 行是一个元素比较多的表单，而代码第 4～10 行则用了不同的三种方法来访问表单中的这些元素，这三种方法访问是等效的。

> 提示　表单访问的这三种方法读者都应该掌握，它们在访问的效果上虽然是等效的，但在不同的情况下用不同的访问的方式效率不一定相同。

13.4　文本框

文本框是网页设计中的又一个非常重要的角色，主要体现在与用户交互上。比如做登录界面，离了它还真的难办。在 HTML 中，文本框包括单行文本框和多行文本框两种。密码框可以看成是一种特殊的单行文本框，在密码框中输入的文字将会以掩码形式出现。这一节将对文本框进行介绍。

13.4.1　认识文本框的创建方式

自然地，要使用文本框，首先得学会如何创建一个文本框。创建一个文本框的方式有多种，在 HTML 代码中，创建单行文本框与创建密码框所使用的元素都是 input 元素，虽然是同一元素，但根据不同的文本框种类其创建的方式也不同。文本框的创建语法格式如下：

```
<input type=boxType name="boxName" value="boxValue" size=boxSize maxlength= lengths>
```

例如要创建一个单行文本其格式如下所示。

```
<input type="text" name="boxName" value="" size="20" maxlength="30">
```

创建一个密码框类型的文本，则用如下所示的语句。

```
<input type="password" name="boxName" value="" size="20" maxlength="30">
```

综上可以看出，创建一个文本框主要是用 input 元素。

13.4.2　如何查看文本框的属性值

文本框在网页中可以说是出现得最多的元素之一。在对文本进行操作时，首先要确定它的属性，比如说长、宽、最多可以输入多少个字符等。

文本框对象称为 text 对象，多行文本框对象称为 textarea 对象、密码框对象称为 password 对象。无论是 text 对象、textarea 对象，还是 Password 对象，所拥有的属性大多都是相同的。因此可以用统一的方法来访问它们的属性。

【范例 13–10】查看文本框的属性，如示例代码 13-10 所示。由于这段代码都很重要，因此不做加粗处理，读者需着重学习。

示例代码 13-10

```
01    <html xmlns="http://www.w3.org/1999/xhtml">
02    <head>
03    <title>范例 13-10</title>                          <!--文档的标题-->
04    <script language="javascript">                     //自定义函数
05
06       {
07          var str1=form1.elements[0].value;            //文本的值
08          var str2=form1.elements[0].name;             //文本的名称
09          var str3=form1.elements[0].type;             //文本类型
10          var str4=form1.elements[0].size;             //字符的宽度
11          var str5=form1.elements[0].maxlength;        //最多字符数
12          alert("文本值: "+str1+"\n\r"+"文本名: "+str2+"\n\r"+"文本类型: "+str3+"
            \n\r 字符宽度: "+
13          str4+"\n\r 最多字符数: "+str5);              //输出信息
14       }
15    </script>                                          <!--JavaScript 结束-->
16    </head>
17    <body>
18    <form id="form1" name="form1" method="post" action="">   <--表单-->
```

```
19      姓名：
20    <input name="boxName" type="text" value="boxValue" size="50" maxlength="30"/>
                                                        <--姓名文本框-->
21    </form>
22    <div onclick="show()" align="center">查看信息</div>          <--查看信息-->
23    </body>
24    </html>
```

【运行结果】打开网页文件运行程序，其结果如图 13-10 所示。

图 13-10　示例运行结果

【代码解析】本例演示了表单文本框的一些属性。如代码第 7～13 行所示，用
form1.elements[0]+属性，来访问表单的相关属性值。

> 提示 上面所查看的几个属性是文本框的几个常用属性，读者必须掌握。除此之外，文本框还有其他属性。

13.4.3　如何动态跟踪文本框中输入的文字个数

要监控文本框的输入，就得利用文本框的键盘事件，当每次按键后，就统计一次文本框中的输入情况。文本框的键盘事件主要有 onKeyPress、onKeyUp、onKeyDown 等。

【范例 13-11】动态跟踪文本框中输入的文字个数，如示例代码 13-11 所示。

示例代码 13-11

```
01    <html xmlns="http://www.w3.org/1999/xhtml">
02    <head>
03        <title>范例 13-11</title>                    <!--文档的标题-->
04        <script language="javascript">               //JavaScript 程序的开始
05        function count()                             //自定义函数
06        {
07            var len=form1.text.value.length;         //取得文本中字符的长度，并赋值给 len
08            form1.text2.value="您输入的字符数为"+len+"个";
                                                       //显示文本框图 1 中字符串的长度
09        }
10        </script>                                    <!--结束 JavaScript-->
11    </head>                                          <!--文档头结束-->
12    <body>
13        <form id="form1" name="form1" method="post" action="">
14            <label> <br />
15        请在这里输入文字：
16            <textarea name="text" onkeyup="count()"></textarea>
```

```
                                                        <--姓名文本框1-->
17          </label>
18           <textarea name="text2" id="text2"></textarea>
                                                        <--姓名文本框2-->
19          <p>
20          </p>
21      </form>                                         <--结束表单-->
22  </body>
23  </html>
```

【运行结果】打开网页文件运行程序，其结果如图 13-11 所示。

图 13-11　示例运行结果

【代码解析】该代码段第 5～9 行的作用是用于获取在文本框中输入字符的长度，文本框 1 响应键盘事件，当按键后，就调用记录文本框 1 中字符个数的函数 count。

13.4.4　如何限制文本框中输入的字数

限制在文本框中输入的字数，这是一个小应用，不过在很多时候都用得上，比如说要限制输入的是手机号，则可将输入字数设为 11。字数的检查可以在输入文字时判断输入字数，也可以在提交数据时判断输入字数，还可在失去焦点时判断输入字数，也就是说看响应什么事件。

【范例 13-12】限制文本框中输入的字数，如示例代码 13-12 所示。

示例代码 13-12

```
01  <head>
02      <title>范例 13-12</title>                       <!--文档标题-->
03  <script language="javascript">                      //JavaScript
04      function msg()                                  //自定义 msg 函数
05      {
06          var len=form1.text.value.length;            //取得输入字符的长度
07          if(len>=20)                                  //判断是否达到 20 个字符
08          alert("您最多只能输入 20 个字符");           //当输入字符多于 20 个字符时，提醒用户
09      }
10  </script>
11  </head>
12  <body>                                              <!--文档主体-->
13      <form id="form1" name="form1" method="post" action=""><!--表单-->
14      <label>                                         <!--标签-->
15       <input type="text" name="text" onkeyup="msg()" />
                                                        <!--信息输入框最多可以输入 20 个字-->
16      </label>                                         <!--标签结束-->
17      </form>                                          <!--表单结束-->
18  </body>
```

【运行结果】打开网页文件运行程序，其结果如图 13-12 所示。

图 13-12　示例运行结果

【代码解析】该代码段第 4～9 行判断用户输入的字数是否达到了规定的最大值，这是在输入字符时就判断文本框中的字符数是否为最大。因此，文本框响应的是键盘事件。

 提示　可以直接手动设置文本框的 maxlength 的值来控制文本的最大输入字符个数。

13.4.5　如何自动选择文本框中的文字

可能比较细心的读者会发现，在浏览某些网页时，当打开网页，文本就被选中，鼠标经过文本框时选择文本。特别是在填写一些表单，如注册、登录等时经常用到，这可以使操作更高效，更人性化。

【范例 13–13】当打开网页时，自动选择文本框中的文字，当鼠标经过文本框时清除文本，如示例代码 13-13 所示。

示例代码 13-13

```
01   <head>
02   <title>自动选择文本框中的文字</title>              <!--文档的标题-->
03   <script language="javascript">                    //JavaScript 代码开始
04   function Select()                                 //自定义一个函数
05   {
06       form1.text.focus();                           //文本框获得焦点
07       form1.text.select();                          //文本框的文字被选中
08   }
09   </script>                                         <!--结束 JavaScript-->
10   </head>
11   <body onload="Select()">                          <!--装载文档时调用 Select 方法-->
12   <form id="form1" name="form1" method="post" action="">
                                                       <!--创建一个表单-->
13     <label>
14     <input type="text" name="text" value="dsfjgjhas" onmouseover="this.value='';"/>
                                                       <!--一个输入文本框-->
15     </label>
16   </form>                                           <!--表单结束-->
17   </body>
```

【运行结果】打开网页文件运行程序，其结果如图 13-13 所示。

【代码解析】该代码段第 4～8 行的作用是使文本框获得焦点，并将文本框中的文本选中，代码第 6 行运用了 focus 方法使文本框获得焦点，第 7 行运用 select 方法使文本被选中，代码第 14 行响应鼠标事件，当鼠标移上去时，自动清除文本框中的内容。

图 13-13　示例运行结果

注意　文本框的应用其实是相当广泛的，由于篇幅有限，不可能完全罗列出来，读者可以自己探索。

13.5　按钮

在 HTML 中，按钮分为三种，即普通按钮（Button 对象）、提交按钮（Submit 对象）和重置按钮（Reset 对象）。从功能上看起来，普通按钮的主要作用是用来激活函数；提交按钮的主要作用是提交表单；重置按钮的主要作用是重置表单。虽然三种按钮的功能有所不同，但是这三种按钮的属性、方法和事件几乎都是完全相同的。

13.5.1　按钮简介

对于按钮，相信读者是相当熟悉了，在前面的章节中，已经接触到了大量的按钮示例，不过都没有对按钮进行专门的介绍。这一节将对按钮进行较详细的介绍。

按钮常用的属性主要有 name、type、value 等。name 是指定了按钮名称的字符串。type 是对于所有的 Button 对象，type 属性都是 "button"。该属性指定了表单元素的类型。value 是指对应于按钮的 value 属性的字符串。同时还支持很多方法和事件。这是一个比较活跃的表单元素。

13.5.2　按钮创建方式简介

在 HTML 中有两种元素都可以创建按钮，这两种元素分别为 input 元素和 button 元素。创建方式有两种，分别是使用 button 元素创建按钮和使用 input 元素创建按钮。使用 input 元素创建按钮如下所示。

```
<input name="" type="button" value="提交" />
```

使用 button 元素创建按钮如下所示。

```
<button type="submit">提交</button>
```

13.5.3　认识网页调色板

在设计网页时，常常需要设计网页的前景色和背景色。只有前景色与背景色搭配协调，网页才会好看。然而在网页上调试前景色和背景色并不是很方便，因此可以制作一个简单的网页调色板程序，用来测试前景色与背景色的搭配是否协调。

【范例 13-14】制作一个调色板，用来测试网页的背景色和前景色是否协调，如示例代码 13-14 所示。

示例代码 13-14

```
01    <head>
02        <title>范例 13-14</title>                               <!--文档标签-->
03        <script language="javascript" type="text/javascript"> //JavaScript 程序
04        <!--
05        function colorChange()                                  //自定义函数
06            {
07                document.fgColor = document.myForm.fgColors.value;
                                                                 //设置文字颜色
08                document.bgColor = document.myForm.bgColors.value;
                                                                 //设置背景颜色
09            }
10        -->
11        </script>
12    </head>
13        <body>
14        <form name="myForm" >                                  <!--表单-->
15            <h1 align="center"> WinRar </h1>                   <!--一级标题-->
16                
17            <p><strong>WinRAR</strong> 是 <strong>32 位 Windows 版本的 RAR 压缩文件
            管理器
18        </strong> 一个允许你创建、管理和控制压缩文件的强大工具。存在一系列的 RAR 版本，应
            用于数个
19        操作系统环境：<strong>Windows</strong>、<strong>Linux、    FreeBSD、DOS、OS/2、
            MacOS >。
20        X</strong> </p>                                        <!--段落结束-->
21            <p>
22            文字颜色：
23            <input type="text" value="#ffffff" name="fgColors">
                                                                 <!--前景色调色文本框-->
24            <br>                                               <!--换行-->
25            背景颜色：
26            <input type="text" value="#000000" name="bgColors">
                                                                 <!--背景色调色文本框-->
27            <br>                                               <!--换行-->
28            <input type="button" value="调色" onClick="colorChange()">
                                                                 <!--调用调色按钮-->
29                </form>                                        <!--表单结束-->
30        </body>
```

【运行结果】打开网页文件运行程序，其结果如图 13-14 所示。

图 13-14　示例运行结果

【代码解析】该代码段第 5～9 行的作用是设置背景色和文字的颜色，第 7 行是设置网页的

背景色，第 8 行则是设置网页文字的颜色，然后通过在文本框中输入颜色值，从而可以精确地调整页面的背景色与字体的颜色。

 提示　在网页设计中，颜色的搭配是相当有讲究的，可以用这种方法比较方便地调整颜色的搭配。

13.5.4　如何改变多行文本框大小

多行文本框中通常可以输入很多文字，如果文字内容比较多的话，多行文本框会自动产生滚动条，此时可以加大多行文本框的宽度或高度来浏览其中的文字，就会更加方便一些。

【范例 13-15】改变多行文本框大小，使文本框的大小自动适应文本框中内容的多少。如示例代码 13-15 所示。

示例代码 13-15

```
01      <head>                                        <!--文档的头-->
02      <title>范例 13-15</title>
03      <script language="javascript">
04          var startLen=40;                          // 设置文本初始值
05          function check()
06          {
07              var len=form1.text.value.length;       //取得文本输入的字符数
08              if(len>=startLen)
09              {
10                  startLen=startLen*4;                 //将文本字符数变为 4 倍
11                  form1.text.cols=form1.text.cols*2; //文本宽加倍
12                  form1.text.rows=form1.text.rows*2; //文本行数加倍
13              }
14          }
15      </script>
16      </head>
17      <body>                                          <!--文档的主体部分-->
18      <form id="form1" name="form1" method="post" action="">   <!--表单-->
19  <label>                                             <!--标签-->
20      <textarea name="text" onkeyup="check()"></textarea>
                                                       <!--文本框响应键盘事件-->
21          </label>
22      </form>
```

【运行结果】打开网页文件运行程序，其结果如图 13-15 所示。

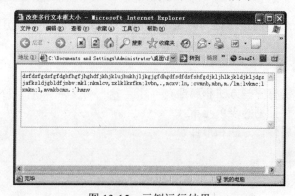

图 13-15　示例运行结果

【代码解析】该代码段第 4 行设置文本的初始值，代码第 5～14 行的作用是处理文本框中字符数与文本的长与宽的关系。代码第 8～13 行的功能是当文本框中的字符数还没有充满当前文本框空间时，文本框的长、宽不变，当输入字符数超出当前文本框的容量时，文本框会自动扩大。

提示 按钮一般都和按钮的事件一起使用，有很强的交互性。

13.6　小结

本章介绍了 form 对象及其子对象，其中 form 对象所代表的是 HTML 文档中的表单，这些表单对象包括文本框、按钮、单选按钮、复选框、下拉列表、文件上传框、隐藏域等。form 对象及其子对象都包含了不少属性、方法和事件，本章列举了大量的例子来介绍这些属性、方法和事件，重点介绍了文本框和按钮，希望读者可以掌握其用法。

13.7　习题

一、常见面试题

1．考查表单的基本概念。

【考题】下列对表单对象的属性表述不正确的是（　　　　）。

    A．name：返回表单的名称

    B．action：返回/设定表单的提交地址

    C．targe：返回/设定表单提交内容的编码方式

    D．length：返回该表单所含元素的数目

【解析】本题看起来非常简单，只是考核最基础的概念。答案为 C。

2．分析一段代码。

```
01      function Submit()
02      {
03          form1.submit();
04          alert("提交成功");
05      }
06      function Reset()
07      {
08          form1.reset();
09      }
```

【解析】本题考查代码的使用能力。Submit()可以提交表单，Reset()可以重置表单。调用 Submit()相当于单击提交按钮，调用 Reset()相当于单击重置按钮。

二、简答题

1．什么是表单？它有哪些方法和属性？

2．试列举至少 5 种常见的表单元素。

3．文本框有哪些属性、方法和事件？

三、综合练习

1．有一个多行显示的文本框，要求对输入在其中的值进行格式对齐的编辑，且能够自动切换为英文输入法。

【提示】改变文本的对齐方式是文本编辑器的一个功能，在实际应用比较常见，它的实现很简单，主要是改变多行文本 style 属性的 textAlign 值。参考代码如下：

```
01      <head>                                      <!--文档的头-->
02      <title>控制文本的对齐方式</title>              <!--文档的标题-->
03      <script language="javascript">
04          function align(n)                       //自定义函数
05          {
06              switch(n)                           //以 n 为变量的 swith 控制语句
07              {
08                  case 1:form1.text.style.textAlign="left";   //左对齐
09                      break;
10                  case 2:form1.text.style.textAlign="center"; //居中对齐
11                      break;
12                  case 3:form1.text.style.textAlign="right";  //右对齐
13              }
14          }
15      </script>
16      </head>                                                  <!--文档主体-->
17      <form id="form1" name="form1" method="post" action="">   <!--表单-->
18      <label onclick="align(1)">左对齐</label> <label onclick="align(2)">
        居中对齐</label><!--标签-->
19       <label onclick="align(3)">右对齐</label><br />      <!--换行-->
20          <textarea name="text" id="text" cols="50" rows="8"  style="ime-mode:
            inactive">
21          青未了，柳回白眼；红欲透，杏开素面</textarea><!--一个多行文本框-->
22      </form>
```

【运行结果】打开网页文件运行程序，其结果如图 13-16 所示。

图 13-16 示例运行结果

2．编写一个数字竞猜游戏，先随机生成一个竞猜的数，在限定次数的情况下，判断用户输入是否正确，当游戏完成以后，可以刷新页面，重新开始程序，或者退出关闭页面。用户使用时，鼠标移到文本框上时，文本框得到焦点，并选中文字。

【提示】本题主要是对文本框的属性、方法和事件的综合应用。所实现的是一个有趣的小游戏。竞猜的数字是由 math 对象的 random 函数产生，用户输入的值通过文本框接收，然后获取这个值进行判断，同时作出相应的处理。参考代码如下：

```
<title>猜数字游戏</title>
<script language="javascript">
var r=Math.floor(Math.random()*10)+20;                    //随机产生一个数字
var n=5;
function Select()
{
    num.focus();                                          //文本框获得焦点
    num.select();                                         //选中文本框中的内容
}
function checkResult()
{
    if(num.value==r)                                      //判断是否猜中
    {
            if(confirm("猜中了，您真棒！\n 您还要继续吗？"))  //询问用户是否还要继续游戏
            {
                document.location="练习 13-2.html";        //刷新游戏
            }
            else
            {
                self.close();                             //关闭窗口退出游戏
            }
    }
    else
    {
        if(n==1)
        {
                if(confirm("您的竞猜失败，您还要继续吗？"))   //处理竞猜失败
                {
                    document.location="练习 13-2.html";    //刷新游戏
                }
                else
                {
                    self.close();                         //关闭窗口退出游戏
                }
        }
        if(num.value>r)
        {
            n--;
            alert("您猜大了一些！您还有"+n+"次机会");        //提示用户输入过大
        }
        else
        {
            n--;
            alert("您猜小了一些！您还有"+n+"次机会");        //提示用户输入过小
        }
    }
}
</script>
</head>
<body>
<p>猜数字(20-30)</p>
<p>
 <input type="text" name="num" onmousemove="Select()" /><!--用户用于输入答案-->
 <label id="msg"> 您一共有 5 次机会 </label>
</p>
<p>
 <label>
 <input type="submit" name="Submit" value="确定"  onclick="checkResult()"/>
 </label>
</p>
```

【运行结果】打开网页文件运行程序，其结果如图 13-17 所示。

图 13-17   示例运行结果

四、编程题

1．编写一个程序，验证输入是否为 E-mail 地址。

【提示】可以参照前面有关章节的正则表达式。

2．用三个文本框，在前两个文本框中输入数字，在第三个文本框中显示它们的和。

【提示】做两数相加，这在前面的章节中已经解决，读者可以参考执行。

第 14 章　脚本化 cookie

document 对象中有一个名为 cookie 的属性，该属性是对 cookie 对象的引用，而 cookie 是用于存储用户数据，它以文件的形式保存在客户端硬盘的 Cookies 文件夹中。

- 了解什么是 cookie 及它的作用。
- 掌握创建和获取 cookie 值的方法。
- 掌握 cookie 的编码、生存期、路径等设置方法。

以上几点是对读者在学习本章内容时所提出的基本要求，也是本章希望能够达到的目的。读者在学习本章内容时可以将其作为学习的参照。

14.1　cookie 对象简介

很多时候，一个登录注册的用户在浏览某一网站时，需要在多个页面之间进行切换，用户的信息需要保存，否则每访问一个新页时都要重新登录。为了避免这一烦琐的过程，开发商在浏览器端使用了 cookie 技术，将用户信息临时保存起来。这是 cookie 技术最经典的一个应用。因此，cookie 在网页开发中也充当了一个相当重要的角色。

14.1.1　什么是 cookie 对象

前面已经提到了，cookie 其实就是一些用户数据信息，只是它们以文件的方式保存起来，可以读取和修改。可以利用它与某个网站进行联系，并在浏览器与服务器之间传递信息。也即 cookie 的最经典的用途是保存状态，识别身份。

当然，从另一个角度来讲，也可以将它看成一个变量。当然一种确定的变量是有大小之分的，比如说整型类型，cookie 也一样，它也是有大小限制的。每个 cookie 所存放的数据不会超过 4KB，而每个 cookie 文件中不会多于 300 个 cookie。

此外，cookie 与浏览器的联系是比较紧密的，不同的浏览器会带来一些意想不到的情况，必须确定一个用户的浏览器设置中是否关闭了 cookie。

 注意 在使用 cookie 之前一定要检查浏览器对 cookie 功能是否支持。

14.1.2　cookie 的作用和检测用户浏览器是否支持 cookie

cookie 的主要作用是保存状态，识别身份。因此在很多情况下都可以使用到 cookie，特别是在用户身份验证的时候。例如，实现严格的跨页面全局变量。它的一般用途包括保存用户登录状态、跟踪用户行为、定制页面、创建购物车等。

cookie 虽然有那么多的好处，但是在使用前，网页开发者必须首先检查一下用户的浏览器是否支持 cookie，否则的话就会导致许多错误信息的出现。

【范例 14–1】检测浏览器是否支持 cookie 功能，如示例代码 14-1 所示。

示例代码 14-1

```
01   <html xmlns="http://www.w3.org/1999/xhtml">
02       <head>                                        <!--文档的头-->
```

```
03              <title>检测浏览器是否支持 cookie 功能</title>    <!--文档标题-->
04      </head>                                          <!--文档头的结束标签-->
05      <body>                                           <!--文档的主体-->
06          <script language="javascript">
07              if(navigator.cookieEnabled)          //判断浏览器是否支持 cookie
08              {
09                  document.write("你的浏览器支持 cookie 功能")
                                                         //提示浏览器支持 cookie
10              }
11              else
12              {
13                  document.write("你的浏览器不支持 cookie");
                                                         //提示浏览器不支持 cookie
14              }
15          </script>                                    //JavaScript 结束
16      </body>                                          //主体的结束
17  </html>
```

【运行结果】打开网页文件运行程序，其结果如图 14-1 所示。

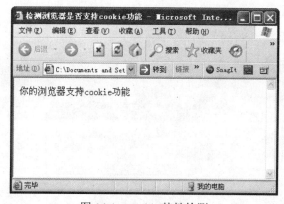

图 14-1　cookie 特性检测

【代码解析】该代码段第 7～14 行的作用是检验浏览器是否开启或支持 cookie。其中最重要的是要掌握一个方法，即代码第 7 行中的 navigator.cookieEnabled，可以用浏览器的 cookieEnabled 方法来检验浏览器是否支持 cookie。

> 注意　cookie 虽然有以上优点，但它也有缺点，如 cookie 可能被禁用，cookie 是与浏览器相关的，不同浏览器之间所保存的 cookie 也是不能互相访问的，cookie 可能被删除及 cookie 安全性不够高等，故使用时要慎重。

14.2　如何创建与读取 cookie

在 JavaScript 中，创建 cookie 是通过设置 cookie 的键和值的方式来完成的。一个网站中 cookie 一般是不唯一的，可以有多个，而且这些不同的 cookie 还可以拥有不同的值。例如要存放用户名和密码，则可以用两个 cookie，一个用于存放用户名，另一个用于存放密码。然后再使用 document 对象的 cookie 属性可以用来设置和读取 cookie。每个 cookie 都是一个键/值对，如下所示。

```
document.cookie="id=8";
```

如果要一次存储多个键/值对，可以使用分号加空格（;）隔开，示例如下：

```
document.cookie="id=12;us=yx";
```

获取 cookie 的值可以由 document.cookie 直接获得，示例如下：

```
var strCookie=document.cookie;
```

这样，就可以获得以分号隔开的多个 cookie 键/值字符串。不过这样取得的键/值是指该域名下的所有 cookie。

【**范例 14-2**】创建 cookie 并读取该域下所有 cookie 的值，如示例代码 14-2 所示。

示例代码 14-2

```
01    <script language="JavaScript" type="text/javascript">
02    <!--
03        document.cookie="id=12";              // 创建 cookie 的键和值
04        document.cookie="user=yx";            // 创建 cookie 的键和值
05        var strCookie=document.cookie;         // 获取该域名下的所有 cookie 值
06        alert(strCookie);                      // 显示所有的 cookie 的键与值
07    //-->
08    </script>
```

【运行结果】打开网页文件运行程序，其结果如图 14-2 所示。

图 14-2　当前站点 cookie 中的信息

【代码解析】该代码段第 3、4 行的作用是分别创建一个 cookie，代码第 5、6 行的作用分别是获取 cookie 值和显示 cookie。

 提示　用上述方法无法获得某个具体的 cookie 值，所得到的是当前域名下所有的 cookie。

14.3　如何获取 cookie 的值

上一节谈到了读取 cookie 的键与值，可以看到，采取范例 14-2 所示的方法，只能够一次获取所有的 cookie 值，而不能指定 cookie 名称来获得指定的值，这样就必须从 cookie 中找到需要的那个值，因此处理起来可能有点麻烦，用户必须自己分析这个字符串，所以得用到几个常见的字符处理函数来获取指定的 cookie 值。

【**范例 14-3**】先设置两个 cookie，然后再一一获得这两个值，如示例代码 14-3 所示。由于这段代码都很重要，因此不做加粗处理，读者需着重学习。

示例代码 14-3

```
01    <script language="JavaScript" type="text/javascript">
```

```
02    <!--
03        document.cookie="id=828";              //设置一个名为 usr 值为 828 的 cookie 值
04        document.cookie="usr=yx";              //设置一个名为 usr 值为 yx 的值
05        var str=document.cookie;               //获取 cookie 字符串
06        var arr=str.split("; ");               //将多 cookie 切割为多个键/值对
07        var userIndex="";                      //定义一个空字符串
08        var i=0;                               //定义一个变量并赋值 0
09        while(i<arr.length)                    //遍历 cookie 数组，处理每个 cookie 对
10           {
11               var arrs=arr[i].split("=");     //用 "=" 将 cookie 的键与值分开
12               if("id"==arrs[0])               //找到名称为 user 的 cookie，并返回它的值
13               {
14                   userIndex=arrs[1];          //将获取的值保存在变量 userIndex 中
15                   break;                      //结束循环
16               }
17               i++;                            //变量 i 加 1
18           }
19        if(userIndex!="")                      //判断所要查找的值是否存在
20           alert(userIndex);                   //输出 userIndex 的值
21        else
22           alert("查无此值")                   //没有查到要查的值
23    //-->
24    </script>
```

【运行结果】打开网页文件运行程序，其结果如图 14-3 所示。

图 14-3　示例结果输出信息

【代码解析】该代码段第 3、4 行先设置两个 cookie 值，然后再将它们读出来。代码第 5～18 行的作用是读取 cookie。用 split 函数以 ";" 和 "=" 为标志，先找出键/值的形式存在一个数组中，然后再从每组数据中分离出键与值。

 提示　在设置和获取 cookie 值时，一定要记得编码和解码，后面的章节会介绍如何编码和解码。

14.4　认识 cookie 的编码

前面章节提到，cookie 都是使用未编码的格式存入 cookie 文件中。但是在 cookie 中是不允许包含空格、分号、逗号等特殊符号的。如果要将这些特殊符号也写入 cookie 中，那就必须在写入 cookie 之前，先将 cookie 用 escape 编码，再在读取 cookie 时通过 unescape 函数将其还原。

【范例 14-4】对 cookie 进行编码和解码，尝试在 cookie 中加入一些特殊的字符，如示例代码 14-4 所示。由于这段代码都很重要，因此不做加粗处理，读者需着重学习。

示例代码 14-4

```
01   <head>
02   <meta http-equiv="Content-Type" content="text/html; charset=gb2312" />
03   <title>cookie 编码解码</title>                    <!-- -文档的标题->
04   <script language="javascript">                    //JavaScript 程序
05   function SetCookie(name,value)                    //自定义函数
06   {
07       window.document.cookie= name + "=" + escape(value)+";"; // 设置 cookie
08       alert("设置成功！");
09    }
10   function GetCookie(cookieName,codeFind)                     //自定义函数
11   {
12       var cookieString = document.cookie;                     //获取 cookie
13       var start = cookieString.indexOf(cookieName + '=');     //截取 cookie 的名
14       if (start == -1)                                //若不存在该名字的 cookie
15       return null;                                    //返回空值
16       start += cookieName.length + 1;
17       var end = cookieString.indexOf(';', start);    //取得 cookie 的值
18       if(codeFind==1)                                //当用户以解码的方式查看时执行 if 语句
19       {
20           if (end == -1)                             //防止最后没有加 ";" 冒号的情况
21           return unescape(cookieString.substring(start));      //返回编码后的值
22           return unescape(cookieString.substring(start, end)); //返回编码后的值
23       }
24       else
25       {
26           // 当用户以非解码的方式查看时，执行以下三句代码
27           if (end == -1)                             //防止最后没有加 ";" 冒号的情况
28           return cookieString.substring(start);   //返回 cookie 值
29           return cookieString.substring(start, end); //返回 cookie 值
30       }
31   }
32   function setValue()                              //一个自定义函数
33   {
34       if(Name.value!="")                          //当输入文本不为空时
35       {
36           // 当用户输入信息不为空时，获取输入的信息并调用函数设置 cookie
37           SetCookie(Name.value,Value.value);
38           Value.value="";                         //将文本框清空
39           Name.value="";                          //将姓名的文本框清空
40       }
41       else
42       {
```

```
43          // 当用户输入变量名为空时，提示用户输入不正确的信息
44  alert("设置失败，cookie 的名不能为空！")              //提示用户设置失败
45      }
46  }
47  function getValue(n)                                //自定义构造一个函数
48  {
49      if(Name.value=="")                              //文本为空
50      {
51          alert("你没有输入要查找的 cookie 名");        //检查输入是否为空
52      }
53      else
54      {
55          var str=GetCookie(Name.value,n);           // 查询的值不为空时，调用查询的函数
56          if(str!="")
57          {
58              Value.value=str;                        //取得查询的结果
59          }
60          else
61          {
62              Value.value="该值为空！";                //结果为空时提示客户
63          }
64      }
65  }
66  </script>
67  </head>
68  <body>
69  <label>
70  cookie 名:
71  <input type="text" name="Name" />                  <!-输入 cookie 的文本框-->
72  </label>                                           <!-标签的结束-->
73  <label> <br />                                     <!-换行-->
74  <br />                                             <!-换行-->
75  cookie 值:
76  <input type="text" name="Value" />                 <!- cookie 值的文本框-->
77  </label>                                           <!-标签的结束-->
78  <p>
79   <label>                                           <!-设置 cookie 的按钮-->
80   <input type="submit" name="Submit" value="设置 cookie" onclick="setValue
     ()"/>
81   </label>
82   <label>                                           <!-查询 cookie 的按钮-->
83      <input type="submit" name="Submit2" value="查询 cookie" onclick="getValue
        (1)" />
84   </label>
85   <label>                                           <!-以非解码的方式查看-->
86      <input type="submit" name="Submit3" value="非解码查询" onclick="getValue
        (0)"/>
87   </label>
88  </p>
89  </body>
```

【运行结果】打开网页文件运行程序，其结果如图 14-4 所示。

【代码解析】该代码段第 5~9 行是设置 cookie 的过程。这里只用了一个参数。代码第 10~31 行是读取 cookie 的过程。主要是利用 ";" 和 "=" 将 cookie 的键与值分开，并找到所要的结果。

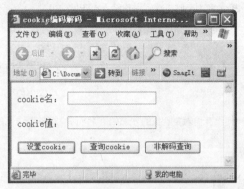

图 14-4 设置 cookie 中的键和值

 警告　如果 cookie 里有特殊字符，则一定要经过编码和译码。

14.5　掌握 cookie 的生存期

在默认情况下，cookie 是临时存在的。在一个浏览器窗口打开时，可以设置 cookie，只要该浏览器窗口没有关闭，cookie 就一直有效，而一旦浏览器窗口关闭后，cookie 也就随之消失。

如果想要 cookie 在浏览器窗口关闭之后还能继续使用，就需要为 cookie 设置一个生存期。所谓生存期也就是 cookie 的终止日期，在这个终止日期到达之前，浏览器随时都可以读取该 cookie。一旦终止日期到达之后，该 cookie 将会从 cookie 文件中删除。

【范例 14-5】设置 cookie 的生存期，如示例代码 14-5 所示。由于这段代码都很重要，因此不做加粗处理，读者需着重学习。

示例代码 14-5

```
01  <title>cookie 的生存期</title>          <!--文档的标题-->
02  cookie 名:
03  <input type="text" name="Name">         <!- cookie 名的文本框-->
04  <br>                                    <!-换行-->
05  cookie 值:
06  <input type="text" name="Value">        <! cookie 值的文本框- -->
07  <br>                                    <!-换行-->
08  cookie 时间:
09  <select name="Time" size="1">           <!-选择列表组合框-->
10    <option value="1">一天</option>        <!-列表项 1-->
11    <option value="2">二天</option>        <!-列表项 2-->
12    <option value="3">三天</option>        <!-列表项 3-->
13    <option value="4">四天</option>        <!-列表项 4-->
14    <option value="5">五天</option>        <!-列表项 5-- >
15    <option value="6">六天</option>        <!-列表项 6-->
16    <option value="7">七天</option>        <!-列表项 7-->
17    <option value="8">八天</option>        <!-列表项 8 -->
18  </select>
19  <script language="JavaScript" type="text/javascript">
20  <!--
21  function setCookie()
22  {
23      //以下三句是获取客户输入的信息：cookie 变量的值、名和保存时间
24      n=Time.value;                       //cookie 变量的保存时间
```

272

```
25          var name=Name.value;                     //cookie 变量的名
26          var psd=Value.value;                     //cookie 变量的值
27          if(name!="")
28          {
29              var date=new Date();                 //获取当前时间
30              var expireDays=n*24*3600*1000;       //将 date 设置为 n 天以后的时间
31              date.setTime(date.getTime()+expireDays);
32              //将 userId 和 userName 两个 cookie 设置为 10 天后过期
33              document.cookie=name+"=;" +escape(psd)+"; expire="+date.toGMTString
                ();
34              alert("设置成功!时间为: "+expireDays+"秒（"+n+"天）");
                                                     //输出信息
35          }
36          else
37          {
38              alert("设置失败，cookie 变量名不能为空");   //提示用户设置失败
39          }
40      }
41      //-->
42      </script>                                    //JavaScript 标签的结束
43      <input type="submit" name="Submit" value="设置 cookie"  onClick="setCookie()">
```

【运行结果】打开网页文件运行程序，其结果如图 14-5 所示。

图 14-5　设置站点的 cookie 有效期

【代码解析】这个例子演示了设置 cookie 存活时间的方法。主要是学习 expire 参数的使用。代码第 29～32 行是设置时间的过程，第 33 行是本例的关键，演示了如何使用 expire 参数。

注意　cookie 可能会由于浏览器的关闭而消失，因此，不宜采用 cookie 来保存比较重要的信息。

14.6　掌握 cookie 的路径和域

cookie 虽然是由一个网页所创建，但并不只是创建 cookie 的网页才能读取该 cookie。在默认情况下，与创建 cookie 的网页在同一目录或子目录下的所有网页都可以读取该 cookie。但如果在这个目录下还有子目录，要使在子目录中也可以访问，则需要使用 path 参数设置 cookie，语法如下：

```
document.cookie="name=value; path=cookieDir";
```

如果要使 cookie 在整个网站下可用，可以将 cookieDir 指定为根目录，示例如下：

```
document.cookie="userId=320; path=/";
```

21 天学通 JavaScript（第 3 版）

上面所说都指的是在同一个目录中的访问，可是要想在不同虚拟目录中访问则要另外想办法来解决这个问题。但是 path 不能解决在不同域中访问 cookie 的问题。在默认情况下，只有和设置 cookie 的网页在同一个 Web 服务器的网页才能访问该网页创建的 cookie。但可以通过 domain 参数来实现对其的控制，其语法格式如下：

```
document.cookie="name=value; domain=cookieDomain";
```

如下面这段代码，就演示了怎样设置 cookie 路径和域。

```
01  <script lnguage="javascript">          //JavaScript 代码开始标签
02  function setCookie()                   //自定义函数
03  {
04      var the_name = prompt("请输入要设的 cookie 的值,"");
                                           //一个信息框
05      var the_cookie ="cookie_puss=" + escape(the_name) + ";" ;
                                           //编写 cookie 的键与值
06      var the_cookie = the_cookie+ "path=/;";   //设置 cookie 的路径
07      var the_cookie = the_cookie + "domain=localhost;";
                                           //设置 cookie 的域
08      document.cookie =the_cookie;       //将这些信息写入 cookie 变量中去
09      alert("设置成功!")                 //最后提示用户设置成功
10  }
11  setCookie();                           //调用函数
12  </script>
```

注意　在使用时一定要注意路径的设置方法，若路径信息有误将无法访问。

14.7　了解 cookie 的安全性

在默认情况下，cookie 都是采用不加密的 HTTP 的传输方法，这种方法传输容易被别人窃听。如果 cookie 中的信息很重要，就不能用这种方法了。因此，在 JavaScript 提供了 cookie 的 secure 属性，可以解决这个问题。

secure 就是安全的意思。当设置了 cookie 的 secure 属性之后，cookie 就只能通过 HTTP 或其他安全协议来传输，这样消息就不容易被别人窃听了。cookie 的 secure 属性是一个布尔类型的值。

【范例 14-6】在本例中，cookie"username"被设置成在 10 分钟之后过期，可以被服务器上的所有目录访问，可以被 localhost 域里的所有服务器访问，安全状态为安全，如示例代码 14-6 所示。

示例代码 14-6

```
01  <html>
02      <head><title>cookie 的参数</title>
03          <script language="javascript">
04              function setCookie()
05              {
06                  var value=prompt("请输入 cookie 变量的值","");
                                                   //接收用户输入的值
07                  if(value!=null)                //判断 value 是否为空
08                  {
09                      var expiration = new Date((new Date()).getTime() +10 * 60000);
                                                   //设置 cookie 存活期
10                      document.cookie = "username=" + escape(value)+ ";
                                                   //给 cookie 编码
```

274

```
11              xpires ="+ expiration.toGMTString()+";path=/;domain=local
                host; secure";                          //设路径
12              alert("设置cookie值成功编码结果为:username="+escape(value));
                                                         //输出结果
13                  }
14              else
15              {
16                  alert("设置失败,你没有输入任何值! ");
                                                         //检查输入是否为空
17                  }
18          }
19          function getCookie(cookie_name)       //自定义函数用于获取cookie的值
20          {
21              var allcookies = document.cookie;
                                                   //声明一个变量allcookies
22              var value=null;                    //将value的初始值设为空
23              var searchs=cookie_name+"=";       //给变量searchs赋cookie名
24              if(allcookies.length>0)            //查看cookie是否为空
25              {
26                  var offset=allcookies.indexOf(searchs);
                                                   //找到要查找的变量名
27                  if(offset!=-1)                 //判断所查找的变量名是否存在
28                  {
29                          offset+=searchs.length;
30                          var end=allcookies.indexOf(";",offset);
                                                   //找到变量值的结束位置
31                          if(end==-1)            //防止没加";"号的情况发生
32                          {
33                              end=allcookies.length;
                                                   //取得cookie的长度
34                          }
35                          value=unescape(allcookies.substring (offset,
                            end));                 //取得变量的值
36                  }
37                  else
38                  {
39                      value=null;                //将变量value赋为空
40                  }
41              }
42              return value;                      //返回变量value的值
43          }
44      </script>
45      </head>                                  <!--文档头结束-->
46  <body>                                       <!--文档体-->
47  <input type="submit" name="Submit" value="设置cookie值" onClick="set
    Cookie()">
48  <input type="submit" name="Submit2" value="读取cookie值" onClick="alert
    (getCookie('username'))">
49  </body>                                      <!--文档体结束-->
```

【运行结果】打开网页文件运行程序,其结果如图 14-6 所示。

【代码解析】该代码段第 4～18 行的作用是设置 cookie,这里设置了这个 cookie 的键、值、存活期、路径等,同时还编码过。第 19～43 行是读取所设置的过程,注意读取的时候要先解码。再有,Date 设置是以毫秒为单位,因此 getTime 方法返回时间,单位为毫秒。

图 14-6　示例输出信息

提
示　设置了 secure 属性，只保证 cookie 与 Web 服务器之间的数据传输过程加密，而保存在本地的 cookie 文件并不加密。别人仍然可以从本机上查看 cookie 信息。

14.8　掌握使用 cookie 的注意事项

虽然 cookie 的作用很大，但是在使用 cookie 时，有些事项是必须要注意的，这里归纳如下：

- 由于 cookie 是存放在客户端上的文件，可以使用第三方工具来查看 cookie 的内容。因此，cookie 并不是很安全的。
- 每个 cookie 存放的数据最多不能超过 4KB。
- 每个 cookie 文件最多只能存储 300 个 cookie。
- cookie 可能被禁用。当用户非常注重个人隐私保护时，很可能禁用浏览器的 cookie 功能。
- cookie 是与浏览器相关的。这意味着即使访问的是同一个页面，不同浏览器之间所保存的 cookie 也是不能互相访问的。
- cookie 可能被删除。因为每个 cookie 都是硬盘上的一个文件，因此很有可能被用户无意间删除。
- cookie 安全性不够高。所有的 cookie 都是以纯文本的形式记录于文件中，因此如果要保存用户名密码等信息时，最好事先经过加密处理。

14.9　小结

本章主要介绍了 cookie 及 cookie 的用法，即如何创建和读取 cookie。一共包括了 6 个主要属性：name、value、expires、path、domain 和 secure。能够安全有效地创建和读取 cookie 这是本章的重点。还要注意 cookie 和 cookie 文件的区别。同时本章还学习了 cookie 的一些常规应用和在应用中应该注意的问题。

14.10　习题

一、常见面试题

1. 什么是 cookie，为什么需要 cookie？

【解析】本题考查 cookie 应用的最基本的常识。

【参考答案】cookie 是一些用户数据信息，它们以文件的方式保存起来，可以读取和修改。可以利用 cookie 与某个网站进行联系，并在浏览器与服务器之间传递信息。cookie 的主要作用是保存状态，识别身份，主要用在用户身份验证时。如跟踪用户行为、定制页面、创建用户的购物车等。

2. 分析下面的这段代码。

```
01  if(navigator.cookieEnabled)
02  {
03      document.write("你的浏览器支持 cookie 功能")
04  }
05  else
06  {
07      document.write("你的浏览器不支持 cookie");
08  }
```

【解析】本题考查代码的理解能力。

【参考答案】这段代码的功能是检验浏览器是否支持 cookie 的功能。使用浏览器的 cookieEnabled 属性可以检验浏览器是否开启了 cookie 功能。

二、简答题

1. cookie 主要应用在哪些场合？

2. 使用 cookie 时应该注意什么？

三、综合练习

1. 写一个程序，当浏览者访问该网页时，记录他的姓名和访问该网页的次数。

【提示】浏览的访问次数和姓名都可以用 cookie 来记录，可以设置两个 cookie 变量，一个记录姓名，一个记录访问次数。注意要设置 cookie 的存活期。参考代码如下：

```
01  <head>
02  <title>显示浏览次数</title>
03  <script language="javascript">
04  function writeCookie(name,value,day)
05  {
06      var expire="";                              //先将 expire 赋成空值
07      expire=new Date((new Date()).getTime()+day*86400000);
                                                     //设置存活期
08      //toGMTString() 方法可根据格林威治时间 (GMT) 把 Date 对象转换为字符串，并返回结果
09      expire=";expires="+expire.toGMTString();
10      document.cookie=name+"="+escape(value)+";"+expire;  // 设置 cookie 变量
11  }
12  function readCookie(name)                        //自定义函数
13  {
14      var allcookies = document.cookie;           //取得所有的 cookie
15      var value=null;                             //设变量 value 初值为空
16      var searchs=name+"=";                       //给变量 search 赋值
17      if(allcookies.length>0)                     //查看 cookie 是否为空
18      {
```

```
19              var offset=allcookies.indexOf(searchs);//找到要查找的变量名
20              if(offset!=-1)                          //判断所查找的变量名是否存在
21              {
22                  offset+=searchs.length;
23                  var end=allcookies.indexOf(";",offset);
                                                        //找到变量值的结束位置
24                  if(end==-1)                         //防止没加";"号的情况发生
25                  {
26                      end=allcookies.length;          //取得字符串的长度
27                  }
28                  value=unescape(allcookies.substring(offset,end));
29                                                      //取得变量的值
30                  }
31              }
32              return value;                           //返回value值
34 }
35 </script>                                            //JavaScrpt 标签
36 </head>                                              //文档的头
37 <body>                                               //主体
38 <script language="javascript">
39 name="";                                             //name 的值设为空
40 var count=0;                                         //count 初始为 0
41 newName=prompt("请输入您的姓名","");                  //一个消息框，要求用户输入信息
42 if(newName)                                          //如果 newName 非空
43 {
44      name=readCookie("name");                        //读取 name 的值
45      if(name!=newName)                               //如果两次的值不一致时
46      {
47          // 当新客户访问这个页面时，注册新的用户名和访问次数
48          writeCookie("name",newName,30);             //重新写入 cookie 信息
49          writeCookie("count",1,30);                  //重新写入 cookie 信息
50      }
51      else
52      {
53          // 以下三句实现访问的累加
54          count=readCookie("count");                  //读取 count 的值
55          count++;                                    //将 count 的值加 1
56          writeCookie("count",count,30);              //再 count 写入 cookie
57      }
58      document.write("您好!"+readCookie("name")+",您是第"+readCookie("count")+
        "次光临本网站");
59 }
60 else
61 {
62      alert("您没有输入姓名，您不能访问该网页");        //检查输入是否为空
63      window.close();                                 //关闭窗口
64 }
65 </script>                                            <!--程序结束-->
66 </body>                                              <!--文档体结束-->
```

【运行结果】打开网页文件运行程序，其结果如图 14-7 所示。

2．写一程序，用来记录客户登录时的账号和密码。

【提示】记住用户名和密码在实际网页设计中用得也是比较多的，其实实现起来也是比较简单的，当用户第一次登录时，记住用户的用户名和密码，这就需要设置两个 cookie 变量，当用户下次登录时，页面自动读取对应 cookie 值并分别显示在登录框中。同时还得设置一个"开关"，确定用户是否想让程序记住其登录信息。参考代码如下：

您好！pengd,您是第1次光临本网站

图 14-7　运行结果

```
01  <title>记住账号和密码</title>                          <!--文档标题-->
02  <script language="javascript">
03  function writeCookie(name,value,day)                //自定义函数用于创建一个cookie
04  {
05      var expire="";
06      expire=new Date((new Date()).getTime()+day*86400000);
                                                        //设置存活期
07      //toGMTString()方法可根据格林尼治时间 (GMT) 把 Date 对象转换为字符串，并返回结果
08      expire=";expires="+expire.toGMTString();        //转换成字符串
09      document.cookie=name+"="+escape(value)+";"+expire;
                                                        // 设置 cookie 变量
10  }
11  function readCookie(name)                            //读取 cookie
12  {
13      var allcookies = document.cookie;               //先取得所有 cookie
14          var value="";                               //将 value 的值设为空
15          var searchs=name+"=";                       //给变量 searchs 赋值
16          if(allcookies.length>0)                     //查看 cookie 是否为空
17          {
18              var offset=allcookies.indexOf(searchs);
                                                        //要查找的变量名
19              if(offset!=-1)                          //判断所查找的变量名是否存在
20              {
21                  offset+=searchs.length;             //取得 "=" 所在的位置
22                  var end=allcookies.indexOf(";",offset);
                                                        //找到变量值的结束位置
23                  if(end==-1)                         //防止没加 ";" 号的情况发生
24                  {
25                      end=allcookies.length;
                                                        //以字符串的总长作为结束
26                  }
27                  value=unescape(allcookies.substring(offset,end));
                                                        //取得变量的值
28              }
29          }
30          return value;                               //返回 value
31  }
32  function writeMember()
33  {
34      if(form1.member.checked)                         //提交前对文本进行处理
35      {
36          //获取客户输入的信息，并写入 cookie 变量中
37          var usrname=form1.usr.value;
38          var psd=form1.psd.value;                    //取得密码框的值
```

279

```
39              writeCookie("usr",usrname,30);          //重新写 usr 的 cookie
40              writeCookie("psd",psd,30);              //重新写 psd 的 cookie
41              writeCookie("check","yes",30);          //重新写 check 的 cookie
42          }
43      else                                            // 当用户不想记住他的登录信息时
44      {
45              writeCookie("usr","",30);               //设置 usr 的值为空
46              writeCookie("psd","",30);               //设置 psd 的值为空
47              writeCookie("check","",30);             //设置 check 的值为空
48          }
49  }
50  function readMember()                               //读取信息
51  {
52      var member="";                                  // member 的值设为空
53      member=readCookie("check");                     //读取 check 信息
54      if(member!="")                                  //如果 member 不为空
55      {
56          if(readCookie("usr")=="")
57          {
58              //当 check 关闭时执行下列代码
59              form1.usr.value="";                     //将用户名的文本框清空
60              form1.psd.value="";                     //将密码框清空
61          }
62          else
63          {
64              form1.usr.value=readCookie("usr"); //读取 usr 信息
65              form1.psd.value=readCookie("psd"); //读取 psd 信息
66          }
67          form1.member.checked=true;                  //当其中有选项被选中时
68      }
69  }
70  </script>
71  </head>                                             //文档的头结尾
72  <body onload="readMember()">
73  <form id="form1" name="form1" method="post" action="" onsubmit="writeMember
    ()">
74    <label>账户:
75    <input type="text" name="usr" />                  <!--用户名文本框-->
76    </label>
77    <p>                                               <!--段落-->
78     <label>密码:                                      <!--标签-->
79     <input type="password" name="psd" />             <!--密码框-->
80     </label>
81    </p>                                              <!--段落-->
82    <p>                                               <!--段落-->
83     <label>                                          <!-- 标签-->
84     <input type="checkbox" name="member" />          <!-- 单选框-->
85     记住密码</label>                                  <!--标签-->
86     <label>
87     <input type="submit" name="Submit" value="提交" />
                                                        <!--一个提交按钮-->
88     </label>                                         <!--标签结束-->
89    </p>                                              <!--段落结束-->
90  </form>                                             <!--表单结束-->
91  </body>                                             <!--文档体结束-->
```

【运行结果】打开网页文件运行程序，其结果如图 14-8 所示。

图 14-8　运行结果

四、编程题

1．编写一个程序记录客户访问指定页面的次数。

【提示】利用设置 cookie 值来实现。

2．写一简单程序，用于查看网页的所有 cookie 值。

【提示】通过记录上网所留下的 cookie 值来实现。

第三篇　高级技术篇

第 15 章　JavaScript 与 XML 技术

XML 技术已经成为中间数据的标准格式，使用 XML 描述的数据可以在任何系统间进行数据交换。近年来 XML 已经广泛使用在应用开发的各个方面，其中也包含 Internet。在 Web 开发中，XML 用于描述各种各样的数据交换，比如最近流行的 Ajax 技术就使用 XML 来描述在浏览器端到服务器端的数据。通过本章的学习，读者将了解 XML 与 JavaScript 结合的应用。

- 了解 XML 语言。
- 了解并掌握 DOM 编程。
- 学会使用 DOM 进行 Web 编程。

以上几点是对读者在学习本章内容时所提出的基本要求，也是本章希望能够达到的目的。读者在学习本章内容时可以将其作为学习的参照。

15.1　XML 简介

XML 是 eXtensible Markup Language 的缩写，它是一种类似于 HTML 的标记语言，用来描述数据的层次结构及存储数据。XML 的数据标记不在 XML 中预定义，用户必须定义与数据相关的有意义的标记。XML 语言需要专门的解释程序，通过分析 XML 提取数据。

15.1.1　针对 XML 的 API 概述

XML 是一种描述数据结构的语言，与之相应的是 XML 语言解析器。如果没有解析器它所描述的数据就无法理解，同时也失去了意义。解析器提供的接口对程序员来说统称为 API，最先出现针对 XML 的 API 是 SAX（Simple API for XML），它是一套程序包。

SAX 提供了一套基于事件的 XML 解析的 API。SAX 解析器从 XML 文件的开头出发，每当遇到节点标签、文本或其他的 XML 语法时，就会激发一个事件。事件处理程序由应用开发人员编写，因此可以在事件处理程序中决定如何处理 XML 文件当前节点的数据。

W3C 的 DOM 规范制定了一系列标准用于描述结构化、层次化的数据，如 HTML 和 XML。使用 DOM 接口处理 XML 文件是当前 Web 客户端开发常用的方法，大多数浏览器都实现 W3C 制定的 DOM 接口。

 本书所有的程序都运行于 IE6.0 及更高版本，所使用的 DOM 接口也是在其中实现的。

15.1.2　认识节点的层次

DOM 以树的形式组织文档中的数据，树的结构也就是 HTML 或 XML 文档的元素节点为层次。遍历一个文档中所有节点就是遍历 DOM 树的操作，第一个节点使用一个 node 对象来表示，该对象提供了操作节点的接口。document 是最顶层的节点，所有的其他节点都是附属于它的。XML 文档节点层次如下面的 XML 代码片段所示。

```
01   <?xml version="1.0" encoding="gb2312">          <!--XML 文件开始-->
02       <products>                                   <!--产品集合-->
```

```
03              <product>                                    <!--产品-->
04                  <name>IBM Thinkpad R61i 7732CJC</name>   <!--名字-->
05                  <price>5300</price>                      <!--价格-->
06              </product>                                   <!--产品结束-->
07              <product>                                    <!--产品-->
08                  <name>CGX</name>                         <!--名字-->
09                  <price>100</price>                       <!--价格-->
10              </product>                                   <!--产品结束-->
11          </products>                                      <!--产品结束-->
12          <customers>                                      <!--客户集合-->
13              <customer>                                   <!--客户-->
14                  <name>Peter</name>                       <!--名字-->
15                  <phone>123456</phone>                    <!--电话-->
16              </customer>                                   <!--客户-->
17              <customer>                                   <!--客户-->
18                  <name>Zognan</name>                      <!--名字-->
19                  <phone>456789</phone>                    <!--电话-->
20              </customer>
21          </customers>                                     <!--客户集合结束-->
```

上面的 XML 代码描述了由多样产品和客户信息组成的数据结构。每样具有 "name"、"price" 两个属性，每个客户具有 "name"、"phone" 两个属性。该数据结构节点层次如图 15-1 所示。

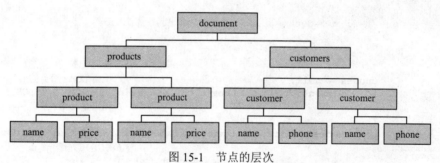

图 15-1　节点的层次

这里举这个例子是为了更好地说明节点的层次结构，如果读者不了解 XML，则可以跳过这里，并不影响后面的学习。

15.1.3　掌握特定语言的文档模型

DOM 模型是以 XML 为核心，所有遵循 DOM 规范的文档都可以使用 DOM 接口来处理。但已经得到广泛应用的 HTML 却没有完全遵循 DOM 规范，因此为了能支持 HTML，W3C 提出针对 HTML 的 DOM 规范。基于本书的层次定位，在此不讨论与接口起源相关的内容，有兴趣的读者可以自己查阅资料。

15.2　使用 DOM

DOM 接口提供操作遵循 DOM 规范文档的能力，使用 DOM 来操作页面中的元素。更改元素显示的内容、添加删除节点、遍历统计节点、过滤特定内容等。DOM 提供了完成前述工作的操作接口，编程人员只需要在 JavaScript 脚本程序中简单地调用接口即可。

15.2.1 巧妙访问相关的节点

JavaScript 在 Web 客户端的编程工作基本上都围绕 DOM 展开，DOM 的常用操作就是创建、访问、修改各个元素节点。因为在 DOM 节点是以树状组织的，所以每一个节点都可以拥有多个子节点，并由此递归。每一个节点的所有下一级子节点组成一个集合，该集合作为该节点的 childNodes 属性。节点提供与访问子节点相关的属性和方法如下：

- firstChild，表示头一个子节点。
- lashChuld，表示最后一个子节点。
- hasChildNodes()，判断是否拥有子节点。
- childNodes，子节点集合。
- parentNode，其父节点的引用。

【**范例 15-1**】编写程序，检测当前 HTML 文档 BODY 标签下的所有节点，并将节点名输出，如示例代码 15-1 所示。

示例代码 15-1

```
01  <head test="000">                                   <!--文档头-->
02  <title>范例15-1</title>                             <!--文档标题-->
03  <script language="javascript">                       // 程序开始
04  function Loaded()                                    // 加载完执行
05  {
06      for( n=0; n !=document.documentElement.childNodes.length; n++ )
                                                         // 遍历顶级元素的子元素
07      {
08          var text = "";                               // 信息文本
09          cnodes = null;                               // 引用 BODY 节点的所有子节点
10          if( document.documentElement.childNodes[n].nodeName=="BODY" )
                                                         // 如果是 BODY 节点
11          {
12              cnodes = document.documentElement.childNodes[n].childNodes;
                                                         // 引用其所有子节点
13              for( m = 0; m != cnodes.length; m++ )
                                                         // 遍历 BODY 的所有子节点
14              {
15                  text += "\n" + cnodes[m].nodeName;
                                                         // 记录节点名
16              }
17              text = "<BODY>节点下的所有子节点为: " + text;
                                                         // 组合信息文本
18              alert( text );                           // 对话框显示
19              break;                                   // 跳出循环
20          }
21      }
22  }
23  </script>                                            <!--程序结束-->
24  </head>                                              <!--文档头结束-->
25  <body onload="Loaded()">                             <!--文档体-->
26  <h1>                                                 <!--标题-->
27      DOM 编程，访问节点元素的所有子节点:
28  </h1>
29  <h2>                                                 <!--标题-->
30      XML 文件在浏览器中也可以使用 DOM 接口来处理!
31  </h2>
32  </body>                                              <!--文档体结束-->
```

【运行结果】打开网页文件运行程序，其结果如图 15-2 所示。

图 15-2　文档遍历结果

【代码解析】该代码段第 4～22 行定义了一个函数用于分析记录 BODY 节点下所有节点名称。第 25 行设定 BODY 元素的 onload 事件属性为之前定义的函数，以便在文档加完后调用函数。

　onload 事件是在 HTML 加载完毕并且 DOM 对象完全初始化后才发生的，因此要正确遍历 DOM 结构必须在这个事件之后。

15.2.2　巧测节点类型

DOM 节点的类型有多种，系统使用一个常量值代表一种类型。通过读取节点的 nodeType 属性的值即可判断节点所属的类型，只在希望知道某个节点的类型时才用到，一般不会使用。下面通过编程说明如何获得一个节点的类型值。

【范例 15-2】在范例 15-1 的基础上作变化，在对话框中显示检测到的所有 BODY 子节点的节点类型值，如示例代码 15-2 所示。

示例代码 15-2

```
01  <head>                                  <!--文档头-->
02  <title>范例 15-2</title>                 <!--文档标题-->
03  <script language="javascript">          // 程序开始
04  function Loaded()                       // 加载完毕时执行
05  {
06      for( n=0; n !=document.documentElement.childNodes.length; n++ )
                                            // 遍历子元素
07      {
08          var text = "";                  // 信息文本
09          cnodes = null;                  // 引用 BODY 节点
10          if( document.documentElement.childNodes[n].nodeName=="BODY" )
                                            // 如果是 BODY 节点
11          {
12              cnodes = document.documentElement.childNodes[n].childNodes;
                                            // 引用其所有子节点
13              for( m = 0; m != cnodes.length; m++ )
                                            // 遍历 BODY 的所有子节点
14              {                           //记录节点名
```

```
15                    text += "\n 名称： " + cnodes[m].nodeName + "类型： " + cnodes[m].
                      nodeType;
16                  }
17                  text = "<BODY>节点下的所有子节及其类型信息： " + text;// 组合信息文本
18                  alert( text );                              // 对话框显示
19                  break;                                      // 跳出循环
20              }
21          }
22  }
23  </script>                                    <!--程序结束-->
24  </head>
25  <body onload="Loaded()">                      <!--文档体-->
26  <h1>                                          <!--标题-->
27      DOM 编程，检测节点类型：
28  </h1>
29  <h2>                                          <!--标题-->
30      XML 文件在浏览器中也可以使用 DOM 接口来处理！
31  </h2>
32  </body>                                       <!--文档体结束-->
```

【运行结果】打开网页运行程序，其结果如图 15-3 所示。

图 15-3 节点类型检测结果

【代码解析】该代码段第 4～22 行定义了一个函数，实现检测并记录 BODY 节点下所有子节点的名称和类型的功能。第 25 行设置 onload 事件的处理程序为前面定义的函数，以便在 DOM 初始化完毕后开始检测。

提示 在不同的浏览器间节点类型的表示会有所差别，编程时务必加以注意。

15.2.3 简单处理节点属性

DOM 的节点对象都拥有一些从 node 对象继承而来的属性，也可以拥有自己独有的属性。这些属性可以用来存储一些与节点相关的数据，读取一个属性通常调用节点元素的 getAttribute 方法，设置某个属性的值通常调用节点元素的 setAttribute 方法。现在举例说明如何为一个元素创建独有的属性并操作它。

【范例 15-3】编写程序，给当前 Web 页的 BODY 标签添加自定义属性 "Author" 并设值为"Zognan"，表示创建该 Web 页的作者，如示例代码 15-3 所示。

示例代码 15-3

```
01  <html xmlns="http://www.w3.org/1999/xhtml" >        <!--文档开始-->
02  <head>                                              <!--文档头-->
03  <title>范例 15-3</title>                            <!--文档标题-->
04  <script language="javascript">                      // 程序开始
05  function Loaded()
06  {
07      for( n=0; n !=document.documentElement.childNodes.length; n++ )
                                                        // 遍历顶级元素的子元素
08      {
09          if( document.documentElement.childNodes[n].nodeName=="BODY" )
                                                        // 如果是 BODY 节点
10          {
11              document.documentElement.childNodes[n].setAttribute("Author",
            "Zognan");                                  // 设置属性
12              break;                                  // 跳出循环
13          }
14      }
15  }
16  function Button1_onclick()                          // 按钮事件处理程序
17  {
18      for( n=0; n !=document.documentElement.childNodes.length; n++ )
                                                        // 遍历顶级元素的子元素
19      {
20          if( document.documentElement.childNodes[n].nodeName=="BODY" )
                                                        // 如果是 BODY 节点
21          {
22              alert(document.documentElement.childNodes[n].getAttribute
            ("Author"));                                // 读取属性
23              break;                                  // 跳出循环
24          }
25      }
26  }
27  </script>                                           <!--程序结束-->
28  </head>                                             <!--文档头结束-->
29  <body onload="Loaded()">                            <!--文档体-->
30  <h1>
31      DOM 编程，处理节点属性
32  </h1>
33      <input id="Button1" type="button" value="查看文档作者" onclick="return
        Button1_onclick()" />
34  </body>                                             <!--文档体结束-->
35  </html>                                             <!--文档结束-->
```

【运行结果】打开网页运行程序，其结果如图 15-4 所示。

【代码解析】该代码段第 5～15 行定义函数用做 onload 事件处理程序，其中为 BODY 节点添加属性"Author"。第 16～26 行定义函数作为"查看文档作者"按钮的单击事件处理程序，其读取文档 BODY 节点下的"Author"属性的值并显示在对话框中。

15.2.4　如何访问指定节点

前面访问 DOM 节点都是采用手工遍历的方式，当目标节点位置层次很深时比较费力。DOM 接口提供了更快更方便的方法访问一个指定的节点，如通过指定节点标签名、节点名称或节点 ID 来获得目标节点的引用。这时 JavaScript 进行 DOM 编程是最常用的方法，下面列出

两个相关的接口方法并举例说明如何使用。

图 15-4　输出动态添加的属性

- getElementsByTagName，该方法返回一个与指定标签名吻合的节点对象的引用，如果传入的标签名为"*"，则返回文档中所有的节点元素。
- getElementsByName，该方法返回与指定 name 属性相吻合的元素集合。
- getElementById，该方法返回与指定 ID 相同元素节点。

【范例 15-4】在网页中实现对每个用户的特别问候，增加网站的亲切感，简单地实现如示例代码 15-4 所示。

示例代码 15-4

```
01  <head>                                    <!--文档头-->
02  <title>范例 15-4</title>                   <!--文档标题-->
03  <script language="javascript">            // 程序开始
04  function Loaded()                         // 加载完毕执行
05  {
06      var r = prompt( "您的姓名", "游客" );   // 输入用户名
07      if( r !=null )                        // 如果输入有效
08      {
09          document.getElementById("wcmmsg").childNodes[0].nodeValue= "欢迎您:
            " + r;                            // 改写欢迎
10      }
11  }
12  </script>                                 <!--程序结束-->
13  </head>                                   <!--文档头结束-->
14  <body onload="Loaded()">                  <!--文档体-->
15  <h3 id="wcmmsg">欢迎您的光临！</h3>         <!--标题-->
16  </body>                                   <!--文档体结束-->
```

【运行结果】打开网页文件运行程序，其结果如图 15-5 所示。

【代码解析】该代码段第 9 行，使用 DOM 对象的 getElementById 方法来获得文档中某个指定 ID 的节点。使用用户输入的姓名数据组合为欢迎词并输出在页面中。

> 提示　关于对指定节点的操作的方法有很多，这里只是列举了常见的三个，可以去查阅 DOM 编程的书籍。

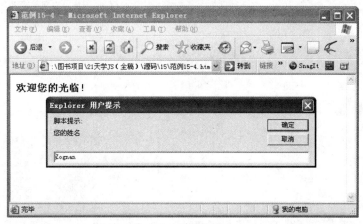

图 15-5　输入用户名

15.2.5　如何创建新节点

　　DOM 接口对节点的操作不仅仅只有访问，还可以为一个节点创建任意数目的子节点。也就是说为 DOM 树上的某个树丫再添加一个分支，所添加的分支可以作为树叶或另一个子级树丫。DOM 节点对象 node 都具有相同的方法和预定义属性，因此可以创建一个级数任意多、节点数任意多的文档树。创建新节点的操作通常用于修改已经存在的 DOM 文档或组织新的文档数据。document 对象创建新节点的方法如下：

- createTextNode，创建文本节点。
- createDocumentFragment，创建文档碎片。
- createElement，通过指定标签名创建节点。

　　这些方法用于创建不同类型的节点。创建好新节点对象以后调用节点对象 node 的 appendChild 方法将新节点添加为某一个节点的子节点，下面举例说明如何创建一个新的文档节点。

　　【**范例 15–5**】根据用户输入的图片 URL 地址，将图片添加到浏览器窗口中显示，如示例代码 15-5 所示。

示例代码 15-5

```
01  <head>                                    <!--文档头-->
02      <title>范例 15-5</title>              <!--文档头-->
03      <script language="javascript">
04      function Loaded()                     // 文档全部加载后执行本函数
05      {
06          for( ;; )                         // 循环输入
07          {
08              var url = prompt( "请输入图片的 URL 地址: ", "#" );
                                              // 输入图片的 URL
09              if( url != null )             // 输入确定时
10              {
11                  try                       // 捕捉异常
12                  {
13                      var docBody = document.getElementById( "DocBody" );
                                              // 获取 BODY 节点
14                      imgObj = document.createElement( "<img>" );
                                              // 创建一个 IMG 节点对象
15                      imgObj.src = url;     // 为 IMG 对象设置图片的 URL
16                      docBody.appendChild( imgObj );
```

```
                                           // 将图片节点对象添加为子节点
17                    }
18                    catch( e )           // 处理异常
19                    {
20                        alert( "程序发生了错误: " + e.message );
                                           // 输出异常消息
21                    }
22                }
23                else
24                {
25                    break;               // 取消输入则跳出循环
26                }
27            }
28        }
29    </script>
30  </head>                               <!--文档头结束-->
31  <body id="DocBody" onload="Loaded()">  // 绑定事件处理程序
32  </body>                               <!--文档体结束-->
```

【运行结果】打开网页文件运行程序，其结果如图 15-6 所示。

图 15-6　动态添加输出的图片

【代码解析】本程序在文档加载完毕后要求用户输入将在浏览器中显示的图片的 URL 地址。可以加载并显示多个图片，当单击取消按钮时结束添加循环。第 13～16 行取得 BODY 节点的引用后创建一个新 IMG 节点，并添加为 BODY 节点的子节点。

> 提示　创建新节点的方法是文档对象（DOM）的方法，使用它们创建出新节点后，再将新节点添加到某一个节点下作为子节点。而不必为每一个节点对象（node）实现相同的创建方法。

15.2.6　如何修改节点

在文档对象（DOM）中，可以动态地插入、删除或替换某一个节点。节点对象（node）提供实现这些操作的方法，这些方法都通过节点对象（node）来调用。当需要动态更改页面中的内容时可以考虑使用 DOM 来修改 HTML 文档，常用的方法如下：

- removeChild，删除一个指定的子节点。

- insertBefore，在指定的子节点前插入一个子节点。
- replaceChild，用一个节点替换一个指定的节点。
- appendChild，将一个节点添加到子节点集合的尾部。

这几个方法使用方式都一样，差别在于实现的功能不一样，下面举例说明。

【范例 15-6】编写 JavaScript 程序操作 HTML 文档，使用 DOM 接口创建一个文本节点。并将其添加到 BODY 标签所有子节点的末尾，如示例代码 15-6 所示。

示例代码 15-6

```
01   <script type="text/javascript">                        // 程序开始
02   function CreateNewContent()                            // 创建节点
03   {
04          var msg = "提示：可以通过修改文档节点来动态改变文档的内容";
05          var newPNode = document.createElement("p");
                                                            // 创建段落节点
06          var newTxtNode = document.createTextNode(msg);
                                                            // 创建文本节点
07          newPNode.appendChild(newTxtNode);              // 添加子节点
08          document.body.appendChild(newPNode);           // 添加子节点
09   }
10   </script>                                              <!--程序结束-->
11   <body onload="CreateNewContent()"><b>修改文档节点</b></body>
                                                            // 文档体
```

【运行结果】打开网页文件运行程序，其结果如图 15-7 所示。

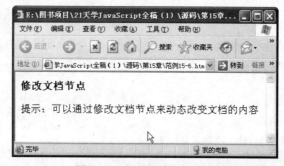

图 15-7　动态创建文档节点

【代码解析】该代码段第 2～9 行定义函数 CreateNewContent，其创建一个段落并添加为文档体的子节点。第 11 行将函数 CreateNewContent 绑定为文档事件处理程序，文档加载完毕时调用。

 提示　添加子节点到指定位置或删除某个子节点，可以使用前面介绍过的访问节点的方法获得指定节点的引用。

15.3　HTML DOM 特性

核心的 DOM 特性是通用的，可以处理遵循 DOM 规范的文档。但 HTML DOM 是为了更方便处理 HTML 文档而设计出来，因为在 Web 客户端的开发上大部分工作都是围绕 HTML 展开。使用 HTML DOM 可以以更简洁的方式操作 HTML 文档，如通过节点属性名即可操作属性。本节将向读者简单介绍有关内容。

15.3.1　让特性像属性一样

JavaScript 是动态语言，属性、方法、事件在其中称为特性。属性用于描述对象的状态，但在使用上却和事件一样，通过给事件赋予一个函数的地址即可完成绑定的任务，操作方式和给属性赋值一样。在标准 DOM 中，通常使用 getAttribute 和 setAttribute 操作的特性，但特定于 HTML 的 DOM 为能更方便地操作对象的特性，将操作方式统一起来。下面通过示例来说明。

【范例 15-7】通过修改 IMG 节点对象的 SRC 属性更换 IMG 对象的图片，实现网页上的图形按钮。用户在按钮上单击时在信息框中输出当前图片的 URL 地址，如示例代码 15-7 所示。

示例代码 15-7

```
01  <head>                                          <!--文档头-->
02      <title>范例 15-7</title>
03  <script language="javascript" type="text/javascript">
                                                    // 程序开始
04  function IMG1_onclick(obj)                       // 鼠标单击事件处理程序
05  {
06      alert("这个图片的地址是: " + obj.src);        // 在信息框中显示图片地址
07      return true;                                 // 返回 true 让浏览器选择默认操作
08  }
09  function IMG1_onmouseover(obj)                   // 鼠标移过事件处理程序
10  {
11      obj.src = "resource/btn_over.png";           // 设置鼠标移过状态图片的地址
12  }
13  function IMG1_onmouseout(obj)                     // 鼠标移出事件处理程序
14  {
15      obj.src = "resource/btn_normal.png";         // 设置鼠标移出状态图片的地址
16  }
17  function IMG1_onmousedown(obj)                    // 鼠标按下事件处理程序
18  {
19      obj.src = "resource/btn_down.png";           // 设置鼠标按下状态图片的地址
20  }
21  </script>                                        <!--程序结束-->
22  </head>                                          <!--文档头结束-->
23  <body>                                           <!--文档体-->
24      <!--设置图片框属性，并绑定事件处理程序-->
25      <img id="IMG1" src="resource/btn_normal.png"<!--图片框-->
26      onclick="return IMG1_onclick(this)"
27      onmouseout="return IMG1_onmouseout(this)"
28      onmousedown="return IMG1_onmousedown(this)"
29      onmouseover"return IMG1_onmouseover(this)"/>
30  </body>                                          <!--文档体结束-->
```

【运行结果】打开网页文件运行程序，其结果如图 15-8 所示。

【代码解析】该代码段主要实现了网页上动态的图片按钮，并响应鼠标事件。第 4～21 行定义数个函数分别处理鼠标的单击、移过、移出和按下事件，分别在其中为 IMG 对象设置表示按钮不同状态的图片地址。第 25～29 行绑定 IMG 对象的各事件处理程序。

> 注意　每一个 HTML 节点对象都存在一个 class 属性，该属性引用节点对象的 CSS 属性集合。因为 class 是 ECMAScript 的保留字，所以不能在 DOM 中直接调用 class 属性，而是通过 className 的形式。

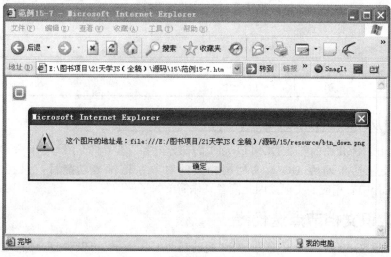

图 15-8　使用图片框实现按钮

15.3.2　认识表格相关特性

为了更方便使用 HTML DOM 处理表格，<table/>、<tbody/>和<tr/>等元素都添加了一些特性和方法。这些方法是表格对象特有的，处理表格时使用，表 15-1、表 15-2、表 15-3 列出了常用的属性和方法，方便读者查阅之用。

表 15-1　<Table>对象常用特性

名　　称	类　别	描　　述
caption	属性	<caption/>
tBodies	属性	<bodies/>
tFoot	属性	<tfoot/>
tHead	属性	<thead/>
rows	方法	行集合
createTHead	方法	创建<thead/>元素
createTFoot	方法	创建<tfoot/>元素
createCaption	方法	创建<caption/>
deleteTHead	方法	删除<thead/>元素
deleteTFoot	方法	删除<tfoot/>元素
deleteCaption	方法	删除<caption />元素
deleteRow	方法	删除行
insertRow	方法	插入一个新行

表 15-2　<tbody>对象常用特性

名　　称	类　别	描　　述
rows	属性	<tbody/>中的行集合
deleteRow	方法	删除指定行
insertRow	方法	插入一个新行

表 15-3　<tr>对象常用特性

名　　称	类　　别	描　　述
Cells	属性	单元格集合
deleteCell	方法	删除单元格
insertCell	方法	插入新的单元格

15.4　遍历 DOM 文档

到目前为止，所介绍的都是 DOM Level 1 的部分内容。本节将介绍一些有关 DOM Level 2 的内容，主要包括与遍历 DOM 文档树相关的对象，这部分功能目前只在 Mozilla 和 Konqueror/Safari 中有相应的实现，因此读者只作简单的了解即可。

15.4.1　认识文档节点迭代器

节点迭代器 NodeIterator，是遍历 DOM 树的辅助工具，用它可以对 DOM 树进行深度优先的搜索。如果要查找页面中某个特定类型的信息（或者元素），此迭代器非常有用。使用 NodeIterator 时，可以从 document 元素（<html/>）开始，按深度优先法则搜索整个 DOM 树。在这种搜索方式中，遍历从父节点开始，一路走到最顶端的子节点。然后遍历过程向上回退一层，并进入下一个子节点。

NodeIterator 在使用前必须先创建它的对象实例，使用 document 对象的 createNodeIterator() 方法即可。这个方法接受以下 4 个参数。

- root：从树中开始搜索起始节点。
- whatToShow：一个数字常量，标志着节点需要访问，其取值如表 15-4 所示。
- Filter：NodeFilter 对象，节点过滤器。
- entityReferenceExpansion：布尔值，表示是否需要扩展实体引用。

表 15-4　whatToShow 常量

常　　量	含　　义
NodeFilter.SHOW_ALL	所有的节点
NodeFilter.SHOW_ELEMENT	元素节点
NodeFilter.SHOW_ATTRIBUTE	特性节点
NodeFilter.SHOW_TEXT	文本节点
NodeFilter.SHOW_CDATA_SECTION	CData section 节点
NodeFilter.SHOW_ENTITY_REFERENCE	实体引用节点
NodeFilter.SHOW_ENTITY	实体节点
NodeFilter.SHOW_PROCESSING_INSTRUCTION	PI 节点
NodeFilter.SHOW_COMMENT	注释节点
NodeFilter.SHOW_DOCUMENT	文档节点
NodeFilter.SHOW_DOCUMENT_TYPE	文档类型节点
NodeFilter.SHOW_DOCUMENT_FRAGMENT	文档碎片节点
NodeFilter.SHOW_NOTATION	记号节点

通过给 whatToShow 参数传递特定的常量，如表 15-4 所示，可以决定哪些节点可以访问，下面举例说明如何使用 NodeIterator 迭代器遍历 DOM 树。如下面代码所示。由于这段代码都很重要，因此不做加粗处理，读者需着重学习。

```
01  <head>
02  <script langauage="javascript">
03  function Handle()                                    //  按钮事件处理程序
04  {
05      var divs = document.getElementById("div1");      // 层对象
06      var myfilter = new Object();                     // 创建过滤器
07      var myiterator = document.createNodeIterator(divs, NodeFilter.SHOW_
        ELEMENT, FILTER, false);
08      var output = document.getElementById("textarea1");
                                                         // 文本框
09      var curnode = myiterator.nextNode();             // 取得下一个节点
10      myfilter.acceptNode = OnEccept;
11      function OnEccept(_node)                          // 获得有效节点时
12      {
13          if(_node.TagName == "P")                     // 如果是<p>
14              return NodeFilter.FILTER_REJECT
15          else                                         // 否则
16              return NodeFilter.FILTER_ACCEPT;
17      }
18      while(curnode)                                   // 循环遍历
19      {
20          output.value += curnode.TagName +"\n";       // 获得节点名称
21          curnode = myiterator.nextNode();             // 下一个节点
22      }
23  }
24  </script>
25  </head>                                              <!--文档头结束-->
26  <body>                                               <!--文档体开始-->
27  <div id="div1">                                      <!--层-->
28  <p>你好!</p>                                          <!--段落-->
29  <li>西瓜</li>                                         <!--列表项-->
30  <li>葡萄</li>
31  <li>啤酒</li>
32  <li>苹果</li>
33  </div>                                               <!--层结束-->
34  <textarea id="textarea1" rows="10"></textarea><br />    <!--文本域-->
35  <input type="button" value="开始处理" onClick="Handle()" />
                                                         <!--按钮-->
36  </body>
```

 提示 上述代码在 Konqueror/Safari 中才能运行，IE 浏览器尚未支持 NodeIterator。

15.4.2 巧妙遍历文档树

另一个用于遍历文档数的工具是 TreeWalker，该对象拥有 NodeIterator 所有的功能。另外 TreeWalker 还拥有一些 NodeIterator 没有的特性，它主要用于遍历文档树，访问树上的每一个节点。TreeWalker 对象常用的方法如下：

- parentNode，进入当前节点的父节点。
- firstChild，进入当前节点的第一个子节点。
- lastChild，进入当前节点的最后一个节点。
- nextSibling，进入当前节点的下一个兄弟节点。
- previousSibling，进入当前节点的前一个兄弟节点。

TreeWalker 的使用方法和 NodeIterator 一样，也是先创建该对象的一个实例，创建对象实例使用的方法是 createNodeIterator，下面举例说明。

【范例 15-8】使用 TreeWalker 对象遍历 HTML 文档，如示例代码 15-8 所示。

示例代码 15-8

```
01  <body><script type="text/javascript">          // 程序开始
02  function GetAll()                              // 获取所有节点
03  {
04      var walker = null;                         // 引用迭代器
05      var list = "";                             // 列表文本
06      var filter = new Object;                   // 过滤器对象
07      filter.acceptNode = function ()            // 设置接受访问的条件
08      {
09          return NodeFilter.FILTER_ACCEPT;       // 接受所有
10      }
11      walker = document.createTreeWalker(document.documentElement,
12                          NodeFilter.SHOW_ALL, filter, false);
                                                   // 创建迭代器
13      var cur = walker.nextNode();               // 批向下一个节点
14      while(cur)                                 // 遍历
15      {
16          list += cur.tagName + "\n";            // 获取标签名
17          cur = walker.nextNode();               // 指向下一个节点
18      }
19      alert( list );                             // 输出列表
20  }
21  </script><div id="div1"><ul><li>电影</li>        <!-- 创建内容节点 -->
22  <li>购物</li><li>游戏</li></ul></div>             <!-- 内容节点       -->
23  <input type="button" value="开始遍历" onClick="GetAll()" />
24  </body>                                        <!--文档体结束-->
```

【运行结果】打开网页文件运行程序，单击网页中的"生成列表"按钮，其结果如图 15-9 所示。

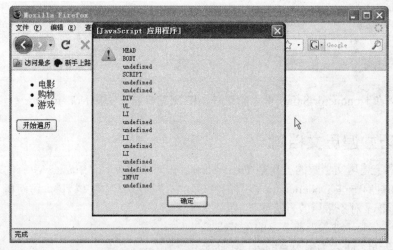

图 15-9　在 firefox 浏览器中遍历文档

【代码解析】该程序段演示如何使用 TreeWalker 遍历 DOM 树。第 11～18 行用 TreeWalker 对 DOM 树进行深度优先的搜索，将访问过的节点名记录到文本域中。

TreeWalker 和 NodeIterator 在 IE 浏览器中不被支持。

15.5　如何测试与 DOM 标准的一致性

　　DOM 特性在各浏览器间的实现都不完全相同，甚至有的浏览器根本就没有实现部分特性。因此在编程时需要检查浏览器到底实现了 DOM 的哪些特性以便编写恰当的程序。通过 DOM 对象的一个称为 implementation 的属性所引用对象可以获知浏览器所实现的 DOM 特性。该对象只有一个方法 hasFeature，调用方法如下：

```
var bXmlLevel1 = document.implementation.hasFeature("XML", "1.0");
```

　　【**范例 15–9**】编写程序，检查当前浏览器是否支持 XML 1.0，如示例代码 15-9 所示。

示例代码 15-9

```
01    <body>                                                <!--文档开始-->
02    <script language="javascript">
03        if( document.implementation.hasFeature( "XML", "1.0" ) )
                                                              // 是否支持 XML1.0
04        {
05            document.write("<b>提示：</b>当前浏览器不支持 XML1.0");
                                                              // 支持时输出
06        }
07        else                                              // 不支持
08        {
09            document.write("<b>提示：</b>当前浏览器支持 XML1.0");
                                                              // 不支持则输出
10        }
11    </script></body>                                      <!--文档体结束-->
```

　　【运行结果】打开网页文件运行程序，其结果如图 15-10 所示。

　　【代码解析】该代码段第 3 行使用 implementation 对象的 hasFeature 方法检查浏览器是否支持 XML1.0 版，并输出相关信息。

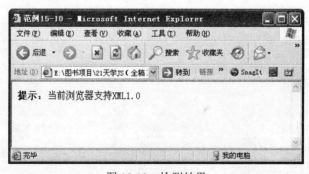

图 15-10　检测结果

 检查版本信息有助于编写正确的代码，养成在使用接口之前对其进行有效性检测的习惯。

15.6　小结

本章向读者介绍了 XML 的基本知识，和 DOM 接口的常用方法。XML 的结构是标准的 DOM 树，其节点及层次数可以是任意多个。W3C 还提出了针对 HTML 的 HTML DOM，这是为了简化 HTML 文档的操作。标准的 DOM 接口提供了访问、创建、插入和移除子节点等常用的方法。

NodeIterator 和 TreeWorker 为遍历 DOM 树提供了强大的接口，但并不是所有的浏览器都实现了这两个接口。本章是将读者带进了 DOM 编程的门槛，介绍一些常用的知识。本章的知识为后面学习 Ajax 打下了一些必要的基础。下一章将学习正则表达式，读者在准备学习下一章前可以快速回顾一遍本章的内容。

15.7　习题

一、常见面试题

1. 简述 XML 文件中节点的层次。

【解析】本题考查的是 XML 文档的结构，XML 文档主要由节点构成。

【参考答案】XML 文档中第一个节点使用一个 node 对象来表示，该对象提供了操作节点的接口。document 是最顶层的节点，所有的其他节点都是附属于 document 的。

2. 说出以下代码的含义。

```
01  function msg() {
02  var P = document.createElement("p");            // 创建节点
03  var Text = document.createTextNode("Hello!");   // 创建文本节点
04  p.appendChild(Text);                            // 添加子节点
05  document.body.appendChild(p);                   // 添加到文档体
06  }
```

【解析】本题考查节点的基本概念及使用方法。

【参考答案】上面这段代码的作用是创建新的节点 p，并将其添加到文档 body 中。

二、简答题

1. 简述 DOM 树的层次结构。
2. 简述遍历 DOM 的方法。
3. 谈谈测试与 DOM 标准的一致性。

三、综合练习

网页中通常使用 XML 文件记录导航菜单命令的属性，通过定制 XML 数据文件即可动态配置菜单。在此使用一个 XML 文件组织菜单数据，在网页中使用 JavaScript 程序分析该 XML 文件并生成超链接列表，通过单击表项可以链接到指定的网页。

【提示】结合本章的知识，XML 文件结构是一种标准的 DOM 树，使用浏览器提供的 DOM 接口即可操作 XML 文件。本题由以下两部分组成。

（1）用于定义菜单数据的 XML 文件，其中一个"links"节点包含多个"link"节点。每一个"link"节点表示一个超链接，其包含表示链接文字的"title"属性和表示链接地址的"href"属性。XML 文件参考代码如下：

```
01  <?xml version="1.0" encoding="utf-8"?>          <!--XML 文件开始-->
02  <links>                                          <!--链接集合-->
```

```
03    <link title="百度" href="http://www.baidu.com"/>    <!--链接-->
04    <link title="网易" href="http://www.163.com"/>     <!--链接-->
05    <link title="新浪" href="http://www.sina.com.cn"/>  <!--链接-->
06  </links>                                              <!--链接集合结束-->
```

（2）在 HTML 文档中编写 JavaScript 程序分析上述菜单数据的 XML 文件，并生成相应的超链接列表。主要运用标准的 DOM 方法，HTML 文件的参考代码如下：

```
01  <head>                                              <!--文档头-->
02    <title>练习 15-2</title>                          <!--文档标题-->
03    <script language="javascript">                    // 本程序开始
04    function CreateLinks( url )                        // 创建超链接
05    {
06        var xmlDom = new ActiveXObject("Microsoft.XMLDOM");
                                                         // 创建 XML DOM 对象
07        if( xmlDom == null )                           // 创建失败时
08        {
09            alert( "创建 XMLDOM 失败！" );              // 提示用户并返回
10            return;
11        }
12        xmlDom.async = false;                          // XML 文件加载完毕后才开始分析
13        xmlDom.load(url);                              // 加载 XML
14        links = xmlDom.documentElement;                // 获得文档根节点
15        for( n=0; n!=links.childNodes.length; n++ )    // 逐一分析每一个子节点
16        {
17            a = document.createElement("<a>");         // 创建一个 "<a>" 节点
18            // 使用 xml 文件中的 link 节点的 href 属性作为链接文字
19            a.setAttribute( "href",links.childNodes[n].getAttribute
              ("href") );
20            // 创建一个文本节点作为链接的开头符号
21            l = document.createTextNode("★");
22            // 使用 xml 文件中的 link 节点的 title 属性作为链接文字
23            t = document.createTextNode( links.childNodes[n].getAttribute
              ("title") );
24            r = document.createElement("<br>")         // 创建一个换行标签对象
25            a.appendChild( l );                        // 将以上各新建的节点添加为
                                                         //超链接节点的子节点
26            a.appendChild( t );
27            a.appendChild( r );
28            // 将超链接节点添加为当前 HTML 文档 BODY 节点的子节点
29            document.getElementById("DocBody").appendChild( a );
30        }
31    }
32    </script>                                          <!--程序结束-->
33  </head>                                              <!--文档头结束-->
34  <body id="DocBody" onload="CreateLinks( 'links.xml' )" >
                                                         <!--文档体-->
35  </body>                                              <!--文档体结束-->
```

【运行结果】打开网页文件运行程序，其结果如图 15-11 所示，单击其中的一个超链接将跳转到相应的网页。

图 15-11　参考代码运行结果

四、编程题

1. 在两个文本框中输入数字，当单击确定按钮时，创建一个对应数据行和列的表格。

【提示】用到鼠标的单击事件，需要给鼠标的单击事件写代码。

2. 动态创建一个弹式菜单。

【提示】可以利用定义数组的方式来实现。

第 16 章　正则表达式

在前面学习到 String 对象时，有一些方法需要传入正则表达式作为参数。正则表达式主要用于匹配字符串，是一种独立于语言的字符串模式匹配工具，应用非常广泛，很多脚本语言都在使用。本章将介绍如何使用简单的正则表达式。

- 了解什么是正则表达式。
- 掌握正则表达式的基础知识。
- 学会如何使用正则表达式进行字符串操作。

以上几点是对读者在学习本章内容时所提出的基本要求，也是本章希望能够达到的目的。读者在学习本章内容时可以将其作为学习的参照。

16.1　正则表达式基础

正则表达式是用来检测字符串之间的匹配关系的工具，用这个工具可以很轻松地确定两个字符串之间的匹配情况，它的匹配功能很强，可以用于二进制数据的匹配。有了正则表达式，可以使程序更高效地运行，而且也少了很多复杂的代码。比如要写一个对电子邮件的验证，得用上三五行，可能效果还不是很好，用正则表达式则只要一句就行了。

16.1.1　为何使用正则表达式

在这之前曾有过字符验证例子，其中验证字符的代码非常烦琐冗长。有了正则表达式，验证程序的代码变得简洁而更强大，代码运行的速度更快。为了判断某个字符串是否符合某种格式，使用正则表达式最为合适。通常，人们在表单数据发送到服务器之前，都需要进行数据合法性验证。例如，客户所填写的电子邮件地址格式是否正确等。使用正则表达式可以使程序代码简单高效，在下面几节的实例中，读者将会体会到这一点。

16.1.2　使用 RegExp 对象

RegExp 是 JavaScript 提供的一个对象，用来完成有关正则表达式的操作和功能，每一条正则表达式模式对应一个 RegExp 实例。JavaScript 使用 RegExp 对象封装与正则表达式相关的功能和操作，每一个该对象的实例对应着一条正则表达式。和其他对象一样，在使用之前必须取得其引用或新建一个对象实例。创建一个 RegExp 实例语法如下：

```
var regObj = new RegExp( "pattern" [," flags "] );
```

参数说明如下。

- pattern：必选项，正则表达式的字符串。
- flags：可选项，是一些标志组合。

在标志组合中，"g"表示全局标志。设定时将搜索整个字符串，以找匹配的内容，每一次新的探索都从 RegExp 对象的 lastIndex 标记的字符起，否则只搜索到第一个匹配的内容。"i"表示忽略大小写标志，若设置该项，则在搜索匹配项时忽略大小写，否则将区别大小写。其他更多选项请查阅相关资料。以上所述是创建正则表达式对象的方式之一，另一种创建方式如下：

```
var regObj = /pattern/[flags];
```

参数的意义和第一种方式一样，但这种方式不能用引号将 pattern 和 flags 括起来。正则表达式的使用非常简单，只要用一个 test 方法就行了。

```
regObj.test( string );
```

regObj 表示正则表达式对象，是一个 RegExp 对象实例。string 为源字符串，即将在其中进行匹配操作的字符串。test 方法返回一个布尔值，表明是否已经在源串中找到了正则表达式所定义的模式，下面举例说明。

 注意 RegExp 对象是由 JavaScript 自动创建的内部对象。

【范例 16-1】使用正则表达式过滤受限制的词汇，下面这个例了是要过滤一些有血腥、暴力倾向的词汇，如示例代码 16-1 所示。

示例代码 16-1

```
01   <script language="javascript">
02       var filter = /一枪爆头/g;                    // 将受限制的词句组成正则表达式
03       var said = "他被人一枪爆头了";               // 将接受检查的语句
04       if( filter.test( said ) )                    // 如果被检查语句中存在受限词句
05       {
06           alert( "该语句中有限制级词语，系统已经过滤！" );
                                                       // 显示警告
07       }
08       else                                         // 否则
09       {
10           alert( said );                           // 输出原话
11       }
12   </script>
```

【运行结果】打开网页运行程序，其结果如图 16-1 所示。

【代码解析】该代码段第 2 行使用受限词句创建一个正则表达式。第 4～11 行使用该正则表达式测试语句 said 中是否存在正则表达式中定义的受限词句。

图 16-1　过滤提示

16.2　简单模式

正则表达式虽然作用很大，但如果想要真正地运用正则表达式来解决问题，首先必须对正则表达式有充分的认识，至少要了解正则表达式的语法。正则表达式的语法归结起来就是对它各元字符功能的阐述。因此，首先得学习它的各元字符的功能。根据元字符的复杂程度，则可分为简单模式和复杂模式两种。本节将介绍简单字符。

16.2.1　详解元字符

元字符是正则表达式最为简单的情况。它指的是与字符序列相匹配，如范例 16-1 中的正则表达式 filter。其简单的查找语句 said 中是否存在"一枪爆头"这个语句，这个语句中没有其他有特别含义的字符。范例 16-1 中如果要过滤"一枪爆头"或"一刀捅死"，则可以在构建正则表达式时使用"|"字符连接两个受限语句，如下面代码所示。

```
var filter = /一枪爆头|一刀捅死/g;
```

上面代码中，字符"|"具有特殊含义，表示"或者"的意思。这类有特殊含义的字符称为元字符。上述是正则表达式中所有的元字符，要掌握元字符的含义才能灵活运用正则表达式。

下面举例说明如何使用元字符。

【**范例 16–2**】练习如何运用元字符，如在实际中常常会用到查询、查找指定字符前后的字符，如示例代码 16-2 所示。

示例代码 16-2

```
01   <script language="javascript">
02       var reg = /.o./g;                   // 寻找字符 o 前后接任意字符组成的
                                             //有三个字符的字符串
03       var str = "How are you?"            // 源串
04       var result = new Array();           // 用于接收结果
05       while( reg.exec(str) != null )      // 执行匹配操作，如果找到匹配则继续找下一项
06       {
07           result.push( RegExp.lastMatch );   // 添加结果
08       }
09       alert( result );                    // 输出找到的匹配项
10   </script>
```

【运行结果】打开网页运行程序，其结果如图 16-2 所示。

【代码解析】该示例代码演示了元字符 "." 的使用方法。第 2 行创建一个正则表达式对象 reg，在匹配模式中使用了 "." 元字符。第 3 行定义一个字符串对象，即将在其中寻找匹配正则表达式对象 reg 中定义的模式子串。第 5 行通过调用正则表达式对象的 exec 方法执行匹配检查操作。当存在匹配时，该方法返回一个数组对象，包含了匹配相关的信息；不存在匹配，则返回 null 值。

图 16-2　匹配结果

 提示　读者不妨测试其他元字符，直到熟练掌握它们的功能特性为止。下一节学习另一个基础内容，即使用特殊字符。

16.2.2　详解量词

量词就是指定某个特定模式出现的次数。分为简单题词、贪婪量词、惰性量词和支配量词几种。目前 IE 浏览器并没有实现前述的量词特性，下面简单介绍常用的量词。

贪婪量词，它是首先匹配整个字符串，如果不匹配，则去掉最后一个字符，然后再比较。如果仍然不匹配，则继续去掉最后一个字符再比较，如此一直下去，直到找到匹配或字符串的字符被取完为止。支配量词，它只尝试整个字符串的匹配，如果不能匹配，则不再尝试，也就说它只比较一次。

【**范例 16–3**】规定用户只能输入字母加数字或数字，检验用户输入是否合法，如示例代码 16-3 所示。

示例代码 16-3

```
01   <html>
02       <head>
03           <meta http-equiv="Content-Type" content="text/html; charset=gb2312">
04           <title>范例 16-3</title>
05           <script language="JavaScript">
06           <!--
07           function check()                            //自定义函数
08           {
09             var use=username.value;                   //取得用户的输入
```

```
10            var regx=/[a-z0-9]\w\d/g;                    //验证输入的正则表达式
11            if(!regx.test(use))                          //不包含规定字符,
                                                           //用户名无效
12            {
13               alert("\n用户名检测 : \n\n 结果 : 用户名不合法! \n");
14               use.focus();                              //获得焦点
15            }
16            else
17            {
18               alert("\n用户名检测 : \n\n 结果 : 用户名合法! \n");
                                                           //提示用户输入合法
19            }
20         }
21         -->
22         </script>
23      </head>                                            <--文档头的结束-->
24  <body>                                                 <--文档主体-->
25      <center><p>                                        <--居中的段落-->
26      用户名合法性检测程序                                 <--文本-->
27      </p>                                               <--段落结束-->
28      <p>                                                <--段落-->
29      规则:数字或英文字符串+数字
30      </p>                                               <--段落结束-->
31        <input type="text" name="username" value="">    <--文本框-->
32        <input type="submit" value="合法性检测" onClick="check()"><--按钮-->
33      </center>
34  </body>
35  </html>
```

【运行结果】打开网页运行程序，其结果如图 16-3 所示。

图 16-3　合法验证

【代码解析】该代码段第 7～20 行的作用是检验用户输入是否合法，其检验的尺度就是正则表达式 "/[a-z0-9]\w\d/g"，代码第 11～19 行是具体的判断过程。

 注意 IE 和 Opera 不支持支配量词。

16.3　复杂模式

复杂模式是相对于简单模式而言的，望文生义应该猜到复杂模式是比简单体模式更烦琐的正则表达式，它是更高级的匹配应用。在复杂模式主要分为分组、反向引用、候选、非捕获性分组、前瞻、边界定位符和多行模式等概念，这一节将主要对其中几个比较常用的模式进行介绍。

16.3.1 使用分组

任何一种技术都不是凭空产生的，都是在实际生活中有相关的需求才产生的。介绍到这里，自然会想到，前面用简单模式可以找整个表达式的结果，但是如果要找的是表达式内的子表达，或者找的是目标字符串中重复出现子串，则仅仅依靠前面的简单模式的知识是绝对无法实现的。

为了解决上面的问题，正则表达式引入分组的概念。它的语法是"(pattern)"，也就是用括号括起一些字符、字符类或量词，它是一个组合项或子匹配，可统一操作。下面这段代码就是一个简单的分组。

【范例 16-4】查找字符串中，指定的字符串连续出现两次的子字符串，如示例代码 16-4 所示。

示例代码 16-4

```
01   <script language="javascript">
02       var showStr="";                            //定义一个变量，并赋空值
03       var str = "this word is OKOKOKOKokokokok!!!";   //给变量赋初值
04       var searchStr = /(OK){2}/gi;               //分组的正则表达式
05       var result= str.match(searchStr);          //查找匹配
06       for (var i = 0; i < result.length; i++)    //循环访问 arrdata 对象
07       {
08           showStr+=result[i]+"\n";               //显示信息
09       }
10       alert("一共有"+result.length+"组匹配\n"+showStr); //显示最后匹配的结果
11   </script>
```

【运行结果】打开网页运行程序，其结果如图 16-4 所示。

【代码解析】该代码段第 2~5 行的作用是查找匹配，其中第 5 行是一个正则表达式，这是程序员自己根据需要设计的，它指的是匹配"OK"或"ok"的连续出现两次的子字符串。代码第 6~9 行是将匹配所得结果显示出来。

图 16-4 匹配结果

 注意 在上面的匹配中，是不区分大小写的。

16.3.2 使用候选

候选就是用"|"来表示的模式或关系，它表示的是在匹配时可以匹配"|"的左边或右边。这个"|"相当于"或"。比如/pic|voice/，匹配字符串为"this pic or voice match"，则第一次匹配时可以成功匹配到 pic，再次匹配时则可以得到 voice。这个功能一般用于检验某个指定的字符串是否存在。

【范例 16-5】查找字符串中，指定的字符串连续出现两次的子字符串，如示例代码 16-5 所示。

示例代码 16-5

```
01   <script language="javascript">
02       var str1 = "I like red and black"; // 给字符串赋初值
03       var str2 = "she likes black";       // 给字符串赋初值
04       var result = /(red|black)/;         //候选正则表达式
05       reStr=result.test(str1);            //用 test 方法检查字符串是否存在
06       alert(result.test(str2));
```

```
07        alert(reStr)              //返回 true
08    </script>
```

//返回的值为 **bool** 型，即 **true** 或 **flase**，这里返回的是 **true**

【运行结果】打开网页运行程序，其结果如图 16-5 所示。

【代码解析】该代码段第 2、3 行给出了两个字符串，代码第 4 行构造了一个检测 red 和 black 的正则表达式，将用来对这两个字符串进行检测。代码第 5、6 行分别用 test 方法来检查字符串中是否存在目标字符串。如果存在则返回 true，否则返回 false。

图 16-5　匹配结果

提示 这个属性一般多用于筛选或搜索某些特殊字符，有很高的效率。

16.3.3　使用非捕获性分组

非捕获性分组是指将目标字符串分组合成一个可以统一操作的组合项，只是不会把它作为子匹配来捕获，匹配的内容不编号也不存储在缓冲区，这个功能适合用在对非捕获性分组方法在必须进行组合，但又不想对组合的部分进行缓存的情况下非常有用。

【**范例 16-6**】要在一篇英文资料中查找"discount"和"discover"两个单词，如示例代码 16-6 所示。

示例代码 16-6

```
01  <script language="javascript">
02  function locate()
03  {
04      var str="we want to search for the words:discount and discover";
05      var regex=/dis?:count|cover)/g      //查找字符的正则表达式
06      var array=regex.exec(str);          //第一次匹配
07      var msg="字符所在的位置是:\t"
08      if(array)
09      {
10          msg+=array.index+"\t";          //取得所查找的字符的位置
11      }
12      array=regex.exec(str);              //第二次匹配
13      if(array)
14      {
15          msg+=array.index+"\t";          //取得所查找的字符的位置
16      }
17      alert(msg);                         //显示信息
18  }
19  locate();
20  </script>
```

【运行结果】打开网页运行程序，其结果如图 16-6 所示。

【代码解析】该代码段第 5 行为非捕获性分组的正则表达式，代码第 8～16 行的作用是进行两次匹配，通过两次匹配分别找出目标字符中所在的位置。其中第一次匹配所找的是第一个字符串的位置。

图 16-6　子字符串位置

16.3.4　使用前瞻

前瞻是指对所要匹配的字符作一些限定条件。比如在检查用户输入的是否为电子邮箱地址时，其中有一个特殊的符号@，这就算是一个限定，即可以用前瞻的方法来确定用户输入的地址是否合法。前瞻又分正向前瞻和负向前瞻，正向前瞻是指在目标字符串的对应位置处要有指定的某一特殊的值。不过这个值不作为匹配结果处理，当然也不会存储在缓冲区内。

负向前瞻则和正向相反，是在指定的位置不能有指定的值，它的处理结果也不作为匹配结果处理，也不会存储在缓冲区内。

【范例 16-7】让用户输入以 com 结尾的域名，判断用户输入是否合法，如示例代码 16-7 所示。

示例代码 16-7

```
01  <script language="JavaScript" type="text/javascript">
02  <!--
03  function testIp(obj)                            //检验文本框中信用卡卡号格式是否正确
04  {
05  var msg="";
06  var str=obj.m_num.value;                        //取得用户的输入
07  var regex=/(?=com)/;                            //前瞻正则表达式
08  if (!regex.exec(str))                           //查找匹配,如果没有则返回 null 否则
                                                    //就返回一个数组
09  {
10      msg+="您输入的格式不正确! ";                   //提示用户输入格式不正确
11      alert(msg);
12      obj. m_num.focus();                         //获得焦点，表单不提交
13  }
14  else
15  {
16      msg+="输入的格式正确! ";                       //提示用户输入格式正确
17      alert(msg);
18      return true;                                //提交表单
19  }
20  }
21  -->
22  </script>
23  </head>
24  <body>                                          <!--文档主体-->
25  <center>
26  <p>请输入您的域名以 com 结尾</p>
27  <form onSubmit="return testIp(this);">          <!--表单-->
28      <input type="text" name="m_num">            <!--输入文本-->
29      <input type="submit" value="确定">          <!--提交按钮-->
30  </form>
31  </center>
32  </body>
```

【运行结果】打开网页运行程序，其结果如图 16-7 所示。

【代码解析】该代码段第 3～20 行的作用是检验用户的输入是否正确。代码第 7 行是用来验证的正则表达式，代码第 8～19 是验证的具体过程，用 exec 查找是否匹配，如果匹配则用户输入正确，提交表单，否则不提交表单，验证失败。

注意　"前瞻"和"非捕获性分组"的概念有些相近，初学者很容易混淆。

图 16-7　验证结果

16.4　常用模式

通过前面章节的学习，相信读者对正则表达式有了一定的了解。正则表达式简单地说，就两个方面，一个就是简单模式，另一个是复杂模式，特别是复杂模式，其中的种类比较多，需要读者在实践中苦练。下面列举两个比较经典的正则表达式实例，力求使读者对正则表达式有更好的理解和掌握。

16.4.1　使用正则表达式验证日期

在实际应用中，常常会涉及日期的使用，这一节将介绍如何验证日期的输入格式的合法性，如果日期为 2008114 或 081104 形式，验证日期中年的部分 1900-2099 的表达式如下：

```
(((((19){1}|(20){1})\d{2})|\d{2});
```

日期中"月"部分 01-12 的表达式如下：

```
0[1-9]|1[0-2];
```

日期中"日"部分 01-31 的表达式如下：

```
[0-2]{1}\d{1}|3[0-1]{1}
```

综上所述，验证日期的正则表达式如下：

```
(((((19){1}|(20){1})\d{2})|\d{2})(0[1-9]|1[0-2] )([0-2]{1}\d{1})|(3[0-1]{1})
```

【范例 16-8】日期的验证格式是否符合要求，要求输入的格式类似"20081114"或"081114"，如示例代码 16-8 所示。

示例代码 16-8

```
01  <html>
02  <head>                                        <!--文档主体-->
03  <title>验证日期格式</title>                    <!--文档标题-->
04  <script language="JavaScript">
05  <!--
06  function checkDate(obj)                        //检测输入的日期字符串格式
07  {
08  var str=obj.m_date.value;                      // 取得用户输入
09  //构造正则表达式进行判断
10  var regex=/^((((19){1}|(20){1})\d{2})|\d{2})(0[1-9]|1[0-2])([0-2]{1}\d{1})|
    (3[0-1]{1})$/;
11  if (!regex.exec(str))
12  {
```

```
13          alert("日期格式不正确!请重新输入");              //提示用户输入不正确
14          obj.m_date.focus();                          // 获得焦点
15      }
16      else
17      {
18          alert("日期格式正确!");                         //提示用户日期格式正确
19          return true;                                 //提交表单
20      }
21   }
22   -->
23   </script>
24   </head>
25   <body>                                              <!--文档体-->
26   <center>
27   <p>
28     验证日期格式是否正确
29   </p>
30   <form onSubmit="return checkDate(this);">           <!--提交表单时调用验证函数-->
31     <input type="text" name="m_date">                <! --d 在文本框中输入日期-->
32     <input type="submit" value="确定">
33   </form>
34   </center>
35   </body>
36   </html >
```

【运行结果】打开网页运行程序，其结果如图 16-8 所示。

图 16-8　检查日期的格式

　　【代码解析】该代码段第 6～20 行的作用是检测输入日期字符串的格式是否正确，代码第 10 行是检测日期是否匹配的正则表达式，代码 11～20 行是具体的匹配过程，当匹配成功后提交表单，否则提示用户重新输入。

16.4.2　使用正则表达式验证电子邮件地址

　　在前面章节中，曾经学过表单的验证，其中也介绍过电子邮件地址的验证，这些都是在未提交给服务器之前进行的，这在 Web 开发中是很有意义的。而前面介绍电子邮件地址的验证时，是使用 indexOf 方法来验证电子邮件地址格式的方法，该方法效果较为明显，但代码显得很复杂。下面利用正则表达式来验证电子邮件地址格式是否合法。

　　正确格式的电子邮件地址如"yx1209@163.com"，它必须符合以下几个条件。电子邮件地址中同时含有"@"和"."字符；字符"@"后必须有字符"."，且中间至少间隔一个字符；字符"@"不为第一个字符，"."不为最后一个字符。所有的电子邮件都是这样的。

　　根据上述条件，可构造验证电子邮件地址的正则表达式如下所示。

```
/^([a-zA-Z0-9_-])+@([a-zA-Z0-9_-])+(\.[a-zA-Z0-9_-])+/
```

【范例 16-9】 验证电子邮件地址的合法性，如示例代码 16-9 所示。

示例代码 16-9

```
01    <title>验证电子邮件地址</title>
02    <script language="JavaScript">
03    <!--
04    function check(obj)                      //检验文本框中电子邮件地址格式是否合法
05    {
06    var emailUrl = obj.email.value
07    var regex=/^([a-zA-Z0-9_-])+@([a-zA-Z0-9_-])+(\.[a-zA-Z0-9_-])+/;
                                               //构造正则表达式进行检验
08    if (!regex.exec(emailUrl))              //取得用户的输入
09    {
10        alert("您输入的格式有误，可能您忘记了@符号或是点号！请重新输入");
11        obj.m_email.focus()                 //取得焦点
12    }
13    else
14    {
15        alert("输入正确！");                  //通过验证
16        return true;                         //提交表单
17    }
18    }
19    -->
20    </script>
21    </head>
22    <body>
23    <center>
24    <p>验证电子邮件地址合法性</p>
25    <form onSubmit="return check(this);" name="form1">  <!--表单-->
26        <input type="text" name="email">    <!--用户输入 E-mail 的文本框-->
27        <input type="submit" value="确定"> <!--提交按钮-->
28    </form>
29    </center>
```

【运行结果】 打开网页运行程序，其结果如图 16-9 所示。

图 16-9　验证测试结果

【代码解析】 该代码段第 4～18 行的作用是验证用户输入的 E-mail 地址是否合法，代码第 7 行是验证用的正则表达式，代码第 8～17 行的作用是判断用户的输入是否匹配，用了 .exec 方法来验证。当不合法时提醒用户，并告诉用户正确的格式。如果验证成功则提交表单。

提示　有关电子邮件地址各部分的含义，请读者自行查阅相关资料。

16.5　小结

本章详细介绍了 JavaScript 脚本中正则表达式的概念以及构造和使用方法等。正则表达式定义了一种用来搜索匹配字符串的模式，这些模式主要分简单模式和复杂模式两大类。利用这些模式，能快捷地进行文本匹配。所有的介绍都是从简单的实例入手，由浅入深介绍了正则表达式，介绍了 RegExp 对象并提供了相关实例进行验证和对比。

16.6　习题

一、常见面试题

1．什么是正则表达式？

【解析】本题考查的是正则表达式的概念，使用它就必须知道它能做什么。

【参考答案】正则表达式是用来检测字符串之间的匹配关系的工具，用这个工具可以很轻松地确定两个字符串之间的匹配情况。

2．分析下面的代码并解释。

```
01      var reg = /.o./g;        // 寻找字符 o 前后接任意字符组成的有三个字符的字符串
02      var str = "How are you?"  // 源串
03      var result = new Array(); // 用于接收结果
04      while( reg.exec(str) != null )
                                  // 执行匹配操作，如果找到匹配的则继续找下一项
05      {
06          result.push( RegExp.lastMatch );
                                  // 添加结果
07      }
08      alert( result );
```

【解析】考查正则表达式的基本应用。

【参考答案】

代码第 1 行是寻找字符 o 前后接任意字符组成的有三个字符的字符串。

代码第 4 行是执行匹配操作，如果找到匹配的则继续找下一项。

代码第 6 行将所得的结果添加到数组中。

二、简答题

1．使用正则表达式的好处有哪些？

2．正则表达式的静态属性有哪些？

3．正则表达式的简单模式和复杂模式指的是哪些内容？

 提示　有关电子邮件地址各部分的含义，请读者自行查阅相关资料。

三、综合练习

1．使用 JavaScript 编写一个用于检测电话是否正确的函数 checktel()，该函数只有一个参数 tel，用于获取输入的联系电话号码，返回值为 true 或 false。

【提示】本程序是一个简单的正则表达式的验证程序，关键是搞清楚电话号码验证的正则表达式，其表达式为 "/(\d{3}-)?\d{8}|(\d{4}-)(\d{7})/"。利用 regexp 对象完成对用户输入的字符串进行验证。参考代码如下：

```
01   <html>
```

```
02   <head>
03   <meta http-equiv="Content-Type" content="text/html; charset=gb2312">
04   <title>验证电话号码</title>                              //文档标题
05   <script language="javascript">
06   function checktel(tel)
07   {
08       var str=tel;
09       //在 JavaScript 中，正则表达式只能使用"/"开头和结束，不能使用双引号
10       var Expression=/(\d{3}-)?\d{8}|(\d{4}-)(\d{7})/;
11       var objExp=new RegExp(Expression);                //创建 regexp 对象
12       if(objExp.test(str)==true)                        //检验是否匹配
13       {
14           eturn true;                                   //匹配
15       }
16       else
17       {
18           return false;                                 //不匹配
19       }
20   }
21   function Mycheck(myform)
22   {
23       if(myform.familytel.value=="")                    //检验输入是否为空
24       {
25           alert("请输入家庭电话!!");                      //提示用户输入为空
26           myform.familytel.focus();                     //文本获得焦点
27           return;
28       }
29       if(!checktel(myform.familytel.value))             //判断检验是否成功
30       {
31           alert("您输入的家庭电话不正确!");               //提示用户验证不成功
32           myform.familytel.focus();                     //获得焦点
33           return false;                                 //返回假
34       }
35       else
36       {
37             alert("验证成功")                            //提示验证成功
38           return true;                                  //返回真
39        }
40   }
41   </script>                                             //JavaScript 程序结束
42   </head>
43   <body>                                                //文档的主体
44   <center>
45   <p>验证电话号码合法性</p>                               //段落
46   <form onSubmit="return Mycheck(myform);" name="myform">  <!--表单-->
47    <input type="text" name="familytel">                <-文本框-->
48    <input type="submit" value="确定">                   <--按钮-->
49   </form>
50   </center>                                             <--结束居中-->
51   </body>
52   </html>
```

【运行结果】打开网页运行程序，其结果如图 16-10 所示。

图 16-10　示例运行结果

2. 编写一程序实现全文搜索，并将搜索到的字符用红色标记。

【提示】这也是一个比较简单的程序，只需要使用一个普通的 replace 方法，在这里，要做的事情只是允许用户自己输入要查询的模式，把这个模式交给 replace 方法去完成检索。参考代码如下：

```
01  <div id="content">
02      JavaScript 是世界上使用人数最多的程序语言之一，几乎每一台普通用户的
03      电脑上都存在 JavaScript 程序语言的影子。然而绝大多数用户却不知道它的
04      起源，并如何发展至今。JavaScript 程序设计语言在 Web 领域的应用越来越火，
05      未来它将会怎样?<br/>
06  </div>
07  <br/>
08  <input type="text" id="keyword"/>
09  <button onClick="match()">search</button>
10  <script type="text/JavaScript">
11  <!--
12  var str = content.innerHTML;
13  function match()
14  {
15      if(keyword.value == '') return false;  //如果没有输入关键词，不作处理
16      var regexp = new RegExp("("+keyword.value+")", "g");
                              //否则根据关键词构造正则表达式对象
17      content.innerHTML = str.replace(regexp,"<font color='red'>$1</font>");
                              //根据动态构造的正则表达式对象进行全文检索和匹配
18  }
19  </script>
```

【运行结果】打开网页运行程序，在搜索文本框中输入"JavaScript"并单击"search"按钮，其结果如图 16-11 所示。

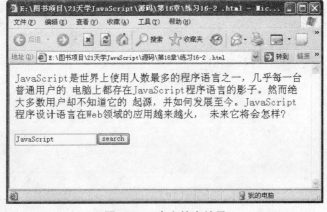

图 16-11　全文搜索结果

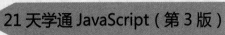

四、编程题

1．写一个程序实现对当前文档的文本进行搜索。

【提示】可以参考第三题中第 2 小题的有关代码。

2．写一个验证电子邮箱地址的程序。

【提示】利用正则表达式找好匹配关系，即可实现验证。

第 17 章　Ajax 基础

最近兴起的一种称为 Ajax 的技术，可以实现网页局部刷新，从而节省了大量的网络带宽并且提高了网络传输的速度。Ajax 含义可以理解为异步 JavaScript 和 XML，其技术核心是通过将少量数据用 XML 语言来描述并且在浏览器和服务器间进行异步传输。基于这一技术，网页可以实现动态刷新。本章将向读者介绍 Ajax 基础知识。

- 理解掌握 Ajax 技术原理
- 掌握常用的与 Ajax 技术相关的对象的使用方法
- 学会实现简单的 Ajax 应用

以上几点是对读者在学习本章内容时所提出的基本要求，也是本章希望能够达到的目的。读者在学习本章内容时可以将其作为学习的参照。

17.1　了解传统的 Web 技术及 Ajax 的由来

传统的 Web 与服务器采用同步交互的技术，用户表单完整地发送到服务器端进行处理后再返回一个新页面到浏览器。这一过程中因为网速延迟而导致浏览器有一定等待时间，交互体验比较差。为解决这一问题，Web 开发者尝试使用异步通信组与服务器通信以改善这一问题，并取得了成功。这一套方案是使用 XMLHttpRequest 组件与服务器异步通信，在客户端用 JavaScript 实现网页内容的更新显示，后称为 Ajax 技术。用户与 Web 服务器的交互示意图如图 17-1 和图 17-2 所示。

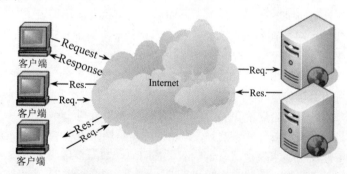

图 17-1　基于 Web 浏览器的请求响应架构

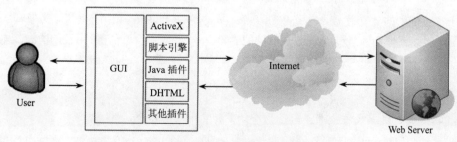

图 17-2　完善的浏览器架构

17.2　Ajax 技术原理简介

Ajax 的基本原理是在 Web 浏览器端使用 JavaScript 程序与服务器进行通信，并传递数据。JavaScript 相对用户来说是完成数据的验证、响应用户的请求并与服务器异步传输数据。JavaScript 使用 XMLHttpRequest 与服务器通信，该组件实现与服务器间的数据交换，数据结构通常是用 XML 语言描述。一个 Ajax 典型应用工作流程如下：

- JavaScript 程序创建一个 XMLHttpRequest 对象；
- 使用 XMLHttpRequest 对象向服务器发送 HTTP 请求；
- 服务器响应请求并给客户端返回信息；
- 客户端 JavaScript 程序在收到回馈信息后使用 DOM 等接口向用户呈现。

注
意　这是一般的情况，有的时候可以合并跳过某些步骤。

17.3　Ajax 技术的优缺点分析

Ajax 是 Web 开发技术，其优缺点的评价没有一定的标准。相对地对比在出现 Ajax 之前和之后 Web 应用所出现的变化，自然有一些明显变化。考查 Ajax 出现前后 Web 应用的样子即可确定 Ajax 的优点。下面大致对比几个主要的方面。

- 每一次需要从服务器更新数据都刷新整个页面，尽管只需要改变一个表项的内容也要把整个页面从服务器重新传递过来。全球的用户都用这样的传递方式，对整个互联网带来的负荷可想而知。而 Ajax 只更新需要改变的数据，其他大量的不变的数据不需要传输，整体加快了互联网的运行速度。
- 每一次用户发出向服务器提交数据的操作后，马上执行，浏览器不会等待一个更适合提交的时机。而 Ajax 可以先将数据保留在本地，等待满足一些条件后再向服务器发送或丢弃。并且可以先给用户 UI 一个快速的反馈。
- 在一个类似不能注册相同用户的情况时，用户所填写的注册资料必须发往服务器后才知道所填写的用户名是否唯一。而 Ajax 可以事先利用空闲时间后台加载各种辅助数据，或者在用户填好用户名后就在后台将其发往服务器进行检查。
- 同步操作是一件事接着一件事的干，严格的先后顺序。传统的 Web 页面请求机制也是同步的，用户发出请求后由服务器响应，在响应和数据传送的过程中，整个页面都是无效的，加长了应用交互的响应时间。而 Ajax 是异步更新的，在 Ajax 引擎更新数据的同时，页面还响应用户的其他操作。

由于有了前面的 4 个优点，于是出现了激动人心的基于 Web 应用的程序。类似基于 Web 的在线游戏、办公等各种系统。Ajax 是典型的"老技术""新组合"，它所用到的所有技术在以前就已存在，只是这种组合方式未被发现而已。如果说其有缺点，只能说还不够强大，有待发展。缺点最终归咎于已经存在了的被它重新组合了的技术。

提
示　Ajax 不是新开发出来的技术，而是已有的多种技术的再组合。

17.4　认识 Ajax 技术的组成部分

前面说过，Ajax 并不是什么新技术，而是组合了一些老技术，包括 HTML、XHTML、CSS、DOM、XML、XSTL 和 HMLHttpRequest 等技术在内的一个组合。只是在 Ajax 之前，这些技术大多都是独立运用，后来随着网络的发展，这些技术之间的综合运用越来越广，Ajax 最终被人们发现了。

当然，也不是要将以上几种技术完全使用才叫 Ajax。在 Ajax 包含的几个技术中，使用得最多的是 JavaScript、XMLHttpRequest、CSS、DOM 和 XML。

17.4.1　Ajax 中的 JavaScript 技术

JavaScript 就不用特别介绍了，它是本书的主要内容，也是 Ajax 技术的主要开发语言。用于开发 Ajax 引擎，Ajax 引擎就是运行于浏览器中的一组 JavaScript 程序，浏览器与服务器的数据交换主要通过它来实现，是浏览器和服务器间的一个中间组件，如图 17-3 所示。

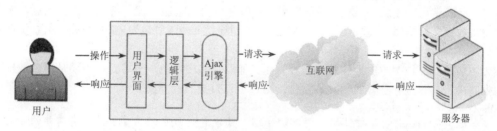

图 17-3　Ajax 引擎

17.4.2　Ajax 中的 XMLHttpRequest 技术

XMLHttpRequest 是 XMLHTTP 组件的一个对象，也是 Ajax 异步处理的核心所在。XMLHttpRequest 允许以异步方式从服务器中获取数据，而不需要每次都刷新网页，也不需要将所有的数据都交付给服务器处理。因此，可以大大地加快响应速度、减少了用户等待的时间，也可以减轻服务器的负担。

17.4.3　Ajax 中的 CSS 技术

CSS（Cascading Style Sheet）是层叠样式表的简称。在现代所流行的设计方法中，CSS 的主要作用是控制数据在浏览器中呈现的样式。例如，显示文字大小及颜色、网页的背景及颜色、元素与元素之间的距离等；而 HTML 大都用于数据的组织，每一个 HTML 元素都有一个 style 属性引用该元素的样式表，通过该属性可以改变元素显示的样式，如下面代码所示。

```
01    <span id="ID_infoPanel">                   <!--设置显示的样式-->
02        使用 CSS 大大方便了 web 页的显示样式！      <!--标签中的文本-->
03    </span>
04    <script language="javascript">             // JavaScript 程序
05        ID_infoPanel.style.color = "red";      // 修改 span 元素的 css 样式，
                                                  //使其中的文字变为红色
06    </script>                                   <!--程序结束-->
```

上面代码通过改变元素的 CSS 样式即可控制元素的显示样式，CSS 可以在另外的文档中编写，极大方便了对 Web 页显示样式的控制。JavaScript 控制元素的 CSS 样式，应用的 UI 富于变化。

提
示 CSS 也是一种很优秀的技术，值得去学习，由于本书的重点是 JavaScript。所以，不能
深入地讲解，有兴趣的读者可以去查看相关的书籍。

17.4.4　Ajax 中的 DOM 技术

第 15 章已经专门讲过 DOM 对象及其编程，在此不再赘述。在 Ajax 中，主要使用 JavaScript 控制 DOM 节点来更新 Web 页，从而使页面看起来像桌面应用程序一样有同样的响应效果。因此也就实现了和桌面软件一样丰富的功能，不同的是它的数据存放在远程服务器上。

17.4.5　Ajax 中的 XML 技术

在第 15 章已经介绍过 XML，读者已经知道 XML 的主要作用是用于描述数据的层次结构。同时它也可以　带数据，因此在 Ajax 中 XML 也还是用于描述目标数据，并在浏览器和服务器之间传送。例如，在一个基于 Web 的在线聊天系统的某页面上，需要动态地更新当前在线的人员资料。此时就可以使用 Ajax 作局部更新，定时从后台请求服务器上的在线人员数据，服务器程序将数据从数据库中提取出来，用 XML 重新组织，再传送到浏览器中的 Ajax 引擎实现动态更新。

XML 在 Ajax 技术中的地位相当重要，在其他场合的应用也十分广泛，主要是用做数据交换的中间格式，并且它是普通的文本文件，用户可以直接阅读理解。

提
示 本节仅对 Ajax 中的各种技术做简单的介绍，让读者明白它们的重要性，有需要的读者请自行学习。

17.5　XMLHttpRequest 对象简介

Ajax 的核心是异步处理和局部刷新，而异步处理的实现主要靠 XMLHttpRequest 对象。该对象实现浏览器端和服务器端的异步请求响应，除了页面初始化的数据外，其他数据的传送基本上都使用该对象。它传送的数据都是 XML 数据，因此需要使用 XML 语言将数据组织起来。

17.5.1　XMLHttpRequest 简介

XMLHttpRequest 对象是浏览器中实现通过 HTTP 协议和服务器交换 DOM 数据的程序集合。通过它可以向服务器发送加载或传送 XML 数据的请求，在 Ajax 应用中主要使用它和服务器间的异步调用机制。在 IE 浏览器中，它以 ActiveX 对象的形式提供，因此可以方便地在 JavaScript 程序中使用。

17.5.2　XMLHttpRequest 如何创建

创建 XMLHttpRequest 的方式和其他 JavaScript 对象一样，只是针对 IE 浏览器时稍有差别，因为其在 IE 中是以 ActiveX 控件的形式出现。创建出来以后就可以像其他对象那样调用其中的方法和属性，下面的代码分别是普通创建方式和 IE 中的创建方式。

```
var xmlHttpRqObj = new XMLHttpRequest();                    // 普通创建方式
var xmlHttpRqObj = new ActiveXObject("Microsoft.XMLHTTP");  // IE 浏览器中的方式
```

通常先判断当前浏览器的类型，再针对不同的浏览器采用不同的创建方式，下面举例说明。

【范例 17-1】 创建 XMLHttpRequest 对象的一般方法，如示例代码 17-1 所示。

示例代码 17-1

```
01  <script language="javascript" type="text/javascript">
                                                          // 程序开始
02      function CreateHttpRQ()                           // 定义函数
03      {
04          if( window.navigator.appName == "Microsoft Internet Explorer" )
                                                          // 如果是 IE
05          {
06              try                                       // 捕捉异常
07              {
08                  return new ActiveXObject( "Microsoft.XMLHTTP" );
                                                          // 创建 XMLHttpRequest
09              }
10              catch(E)                                  // 处理异常
11              {
12                  return null;                          // 返回空值
13              }
14          }
15          else                                          // 其他浏览器
16          {
17              return new XMLHttpRequest();              // 返回创建的对象
18          }
19      }
20      if( CreateHttpRQ() != null )                      // 如果创建成功
21      {
22          window.status = "XMLHttpRequest 对象创建成功～! ";
                                                          // 在状态栏上输出提示
23      }
24  </script>                                             <!--程序结束-->
```

【运行结果】 打开网页文件运行程序，其结果如图 17-4 所示。

图 17-4　成功创建 XMLHttpRequest 对象

【代码解析】 该代码段第 2～19 行实现了一个通用的创建 XMLHttpRequest 的函数，其判断当前浏览器的类型并采用合适的创建方式。第 20～23 行测试该函数，创建成功时在状态栏上输出提示信息。

警
告　创建 XMLHttpRequest 对象时，一定要注意对不同的浏览器加以区别。

17.6　局部更新

局部更新是指当网页中的内容发生改变时，不需要刷新整个页面而只刷新有改变的地方。在早期的网页中，哪　仅仅一个文本标签的内容有改变，都需要从服务器上下载整个页面并重新显示。这种方式大大降低了互联网的运行速度，现在很多网页使用了局部更新技术，仅加载发生改变的部分。

通常借助 XMLHttpRequest 这样的组件实现局部更新，更新的数据来自服务器。网页上显示的更新通常借助 DOM 来实现，如动态变更某一个对象上显示的内容。通过使用脚本语言来控制 HTML 元素的显示，所显示的数据可以来自用户的输入、服务器传输的数据、计算结果等。Ajax 的核心就是将数据从服务器中" 来"并"展示"在相应的 HTML 元素上，下面举例说明如何实现本地 HTML 元素的更新。

【范例 17–2】从外部的 XML 文件加载消息数据，在当前网页中实现自动翻阅，如示例代码 17-2 所示。

示例代码 17-2

```
01  <h1>自动聚合消息</h1>                                // 标题
02  <div id="viewport">当前没有新闻</div>               // 新闻文本容器
03  <script language="javascript">
04      var xmlDOM = new ActiveXObject( "Microsoft.XMLDOM" );
                                                        // 创建 XMLDOM 对象
05      var newsArray = new Array();                    // 创建消息数组
06      var index = 0;                                  // 当前消息索引
07      if( xmlDOM != null )                            // 如果 XMLDOM 创建成功
08      {
09          xmlDOM.async = false;                       // 关闭异步模式
10          xmlDOM.load( "news.xml" );                  // 加载新闻数据
11          xmlDOM = xmlDOM.documentElement;            // 获取文档主节点
12          for( n=0; n<xmlDOM.childNodes.length; n++ )
                                                        // 遍历文档
13          {
14              newsArray.push( xmlDOM.childNodes[n].firstChild.node Value );
                                                        // 提取新闻
15          }
16      }
17      setInterval( "ToggleNews()", 1000 );            // 设定定时器
18      function ToggleNews( )                          // 定时器函数
19      {
20          viewport.innerHTML = "<li>"+newsArray[index%(newsArray.length)];
                                                        // 设置 DIV 文本
21          index++;                                    // 索引号递增
22      }
23  </script>                                           <!--程序结束-->
```

【运行结果】打开网页文件运行程序，其结果如图 17-5 所示。

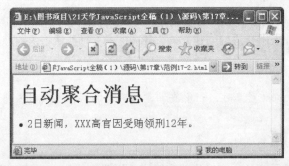

图 17-5 局部更新

【代码解析】该代码段结合 DOM 技术实现从外部载入数据，更新当前面局部内容的功能。第 4 行创建一个 XMLDOM 对象，使用该对象操作 XML 文件中的数据。第 7~16 行遍历 XML

文档并将新闻数据提取到数组中。第 17～22 行设定定时器，定时更新网页中的新闻内容。

 提示　范例 17-2 中的新闻数据来自外部的 XML 文件，读者将 XML 文件从服务器中异步加载即可实现 Ajax 技术。

17.7　实现 Ajax

前面的内容已经介绍了 Ajax 中的各种技术成分，使用一种思想将这些技术组合起来即为 Ajax。Ajax 技术体现在局部刷新和异步调用方面。通常局部刷新可以使用 DOM 接口实现，异步调用可以使用 JavaScript 语言结合 XMLHttpRequest 组件来实现。

17.7.1　详解实现 Ajax 的步骤

Ajax 的工作流程中涉及多个对象，每一种对象完成不同的功能。多个对象协作工作的整体构成了 Ajax，如 JavaScript 完成接口调用和工作流程的控制，XMLHttpRequese 与服务器异步交互，DOM 接口实现局部更新等。实现 Ajax 通常需要完成一些如下列出的工作，工作流程如图 17-6 所示。

- 创建 XMLHttpRequest 对象。
- 创建一个 HTTP 请求。
- 设置响应 HTTP 请求回调函数。
- 发送 HTTP 请求。
- 等待请示的响应。
- 使用 DOM 实现局部刷新。

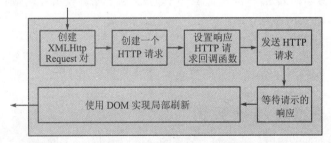

图 17-6　实现 Ajax 的一般步骤

 提示　这是实现 Ajax 应用的一般工作过程，具体实现细节不一定完全按此步骤。

17.7.2　如何创建 HTTP 请求

HTTP 请求是指 Web 浏览器向一个 Web 服务器发送加载网页的请求，HTTP 请求一般包括服务器的地址、所要请求的文件以及传送的参数等。创建 XMLHttpRequest 对象后，须为其对象创建 HTTP 请求，设置了 HTTP 请求之后 XMLHttpRequest 才知道从何处加载数据，其机理与先前介绍的浏览器 HTTP 请求一样。调用 XMLHttpRequest 对象的 open 方法即可设置请求以及请求的方式，如下面代码所示。

```
01  var XmlHtpRq = new ActiveX( "Microsoft.XMLHTTP" );// 创建 XMLHttpRequest 对象
02  XmlHtpRq.open("GET","index.php?id=12");           // 创建 HTTP 请求
```

提 HTTP 请求方式分两种，即 POST 和 GET 方式。可以 XMLHttpRequest 对象的 open 方
示 法的参数中指定。

17.7.3 如何设置 HTTP 响应回调函数

向服务器发送请求后，因为是异步请求，所以服务器不一定马上就发出响应，Web 浏览器
也不会等待服务器的响应。但浏览器需要在数据加载完毕时得到通知，达到这个目的的通用方
法是给 XMLHttpRequest 对象设置回调函数。XMLHttpRequest 对象根据自身状态的变化调用相
应的函数，用户因此也　到处理数据的时机。

通过设置 readystatechange 事件的处理函数，即可监听 XMLHttpRequest 对象状态的变化。
在事件处理函数中根据状态值做出不同的决策，语法如下：

```
01  <script language="javascript">                     // 程序开始
02  var XmlHtpRq = new ActiveX( "Microsoft.XMLHTTP" );
                                                       // 创建 XMLHttpRequest 对象
03  XmlHtpRq.readystatechange = function( obj )  // readystatechange 事件处理程序
04  {
05        // 在此根据各种状态进行不同的操作
06  }
07  </script>                                          <!--程序结束-->
```

17.7.4 如何发送 HTTP 请求

经过前面几节介绍的步骤之后，此时可以向 Web 服务器发送 HTTP 请示。通常使用
XMLHttpRequest 对象的 send 方法完成任务，该方法带一个可选参数。当请求是 POST 方式时
该参数包含发往服务器的数据，是 GET 方式时该参数被忽略。使用方式如下面代码所示。

```
XMLHttpRequest.send(data);              // 带参数
XMLHttpRequest.send(null);             // 不带参数
```

提 请求方式是在 XMLHttpRequest 对象的 open 方法中指定。
示

17.7.5 一个完整的 Ajax 实例

本节综合运用前面的内容，实现一个简单的 Ajax 应用。很多网站的会员注册页面，利用
Ajax 技术，在用户填写表单但还未发送表单时，将已经填好用户名发送到服务器进行验证，如
果存在相同用户名的用户则输出提示。

【范例 17-3】在会员注册页面实现用户重名检测的功能，如果填写的用户名已经存在则
给出更换提示，客户端程序如示例代码 17-3 所示。由于这段代码都很重要，因此不做加粗处理，
读者需着重学习。

示例代码 17-3

```
01  <head>
02      <title>范例 17-3</title>                          <!--标题-->
03  <meta http-equiv="Content-Type" content="text/html; charset=utf-8" />
                                                          <!--元数据-->
04  </head>
05  <body>                                                <!--文档体-->
06      用户名：<input id="Text1" type="text" onblur="OnBlur(this)"/>
```

```
                                                        <!--用户名文本框-->
07  <span id="IdCheck" style="width: 153px;height: 10px">    <!--提示标签-->
08  (填入用户名,例如 admin)<div id="message">
09  </div></span>
10  <script lnaguage="jvascript">                      // 脚本开始
11      var xmlHtpRq;                                   // 保存 XMLHttpRequest 对象引用
12      function OnStatusChange()                       // 状态事件处理程序
13      {
14          if (xmlHtpRq.readyState == 4)               // 正常响应状态
15          {
16              if (xmlHtpRq.status == 200)             // 正确的接收响应数据
17              {
18                  document.getElementById('message').innerHTML = xmlHtpRq.
                    responseText;
19              }
20              else                                    // 状态不正常
21              {
22                  document.getElementById('message').innerHTML = xmlHtpRq.
                    status;                             // 输出状态码
23              }
24          }
25      }
26      function OnBlur( obj )                           // 文本框失去焦点时执行
27      {
28          xmlHtpRq = new ActiveXObject("Microsoft.XMLHTTP");
                                                        // 创建 XMLHttpRequest 对象
29          url = "http://localhost/server.php?username=" + obj.value;
                                                        // 构建 URL
30          xmlHtpRq.open('GET', url, true);            // 打开连接
31          xmlHtpRq.onreadystatechange = OnStatusChange;
                                                        // 注册状态事件侦听器
32          xmlHtpRq.send(null);                        // 发送请求
33      }
34  </script>
35  </body>
```

服务器端程序用于响应客户端 XMLHttpRequest 对象的异步调用请求,服务器端响应数据传回 XMLHttpRequest 对象,由 JavaScript 程序用来更新网页。服务端程序如示例代码 17-4 所示。

示例代码 17-4

```
01  <?php                                               // PHP 程序开始
02  error_reporting(E_ALL^E_NOTICE);                    // 关闭所有提示
03  if($_GET["username"]=="admin")                      // 如果填入的用户名是 admin,则
04  {
05      $msg="admin 已经存在";                           // 消息:用户名重复
06      $msg=iconv("gb2312","UTF-8",$msg);              // 字符编码转换
07      echo $msg;                                      // 传回 HTTP 响应数据
08  }
09  else                                                // 如果填入的是其他
10  {
11      $msg=$_GET["username"]."可用";                   // 消息:用户名可用
12      $msg=iconv("gb2312","UTF-8",$msg);              // 字符编码转换
13      echo $msg;                                      // 传回 HTTP 响应数据
14  }
15  ?>
```

【运行结果】将服务端程序上传到支持 PHP 程序的服务器中,将客户端程序中的"url"变

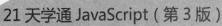

量设为程序所在地址。打开客户端网页文件运行程序，在用户名文本框中填入"admin"后单击文本外面的区域，将出现如图 17-7 所示的结果。

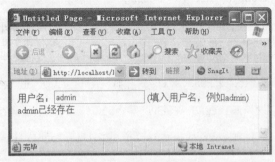

图 17-7　Ajax 运行示例

【代码解析】本示例使用一个普通的客户端程序和一个服务端程序实现了一个简单的 Ajax 应用。客户端程序中第 12～25 行定义一个函数处理 XMLHttpRequest 对象的状态事件。第 26～33 行定义函数来处理文本框事件，当文本框失去焦点时该函数创建 XMLHttpRequest 对象并向服务器程序发送请求。

第 29 行的 HTTP 请求地址中带了用户名文本框中的文本作为参数，在服务器程序中被接收处理。服务器程序中的第 3 行判断用户名是否是"admin"，如果是则返回"用户名不可用"，否则返回"可用"。

提示　要完成本示例需要读者拥有 PHP 服务器环境，并且服务器程序的 URL 要正确无误，否则得不到正确的结果。

17.8　小结

Ajax 不是一种语言，而是集成了很多方法与技术的集合。Ajax 有很多优点，如可以异步调用数据、减少网络延迟等。Ajax 最大的两个优点是异步调用和局部刷新。实现 Ajax 的步骤通常为：创建 XMLHttpRequest 对象　创建 HTTP 请求　设置响应 HTTP 请求状态的函数　获取服务器返回的数据　刷新网页局部内容。在下一章里还将会介绍一些与 Ajax 相关的技术。

17.9　习题

一、常见面试题

1．简单说说 Ajax 技术的组成部分。

【考题】Ajax 技术的组成部分有哪些（　　　）。

    A．HTML、XHTML

    B．CSS、DOM

    C．XML、XSTL

【解析】本题考查的是 Ajax 技术最基本的概念。

【参考答案】Ajax 不是一门语言，而是一门技术，一般由 HTML（XHTML）、CSS、DOM、XML 和 JavaScript 组成，还有一些很细小的技术，读者可以在应用中慢慢体会。

2．分析下面代码的意义。

```
01  abort()
```

```
02    getAllResponseHeaders()
03    getResponseHeader("headerLabel")
04    open("method","URL"[,asyncFlag[,"userName"[, "password"]]])
05    send(content)
06    setRequestHeader("label", "value")
```

【解析】考查 Ajax 代码的基本应用。熟悉 Ajax 所包含的技术后，这些代码就比较好理解了。

【参考答案】abort() 的作用是停止当前请求，send(content) 的作用是发送请求，getAllResponseHeaders() 的作用是作为字符串访问 headers。

二、简答题

1．简述 Ajax 技术的优缺点。

2．实现 Ajax 的步骤有哪些？请简略地叙述。

3．设置响应 HTTP 请求状态变化的函数的步骤有哪些？

三、综合练习

用 Ajax 实现文章的分页，要求能浏览上一页、下一页，还可以跳转到指定的页。

【提示】在文件夹 chapter 中有 10 篇文章。使用 Ajax 异步调用这 10 篇文章，当用户发出请求时，能够调用不同的文章，将这些文件的内容显示在文本框中，对文本框实现局部更新。

```
01    <html>                                  <!--文档开始-->
02        <head>                              <!--文档的头-->
03            <title>Ajax 实现分页显示</title>    <!--文档的标题-->
04            <script language="javascript" type="text/javascript">
05            <!--
06                var chapter=new Array(10);      //创建一个数组对象
07                var len=chapter.length;         //定义一个变量保存数组的长度
08                // 初始化
09                chapter[0]="chapter/1.txt";     //给第 1 个元素赋值
10                chapter[1]="chapter/2.txt";     //给第 2 个元素赋值
11                chapter[2]="chapter/3.txt";     //给第 3 个元素赋值
12                chapter[3]="chapter/4.txt";     //给第 4 个元素赋值
13                chapter[4]="chapter/5.txt";     //给第 5 个元素赋值
14                chapter[5]="chapter/6.txt";     //给第 6 个元素赋值
15                chapter[6]="chapter/7.txt";     //给第 7 个元素赋值
16                chapter[7]="chapter/8.txt";     //给第 8 个元素赋值
17                chapter[8]="chapter/9.txt";     //给第 9 个元素赋值
18                chapter[9]="chapter/10.txt";    //给第 10 个元素赋值
19                //定义一个变量，用于存放 XMLHttpRequest 对象
20                var xmlHttp;
21                //定义一个用于创建 XMLHttpRequest 对象的函数
22                function createXMLHttpRequest()
23                {
24                    if (window.ActiveXObject) //判断浏览器的类型
25                    {
26                        xmlHttp = new ActiveXObject("Microsoft.XMLHTTP");
                                            //IE 浏览器中的创建方式
27                    }
28                    else if (window.XMLHttpRequest)
29                    {
30                        xmlHttp = new XMLHttpRequest();
                                            //Netscape 浏览器中的创建方式
31                    }
32                }
```

```
33              function httpStateChange()/              //响应 HTTP 请求状态变化的函数
34              {
35                  if (xmlHttp.readyState==4)           //判断异步调用是否完成
36                  {
37                      //判断异步调用是否成功，如果成功则开始局部更新数据
38                      if (xmlHttp.status==200 || xmlHttp.status==0)
39                      {
40                          wz.value = xmlHttp.responseText;
                                                            //更新数据
41                      }
42                      else
43                      {
44                          //如果异步调用未成功，弹出警告框，并显示出错信息
45                          alert("异步调用出错\n 返回的 HTTP 状态码为: " + xmlHttp.
                            status + "\n 返回
46                          的 HTTP 状态信息为: " + xmlHttp.statusText);
47                      }
48                  }
49              }
50              function getData(page)                   //异步调用服务器端数据
51              {
52                  var str=chapter[page-1];
53
54                  createXMLHttpRequest();              //创建 XMLHttpRequest 对象
55                  if (xmlHttp!=null)
56                  {
57                      xmlHttp.open("get",str,true);
                                                            //创建 HTTP 请求
58                      wz.value="";
59                      //设置响应 HTTP 请求状态变化的函数
60                      xmlHttp.onreadystatechange = httpStateChange;
61                      xmlHttp.send(null);              //发送请求
62                  }
63              }
64              function changePage(str)
65              {
66                  var n=page.value;
67                  if(str=='up')                        //判断是否执行上一页的请求
68                  {
69                      if(n==1)                         //判断当前是否为第一页
70                      {
71                          alert("当前已经是第一页了！");
                                                            //提示用户信息
72                      }
73                      else
74                      {
75                          n=n-1;
76                          page.value=n;                //显示当前页
77                          getData(n);                  //执行异步调用程序
78                      }
79                  }
80                  else if(str=='next')                 //判断是否执行下一页的请求
81                  {
82                      if(n==len)                       //判断当前是否是最后一页
83                      {
84                          alert("当前已经是最后一页了！");
                                                            //提示用户信息
85                      }
```

```
86                     else
87                     {
88                         n++;                              //变量 n 加 1
89                         page.value=n;                     //变量赋给 page.value
90                         getData(n);                       //调用 getData 函数
91                     }
92                 }
93                 else
94                 {
95                     if(page.value==0)page.value=1;
                                                            //防止用户输入 0
96                     getData(page.value);                 //执行用户跳转到指定页的请求
97                 }
98             }
99         -->
100         </script>
101     <meta http-equiv="Content-Type" content="text/html; charset=gb2312">
        <style type="text/css">
102 <!--
103 body                                                    //主体样式
104 {
105     margin-left: 112px;                                 //文档与左边的距离为 112px
106 }
107 -->
108 </style></head>                                         <!--文档的头-->
109     <body>                                              <!--主体-->
110         <table width="800" border="0">                  <!--表格-->
111         <tr>                                            <!--表格的行 -->
112         <td align="center"><textarea name="wz" cols="100" rows="40"><
            /textarea></td>
113         </tr>                                           <!--表格行结束-->
114     </table>
115     <p> <label>                                         <!--段落-->
116         <input type="button" name="Submit" value="上一页" onClick="change
            Page('up')">
117         </label>                                        <!--段落结束-->
118     <label>
119     <input type="submit" name="Submit2" value="下一页" onClick="change
        Page('next')">
120     转到第         </label>                              <!--下一页标签-->
121     <label></label>
122     <label>                                             <!--标签-->
123     <input name="page" type="text" value="1" size="4" maxlength="2">页
124     <input type="submit" name="Submit3" value="GO" onClick="changePage
        ('t')">
125     </label>                                            <!--按钮标签-->
126     一共有 10 篇文章</p>                                  <!--段落结束-->
127 </body>                                                 <!--文档体结束-->
128 </html>                                                 <!--文档结束-->
```

【运行结果】打开网页文件运行程序，其结果如图 17-8 所示。

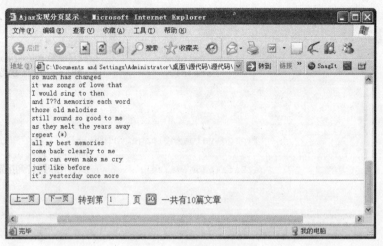

图 17-8　代码运行结果

四、编程题

1. 编写一个程序，要求用 ifrm 实现部分刷新。

【提示】可以参考前面有关章节中的刷新代码。

2. 编写一个程序，用 DOM 实现局部刷新。

【提示】可以参考前面有关章节中的刷新代码。

第 18 章　Ajax 高级应用

上一章向读者介绍了 Ajax 技术的基础知识，并实现了一些简单的应用，但内容都还是围绕技术原理。在实际应用中的 Ajax 技术是比较复杂的，以至于将与 Ajax 相关的功能聚合起来，称为 Ajax 引擎。从大的角度去看，Ajax 引擎是一套功能相对完善并且复杂的程序框架。实现该框架的主要技术包括客户端脚本语言、必要的基础通信组件、服务器脚本语言等。

- 了解客户端脚本语言，掌握基本的局部刷新技术。
- 认识服务器脚本语言。
- 掌握文档对象模型的基本使用方法。
- 初步认识层叠样式和 XML。

以上几点是对读者在学习本章内容时所提出的基本要求，也是本章希望能够达到的目的。读者在学习本章内容时可以将其作为学习的参照。

18.1　客户端脚本语言详解

Ajax 的客户端技术，主要实现浏览器与服务器间的异步通信。通过基础通信组件将客户端数据发往服务器处理，并且接收从服务器返回的数据。客户端脚本程序从基础通信组件中获取数据并用于更新本地网页，通常只更新发生改变的部分，称为局部刷新。客户端脚本语言主要包括 JavaScript、VBScript 等，这些语言都可以用来实现 Ajax 的客户端功能。

18.1.1　如何使用 JavaScript 的局部刷新技术

在没有使用脚本程序的纯 HTML 文档中，打算改变一个元素的内容，则需要更改服务器上的源文档，然后再通过浏览器重新加载。然而使用脚本语言操作文档元素，可以动态地改变其内容而不需要重新加载网页。例如，使用 JavaScript 语言结合 DOM 编程，控制 HTML 文档中所有的元素及内容。下面通过例子来演示使用 JavaScript 实现页面的局部刷新功能。

【范例 18-1】实现一个加法计算器，当用户填完第二个操作数后自动在结果文本框中显示计算结果，如示例代码 18-1 所示。

示例代码 18-1

```
01    <input type="text" id="NUM_1" isDirty="0" onblur="OnBlur(this)"/>+
                                              <!--数字1-->
02    <input type="text" id="NUM_2" isDirty="0" onblur="OnBlur(this)"/>=
                                              <!--数字2-->
03    <input type="text" id="RESULT"/>                  <!--结果-->
04    <script language="javascript">                    // 脚本程序
05    function OnBlur( obj )                             // 文本框事件处理
06    {
07            if( obj.id == "NUM_1" )                    // 如果是文本框1
08            {
09                    if( NUM_2.isDirty == 1 )           // 如果文本框2已经改动
10                    {
11                            RESULT.value=parseFloat(NUM_1.value)+parseFloat (NUM_2.
                            value);                       //输出和
12                            NUM_2.isDirty = "0";         // 清除改动标志
```

```
13                    NUM_1.isDirty = "0";
14                }
15            else                                    // 如果只填写数字 1
16            {
17                    NUM_1.isDirty="1";               // 将文本框 1 标记为已经改动
18                }
19        }
20        else                                        // 如果当前为文本框 2
21        {
22            if( NUM_1.isDirty == 1 )                 // 如果文本框 1 也改动过
23            {
24                RESULT.value=parseFloat(NUM_1.value)+parseFloat (NUM_2.
                 value);                              // 输出和
25                NUM_2.isDirty = "0";                 // 清除改动标志
26                NUM_1.isDirty = "0";
27            }
28            else                                     // 如果只填写了一个数
29            {
30                NUM_2.isDirty="1";                   // 标记为已经改动
31            }
32        }
33    }
34  </script>;
```

> 提示　本地网页的局部刷新仍然使用前面的章节所介绍的 DOM 接口。

　　【运行结果】打开网页运行程序，在文本框中输入加数和被加数后单击页面空白处，两个数的和自动在第三个文本框中输出，如图 18-1 所示。

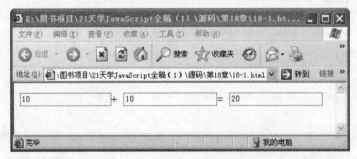

图 18-1　自动输出两个数的和

　　【代码解析】该代码段第 5～33 行定义函数 OnBlur 作为文本框的事件处理函数，当文本框失去焦点时调用。第 7～32 行判断发生事件的对象，并检查另一个文本框是否也已经填写过数字，如果满足这两个条件则输出两个数的和。每一个文本框使用一个"isDirty"属性来标记其内容是否已经发生改变。

18.1.2　如何使用 iframe 的局部刷新技术

　　局部刷新的另一种方法是使用 iframe 框架。前面介绍框架时已经述及，每一个框架都是一个 window 对象，通过其名字即可获得其引用并对它进行操作。在超链接的"target"属性上填写一个有效的窗口名或框架名，可以将链接的页面显示到指定窗口中。因此在当前页面中设置 iframe，并将需要刷新的内容显示在其中，刷新 iframe 时不需要刷新当前页的全部，下面举例说明。

【**范例 18-2**】使用 iframe 实现局部刷新。在不刷新整个页面的情况下根据用户在文章列表中的选择显示相应的文章，如示例代码 18-2 所示。

示例代码 18-2

```
01  <body>                                        <!--文档主体  -->
02  <table width="672" border="1">                <!--表格，宽 672 实边线-->
03    <tr>                                        <!--表格行-->
04     <td width="400" rowspan="19">              <!--表格列-->
05        <iframe width=400 height=300 name=aa frameborder=0 src="chapter
          /1.txt"></iframe>
06     </td>                                       <!--表格列结束-->
07      <tr>                                       <!--表格行-->
08     <td height="30" align="center">文章列表</td>  <!--单元格-->
09   </tr>                                         <!--行结束-->
10    <tr>                                         <!--表格行-->
11     <td height="30"><a href="chapter/2.txt" target=aa>Big Big World</a></td>
                                                   <!--带链接的单元格 -->
12   </tr>                                         <!--表格行结束-->
13    <tr>                                         <!--表格行-->
14     <td height="30"><a href="chapter/3.txt" target=aa>My Heart Will Go
       On</a> </td>
15   </tr>                                         <!--表格行结束-->
16    <tr>                                         <!--表格行-->
17     <td height="30"><a href="chapter/4.txt" target=aa>That's why you go
       away</a></td>                              <!--单元格-->
18   </tr>                                         <!--表格行结束-->
19    <tr>                                         <!-表格行-->
20     <td height="30"><a href="chapter/5.txt" target=aa>Unchained Melody
       </a></td>
21   </tr>                                         <!--表格行结束-->
22    <tr>                                         <!-表格行-->
23     <td height="30"><a href="chapter/6.txt" target=aa>Right here waitingfor
       you</a></td>
24   </tr>                                         <!--表格行结束-->
25    <tr>                                         <!-表格行- ->
26     <td height="30"><a href="chapter/7.txt" target=aa>Take me home, Country
       Roads</a></td>
27   </tr>                                         <!--表格行结束-->
28    <tr>                                         <!- -表格行->
29     <td height="30"><a href="chapter/8.txt" target=aa>Oh oh yeah yeah</a></td>
30   </tr>                                         <!--表格行结束-->
31    <tr>                                         <!--表格行-->
32     <td height="30"><a href="chapter/9.txt" target=aa>Love me tender</a></td>
33   </tr>                                         <!--表格行结束-->
34    <tr>                                         <!--表格行-->
35     <td height="30"><a href="chapter/10.txt" target=aa>sablanca</a></td>
36   </tr>                                         <!--表格行结束-->
37  </table>                                       <!--表格结束-->
38  </body>
```

【运行结果】打开网页文件运行程序。单击"文章列表"下的文章标题，将在左边的区域显示文章的内容，如图 18-2 所示。

【代码解析】该代码段中第 4～6 行在表格中设置一个 iframe 框架，作为文章内容的窗口。第 7～36 行在多个表格单元中设置文章链接，单击链接文章的内容显示在 iframe 中。

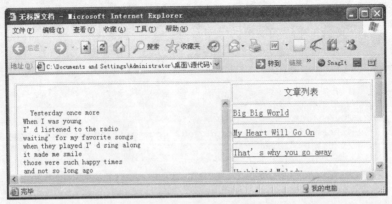

图 18-2　多框架页效果

提示　使用 iframe 的缺点是，其中的内容页刷新的方式还是和传统一样，只不过在当前页整体上看起来有局部刷新的效果。

18.2　服务器脚本语言详解

真正意义上的 Ajax 都包含客户端和服务端技术。客户端程序负责页面显示的更新和事务逻辑，服务端程序负责数据的存储等。服务端程序运行在服务器上，可以用任何一种程序语言实现，比如 C/C++、Java、Perl 等。现在比较流行的有 ASP.NET、JSP、PHP 等，不管是何种语言，都只有一个目的，实现服务器端的事务处理。

18.2.1　掌握改进的 iframe 局部刷新

前一节介绍如何使用 iframe 实现局部刷新，通过哪种方式可以实现当前页的局部刷新。相信读者应该可以看出来了，当链接很多并且需要单独刷新的内容很多时，整个 HTML 文档就会变得很庞大，加载的速度就会变慢。解决这一问题的办法之一是使用 JavaScript，使整个文档变小，并且不需要在超链接中硬编码目标框架的名字，增加设计的灵活性，下面举例演示。

【范例 18-3】使用 JavaScript 程序，改进 iframe 框架的刷新方式，如示例代码 18-3 所示。

示例代码 18-3

```
01  <script language="javascript">              // 脚本程序
02  function LoadNew( URL )                     // 链接标签事件处理函数
03  {
04      VIEWPORT.location=URL;                  // 加载新页
05  }
06  </script>
07  <a href="#" onclick="LoadNew('chapter/2.txt')">Big Big World</a><br>
                                                // --文章链接
08  <a href="#" onclick="LoadNew('chapter/3.txt')">My Heart Will Go On</a><br>
                                                // --文章链接
09  <a href="#" onclick="LoadNew('chapter/4.txt')">That's why you go away</a><br>
                                                // --文章链接
10  <iframe name="VIEWPORT" src="chapter/1.txt"/>        // --内容显示-->
```

【运行结果】打开网页文件运行程序，单击文章链接标题，效果如图 18-3 所示。

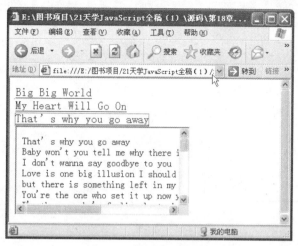

图 18-3　框架页局部刷新

【代码解析】该代码段第 2～5 行定义函数作为链接的单击事件处理程序,其通过改变 iframe
框架的地址实现内容更新。第 7～10 行设置文章标题链接,并绑定单击事件处理程序。

18.2.2　掌握 Ajax 与服务器互动

在第 17 章中的范例 17-3 已经向读者演示如何与服务器程序进行交互。与服务器交互是
Ajax 技术中的核心内容,与服务器交互的目的在前文中已经多次提到,在此不再赘述。接下来
再实现一个简单的 Ajax 与服务器交互的例子,加深对 Ajax 应用的理解。

【范例 18-4】基于范例 18-3 的情景模型,利用 Ajax 技术实现文章内容的更新。在选择
某一个文章标题后浏览器在后面加载文章,在数据加载未完成时用户可以做其他工作而不必等
待。客户端 HTML 文件如示例代码 18-4 所示。由于这段代码都很重要,因此不做加粗处理,
读者需着重学习。

示例代码 18-4

```
01  <script language="javascript">                          // 程序开始
02  function CreateHttpRQ()
03  {
04      if( window.navigator.appName == "Microsoft Internet Explorer" )
                                                            // 如果是 IE
05      {
06          try                                             // 捕捉异常
07          {
08              return new ActiveXObject( "Microsoft.XMLHTTP" );
                                                            // 创建 XMLHttpRequest
09          }
10          catch(E)                                        // 处理异常
11          {
12              return null;                                // 返回空值
13          }
14      }
15      else                                                // 其他浏览器
16      {
17          return new XMLHttpRequest();                    // 返回创建的对象
18      }
19  }
20  var xmlHtpRq = CreateHttpRQ();
```

```
21    function OnStatusChange()                                // 状态事件处理程序
22    {
23        if (xmlHtpRq.readyState == 4)        // 正常响应状态
24        {
25            if (xmlHtpRq.status == 200)      // 正确的接收响应数据
26            {
27                document.getElementById('VIEPORT').innerHTML = xmlHtpRq.respon
                  seText;                       // 设置提示
28                                              // 信息
29            }
30          else                               // 状态不正常
31            {
32                document.getElementById('VIEPORT').innerHTML = xmlHtpRq.status;
                                                // 输出状态码
33            }
34        }
35    }
36    function OnTitleClick( obj )
37    {
38        if( xmlHtpRq != null )
39        {
40            url = "http://localhost/server.php?file=" + obj.link;
                                                // URL 为读者存放 SERVER.PHP 程序的地址
41            xmlHtpRq.open('GET', url, true);                    // 打开连接
42            xmlHtpRq.onreadystatechange = OnStatusChange;   // 注册状态事件侦听器
43            xmlHtpRq.send(null);
44        }
45    }                                                          // 发送请求
46    </script>
47    <label onclick="OnTitleClick(this)" link="chapter/1.txt"><li><b>Big Big
      World</b></label ><br>
48    <label onclick="OnTitleClick(this)" link="chapter/2.txt"><li><b>My Heart Will
      Go On</b></label ><br>
49    <label onclick="OnTitleClick(this)" link="chapter/3.txt"><li><b>服务器脚本语
      言</b></label >
50    <br>                                                    <!--文章链接-->
51    <div style="width: 884px; height: 363px" id="VIEPORT">当前没有文章</div>
                                                              <!--显示容器-->
```

服务器 PHP 程序如示例代码 18-5 所示，其主要负责响应 XMLHttpRequest 对象的 HTTP 请求。从 URL 参数中提取文件名，打开服务器的文件，读取内容并作为 HTTP 响应数据返回给 XMLHttpRequest 对象。

示例代码 18-5

```
01    <?php                                                   // PHP 程序开始
02    error_reporting(E_ALL^E_NOTICE);                        // 关闭所有提示
03    $filename = $_GET["file"];                              // 提取文件名
04    if( $filename != "" )                                   // 若参数不为空
05    {
06        if( file_exists($filename) )                        // 若文件存在
07        {
08            $fd = fopen($filename, "r");                    // 打开文件
09            $contents = fread($fd,filesize($filename));     // 读取文件内容
10            $contents = iconv("gb2312","UTF-8",$contents);  // 编码转换
11            echo $contents;                                 // 返回 HTTP 响应
12            fclose($fd);                                    // 关闭文件
13        }
14        else                                                // 文件不存在
15        {
```

```
16              echo "文件找不到";                                    // 输出提示
17        }
18    }
19    ?>
```

【运行结果】读者必须将服务器程序"server.php"文件上传到支持 PHP 的服务器空间中。打开客户端网页文件运行程序，单击一个文章标题，其效果如图 18-4 所示。

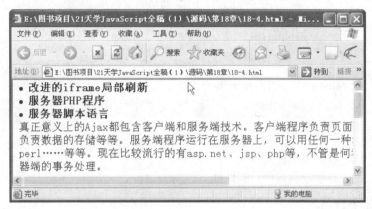

图 18-4　局部内容更新

【代码解析】本示例的代码分成两个独立的部分，一部分是客户端 Ajax 程序，另一部分是服务器事务处理程序。在客户端程序示例代码 18-4 中，第 2～19 行定义函数用于创建 XMLHttpRequest 对象。第 21～35 行定义函数处理 XMLHttpRequest 对象的状态事件，提取从服务器返回的数据。第 35～45 行，处理文章标题的单击事件，并将请求发送给服务器程序进行处理。

在示例代码 18-5 中，从 URL 参数中提取请求的数据文件名，判断文件的有效性并将其内容读出。最后作为服务器 HTTP 响应发送回浏览器。

提示　服务器端的程序可以从数据库中查询出数据并发往浏览器，实现更为强大复杂的功能。

18.3　小结

本章主要向读者介绍一些 Ajax 进阶知识，Ajax 技术包含两个方面，即客户端技术和服务器端技术。客户端 Ajax 主要负责与用户交互相关的工作，更新 UI、与服务器交换数据等。完成显示更新主要通过 DOM 接口实现，而完成服务器的通信靠 XMLHttpRequest。服务器端程序的实现相对客户端是透明的、独立的。其主要完成数据端事务逻辑处理，通常使用 C/C++、Perl、PHP、ASP 等语言工具实现。下一章将介绍另一个高级的话题，JavaScript 与插件。

18.4　习题

一、常见面试题

1. 为什么要使用客户端脚本语言，它与 Ajax 是什么关系？

【解析】本题考查的是对脚本语言的深入理解，如果你只知道什么是脚本语言，而没有深入挖掘它的应用，那么你的 JavaScript 技术仅仅是学到了皮毛。

【参考答案】真正意义上的 Ajax 都包含客户端和服务端技术。客户端程序负责页面显示的更新和事务逻辑，服务端程序负责数据的存储等。客户端用什么实现呢？就是脚本语言，也就是本书讲解的 JavaScript 语言。

2. 分析下面这段代码的意图。

```
01    function getData()
02    {
03        createXMLHttpRequest();
04        if (xmlHttp!=null)
05        {
06            var str="ajax.php?text="+text.value;
07            xmlHttp.open("post",str,true);
08            xmlHttp.onreadystatechange = httpStateChange;
09            xmlHttp.send(null);
10        }
11            }
```

【解析】考查 xmlHttp 代码的基本应用。

【参考答案】createXMLHttpRequest()方法是用来创建 HTTP 请求的，发送的信息是 null。

二、简答题

1. 谈谈使用 JavaScript 局部刷新技术的优劣。
2. 谈谈使用 ifrm 进行局部刷新的好处。

三、综合练习

利用 Ajax 技术在网页中实现简单的在线聊天功能，聊天信息中带有消息发送的时间。

【提示】使用 Ajax 技术自动在后台定时加载保存在服务器上的聊天信息，每一次请求都将自上一次刷新后所增加的聊天信息发送到客户端。在服务器端使用一个文本文件保存聊天信息，客户发送请求时分析该文件并将聊天数据传送到客户端。

服务器端程序可以使用在本章前面的内容中介绍的服务器脚本语言编写，在此笔者使用 PHP 语言实现了一个简单的服务器端程序，读者可以基于此原理做出更高效、功能丰富的服务器端程序。客户端 Ajax 程序已经在本章的范例 18-4 中实现过，请读者回顾参考前面的内容。

（1）服务器端 PHP 程序参考代码如下：

```
01    <?
02    if(isset($_GET['text']))                    //检查 text 是否存在
03    {
04        $contents="读写错误!";                   //给变量赋初值
05        $r=stripcslashes($_GET['text']);        //取得 GET 方法传来的值，并去掉"/"
06        $fp=fopen("ajax.txt","a+");             //打开 ajax.txt 文件
07        $ss=date("h:i:s")."*";                  //取得当前时间，并加上"*"表示换行
08        $r=$ss.$r;
09        //$r = iconv("gb2312","UTF-8",$r);       // 编码转换
10        fwrite($fp, $r."*");                    //将信息写入 ajax.txt 中
11        fclose($fp);
12        $fd=fopen("ajax.txt","r");              //打开 ajax.txt 文件
13        $contents = fread($fd, filesize("ajax.txt"));
                                                 //读取 ajax.txt 文件中的内容，并存于变量$fd 中
14        fclose ($fd);                           //关闭文件
15        $contents = iconv("gb2312","UTF-8",$contents);
                                                 // 编码转换
16        echo $contents;                         //输出更新后的信息
17    }
18    else
19    {
20        echo "错误";                            // 输出错误提示
21    }
22    ?>
```

（2）客户端网页文件参考代码如下：

```
01  <script language="javascript" type="text/javascript">
02  var xmlHttp;
03  function CreateHttpRQ()                      // 创建 XMLHttpRequest 对象的函数
04  {
05      if( window.navigator.appName == "Microsoft Internet Explorer" )
                                                 // 如果是 IE
06      {
07          try                                  // 捕捉异常
08          {
09              return new ActiveXObject( "Microsoft.XMLHTTP" );
                                                 // 创建 XMLHttpRequest
10          }
11          catch(E)                             // 处理异常
12          {
13              return null;                     // 返回空值
14          }
15      }
16      else                                     // 其他浏览器
17      {
18          return new XMLHttpRequest();                     // 返回创建的对象
19      }
20  }
21  function httpStateChange()                   // 处理异步调用状态事件
22  {
23      if(xmlHttp.readyState==4)                // 若成功调用
24      {
25          if (xmlHttp.status==200 || xmlHttp.status==0)
26          {
27              var str=xmlHttp.responseText.split("*"); // 以*为换行标志
28              var strs="";var i;
29              for(i in str)
30              {
31                  strs+=str[i]+"\r\n";         // 处理聊天消息
32              }
33              text2.value=strs;                // 显示信息
34          }
35          else
36              alert();                         // 输出错误提示
37      }
38  }
39  function Update()                            // 更新聊天消息
40  {
41      xmlHttp = CreateHttpRQ();                // 创建 XMLHttpRequest 对象
42      if (xmlHttp!=null)
43      {
44          var str="data.php?text="+text.value; // 创建 HTTP 请求
45          xmlHttp.open("post",str,true);
46          xmlHttp.onreadystatechange = httpStateChange;
                                                 // 设置回调函数
47          xmlHttp.send(null);                  // 发送请求
48      }
49  }
50  function check()                             // 处理文本事件
51  {
52      if(text.value!="")                       // 如果发送的消息不为空
53          Update();                            // 更新
54      else
55          alert("发送的内容不能为空");            // 提示
```

```
56        text.value="";
57    }
58  </script>
59  <label><div align="center"><textarea name="text2" cols="50" rows="10">
                                                      <!--聊天窗口-->
60  </textarea></div></label><label><div align="center"><br>
61  <textarea name="text" cols="50" rows="5"></textarea>
                                                      <!--聊天窗口-->
62  <input name="button" type="button" onClick="check()" value="发送"></div>
                                                      <!--发送按钮-->
```

【运行结果】将上面两个文件放在支持 PHP 的服务器中，在浏览器中输入相应的地址，其结果如图 18-5 所示。

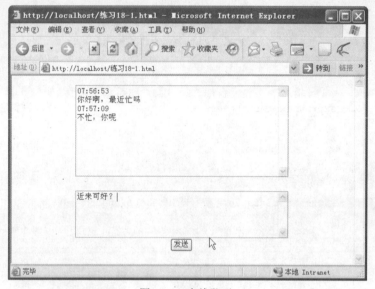

图 18-5　在线聊天

提示　读者在运行上例程序时，必须将程序所在的目录改为可读写，尤其是 Internet 来宾用户。

四、编程题

1．试着用客户端脚本语言写一个 Ajax 程序。

【提示】利用前面有关章节中的代码即可实现。

2．写一个程序，比较分别使用 Ajax、ifrm 和 JavaScript 进行局部刷新的好处。

【提示】可以综合使用前面章节中的有关知识。

第 19 章　JavaScript 与插件

在编程语言的分类中，JavaScript 属于自动化（Automatization）语言。与此类似的有 VBScript、Visual Basic 等，语言本身仅提供算术运算、逻辑运算和流程控制等功能。而真正复杂的与低层相关的工作则由语言之外的组件提供，因此自动化语言必须和其所在的环境相结合才能真正发挥作用。

自动化语言调用第三方组件可以获得丰富的功能，也使第三方组件提供的接口能以尽量简单的形式得到充分利用。组件及其规范是个非常庞大而复杂的技术体系，其内容远远超出了本书的范围。有兴趣的读者可以查阅相关资料，比如 Microsoft 的 COM 规范及其实现。尽管组件非常难以实现，但它在自动化语言中却相当好用，而且随处可见。本章的内容将简单介绍如何使用 JavaScript 编程中常面对的插件，包括 ActiveX 控件、JavaApplet 和 Flash。

- 了解什么是 ActiveX 控件及其创建过程。
- 理解并熟练掌握 ActiveX 控件的使用方法。
- 了解什么是 JavaApplet 及其创建过程。
- 掌握 JavaApplet 在 Web 页中的使用方法。
- 了解什么是 Flash 及 Flash 应用程序的创建过程。
- 理解并熟练掌握 JavaScript 与 Flash 应用程序间的交互方法。

以上几点是对读者在学习本章内容时所提出的基本要求，也是本章希望能够达到的目的。读者在学习本章内容时可以将其作为学习的参照。

19.1　掌握 ActiveX 控件的应用

ActiveX 是微软公司提出的一套二进制组件发布方案、实现规范和工具集合的总称。目的是实现软件二进制级别的兼容和复用，在软件技术发展的早期，各种不同语言及不同编译器创建的软件在二进制级别不能互访。COM 规范推出以后，Windows 平台上只要遵循 COM 规范的软件都能相互访问并且实现二进制组件的复用。

ActiveX 控件遵循 COM 规范，在其发展的早期主要应用在 OLE 文档中以丰富文档的功能。时至今日，ActiveX 控件技术已经十分成熟，在日常应用中也随处可见。比如在 IE 中播放音视频时就使用了作为 ActiveX 控件实现的播放器。

ActiveX 控件与自动化编程语言间存在非常密切的联系，前者最主要的目标之一就是丰富后者的功能。ActiveX 控件本质上是一个 COM 服务器，自动化语言运行时库就是自动化客户机。因此 Visual Basic、JavaScript 等脚本语言是使用 ActiveX 控件的最佳选择，通过调用 ActiveX 控件提供的接口以获取其计算能力。本节将介绍如何创建及在 JavaScript 中使用 ActiveX 控件。

 提示　ActiveX 控件属于高级开发内容，读者了解即可。

19.1.1　创建 ActiveX 控件

ActiveX 控件可以由任何语言实现，最后生成的组件只要遵循 ActiveX 技术规范即可。比如可以使用 Visual Basic、C++、C 等语言，微软公司的 Visual Studio 系列开发套件对 ActiveX

的支持非常好。新版的 ATL（活动模板库）为 COM 组件的开发带来了简便方法，本节将使用 Visual Studio 2010 团队开发版（下文简称 VS2010）创建一个最简单的 ActiveX，实现消息轮播的功能。

使用 VS2010 项目向导可以方便地生成 COM 组件的框架，这也是建立 ActiveX 项目最常用的方式。使用向导可以大大简化开发工作，新建一个 ALT 项目的操作步骤如下：

① 在 VS2010 主界面窗口中，选择菜单栏"新建"|"项目"命令，打开"新建项目"对话框，如图 19-1 所示。

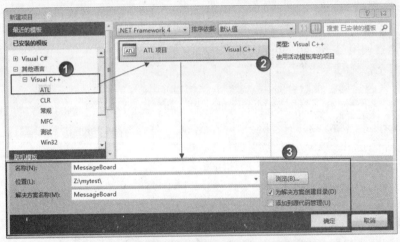

图 19-1　新建项目

② 在"已安装的模板"列表框中单击"其他语言"|"Visual C++"|"ATL"项目。选择右侧的"ATL 项目"，在"名称"编辑框中输入项目名称"MessageBoard"，在"位置"编辑框中输入项目保存的路径。单击"确定"按钮，打开"ATL 项目向导"对话框。

③ 单击"应用程序设置"标签，勾选"允许合并代理/存根（stub）代码"复选框，如图 19-2 所示，单击"完成"按钮完成项目的创建。

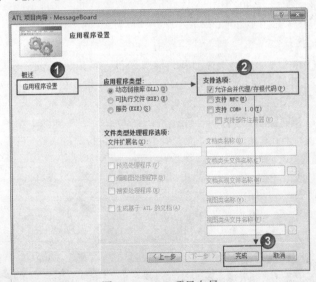

图 19-2　ALT 项目向导

19.1.2　添加 ATL 控件

接下来为 COM 对象添加一个 ATL 控件，使用"ATL 控件"向导可以很容易地添加新 ATL 控件，操作步骤如下：

① 选择菜单栏"视图"｜"类视图"命令，打开"类视图"列表框。在其中右键选择"MessageBoard"项目，选择右键菜单"添加"｜"类"命令，打开"添加类"对话框。

② 选择"类别"列表框中的"ATL"项目，选择"模板"列表框中的"ATL 控件"项目，如图 19-3 所示。单击"添加"按钮，打开"ATL 控件向导"对话框。

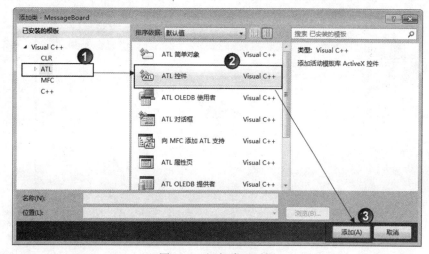

图 19-3　添加类对话框

③ 单击"名称"标签，在"简称"编辑框中输入"MsgBoardCtl"（不包括引号）。

④ 单击"选项"标签，勾选"连接点"复选框。单击"外观"标签，勾选"可插入"复选框，如图 19-4 所示，单击"完成"按钮完成控件的添加操作。

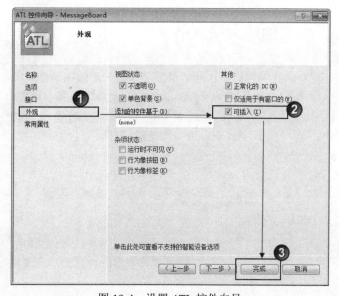

图 19-4　设置 ATL 控件向导

19.1.3 为控件添加属性

到目前为止，已经添加了一个 ActiveX 控件，此时先来编译一次项目。选择"生成"｜"生成解决方案"命令，项目开始编译并构建。编译完成后为 MsgBoardCtl 控件添加一个属性，用于保存外部传入的消息文本，操作步骤如下：

① 右键单击"类视图"列表框中的"IMsgBoardCtl"项目，选择右键菜单"添加"｜"添加属性"命令，打开如图 19-5 所示的"添加属性向导"窗口。

② 单击"属性类型"下拉列表框的下三角按钮，选择"BSTR"项目。在"属性名"编辑框中输入"msgText"，如图 19-5 所示，单击"完成"按钮完成操作。

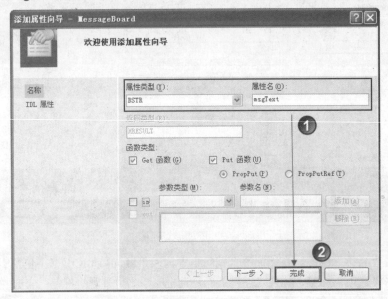

图 19-5　添加属性

19.1.4 为实现类添加成员变量

为组件实现类添加成员变量，用以保存外部输入的公告消息数据。控件直接被访问的是上一节添加的 msgText 属性，而给属性传送的数据则保存在即将添加的变量中，操作步骤如下：

右键单击"类视图"列表框中的"CMsgBoardCtl"项目，选择右键菜单"添加"｜"添加变量"命令，随即打开"添加成员变量向导"对话框。在"变量类型"列表框中填写"BSTR"，在"变量名"编辑框中填写"m_bstrMessage"，如图 19-6 所示，单击"完成"按钮退出向导。

提示　变量是控件里保存数据的空间，属性一般仅对其引用。

19.1.5 改写相关函数

开发环境默认生成的代码并不能完成本例所要完成的具体任务，因此需要重写相关函数或方法。这里实现的功能是在控件被重绘时将消息文本输出在屏幕上，需要重写 OnDraw 方法。操作步骤如下：

① 在"类视图"列表框中找到"OnDraw"方法并双击，如图 19-7 所示。

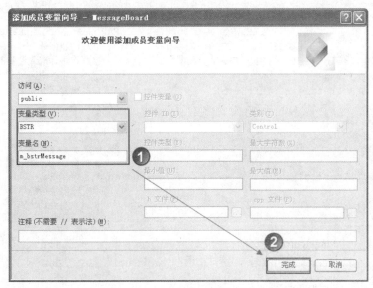

图 19-6　添加成员变量

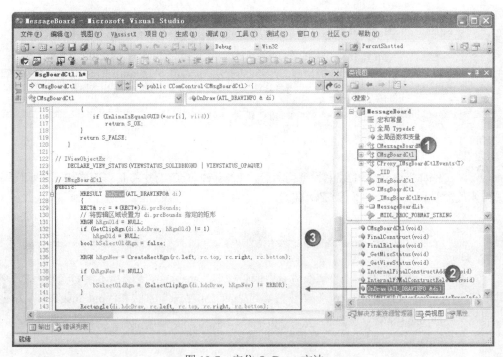

图 19-7　定位 OnDraw 方法

此时代码编辑器中的光标定位到 OnDraw 方法的代码中，将 OnDraw 方法中原有的代码全删除，然后添加下列代码。OnDraw 方法代码如下：

OnDraw 方法

```
01  HRESULT OnDraw(ATL_DRAWINFO& di)                    // 绘图函数
02  {
03      RECT& rc = *(RECT*)di.prcBounds;                // 获取 ActiveX 对象所占区域大小
04      Rectangle( di.hdcDraw, rc.left, rc.top, rc.right, rc.bottom );
                                                        // 画出矩形框
```

```
05      HFONT hfont = CreateFont( 14, 7, 0, 0, FW_NORMAL, FALSE, FALSE, 0, ANSI_
        CHARSET,
06                  OUT_DEFAULT_PRECIS, CLIP_DEFAULT_PRECIS, DEFAULT_QUALITY,
07                  DEFAULT_PITCH|FF_SWISS,"宋体");// 创建字体
08      SelectObject( di.hdcDraw, hfont );              // 将字体选入设备上下文
09      RECT msgRc;                                     // 文字输出区域
10      msgRc.left = rc.left + 5;                       // 设置区域大小
11      msgRc.top = rc.top + (rc.bottom - rc.top)/2;// 上
12      msgRc.right = rc.right - 5;                     // 右
13      msgRc.bottom = rc.bottom - 5;                   // 下
14      char *pcmsg = ConvertBSTRToString( this->m_bstrMessage );
                                                        // 将 COM 字符串转为多字节字符串
15      DrawText( di.hdcDraw, pcmsg, strlen( pcmsg ), &msgRc, 0 );
                                                        // 输出字符消息
16      return S_OK;                                    // 返回成功代码
17  }
```

② 修改文件"MsgBoardCtl.h"的开头。添加"comutil.h"头文件的引用和链接器命令"pragma comment(lib, "comsupp.lib")"，声明使用"_com_util"名字空间。使其代码如下：

```
01  // MsgBoardCtl.h : CMsgBoardCtl 的声明
02  #pragma once
03  #include "resource.h"                   // 主符号
04  #include "MessageBoard.h"
05  #include "_IMsgBoardCtlEvents_CP.h"
06  #include <atlctl.h>
07  #include <comutil.h>                     // 添加的：COM 实用工具头文件
08  using namespace _com_util;               // 添加的：使用"_com_util"名字空间
09  #pragma comment( lib, "comsupp.lib" )    // 添加的：添加引入库命令
10  #if
11  defined(_WIN32_WCE)&&!defined(_CE_DCOM)&&!defined(_CE_ALLOW_SINGLE_ THREADED
    _OBJECT)
12  S_IN_MTA)
13  // 下面的内容省略
```

③ 在文件"MsgBoardCtl.h"中找到构造函数 CMsgBoardCtl()并将其修改成如下所示代码，实现对成员变量 m_bstrMessag 的初始化。

```
01  CMsgBoardCtl()
02  {
03      this->m_bstrMessage = L"没有消息内容";      // 初始化成员变量 m_bstrMessag
04  }
```

④ 选择菜单栏"视图" | "解决方案资源管理器"命令，在"解决方案资源管理器"列表框中双击打开"MsgBoardCtl.cpp"文件。找到"get_msgText"方法和"put_msgText"方法，将它们修改成如下所示代码。

```
01  STDMETHODIMP CMsgBoardCtl::get_msgText(BSTR* pVal)
02  {
03      *pVal = this->m_bstrMessage;           // 传出外部请求的 msgText 属性的值
04      return S_OK;                           // 返回成功代码
05  }
06
07  STDMETHODIMP CMsgBoardCtl::put_msgText(BSTR newVal)
                                               // 设置消息文本
08  {
09      this->m_bstrMessage = newVal;          // 保存外部设置的 msgText 属性的值
10      this->FireViewChange();                // 激发控件重绘事件
11      return S_OK;                           // 返回成功代码
12  }
```

19.1.6　添加事件功能

ActiveX 控件可以处理消息，借此实现用户交互。为控件 MsgBoardCtl 添加事件传出功能，当用户在控件上单击时，将单击事件传递给控件容器。操作步骤如下：

① 展开"类视图"列表窗口中的类型库"MessageBoardLib"。右键单击"_IMsgBoard CtlEvents"接口，选择右键菜单"添加"|"添加方法"命令，打开"添加方法向导"对话框。

② 在"添加方法向导"对话框的"返回类型"列表框中填入"void"。在"方法名称"编辑框中填入"ClickIn"，勾上"参数属性"下的"in"复选框，在"参数类型"下拉列表框中填入"LONG"，在"参数名"编辑框中填入"x"，单击"添加"按钮。重复添加参数操作，和第一遍不同的是在"参数名"编辑框中填入"y"。添加 x、y 两个参数后单击"完成"按钮退出"添加方法向导"对话框，如图 19-8 所示。

③ 因为在此使用了老版本的导入库，此时项目编译链接会出两个小问题，所以须将项目配置为使用多字节字符集而不是 unicode 字符集，并设置 C++默认内置字符类型为多字节。右键单击"类视图"列表框中的项目名称"MessageBoard"，选择右键菜单"属性"命令，打开"属性页"对话框，如图 19-9 所示。在左边的列表框中选择"配置属性"|"常规"项目，选择右边列表框中的"项目默认值"|"字符集"下拉列表框中的"使用多字节字符集"。

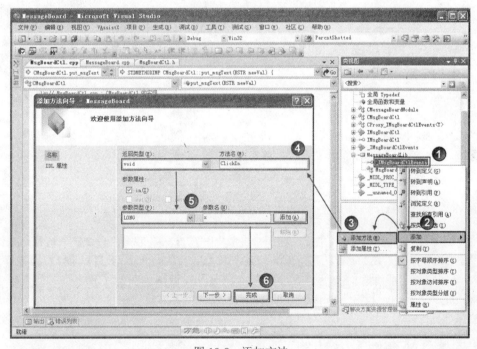

图 19-8　添加方法

④ 选择"属性页"左边列表框中的"配置属性"|"C/C++"|"语言"项目。单击右边列表框中的"将 wchar_t 视为内置类型"下拉列表框的下三角按钮，选择"否(/Zc:wchar_t-)"，如图 19-10 所示，单击"确定"按钮关闭"属性页"对话框。

 提示　ActiveX 中的事件底层处理方式和普通程序是一样的。

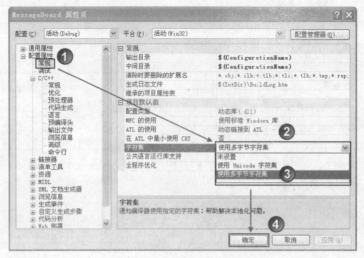

图 19-9　项目属性（一）

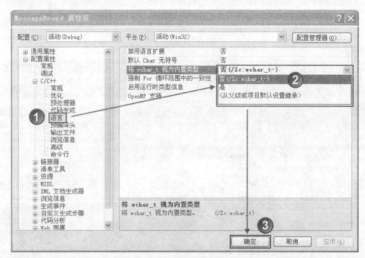

图 19-10　项目属性（二）

⑤ 编译项目，重新生成类型库。选择"生成"|"生成解决方案"命令，系统开始编译构建项目。生成完毕后，在"类视图"列表框右键单击"CMsgBoardCtl"项目，选择右键菜单"添加"|"添加连接点"命令。打开"实现连接点向导"对话框。双击"源接口"列表框中的"_IMsgBoardEvents"项目，"_IMsgBoardEvents"将出现在"实现连接点"列表框中，单击"完成"按钮退出。

19.1.7　添加事件激发功能

为了能够激发事件，必须让控件响应鼠标相关消息，并在消息处理程序中将事件传递给控件容器。如此外部的容器代码就能感知发生在控件中鼠标单击事件，添加事件激发功能的操作步骤如下：

① 右键单击"类视图"列表框中的"CMsgBoardCtl"项目，选择右键菜单"属性"命令，打开"属性"窗口。单击"消息"按钮 ⌨，在消息列表框中找到"WM_LBUTTONDOWN"项目，双击其右边的空白表项，VS2010 自动添加该消息处理程序并命名为"OnLButtonDown"，

如图 19-11 所示。

② 打开"MsgBoardCtl.cpp"文件，修改"OnLButtonDown"方法，使其看起来如下面代码所示。

```
01   LRESULT CMsgBoardCtl::OnLButtonDown( UINT uMsg, WPARAM wParam,
02   LPARAM lParam, BOOL& bHandled )                    // 左键按下消息处理
03   {
04       WORD x = LOWORD( lParam );          // 从消息参数中提取鼠标单击时的 x 坐标
05       WORD y = HIWORD( lParam );          // 从消息参数中提取鼠标单击时的 y 坐标
06       this->Fire_ClickIn( x, y );        // 触发事件
07       return 0;                          // 返回 0
08   }
```

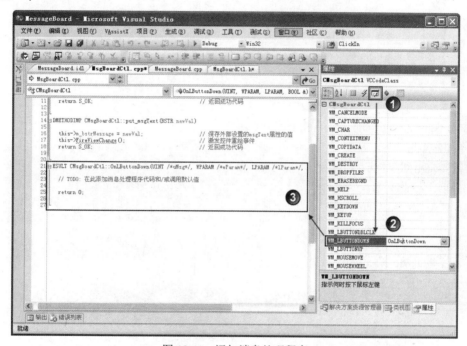

图 19-11　添加消息处理程序

19.1.8　编译生成控件

到目前为止，添加代码的工作已经完成，将发布方式配置为 Release。Release 方式将去掉目标代码中的调试信息并做了一些优化，发行版的产品通常采用这种方式，代码体积变小并且运行速度快。构造发行版的操作步骤如下：

① 单击工具栏上的"解决方案配置"列表框的下三角按钮，选择"Release"项目，如图 19-12 所示。

② 按第 19.1.6 节中相关步骤设置项目字符集属性。

③ 选择菜单栏"生成"|"生成解决方案"命令，VS2010 开始编译构建 MessageBoard 控件。

至此，一个 ActiveX 已经创建完成。在"解决方案资源管理器"列表框中找到"MsgBoardCtl.rgs"文件并双击打开它，该文件的内容将显示在代码编辑窗口中。找到如下所示的代码（读者机器上的 CLSID 值与笔者不相同）。

```
01   MessageBoard.MsgBoardCtl.1 = s 'MsgBoardCtl Class'
```

```
02   {
03       CLSID = s '{F9C695B2-5569-4F28-88FD-D9EB4E41055E}'
04       'Insertable'
05   }
```

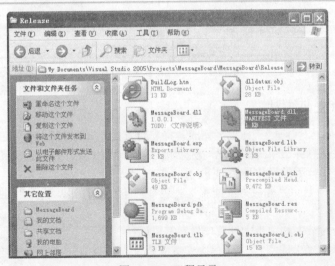

图 19-12　生成解决方案

其中"F9C695B2-5569-4F28-88FD-D9EB4E41055E"为控件"MsgBoardCtl"的 GUID（全球唯一标识符，此串与读者文件中的不相同）。记下该字符串，将来在 Web 页中插入 MsgBoardCtl 控件时需要使用到该标识符。

到当前工程目录下的 Realese 文件夹中，找到名为 MessageBoard.dll 的文件，它就是最后产出的程序组件，如图 19-13 所示。将该文件复制到一个安全的文件夹中，下一节将介绍如何在 Web 页中使用 ActiveX 控件。

提示　一般生成的 ActiveX 控件都是 DLL 文件，其中包含自身的注册信息和注册函数。

图 19-13　工程目录

19.1.9　使用 ActiveX 控件

前面使用 VS2010 创建了一个 ActiveX 组件。该组件在机器上注册以后即可在各种支持 ActiveX 组件的地方使用，其中也包括 Web 页。嵌入在 Web 页中的 ActiveX 控件可以和 JavaScript

交互。开始使用一个新的 ActiveX 控件之前必须先在机器上注册，注册 MessageBoard 组件的
操作步骤如下：

① 单击"开始"菜单，选择"运行"命令，打开"运行"对话框。

② 在"打开"编辑框中输入 regsvr32 加空格加 MessageBoard.dll 文件的完整路径名，笔
者已经将该文件复制到 C 盘的根目录下。因此输入的命令应该为" regsvr32
C:\MessageBoard.dll"，单击"确定"按钮执行命令，如图 19-14 所示。

　　组件注册以后即可使用，此处介绍如何将其插入在 Web 页中并与 JavaScript 交互。当
JavaScript 代码运行于 IE 浏览器时，可以使用 ActiveXObject 对象构造函数创建一个 ActiveX 组
件对象，语法如下：

```
var obj = new ActiveXObject( progID );
```

参数说明如下。

- obj：引用新建的 ActiveX 对象。
- progID：一个字符串，表示 ActiveX 组件的程序 ID，组件注册后该字符串记录在系统
  注册表中。

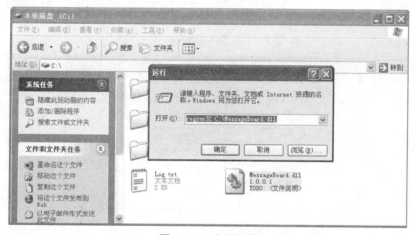

图 19-14　注册组件

　　另一种使用 ActiveX 组件的方式是使用\<object\>标签。本文将采用这种方式，将上一节创
建的 MessageBoard 组件嵌入到 HTML 文档中。

【范例 19-1】使用 MessageBoard 组件显示公告消息，如示例代码 19-1 所示。

示例代码 19-1

```
01  <BODY>                                                        <!--文档体-->
02  <p align="center">                                            <!--段落-->
03  ActiveX 组件使用示例<br>
04  <!--嵌入 MessageBoard 组件,其 CLASSID 为 F9C695B2-5569-4F28-88FD-D9EB4E41055E-->
05  <OBJECT ID="MsgBoardCtl" CLASSID="CLSID: F9C695B2-5569-4F28-88FD-D9EB4E41055E"
06   width="400" height="100"></OBJECT>
07  </p>
08  <script language="JavaScript">                                // 程序开始
09      var messageList = new Array();                            // 创建公告消息数组
10      messageList.push( "您知道吗，这是使用 ActiveX 控件发布的通知！" );
                                                                  // 压入消息项
11      messageList.push( "您知道吗，使用 ActiveX 控件可以实现十分强大的功能！" );
12      messageList.push( "您知道吗，使用 ATL 制作 ActiveX 控件非常方便！" );
```

```
13          var index = 0;                              // 消息号
14          function onClickIn( x, y )                  // 处理单击事件
15          {
16              index++;
17              // 将消息数组中的数据设置为 MessageBoard 组件的 msgText 属性
18              MsgBoardCtl.msgText = messageList[index%3];
19          }
20      </script>                                        <!--程序结束-->
21      // 绑定 MessageBoard 的 ClickIn 消息处理程序
22      <script language="JavaScript" for="MsgBoardCtl" event="ClickIn(x,y)">
                                                        // 程序开始
23          onClickIn( x, y )
24      </script>                                        <!--程序结束-->
25  </BODY>                                              <!--文档结束-->
```

【运行结果】打开网页文件运行程序，其结果如图 19-15 所示。

【代码解析】本示例演示了如何使用 JavaScript 与 ActiveX 控件进行交互。第 4～6 行在 HTML 文档中嵌入前一节所创建的 MessageBoard 组件。第 9～13 行创建一个消息数组，将其作为数据传递给 MessageBoard 组件。第 14～19 行创建一个函数作为 MessageBoard 组件 ClickIn 事件处理程序。其负责将数组 messageList 中的每个数据项轮流设置为 MessageBoard 的 msgText 属性值。第 23～24 行为 MessageBoard 组件绑定事件 ClickIn 的处理程序。

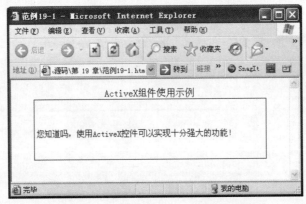

图 19-15　MessageBoard 组件显示消息

 提示　ActiveX 组件的开发比较复杂，本节内容仅为读者展示其创建的过程。具有丰富功能的 ActiveX 组件是非常复杂的，有兴趣的读者可以进行这方面的专门学习。

19.2　JavaApplet

JavaApplet 是使用 Java 技术开发的运行于浏览器中的小应用程序。在互联网发展的初期，Web 页的交互能力和体验效果非常差。随着 Java 的出现，这两方面得到了极大的改善。使用 Java 开发 Applet 应用程序嵌入 Web 页中并在浏览器中运行，其具有非常强的交互能力和媒体表现力，为 Web 页增色不少。本节将讲解如何创建一个最简单的 JavaApplet 程序，并使之与 JavaScript 程序交互。Java 技术体系非常庞大而复杂，有兴趣的读者可以对其进行专门的学习。

19.2.1　如何安装 JDK

在开发 JavaApplet 之前先要安装 JDK，本书使用的 JDK 版本为 6.0。在进一步学习之前请读者下载该版本，安装步骤如下：

① 运行安装程序，如图 19-16 所示，根据安装程序的提示进行各项设置。

图 19-16　JDK 安装程序

② 安装程序执行结束后。为了方便使用，需要设置相关的环境变量，分别是 "path" 和 "JAVA_HOME"。右键单击 "我的电脑" 图标，选择 "属性" 命令，打开的 "系统属性" 窗口。单击 "高级系统设置" 链接，打开 "系统属性" 对话框，切换到 "高级" 选项卡，然后单击 "环境变量" 按钮，弹出 "环境变量" 对话框，如图 19-17 所示。

图 19-17　"环境变量" 对话框

③ 单击 "用户变量" 组中的 "新建" 按钮，打开 "新建用户变量" 对话框。在 "变量名" 编辑框里输入 "JAVA_HOME"。在 "变量值" 编辑框里输入 JDK 的安装路径，需要注意的是要根据自己的实际情况填写。单击 "确定" 按钮关闭 "编辑用户变量" 对话框，如图 19-18 所示。

④ 从"系统变量"组的列表中找到"变量"字段为"path"的项。选中该项后单击"编辑"按钮，打开"编辑系统变量"对话框。将 JDK 安装目录下的"bin"目录完整路径名插入"变量值"编辑框的最前面，并使用分号将其与其他变量值隔开。笔者应该填入"D:\Program Files\Java\jdk1.6.0_07\bin;"，如图 19-19 所示。单击"确定"按钮关闭"编辑系统变量"对话框，单击"环境变量"对话框上的"确定"按钮退出"环境变量"对话框。单击"系统属性"对话框上的"确定"按钮使设置生效。

图 19-18　编辑用户变量

图 19-19　编辑系统变量

19.2.2　如何创建 Applet

完成上一节的工作后，现在创建一个最简单的 JavaApplet 应用程序，即世人皆知的"HelloWorld"，演示 JavaApplet 创建的过程以及如何与 JavaScript 交互，以下步骤将完成 JavaApplet 程序的编辑和编译。

① 打开"记事本"应用程序，在其中输入以下代码。

```
01  import java.awt.*;                          // 导入 awt 包下的所有类
02  import java.applet.*;                       // 导入 applet 包的所有类
03  public class  MessageBoard extends Applet
                                                // 定义一个 Java 小程序类，从 Applet 类派生
04  {
05      private String strMessage = "您还未加载消息"; // 定义一个消息字符串
06      public void paint(Graphics g)           // 窗口重绘方法
07      {
08          g.drawString( strMessage , 10, 10 ); // 重绘时将文本画在窗口上
09      }
10      public void set_strMessage( String s )
11      {
12          strMessage = s;                     // 保存外部传入的数据
13          repaint();                          // 强制 Applet 重绘
14      }
15  }
```

② 将"记事本"中的源程序代码以"MessageBoard.java"为文件名保存（注意扩展名为"java"）。在如图 19-20 所示的"另存为"对话框中，单击"保存类型"列表框的下三角按钮，选择"所有文件"项目。单击"保存"按钮完成保存工作。

③ 单击"开始"菜单，选择"运行"命令，打开"运行"对话框。在"打开"编辑文本框里输入"cmd"，按回车键执行命令。随即出现命令行窗口，在其中使用"cd"命令转到 JDK 安装目录。将第②步中保存的程序文件复制到 JDK 安装目录。在命令行窗口输入"javac messageboard.java"，按回车键执行编译，笔者的操作结果如图 19-21 所示。

此步操作结束后，在 JDK 安装目录下生成一个名为"MessageBoard.class"的文件。该文件是最终产生的 JavaApplet 程序文件，将其复制到一个安全的目录中，以备下一次使用。下一节将介绍如何在 Web 页中使用 Applet。

图 19-20　另存为对话框

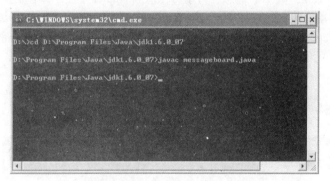

图 19-21　编译 JavaApplet 程序

19.2.3　如何使用 Applet

Applet 的使用场所是 Web 页，Web 页中的 Applet 程序可以和 JavaScript 程序交互。JavaScript 程序编写容易而功能相对较弱，Applet 功能强大但编写相对复杂，因此通过两者结合往往是最佳选择。上一节创建了显示消息用的 Applet 程序，现在创建一个 Web 页来使用它。

【范例 19-2】演示 JavaScript 和 Applet 的交互。在 Web 页中嵌入 Applet 程序 MessageBoard，使用 JavaScript 更换 MessageBoard 中的消息文字，如示例代码 19-2 所示。

示例代码 19-2

```
01  <body>                                               <!--文档体-->
02  <h1 align="center">JavaScript 与 Applet 交互</h1>  <!--标题-->
03  <p align="center">                                   <!--段落-->
04  <!--使用 applet 标签嵌入 JavaApplet 程序-->
05  <applet code="MessageBoard.class" width="400" height="20" name="msgboard">
    </applet>
06  </p>
07  <script language="JavaScript">
08  <!--
```

```
09    var messageList = new Array();                  // 创建一个消息数组
10    messageList.push("消息: Applet 与 JavaScript 结合, 可以使 web 页实现非常棒的效果! ");
11    messageList.push("消息: Applet, 强大的交互能力和富体验效果! ");
12    var index = 0;                                   // 消息号
13    function SetMessage()                            // 按钮的单击事件处理程序
14    {
15        index++;
16        document.msgboard.set_strMessage( messageList[index%2] );
                                                       // 设置消息数组中的下一条消息
17    }
18    //-->
19    </script>                                        <!--程序结束-->
20    <div align="center">                             <!--消息层-->
21                                                     <!--更换消息的按钮-->
22    <input type="button" value="显示下一条消息" onclick="SetMessage()">
23    </div>
24    </body>                                          <!--文档结束-->
```

【运行结果】打开网页文件运行程序，其结果如图 19-22 所示。

【代码解析】该代码段第 5 行使用一个 HTML 标签"<applet>"嵌入 Applet 程序。"MessageBoard.class"为上一节创建的 Applet 程序，此时它和网页文件处在同一目录中。第 7～11 行创建一个消息数组，其中的消息字符串将传递到 Applet 中显示输出。第 13～17 行定义一个函数作为按钮的单击事件处理程序，实现 Applet 中消息的更换。第 16 行调用 MessageBoard 程序的 set_strMessage 方法设定其要显示的消息字符串。第 22 行设置一个按钮来激发消息更换操作。

> 提示　本例仅演示了一个超级简单的 Applet。具有丰富功能的 Applet 同样非常复杂，有兴趣的读者请进行更为深入的学习。

图 19-22　Applet 程序显示消息

19.3　Flash 概述

Flash 最初由 Macromedia 公司研发并投放市场，包括交互式动画及其开发运行的工具。主要目标是在 Web 页中实现富客户端应用，经历近十年的发展，Flash 的功能已经非常强大。被 Adobe 公司收购后推出的首个新版本在功能和技术上都发生了革命性的变化。

新版的 AS3.0 是一门正规的编程语言，开发模式也因此改变。目前，Flash 主要应用在人机交互、流媒体和应用软件开发等方面。Flash 在 Web 页中的应用最为常见，因此本节将介绍如何创建一个 Flash 动画,并且在 Web 页中与 JavaScript 程序交互。

19.3.1 如何创建 Flash

本书创建 Flash 所使用的软件是 Adobe Flash CS3 Pro(简体中文版),读者可以购买此软件或到 Adobe 公司的网站下载试用版。本节将创建一个文字广告轮流播放的 Flash 动画,广告文字的内容由外部输入。创建流程参考如下步骤。

① 新建一个空白 Flash 文档。打开 Adobe Flash CS3 Pro,选择菜单栏"文件"|"新建"命令,打开"新建文档"对话框。单击"常规"标签,在"类型"列表框中双击"Flash 文件(ActionScript3.0)"项目,如图 19-23 所示,操作完成后创建了一个 Flash 文档。

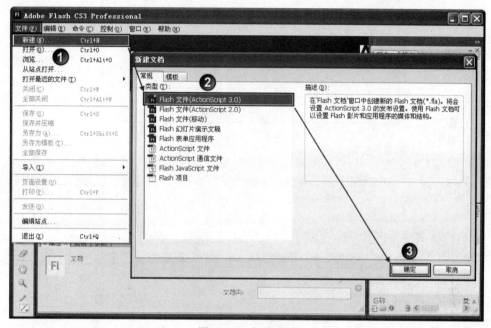

图 19-23 新建文档

② 设置场景大小。选择菜单栏"修改"|"文档"命令,打开"文档属性"对话框。在"尺寸"编辑框里分别填入"400"、"100"(对应着"宽"和"高"),如图 19-24 所示,单击"确定"按钮确认修改。

图 19-24 "文档属性"对话框

③ 保存新建的文档。选择菜单栏"文件"|"另存为"命令，打开"另存为"对话框。选择"保存在"列表框中"桌面"图标，在"文件名"编辑框中输入"MessageBoard"，如图 19-25 所示，单击"保存"按钮完成操作。

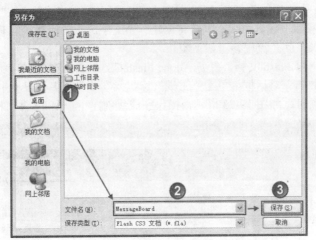

图 19-25　保存文档

④ 编写文档主类。打开"记事本"程序，输入以下代码并保存到桌面，文件全名为"Messageboard.as"。确保"另存为"对话框中的"保存类型"列表框已经选择了"所有文件"项目，如图 19-26 所示。

图 19-26　"另存为"对话框

Messageboard.as

```
01  package {
02      import flash.display.Sprite;           // 导入下面使用到的各个类
03      import flash.events.Event;
04      import flash.external.ExternalInterface;
05      import flash.system.Security;
```

```
06          import flash.text.TextField;
07          import flash.text.TextFormat;
08          import flash.text.TextFieldAutoSize;
09          public class MessageBoard extends Sprite
10          {
11              public var msg:TextField;            // 消息文本域引用
12              public function MessageBoard()        // SWF 对象构造函数
13              {
14                  Security.allowDomain("*") ;       // 允许所有域访问
15                  this.loaderInfo.addEventListener(Event.INIT,onInit);
                                                       // 添加 "初始化完毕" 事件的侦听器
16                  msg = new TextField();            // 创建消息文本域对象
17                  msg.text = "Ready";               // 显示消息, "ready"
18                  msg.autoSize=TextFieldAutoSize.LEFT;
                                                       // 文本靠左对齐
19                  msg.x = 30;                        // 文本域对象在舞台的坐标为（30,30）
20                  msg.y = 30;
21                  this.addChild( msg );             // 添加文本域对象到舞台
22              }
23              public function SetMessage( msgTxt:String ) // 设置消息文本方法
24              {
25                  msg.text = msgTxt;                        // 设置消息文本域对象的文本
26              }
27              public function onInit(event:Event)          // 初始化完毕事件的侦听器
28              {
29                  try                                        // 开始异常捕获
30                  {
31                      if( ExternalInterface.available)      // 如果外部 API 可用
32                      {
33                          // 注册回调函数 "SetMessage" 供外部使用
34                          ExternalInterface.addCallback("SetMessage",SetMessage);
35                          // 调用外部 JavaScript 函数 "SwfIsReady", 检查网页是否已经准
                            // 备就绪
36                          ExternalInterface.call( "SwfIsReady", 1 );
37                      }
38                      else
39                      {
40                          msg.text = "警告：SWF 外部 API 被禁用!";
                                                               // 如果外部 API 不可用则显示警告信息
41                      }
42                  }
43                  catch( e:Error )                          // 异常处理
44                  {
45                      msg.text = e.message;                 // 仅显示出错消息
46                  }
47              }
48          }
49    }
```

⑤ 设置文档主类。选择主菜单 "窗口" | "属性" 命令，检查正在展开的子级菜单中的 "属性" 命令前是否已经打钩，如果已经打勾请忽略此步操作。否则请选择 "属性" 命令，如图 19-27 所示。在程序主界面窗口中找到 "属性" 面板，在 "文档类" 编辑框中输入 "MessageBoard"，如图 19-28 所示，按回车键结束。

注意 如果软件提示 "找不到类 MessageBoard 的定义"，请确保文档类文件和 Flash 文档文件在同一目录中。

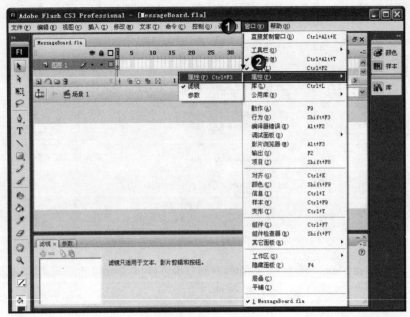

图 19-27 "窗口"菜单

图 19-28 设置文档主类

⑥ 编译生成 Flash 影片。按 Shift+F12 组合键编译生成 SWF 影片。编译后在和 "MessageBoard.fla" 文件相同的目录中产生了一个名为 "MessageBoard.swf" 的文件，就是最终需要的 Flash 影片。将其复制到一个安全的目录下，以便在下一节使用。

19.3.2　认识 Flash 与 JavaScript 的交互

上一节创建了一个简单的 Flash 影片，功能与前面两节的 ActiveX 和 JavaApplet 相同。Flash 影片可以在 Flash 独立播放器中运行，也可以嵌入在 Web 页中。嵌入在 Web 页中的 Flash 影片程序可以和 JavaScript 代码交互，这个特性通常用来进行数据交换。Flash 到 JavaScript 的通信主要依靠 Flash 内置的 ExternalInterface 类，该类封装了所有与浏览器通信的细节。

AS3.0 方法可以由 JavaScript 调用，所调用的 Flash 方法事先必须使用 ExternalInterface 类的 addCallback 方法注册。而由 Flash 调用 JavaScript 函数则比较简单，直接使用 ExternalInterface 类的静态方法 call，传入要调用的 JavaScript 函数名和参数即可实现调用。下面举例说明。

【范例 19-3】在 Web 页中嵌入上一小节创建的 Flash 影片 MessageBoard，轮流显示两条消息，如示例代码 19-3 所示。由于这段代码都很重要，因此不做加粗处理，读者需着重学习。

示例代码 19-3

01　　<head>　　　　　　　　　　　　　　　　　　　　　　　　<!--文档体-->

```
02  <title>范例 19-3</title>                              <!--文档标题-->
03  <script language="JavaScript">               // 程序开始
04      function thisMovie(movieName)            // 定义函数区分不同的浏览器
05      {
06          if (navigator.appName.indexOf ("Microsoft") !=-1)
                                                    // 如果是 IE
07          {
08              return window[movieName];         // 以 window 属性的形式返回影片对象
09          }
10          else                                  // 其他
11          {
12              return document[movieName];       // 以 DOM 对象的形式返回影片对象
13          }
14      }
15      var messageList = new Array();           // 创建消息数组
16      messageList.push( "公告：使用 FLASH 实现 WEB 页动态交互更容易！" );
                                                    // 压入消息
17      messageList.push( "公告：FLASH, 轻松实现 WEB 交互！" );
                                                    // 压入消息
18      var index = 0;                           // 消息号
19      var isTimerSet = false;                  // 表示定时器是否已经设定
20      function SwfIsReady(arg)                 // 定义函数，当 Flash 就绪时调用
21      {
22          if( !isTimerSet )                    // 如果还未设定定时器
23          {
24              setInterval( SwfIsReady, 1000 );  // 设定定时器
25              isTimerSet = true;                // 表明已经设定了定时器
26          }
27          // 调用 FLASH 对象中的 SetMessage 函数
28          thisMovie("MessageBoard").SetMessage( messageList[index%2] );
29          index++;                             // 消息编号递增
30      }
31  </script>                                            <!--程序结束-->
32  </head>                                              <!--标题结束-->
33                                                       <!--插入 Flash 影片对象-->
34  <object classid="clsid:D27CDB6E-AE6D-11cf-96B8-444553540000"
35          id="MessageBoard" width="400" height="100"
36          codebase="http://fpdownload.macromedia.com/get/flashplayer/
            current/swflash.cab">
37          <param name="movie" value="MessageBoard.swf" /> <!-- 名称-->
38          <param name="quality" value="high" />           <!-- 品质-->
39          <param name="bgcolor" value="#869ca7" />        <!-- 背景色-->
40          <param name="allowScriptAccess" value="always" /><!-- 访问权限-->
41          <embed src="MessageBoard.swf" quality="high" bgcolor="#869ca7"
                                                             <!-- 嵌入影片-->
42              width="400" height="100" name="MessageBoard" align="middle"
43              play="true"                                  <!-- 播放-->
44              loop="false"                                 <!-- 循环-->
45              quality="high"                               <!-- 品质-->
46              allowScriptAccess="always"                   <!--访问权限-->
47              type="application/x-shockwave-flash"         <!-- 类型-->
48              pluginspage="http://www.adobe.com/go/getflashplayer">
                                                             <!-- 插件地址-->
49          </embed>
50  </object>
51  </body>                                              <!--文档体结束-->
```

【运行结果】打开网页运行程序，其结果如图 19-29 所示。

【代码解析】该代码段演示了 Flash 和 JavaScript 间的交互。第 4～14 行定义一个函数，实现在不同的浏览器中都能正确获取嵌入在 Web 页中的影片对象的功能。第 15～17 行创建一个消息数组，其中的数据将传到 Flash 中处理。第 20～30 行定义一个函数，实现安装定时器和调用 Flash 对象中 SetMessage 方法的功能。第 34～50 行嵌入 Flash 影片"MessageBoard.swf"。

图 19-29　网页中的 MessageBoard 影片

> 提示　Flash 是另一门比 JavaScript 复杂得多的技术，本节仅演示 Flash 影片产生和使用的过程，有兴趣的读者请进行专门的学习。

19.4　小结

通过本章的学习，读者了解了 Web 开发中常用到的几种插件。其中，ActiveX 是遵循 COM 规范制作的软件组件，是 Windows 平台上的组件技术。ActiveX 组件能嵌入在 Web 页中，因此可以为 Web 页带来十分强大的表现能力。

JavaApplet 应用程序运行于 Web 页中，其主要目标是为 Web 提供强大的人机交互能力和丰富的多媒体效果。JavaApplet 运行于嵌入在浏览器中的 Java 虚拟机上，Java 虚拟机实现上就是一个 ActiveX 组件。与此相似是 Flash，它是当今 Web 多媒体应用中最走红的角色之一，同样是为提高 Web 页的交互能力而被研发出来，Flash 应用程序的开发需要专门的工具，比如 Adobe Flash CS3 系列软件。

ActiveX、JavaApplet 和 Flash，都可以和 JavaScript 代码交互，Web 应用也因此变得更为丰富多彩。本章使读者对这三者有一个大概的认识，可以根据自己的兴趣再进行专门的学习。

19.5　习题

一、常见面试题

1. 什么是 ActiveX 控件？

【解析】本题考查 ActiveX 控件最基本的概念。

【参考答案】ActiveX 是微软公司提出的一套二进制组件发布方案、实现规范和工具集合的总称。ActiveX 的目的是实现软件二进制级别的兼容和复用。

2. 分析下面的代码并作出解释。

```
01  #include <comutil.h>
02  using namespace _com_util;
```

```
03   #pragma comment( lib, "comsupp.lib" )
```

【解析】考查代码的基本应用能力。

【参考答案】

代码第 1 行添加 COM 实用工具头文件。

代码第 2 行添加使用 "_com_util" 名字空间。

代码第 3 行添加引入库命令。

二、简答题

1. 简述创建一个最简单的 ActiveX 的基本步骤。

2. 简要谈谈 JavaScript 与 Web 的关系，以及它的实用性。

3. 简述创建和使用 Flash 的基本步骤。

三、综合练习

1. 将 Windows 系统自带的媒体播放器 ActiveX 控件插入网页中，实现 MP3 音乐的播放功能。添加一个播放/暂停按钮，使用 JavaScript 控制音频的播放。Windows Media Player 的 ActiveX 控件的全球唯一标识符为 "6BF52A52-394A-11d3-B153-00C04F79FAA6"。

【提示】结合本章所学的知识，使用 <object> 标签将 ActiveX 嵌入 Web 文档中。调用 Windows Media Player 控件对象的 controls.play/controls.pause 方法实现播放/暂停的功能，参考代码如下：

```
01   <head>                                                      <!--文档头-->
02   <title>练习 19-1</title>                                    <!--文档标题-->
03   <script language="JavaScript" type="text/JavaScript">   // 程序开始
04   // <!CDATA[
05       var isPause = false;
06       function thisMovie(movieName)                      // 定义函数区分不同的浏览器
07        {
08           if (navigator.appName.indexOf ("Microsoft") !=-1)// 如果是 IE
09           {
10               return window[movieName];        // 以 window 属性的形式返回影片对象
11           }
12           else                                 // 其他
13           {
14               return document[movieName];      // 以 DOM 对象的形式返回影片对象
15           }
16        }
17       function Button1_onclick()
18       {
19         if( isPause )                          // 如果正在播放
20         {
21            MPlayer.controls.pause();           // 暂停
22            Button1.value = "播放";              // 更改按钮标题
23         }
24         else                                   // 如果已经暂停
25         {
26            MPlayer.controls.play();            // 播放
27            Button1.value = "暂停";              // 更改按钮标题
28         }
29         isPause = !isPause;                    // 每一次单击后状态取反
30       }
31   // ]]>
32   </script>                                                   <!--程序结束-->
33   </head>                                                     <!--文档头结束-->
```

```
34    <body>
35    <div align="center">
36    <object d="MPlayer" height="64" width="260" name="MPlayer"
37    classid="CLSID:6BF52A52-394A-11d3-B153-00C04F79FAA6">
38        <param name="URL" value="test.mp3" />
39    </object><br />
40    <input id="Button1" type="button" value="控制" onclick="return Button1_
      onclick()" />                                    <!--按钮-->
41    </div>
42    </body>                                          <!--文档体结束-->
```

【运行结果】打开网页文件运行程序，其结果如图 19-30 所示。

图 19-30   程序运行结果

2．创建一个 Flash，用于将一组（*x*, *y*）坐标数据显示为曲线图。数据由用户从 JavaScript 中传送给 Flash 绘制在舞台上，可以绘制由任意多个顶点组成的曲线。

【提示】JavaScript 通过调用 Flash 注册的回调方法将数据传送到 Flash 中，Flash 使用 ExternalInterface 类与外界通信。用户的顶点数据保存在 JavaScript 数组中，并将数据逐一传递到 Flash 中即可。

（1）Flash 的主文档类（文件：GReport.as）参考代码如下：

```
01    // GReport.as
02    package {
03        import flash.display.Sprite;                // 引入 Sprite 类
04        import flash.events.Event;                  // 引入 .Event 类
05        import flash.external.ExternalInterface;     // 引入 ExternalInterface 类
06        import flash.system.Security;               // 引入 Security 类
07        import flash.text.TextField;                // 引入 TextField 类
08
09        public class GReport extends Sprite          // 类 GReport
10        {
11            public var m_data:Array;                // 外部传入的顶点数据
12            public var m_ptMsgs:Array;              // 坐标信息数组
13            public var xArray:Array;                // 分析后的 X 轴数组
14            public var yArray:Array;                // 分析后的 Y 轴数组
15            public function GReport()               // 构造函数
16            {
17                Security.allowDomain("*");           // 允许所有域访问
18                this.loaderInfo.addEventListener( Event.INIT, onInit );
                                                       // 添加初始化完成事件侦听器
19                this.addEventListener(Event.ENTER_FRAME,this.onEnterFrame);
```

```
                                              // 添加事件侦听器
20          this.m_data = new Array();        // 创建外部传入的顶点数据数组
21          this.m_ptMsgs = new Array();      // 创建坐标信息数组
22          this.xArray = new Array();        // 创建分析后的 X 轴数组
23          this.yArray = new Array();        // 创建分析后的 Y 轴数组
24      }
25  public function onInit(event:Event)       // 初始化完成事件侦听器
26  {
27      if( ExternalInterface.available )     // 如果外部 API 可用
28      {
29          ExternalInterface.addCallback( "ClearData", this.clearData );
                                              // 注册回调函数
30          // 注册回调函数
31          ExternalInterface.addCallback( "SetGraphData", this.
            setGraphData );
32          ExternalInterface.call( "SwfIsReady" );
            // 调用外部函数，通知 SWF 已经初始化完成
33      }
34  }
35  public function clearData( ):Boolean      // 清除坐标数组
36  {
37      this.m_data = null;                   // 删除原数组对象，收回内存
38      this.m_data = new Array();// 创建新数组
39      return true;
40  }
41  public function setGraphData( arg:Number ):Number
                                              // 设置坐标数组数据，由外部调用
42  {
43      this.m_data.push( arg );   // 将坐标数据压入数组
44      return 1;
45  }
46  public function onEnterFrame( event:Event )
                                              // “每一帧” 事件侦听器
47  {
48      // 如果坐标数据为空或根本没有
49      if( (this.m_data==null)|| (this.m_data.length == 0) || (this.m_
        data.length%2 !=0 )  )
50      {
51          return;                 // 直接返回
52      }
53      this.xArray = null;         // 删除 X 坐标数组，收回内存
54      this.yArray = null;         // 删除 Y 坐标数组，收回内存
55      this.xArray = new Array();// 创建分析后的 X 轴数组
56      this.yArray = new Array();// 创建分析后的 Y 轴数组
57      for( var n:Number = 0; n<this.m_data.length; n++ )
                                    // 从坐标数据数组中提取 X，Y 轴数据
58      {
59          if( n%2==0 )            // 偶数索引号元素为 X 轴
60          {
61              xArray.push( this.m_data[n] );
                                    // 压入分析后的 X 轴数组
62          }
63          else                    // 奇数索引号元素为 Y 轴
64          {
65              yArray.push( this.m_data[n] );
                                    // 压入分析后的 Y 轴数组
```

```
66                        }
67                  }
68                                              // 将坐标信息标签数组中的每个元素内存收回
69            for( var i:Number = 0; i<this.m_ptMsgs.length; i++ )
70            {
71                  if( this.m_ptMsgs[i] != null )      // 如果当前对象不为空
72                  {
73                        try                           // 删除它可能发生异常
74                        {
75                              this.removeChild( this.m_ptMsgs[i] );
76                                                      // 先从场景中移除
                              delete this.m_ptMsgs[i];  // 再从数组中删除
77                        }
78                        catch( e:Error )
79                        {
80                              continue;                // 如果发生异常不与理
                                                         // 会，直接下一次循环
81                        }
82                  }
83            }
84            this.graphics.lineStyle( 1, 0xff0000, 1 ); // 设置线形风格
85            this.graphics.moveTo( xArray[0],yArray[0] );// 移到第一个坐标
86            var ptMsg0:TextField = new TextField();
                                                         // 创建第一个坐标的
                                                         // 信息标签
87            ptMsg0.text = "(" + String(xArray[0]) + "," + String(yArray[0])
              + ")";                                     // 设置信息文本
88            ptMsg0.x = xArray[0];                      // 标签 X 坐标
89            ptMsg0.y = yArray[0];                      // 标签 Y 坐标
90            this.addChild( ptMsg0 );                   // 添加到场景
91            this.m_ptMsgs.push( ptMsg0 );              // 将引用压入标签数组
92            for( var m:Number = 1; m<xArray.length; m++ )
                                                         // 逐一为每个坐标创建
                                                         // 标签
93            {
94                  this.graphics.lineTo( xArray[m],yArray[m] );
                                                         // 从上一坐标点画线到
                                                         // 当前坐标
95                  var ptMsg:TextField = new TextField(); // 创建当前坐标标签
96                  ptMsg.text = "(" + String(xArray[m]) + "," + String(yArray[m])
                    + ")";                               // 设置标签文本
97                  ptMsg.x = xArray[m];                 // 设置标签坐标为当前
                                                         // 点坐标
98                  ptMsg.y = yArray[m];
99                  this.addChild( ptMsg );              // 将标签添加到场景
100                 this.m_ptMsgs.push( ptMsg );         // 将标签添加到标签数组
101           }
102     }
103     }
104 }
```

（2）网页文件的参考代码如下：

```
01  <head>
02  <title>练习 19-2</title>
03  <script language="JavaScript">
04      function thisMovie(movieName)               // 定义函数区分不同的浏览器
05      {
06          if (navigator.appName.indexOf ("Microsoft") !=-1)// 如果是 IE
```

```
07              {
08                      return window[movieName]; // 以 window 属性的形式返回影片对象
09              }
10          else                                // 其他
11              {
12                      return document[movieName];// 以 DOM 对象的形式返回影片对象
13              }
14      }
15      var PointList = new Array();            // 创建坐标数组
16      var yBase = 100;
17      var xBase = 100;
18      PointList.push( xBase+0, yBase+100, xBase+100, yBase+0,
19      xBase+200, yBase+100, xBase+300, yBase+0 ); // 压入坐标数据
20      var isTimerSet = false;                     // 表示定时器是否已经设定
21      function SwfIsReady()                       // 定义函数, 当 Flash 就绪时调用
22      {
23          thisMovie("GReport").ClearData();// 调用 FLASH 方法清除坐标数组中的数据
24          for( n in PointList )               // 所有坐标逐一压入传送到 Flash 中
25          {
26              var rs = thisMovie("GReport").SetGraphData( PointList[n] );
                                                // 调用 Flash 方法传送数据
27          if( rs == null )                    // 如果调用失败
28          {
29              alert( "调用 SWF 方法失败，请检查 Flash 安全设置！" );
30          }
31      }
32      }
33  </script>
34  </head>
35                                      <!--插入 Flash 影片对象-->
36  <object classid="clsid:D27CDB6E-AE6D-11cf-96B8-444553540000"
37          id="GReport" width="100%" height="100%"
38          codebase="http://fpdownload.macromedia.com/get/flashplayer/
            current/swflash.cab">
39          <param name="movie" value="GReport.swf" />       <!-- 文件名-->
40          <param name="quality" value="high" />            <!-- 品质-->
41          <param name="bgcolor" value="#869ca7" />         <!-- 背景色-->
42          <param name="allowScriptAccess" value="always" />
                                                             <!-- 访问权限-->
43          <embed src="GReport.swf" quality="high" bgcolor="#869ca7"
                                                             <!-- 文件名-->
44              width="100%" height="100%" name="GReport" align="middle"
45              play="true"                                  <!-- 播放-->
46              loop="false"                                 <!-- 循环-->
47              quality="high"                               <!-- 品质-->
48              allowScriptAccess="always"                   <!-- 访问权限-->
49              type="application/x-shockwave-flash"         <!-- 类型-->
50              pluginspage="http://www.adobe.com/go/getflashplayer">
                                                             <!-- 插件地址-->
51          </embed>
52  </object>
53  </body>                                                  <!-- 文档结束-->
```

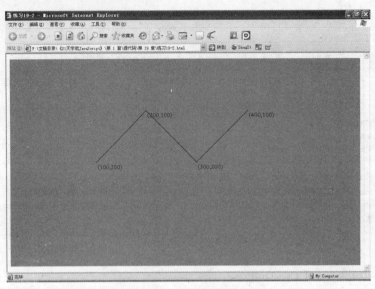

图 19-31　程序运行结果

四、编程题

1．写一个简单的 Applet 小程序并实现和 JavaScript 交互。

【提示】可以参考本章中的有关代码。

2．写一个程序实现在 Web 页中嵌入创建好的 Flash 影片。

【提示】可以参考本章中有关嵌入的相关代码。

第 20 章　JavaScript 的调试与优化

本书的主要任务是讲解 JavaScript 语言的特性，所有例子程序都比较简单。然而应用开发所编写的程序在功能和代码结构上都比较复杂。因此，需要有一个高效的开发和调试工具。JavaScript 代码运行在客户端浏览器中，执行方式是逐行解释执行。解释执行的速度相比编译执行要慢，为了提高运行速度，需要对 JavaScript 代码进行优化。本章将介绍 JavaScript 的开发工具、调试和代码优化。

- 了解 JavaScript 开发工具。
- 了解 Microsoft Visual Studio 2010，并能在实际开发中运用。
- 掌握使用 Microsoft Visual Studio 2010 调试 JavaScript 代码的方法。
- 掌握 JavaScript 代码优化的常见方法。

以上几点是对读者在学习本章内容时所提出的基本要求，也是本章希望能够达到的目的。读者在学习本章内容时可以将其作为学习的参照。

20.1　JavaScript 开发工具深入剖析

JavaScript 代码不需要编译，也无须引入复杂的外部源程序。程序的编写过程非常简单，使用一个文本编辑工具即可完成工作。但事实表明，有一个强大的开发工具可以大大提高开发效率。于是各种各样辅助开发的工具由此产生，本节将向读者介绍一款强大的开发工具，即 Microsoft Visual Studio 2010（下文简称 VS2010），它是一套功能强大的开发套件，对 Web 开发也提供了强大的支持。

编辑 HTML 文件时，VS2010 提供源代码和可视化两种编辑方式，同时提供了一个功能强大的 CSS 编辑器。使用 VS2010 创建一个 HTML 文件，一般操作步骤如下：

① 选择菜单栏"文件"|"新建"|"文件"命令，打开"新建文件"对话框，如图 20-1 所示。选择"已安装的模板"列表框中的"Web"项目，再双击右侧列表框中的"HTML 页"项目。新创建的 HTML 网页以源代码的方式打开于源代码编辑器中。

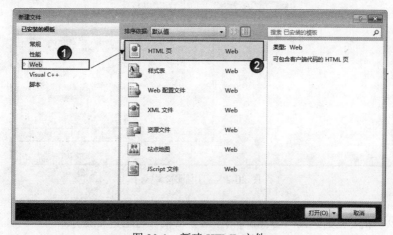

图 20-1　新建 HTML 文件

② 在代码编辑窗口中书写程序代码。在编辑窗口底端有两个模式切换的按钮"源"和"设计"，分别对应着两种编辑模式。在"源"方式下输入 HTML 代码和 JavaScript 代码可以得到自动完成提示，在可视化模式下双击控件标签时，可以自动添加事件处理程序。需要插入 HTML 控件标签时可以双击"工具箱"面板里对应的项目即可在插入点插入控件代码。

③ 保存 HTML 文件。网页文件编辑完成以后需要将结果保存起来，选择菜单栏"文件"|"另存为"命令，打开"另存为"对话框。在"另存为"对话框中填写相关信息，再单击"保存"按钮即可。

VS2010 功能极其丰富。以上是创建一个 HTML 文件的一般过程，本节先让读者对其有个大致的印象，在下一节介绍代码调试时再进一步深入了解。

20.2 JavaScript 的调试简介

一个功能完整、行为可靠的软件产品在开发的过程中，需要进行大量的调试工作。JavaScript 编程也不例外，通过反复的调试才能发现明显的错误和潜在漏洞。调试工作往往占用全部开发时间的 50%左右，如此可见调试是一件非常重要的事情，本节将向读者介绍如何调试 JavaScript 代码。

20.2.1 如何进行调试前的准备工作

本书所有代码均运行于 Windows 平台的 IE 浏览器中，调试工具是 VS2010 和 IE6 浏览器。在开始进行调试之前请将 IE 浏览器的调试功能打开，操作步骤如下：

① 打开 IE 浏览器，选择菜单栏"工具"|"Internet 选项"命令，打开"Internet 选项"对话框，如图 20-2 所示。

② 单击"高级"选项卡，拖动"设置"列表框的垂直滚动条。在"设置"列表框中找到两个"禁用脚本调试"复选框，将它们前面的钩去掉。最后单击"确定"按钮确认修改并退出，如图 20-2 所示。

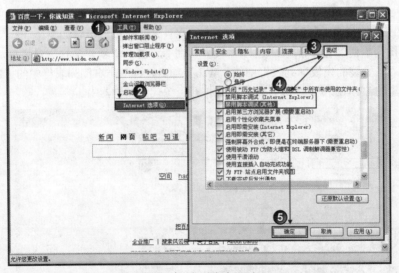

图 20-2　启用脚本调试

 提示　读者可以尝试其他的调试工具，但和 IE 结合比较好的就是 VS2010。

20.2.2　如何进行调试

正确安装 VS2010 和设置 IE 浏览器后，可以开始调试 JavaScript 程序。把将要调试的 JavaScript 程序加载到 IE 浏览器中，再启动调试，操作步骤如下：

① 在 IE 中打开包含 JavaScript 程序的 HTML 网页，选择菜单栏"工具"|"开发人员工具"命令，打开"开发人员工具"对话框，如图 20-3 所示。

 说明　以上工具只有在 IE8 以上版本中才有。

② 在工具栏中选择"脚本"调试，单击"启动调试"按钮进入调试。

图 20-3　选择调试引擎

一般都在 JavaScript 程序代码中添加"debugger"语句来激活程序的调试，当浏览器执行到 debugger 语句时便启动调试，接下来举例说明。

【范例 20-1】学习使用"debugger"语句设置程序调试断点，如示例代码 20-1 所示。

示例代码 20-1

```
01  <script language="javascript">              // 程序开始
02      var balance = 200.0;                    // 当前余额
03      var willPay = 20.0;                     // 当前该付金额
04      function pay( _balance, _pay )          // 付账动作
05      {
06          return _balance - _pay;             // 从余额中减去该付的数额
07      }
08      function ShowBalance()
09      {
10          debugger;                           // 设置断点，激活调试
11          var blnc = pay( balance, willPay ); // 付账
12          alert( "当前余额：" + blnc );        // 输出余额
13      }
14      ShowBalance();                          // 显示余额
15  </script>                                   <!--程序结束-->
```

【运行结果】打开网页运行程序，其结果如图 20-4 和图 20-5 所示。

【代码解析】该代码段第 10 行使用了一个"debugger"断点语句，在 IE 允许脚本调试的情况下激活调试程序。

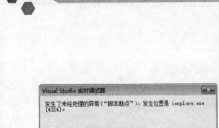

图 20-4　选择调试引擎

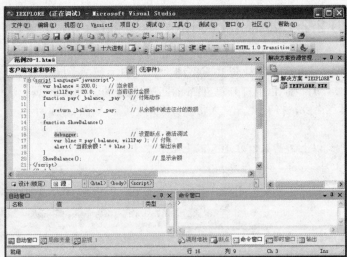

图 20-5　正在调试

提示　将鼠标指针移到变量名上可以查看当前变量的值。

20.2.3　如何跟踪代码

调试的主要工作是反复地跟踪代码，找出错误并修正。在范例 20-1 中，程序进入调试状态以后，VS2010 自动调出与程序调试相关的主要窗口。代码编辑器窗口用于显示程序源代码，如图 20-6 所示。"局部变量"窗口显示当前执行上文中相关变量的值，如图 20-7 所示。"调用堆栈"窗口显示代码间的调用关系，如图 20-8 所示。

图 20-6　代码编辑窗口

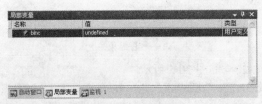

图 20-7　局部变量窗口

图 20-8　调用堆栈窗口

当程序处于调试状态时，按 F9 键在当前光标处设置或移除断点。程序运行到断点处被挂起，也就是说使程序暂停执行但并不将它关闭，以方便查看程序的各个状态，设置断点的具体操作如下：

① 在代码编辑器窗口中，将光标移动到需要添加断点的行上。

② 按一次 F9 键，当前行的背景色变为红色，并且在窗口左边界上标上红色的圆点。

当程序在断点处暂停的时候，只要按一下 F5、F10 或 F11 键就可以继续向下执行，看具体的需要来操作。按 F10 键可以逐过程执行，按 F11 键可以逐语句执行。

③ 将鼠标移动到源代码编辑窗口中的变量名上时，鼠标光标处将显示变量当前时刻的值。单击变量信息框中的变量值可以修改变量的当前值，如图 20-9 所示。尝试将变量"balance"的值改为其他数字，将得到不同的结果。选择菜单栏"调试"|"窗口"命令可以调出其他与调试相关的窗口，读者根据需要操作。程序调试没有一定的过程和规则，读者可根据需要来选择。

VS2010 的调试功能非常强大，操作比较人性化，文档也非常丰富。本节主要让读者大致了解到 VS2010 的程序调试功能，其中细节由读者结合 MSDN（微软知识库）文档进一步深入学习。下一节将讲解以日志的方式记录程序运行过程中的重要信息。

图 20-9 编辑变量的值

 提示 调试工作基本上都是反复跟踪代码执行的过程，请读者多加练习。

20.3 对日志进行输出

程序运行过程中，有些中间数据需要记录，以便检查程序运行的状态。在 JavaScript 中可以以日志的形式记录需要记录的中间数据，再发送到服务器上保存起来。日志记录的内容可以是任意的信息，根据开发者的需要而定，下面举个简单的例子来说明如何实现，不过这不是唯一的办法。

【范例 20-2】实现一个简单的日志对象，记录日志信息。该日志对象保存记录对象信息，提供添加记录对象和显示记录信息的方法，如示例代码 20-2 所示。由于这段代码都很重要，因此不做加粗处理，读者需着重学习。

示例代码 20-2

```
01  <head>                                      <!--文档头-->
02  <title>范例 20-2</title>                     <!--文档标题-->
03  <script language="javascript">              // 程序开始
04      function Logger()                        // 日志对象构造函数
05      {
06          function Record( _Serial, _Message)  // 记录对象构造函数
```

```
07                      {
08                          this.Serial = _Serial;             // 记录编号
09                          this.LogMessage = _Message;        // 记录信息
10                          this.date = new Date();            // 记录时间
11                      }
12                 this.RecordList = new Array();              // 创建数组容器
13                 this.Index = 0;                            // 记录索引
14                 this.Log = function( info )                // "添加日志"函数
15                 {
16                      var newLog = new Record( ++this.Index, info );
                                                               // 创建一个新记录对象
17                      this.RecordList.push( newLog );        // 将记录对象压入数组
18                 }
19                 this.ShowLog = function( _mode )           // 显示记录信息
20                 {
21                      var info = "";                         // 日志信息文本
22                      for ( n in this.RecordList )           // 逐一分析记录数组
23                      {
24                          if( _mode == 0 )                   // 显示模式 0
25                          {
26                              info += "<li>" + this.RecordList[n].Serial + " ("
27                                  + this.RecordList[n].date.toLocaleString()
                                    +"): "
28                                  + this.RecordList[n].LogMessage + "<br>";
                                                               // 格式化信息
29                              if( n == (this.RecordList.length-1) )
30                              {
31                                  document.write( info );// 在当前文档输出
32                              }
33                          }
34                          else if( _mode == 1 )              // 显示模式 1
35                          {
36                              info += "#" + this.RecordList[n].Serial + " ("
37                                  +this.RecordList[n].date.toLocaleString()
                                    +"): "
38                                  + this.RecordList[n].LogMessage + "\n";
                                                               // 格式化信息
39                              if( n == (this.RecordList.length-1) )
40                              {
41                                  alert( info );             // 以对话框的形式输出
42                              }
43                          }
44                      }
45                      return info;                           // 将信息返回给调用者
46                 }
47          }
48          var g_log = new Logger();                          // 全局日志对象
49  </script>
50  </head>
51  <body>
52  <script language="javascript">
53          var balance = 200.0;                              // 当前余额
54          g_log.Log( "balance:" + balance );                // 添加日志
55          var willPay = 20.0;                               // 当前该付金额
56          g_log.Log( "willPay:" + willPay );
57          function pay( _balance, _pay )                    // 付账动作
58          {
59              g_log.Log( "_balance:" + _balance );
60              g_log.Log( "_pay:" + _pay );
```

```
61              return _balance - _pay;                    // 从余额中减
62          }
63          function ShowBalance()
64          {
65              var blnc = pay( balance, willPay );         // 付账
66              g_log.Log( "blnc:" + blnc );
67              document.write( "当前余额：" + blnc );        // 输出余额
68          }
69          ShowBalance();                                  // 显示余额
70          g_log.ShowLog(1);                               // 输出日志信息
71    </script>                                            <!--程序结束-->
72    </body>                                              <!--文档体结束-->
```

【运行结果】打开网页运行程序，其结果如图 20-10 所示。

【代码解析】本示例实现了一个简单的日志对象，可以使用该对象来记录程序运行时的信息。第 4～47 行定义日志对象的构造函数。第 6～11 行定义日志记录对象的构造函数，该对象包含记录号、信息和记录日期三个字段。第 14～18 行实现日志对象的添加记录功能。第 19～47 行实现日志对象显示日志信息的功能。

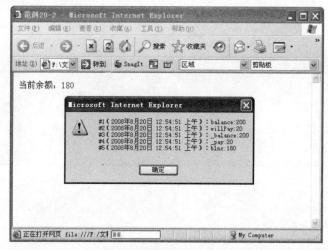

图 20-10　输出日志信息

显示分三种模式，模式 0 是在当前文档中输出日志内容，模式 1 在对话框中输出日志内容，其他模式为读取已经格式化的日志内容，格式为"行号：信息"。第 48 行定义一个全局的日志对象，以便在后文中使用。第 52～68 行在一个示例代码中测试日志对象的功能。

> 提示　日志的内容可以发送到服务器保存起来，也可以使用本地文件组件（FSO）写入本地文件中。

20.4　对代码进行优化

JavaScript 程序代码编写出来后，主要是交给机器去运行，但也需要人们阅读修改。在机器上运行的代码总是希望其速度越快越好，阅读维护时希望其可读性可理解性最好。因此在编写代码时，应该注意几个问题，尽量满足运行效率和可读性的要求。

程序编写时，就面临可读性的问题。笔者建议，程序书写风格要遵循"标识符短而含义清晰"、"代码缩进对齐"、"尽可能注释"几大原则。同时也尽可能避免使用全局变量，全局变量

将大大增加程序阅读难度。

关于"标识符短而含义清晰"，就是说变量名或函数名尽可能简短，意思明确。JavaScript 的代码是解释执行，每一行代码都临时翻译执行。执行时系统为标识符付出存储空间和解析时间，过长的标识符将加大这两者的开销。但也不能过短，过短的标识符意思不明确，不便于阅读。因此需要在这两者间适当地平衡。

关于"代码缩进对齐"，这点直接关系到代码的可读性。所有的 JavaScript 代码可以写在一行里，但这不是好主意，基本上没法读下去。建议将代码适当分行并且严格缩进对齐，对比下面的代码。

代码片段 1：

```
function getMod( num, n ){if( typeof( num ) !=="number" ){return -1;}return num%n;}
```

代码片段 2：

```
01  function getMod( num, n )                     // 无注释的程序片段
02  {
03      if( typeof( num ) !=="number" )
04      {
05          return -1;
06      }
07      return num%n;
08  }
```

以上两段代码的功能完全相同。片段 1 中的函数代码写在一行中，片段 2 中的函数代码严格缩进对齐，可读性非常好。

关于"尽可能注释"，如果没有注释的代码，其作者在数月后回头再读也很难理解代码的含义。因此要养成注释的习惯，即便代码现在看起来已经很容易理解。将前述的代码片段改写如下：

```
01      /*----------------------------------------------------------------
02      -名称：getMod
03      -功能：求余数
04      -参数：num,n
05      -num: 为被除数
06      -n: 除数
07      -返回：成功时返回模值，失败时返回-1
08      ----------------------------------------------------------------*/
09      function getMod( num, n )                     // 取模函数
10      {
11          if( ( typeof( num ) != "number") ||
12              ( typeof( n ) != "number" ) )         // 检查参数是否都是数字
13          {
14              return -1;                            // 非数字则返回-1
15          }
16          return num%n;                             // 返回余数
17      }
```

经过注释以后的代码，可读性大大增加。以上几大原则都是为了便于代码的后期阅读维护。但是对于机器，写在一行和多行中的代码差不多完全一样，因此主要还是考虑运行效率的问题。为了提高运行效率，人们在优化算法以求高效的同时也要在代码书写上下工夫。JavaScript 的应用开发者所能做的就是尽量避免不恰当的语言使用方式，而真正能解决运行效率的还是语言解释器厂商。接下来给读者几点建议。

JavaScript 使用是自动内存管理机制，但不意味着用户完全不用操心内存的使用。解释器回收内存的原则是，当内存不够用或机器空闲时运行内存管理程序。当对象引用链断开，也就

是已经不再使用时就回收其所占的内存空间。因此，开发者应该在对象不再被使用时（也就是说没必要再保留下去了）给引用对象的变量赋予"null"值，表明对象已经不再使用，如下面代码所示。

```
01   var name = new String("Peter");          // 人名
02   alert( name.length );                     // 输出长度
03   name = null;                              // 删除引用
```

以上代码中，name 所引用的 String 对象不再使用以后给它赋予"null"值。当下一次内存回收程序运行时该对象的内存就被回收。当数据量很大的时候，内存耗尽是相当快的，希望读者引起注意。

在程序中尽量删除无用的空白字符，和其他字符一样每一个空格都会占用存储空间。执行时解释程序同样要对空格字符进行分析，因此为了节约存储空间和运行时间，尽量删除不必要的空格。变量名等标识符尽量简洁，以缩短词法分析所占用的时间。

其他和效率相关的主要是算法，举个简单的例子。在场地中间有三个人 A、B 和 C，两两距离相等，现 A 要将球传给 C，可以使用如下代码表示。

```
01   var A = ball;                             // 接得到球
02   var B = A;                                // A 传给 B
03   var C = B;                                // B 传给 C
```

从 A 从传到 B，再从 B 传到 C，虽然能达到从 A 传到 C 的目的。但中途经过 B 显然是不必要的。为提高传送的效率，故将代码改写如下：

```
01   var A = ball;                             // 在 A 手中
02   var C = A;                                // 传给 C
```

这是效率问题中的最简单的模型，读者在编写程序之前，请先设计好算法。明确代码要做什么，怎么做，如何做效率才更高，这些都得在算法上下工夫。通常情况下，线性数组中所有数据都是按顺序紧密存储在一起。

同样是将一个元素添加到数组中，但添加到数组是末尾和中间的效率是完全不同的。添加到末尾时仅将元素接在数组末尾即可。插入中间却先将数组切分成两段后再将新元素接在第一段末尾，最后将两段接合，此时操作上的差别会带来效率问题。当然，JavaScript 数组的存储结构类似于 C++ 中的泛型数据结构，内部的基础数据结构并不是线性数组。读者不必担心插入中间会带来明显的性能损失。

 提示 经验是在成长过程中慢慢积累而来，要写出好的代码需要不断的探索实践。

20.5　小结

本章的内容向读者介绍了 Microsoft Visual Studio 2010 开发套件，以及如何使用它作为 JavaScript 的开发工具。

通过 IE 浏览器和 VS2010 的结合可以调试 JavaScript 程序，VS2010 的调试功能十分强大。当然也可以使用其他调试工具，读者在今后的开发当中会碰到。JavaScript 程序的运行效率远比编译型的语言慢，因此在编码时应该注意算法和代码的效率。标识符应当意思明确而简短，对象不再使用时就断开引用收回其内存，这样可以节省代码的空间开销。

20.6 习题

一、常见面试题

1．什么是代码优化？

【解析】本题考查的是对代码优化的理解，代码优化是指对程序代码进行等价（指不改变程序的运行结果）变换。程序代码可以是中间代码（如四元式代码），也可以是目标代码。等价的含义是使得变换后的代码运行结果与变换前的代码运行结果相同。优化的含义是最终生成的目标代码短（运行时间更短、占用空间更小），时空效率优化。

二、简答题

1．简述调试前准备工作的基本步骤。

2．为什么要调试？调试有什么意义？

三、综合练习

在 VS2008 中创建一个 HTML 文件，输入如下程序。最后启动程序调试，按 F11 键单步执行程序，在局部变量窗口中观察变量的值。

```
01  <script language="javascript">              // 程序开始
02    function getSum( arrayObj )               // 求数组中所有数字元素之和
03    {
04      var sum=0;                               // 保存各数的和
05      for( n in arrayObj )                     // 遍历数组
06      {
07        if( typeof(arrayObj[n])=="number" )// 只加数字
08        {
09          sum += arrayObj[n];                  // 将当前数字与前面的数的和相加
10        }
11      }
12      return sum;                              // 给调用者返回所求之和
13    }
14    debugger;                                  // 启动调试
15    var Pay_List = new Array( 105, 20.3, 90, 55, 1000 );
                                                 // 表示支付列表
16    var total = getSum( Pay_List );            // 求支付列表中所有项之和
17    alert( total );                            // 显示出总和
18  </script>                                    <!--程序结束-->
```

【提示】结合本章所学的知识，可知调试前设置 IE 的调试选项。使用 IE 打开网页文件，当遇到"debugger"语句时弹出选择调试引擎的对话框。在其中启动 VS2010 调试上述程序，在 VS2010 中的"调试"主菜单可以打开各个调试窗口。

【运行结果】启动调试时，局部变量窗口如图 20-11 所示，程序运行结果如图 20-12 所示。

警告　对于自己创建的对象数量很大时一定要在不使用时将其释放，否则浏览器的内存使用率将剧增。

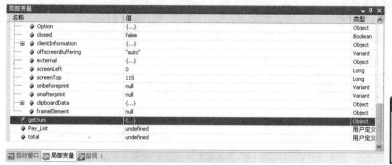

图 20-11　局部变量窗口　　　　　　　　图 20-12　程序运行结果

四、编程题

1．编写两个函数，它们分别相互调用，看效果如何。

【提示】此处关键在于函数的调用。

2．调试第 19.5 节中的例子。

【提示】参照前面章节介绍的调试方法即可实现。

第四篇　综合案例篇

第21章　捡馅饼游戏

当前网络上流行着大量的小型休闲游戏，通过在线加载运行于浏览器中，用户能上网就可以玩。休闲游戏玩法简单容易上手，也不需要花费大量时间，所以深得用户的喜爱。本章将实现一个小巧的休闲游戏"捡馅饼"，借以向读者介绍这类小游戏的开发方法。

- 了解对实际问题的分析过程。
- 了解如何建立实际问题的抽象模型。
- 学会使用 JavaScript 控制 DOM 元素。

以上几点是对读者学习本章时提出的要求，也是本章学习的最主要目标。

21.1　创作思路及基本场景的实现

一个应用程序的开发过程往往分为数个阶段，如需求分析、设计实现、运行测试、发布维护等。对于小型的应用不必完全遵循软件工程的步骤，所以在此只需要清楚要做什么，以及如何去做即可。

21.1.1　创作思路

捡馅饼游戏的情景可以这样理解。从屏幕的上方随机飘下十几个带有不同分值的馅饼，它们左右飘摇着落向人间。当任何一个落到游戏窗口的下方时，自动消失后又一个新的馅饼在天上出现。玩家用鼠标单击飘落的馅饼，被点中者自动消失并且玩家的分数增加，但当鼠标碰上带负分的倒霉熊时玩家分数剧减。

分析游戏场景，此游戏中包含如表 21-1 所示的角色，游戏结构如图 21-1 所示。

图 21-1　游戏结构

表 21-1　游戏对象

名　称	职责描述
Pie	代表馅饼，实现馅饼本身的移动、资源复位等功能，提供操作馅饼的接口
PieCore	代表饼馅，受 Pie 的部分功能委托，实现根据不同的图片更新自身的分值和音效

21.1.2　实现基本场景及用户界面

游戏中包含不断循环播放的背景音乐，要求其节奏风格轻快明亮，以烘托快乐的气氛。游戏窗口背景用一张色调温馨的天空卡通图片填充，鼠标指针颜色和背景色调对比明显。各游戏角色使用有分值象征意义的图片，场景效果图如图 21-5 所示。

用户界面元素包含游戏状态及系统信息、开始游戏、结束游戏、游戏窗口等，清单如表
21-2 所示。

表 21-2　用户 UI 清单

名　称	实　现
游戏视口	使用<DIV>元素作为窗口容器
游戏时间	使用<LI>元素显示游戏时间信息
玩家总分	使用<LI>元素显示玩家分数信息
系统总分	使用<LI>元素显示游戏中所有出现过的对象的总分，除负分对象外
分数比率	使用<LI>元素显示玩家当前分数比率
开始游戏	使用<DIV>元素作为启动游戏的按钮
结束游戏	使用<DIV>元素作为结束游戏的按钮

UI 结构如图 21-2 所示。

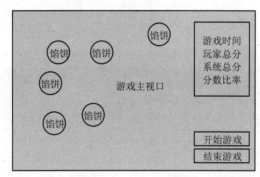

图 21-2　UI 结构示意图

馅饼图标序列如图 21-3 所示。分别对序列图标赋予不同的分值，以代表不同的馅饼。

图 21-3　馅饼序列

使用 HTML 代码实现基本的 UI（用户界面），使用如图 21-4 所示的图片作为场景背景图。
音乐和音效播放器也在 HTML 代码中嵌入，实现代码如下：

```
01    <!–用户界面-->
02    <div id="Viewport" style="left: 100px; width: 800px; position: absolute; top:
      0px; height: 600px;                           <!--视口-->
03      border-right: #ffffff 1px solid; border-top: #ffffff 1px solid;
04      border-left: #ffffff 1px solid; border-bottom: #ffffff 1px solid;
05      cursor:url(NormDervish.cur); background-image:url(Back.png);
06      background-repeat:no-repeat;">
07        <li id="TimeInfo" style="left: 650px; color: #ffffff; position: absolute;
      top: 50px">                                 <!--时间-->
08      游戏时间: </li>
09        <li id="PlayerScrInfo" style="left: 650px; color: #ffffff; position:
      absolute; top: 100px">                      <!--分数-->
10      玩家总分: </li>
11        <li id ="SystemScrInfo" style="left: 650px; color: #ffffff; position:
```

```
        absolute; top: 150px">                                <!--总分-->
12      系统总分：</li>
13      <li id="PercntShottedInfo" style="left: 650px; color: #ffffff; position:
        absolute; top: 200px">                               <!--比率-->
14      分数比率：</li>
15      <div style="left: 25px; width: 68px; position: absolute; top: 296px; height:
        16px;                                                 <!--按钮-->
16          background-color: #cc0000; z-index:0; vertical-align: middle;
17          text-align: center;" id="DIV19" onclick="return GameEnd()">
18      结束游戏</div>
19      <div id="DIV18" style="left: 26px; width: 68px; position: absolute; top:
        268px;                                                <!--按钮-->
20          height: 16px; background-color: #00ff00; z-index:0; vertical-align:
            middle;
21          text-align: center;" onclick="return GameStart()">
22      开始游戏</div>
23  </div>
24                                                            <!--背景音乐播放器-->
25  <OBJECT id="backSoundPlayer" style="LEFT: 0px; WIDTH: 0px; TOP: 0px; HEIGHT:
    0px" height=0
26      width=0 classid=clsid:6BF52A52-394A-11d3-B153-00C04F79FAA6 VIEWASTEXT>
27      <PARAM NAME="URL" VALUE="backsound.mp3">       <!--URL-->
28      <PARAM NAME="_cx" VALUE="10000">               <!--宽度-->
29      <PARAM NAME="_cy" VALUE="10000">               <!--高度-->
30      <PARAM NAME="playCount" VALUE="10000">         <!--播放次数-->
31      <PARAM NAME="autoStart" VALUE="0">             <!--关闭自动播放-->
32      <param name="BufferingTime" value="10">        <!--缓冲时间-->
33  </OBJECT>
34<!--音效音乐播放器-->
35  <OBJECT id="FXSoundPlayer" style="LEFT: 0px; WIDTH: 0px; TOP: 0px; HEIGHT: 0px"
    height=0
36      width=0 classid=clsid:6BF52A52-394A-11d3-B153-00C04F79FAA6 VIEWASTEXT>
37      <PARAM NAME="URL" VALUE="Good.wav">            <!--URL-->
38      <PARAM NAME="_cx" VALUE="10000">               <!--宽度-->
39      <PARAM NAME="_cy" VALUE="10000">               <!--高度-->
40      <PARAM NAME="playCount" VALUE="1">             <!--播放次数-->
41      <PARAM NAME="autoStart" VALUE="0">             <!--关闭自动播放-->
42      <param name="BufferingTime" value="10">        <!--缓冲时间-->
43  </OBJECT>
```

图 21-4　场景背景图

图 21-5　场景效果图

21.2　设计游戏角色

游戏中只包含一种角色，馅饼 NPC（No-Player-Character，指非玩家角色）。馅饼由两部分组成，一个是馅、一个是饼。馅被包含于饼中，馅代表着馅饼的价值，同样是饼，但不同的馅代表着不同的饼。

21.2.1　馅对象

馅被抽象为一个逻辑对象，此处命名为 PieCore，PieCore 控制着当前馅应该用什么样的图片来显示馅饼的样子并记录分数。PieCore 引用的图片是可以替换的，分数也是动态可更改的。PieCore 引用一个具体的<IMG>元素，一个 PieCore 被一个饼对象引用，这两者的逻辑结构及关系如图 21-6 所示。

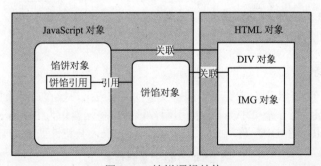

图 21-6　馅饼逻辑结构

PieCore 的属性及其方法如表 21-3 所示。

表 21-3　PieCore 对象的特性

PieCore 对象		
名称	类别	描述
imgID	属性	IMG 对象标识
score	属性	饼馅分值
src	属性	饼馅图片地址
initImg	方法	初始化图片

根据分析结果，结合表 21-3 所示的特性清单实现 PieCore 对象的构造函数。为方便读者的阅读，此处先将 PieCore 中将使用到的全局变量列出。由于这段代码都很重要，因此不做加粗处理，读者需着重学习。

```
01  var imgSrc = new Array( "FlyHeart.gif", "ChocolatePie.ico",
02            "CottonCandy.ico", "peachpai.ico", "Grimace.ico" );
                                              // 饼馅图片表
03  var coreScore = new Array( 100, 50, 30, 10, -200 ); // 馅饼分值表
04  var pieArray = null;                      // 屏幕上的馅饼序列
05  var gameLoopListener = null;              // 侦听器列表
06  var systemScore = 0;                      // 系统总分
07  var playerScore = 0;                      // 玩家总分
08  var escapeTimeMin = 0;                    // 游戏时间：分
09  var escapeTimeScnd = 0;                   // 游戏时间：秒
10  var gameLoopTimer;                        // 游戏循环定时器
11  var gamingTimer;                          // 游戏计时器
12  var isStarted = false;                    // 标记游戏是否已经开始
```
PieCore 的构造函数如下面代码所示。
```
01  function PieCore( _imgID )                 // ＋饼馅类构造函数
02  {
03      this.imgID = _imgID;                   // IMG 对象引用
04      this.score = 0;                        // 饼馅分值
05      this.src = "";                         // 饼馅图片地址
06      this.initImg = function()              // 初始化图片
07      {
08          var rnd = Math.floor( Math.random() * 10 ) % 5;
                                              // 随机选取 0～4 间的数作为索引
09          if( document.getElementById( this.imgID ) == null ) return ;
                                              // 如果获取图片对象不成功则返回
10          document.getElementById( this.imgID ).src = imgSrc[ rnd ];
                                              // 设置饼馅图片
11          this.src = imgSrc[ rnd ];          // 登记馅的图片地址
12          this.score = coreScore[ rnd ];     // 登记分数
13      }
14  }
```

21.2.2　饼对象

饼对象是整个角色的实现，它实现了馅饼的移动、响应用户操作、对象复位、音效播放等功能。一个饼对象保持对一个<DIV>元素的引用，该<DIV>元素作为 PieCore 所引用的<IMG>元素的父节点。<IMG>随<DIV>移动。将饼对象命名为 Pie，其特性如表 21-4 所示。

表 21-4　Pie 对象特性表

Pie 对象		
名称	类别	描述
divID	属性	DIV 对象标识

续表

Pie 对象		
名称	类别	描述
ImgID	属性	Img 对象标识
pieCore	属性	饼馅引用
moveTo	方法	移动到目标位置
addGameLoopEventListener	方法	添加游戏循环事件侦听器
gameLoopEventListener	方法	侦听游戏循环事件，主要的状态刷新在这里完成
reSet	方法	复位状态，负责饼的信息复位
addMouseEventListener	方法	添加鼠标事件侦听器
x	属性	饼在视口中的 x 坐标
y	属性	饼在视口中的 y 坐标

Pie 对象的构造函数如下面代码所示。由于这段代码都很重要，因此不做加粗处理，读者需着重学习。

```
01   function Pie( _divID, _imgID )                    // 十馅饼构造函数
02   {
03       this.divID = _divID;                          // DIV 对象引用
04       this.imgID = _imgID;                          // Img 对象引用
05       this.pieCore = null;                          // 饼馅引用
06       this.x = 0;                                    // 坐标
07       this.y = 0;
08       this.moveTo = function( _x, _y )              // 移动状态
09       {
10           document.getElementById( this.divID ).style.marginLeft = _x;
                                                        // 设置 x 轴位置
11           document.getElementById( this.divID ).style.marginTop = _y;
                                                        // 设置 y 轴位置
12           this.x = _x;                              // 重新登记 x、y 轴信息
13           this.y = _y;
14       }
15       this.addGameLoopEventListener = function( )// 添加游戏循环侦听器
16       {
17           gameLoopListener.push( this );            // 往 "游戏循环事件" 侦听器
                                                        // 列表填入当前饼的监听器地址
18       }
19       this.gameLoopEventListener = function( )      // 侦听游戏循环事件，刷新状态
20       {
21           if( Math.random() < 0.7 )                 // 以 0.7 的概率右移
22           {
23               if( this.pieCore.score<0 )            // 负分馅饼移动速度更快
24               {
25                   this.moveTo( this.x+3, this.y+2 );
26               }
27               else
28               {
29                   this.moveTo( this.x+1, this.y+1 ); // 正分值的饼移动速度正常
30               }
31           }
32           else                                      // 以 0.3 的概率向左移动
33           {
34               if( this.pieCore.score<0 )            // 负分馅饼移动速度更快
35               {
```

```
36                    this.moveTo( this.x-3, this.y+2 );
37                }
38            else
39            {
40                    this.moveTo( this.x-1, this.y+1 );
                                            // 正分值的饼移动速度正常
41                }
42        }
43        if( this.y > 400 )              //在竖直方向上的位置只要超出 400 像素就复位
44        {
45            this.reSet();
46        }
47    }
48    this.reSet = function( )            // 复位状态，负责饼的信息复位
49    {
50        this.pieCore = null;            // 断开当前馅饼的引用
51        this.pieCore = new PieCore( this.imgID );
                                        // 创建新馅
52        this.pieCore.initImg();         // 使新馅初始化
53        var rndX = Math.floor( Math.random() * 600 );
                                        // 给新饼一个随机的 x 坐标
54        document.getElementById( this.divID ).style.marginLeft = rndX;
55        document.getElementById( this.divID ).style.marginTop = 0;
                                        // 将新饼放到屏幕最上端
56        this.x = rndX;                  // x Anxis, 登记新坐标
57        this.y = 0;                     // y Anxis, 登记新坐标
58        if( this.pieCore.score > 0 )    // 记录新饼分值
59        {
60            systemScore += this.pieCore.score;
61        }
62    }
63    this.addMouseEventListener = function()    // 添加鼠标事件侦听器
64    {
65        with( this )                            // 将当前对象上下文传递到子级对象
66        {
67            document.getElementById( divID ).onclick = function()
                                            // 鼠标单击事件处理
68            {
69                if( pieCore.score < 0 )       //单击的不是正分饼则返回，减分操
70                    return;                   // 作由其他侦听器完成
71                playerScore += pieCore.score; // 否则加分
72                FXSoundPlayer.URL="Good.wav";
73                FXSoundPlayer.controls.play();
74                reSet();                      // 吃完当前馅饼后将饼复位
75            }
76            document.getElementById( divID ).onmouseover = function()
                                            // 鼠标移过事件处理程序
77            {
78                if( pieCore.score < 0 )       // 单击的不是正分饼则减分并复位
79                {
80                    playerScore += pieCore.score;
                                            // 减分
81                    FXSoundPlayer.URL="Haha.WAV";
82                    FXSoundPlayer.controls.play();
83                    reSet();                  // 复位
84                }
85            }
86        }
87    }
88 }
```

384

21.3　游戏进程控制

游戏程序进程的运行一般都包含几个阶段，游戏初始化、游戏循环和游戏结束。在初始化阶段创建并初始化资源，做好开始游戏的准备。在游戏循环阶段不断地更新游戏世界并且与用户交互，直到用户发出结束命令，在结束阶段清理游戏所占用的资源。

21.3.1　初始化游戏

游戏页面在加载时先创建一系列表示馅饼的 DIV 和 IMG 元素，在此总共 17 个。定义函数 InitResource 并在其中初始化资源，主要是创建 DIV 和 IMG 元素，并设置游戏视口的初始位置。代码如下：

```
01   function InitResource()
02   {
03       for( i = 0; i< 18; i++ )
04       {
05           var div = document.createElement( "<div>" );// 创建馅饼的 DIV 资源
06           div.setAttribute( "id", "Div"+i );              // 设置 DIV 的 ID
07           div.style.visibility = "hidden";               // 隐藏 DIV
08           div.style.position = "absolute";               // 绝对位置模式
09           var img = document.createElement( "<img>" );// 创建馅的 IMG 资源
10           img.setAttribute( "id", "Img"+i );             // 设置 IMG 的 ID
11           div.appendChild( img );                        // 添加给 DIV
12           var viewport = document.getElementById( "Viewport" );
                                                            // 取得作为视口 DIV 引用
13           viewport.appendChild( div );                   // 将馅饼 DIV 添加到视口
14           viewport.style.left=(document.body.clientWidth-800)/2 + "px";
                                                            // 设置视口位置于网页正中
15       }
16   }
```

21.3.2　游戏启动控制

游戏启动是在用户单击"开始按钮"之后发生，一般游戏在启动的时候需要加载初始化资源等操作。在此也需要创建一些游戏资源，比如创建馅饼对象和初始化全局变量等。定义函数 GameStart，并在其中按顺序完成以下工作。

（1）初始化全局变量。

（2）创建 17 个 Pie 对象，并将它们设置为可见状态。

（3）播放背景音乐，并启动计时器。

执行流程如图 21-7 所示。

GameStart 函数实现代码如下：

```
01   function GameStart()                              // 游戏开始，负责初始化
02   {
03       if( isStarted )                               // 如果已经开始就直接返回
04       {
05           return;                                   // 返回
06       }
07       isStarted = true;                             // 标记游戏已经开始
08       systemScore = 0;                              // 系统总分
09       playerScore = 0;                              // 玩家总分
10       escapeTimeMin = 0;                            // 游戏时间：分
```

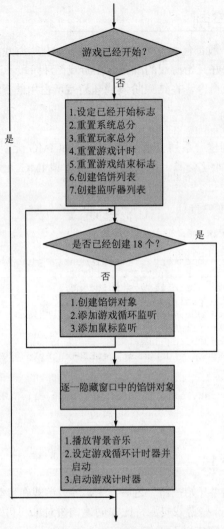

图 21-7　游戏启动流程

```
11      escapeTimeScnd = 0;                          // 游戏时间：秒
12      isEndGame = false;                           // 是否结束游戏
13    pieArray = new Array();                        // 屏幕上的馅饼序列
14    gameLoopListener = new Array();                // 侦听器表
15    for( i = 1; i<18; i++ )                        // 屏上生成 17 个饼
16    {
17       divID = "Div" + i;                          // 构建层 DIV 的 ID
18       imgID = "Img" + i;                          // 构建图像对象的 ID
19       pie = new Pie( divID, imgID );              // 新建一个饼对象
20       pie.reSet();                                // 新饼复位，取得一个馅
21       pie.addGameLoopEventListener();             //这个饼需要监听"游戏循环"事件
22       pie.addMouseEventListener();                // 这个饼需要监听鼠标事件
23       pieArray.push( pie );                       // 添加到饼表
24    }
25
26      for( n in pieArray )                         // 显示所有馅饼
27      {
28          var divObj = document.getElementById( pieArray[n].divID );
```

```
                                                 // 取得馅饼引用
29          if( divObj != null )                 // 引用有效
30          {
31              divObj.style.visibility = "visible";
                                                 // 设置为可见
32          }
33      }
34      backSoundPlayer.controls.play();         // 播放背景音乐
35      gameLoopTimer = setInterval( GameLoop, 5 );// 启动游戏循环
36      gamingTimer = setInterval( Timer, 1000 ); // 启动游戏计时
37  }
```

21.3.3　游戏循环

在游戏循环中刷新游戏世界，是游戏世界向前发展的源动力。定义函数 GameLoop，该函数作为游戏定时器的事件处理函数，很方便地实现了游戏的动力。在其中调用监听器列表中的监听函数，以通知对游戏循环事件感兴趣的对象。游戏对象通过注册监听函数来获得每一次事件更新时更新自我的机会。同时，GameLoop 函数还负责更新游戏状态信息。游戏循环执行流程如图 21-8 所示。

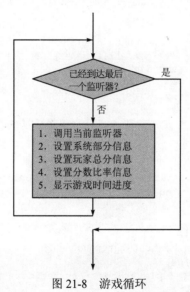

图 21-8　游戏循环

GameLoop 函数实现代码如下：

```
01  function GameLoop()              // 游戏循环，负责发送"游戏循环"事件，并刷新系统信息
02  {
03      for( n in gameLoopListener )
04      {
05          (gameLoopListener[n]).gameLoopEventListener();
                                    // 通知侦听者
06          SystemScrInfo.firstChild.nodeValue = "系统总分："+systemScore;
                                    // 刷新系统信息：系统总分
07          PlayerScrInfo.firstChild.nodeValue - 玩家总分："+playerScore;
                                    // 刷新系统信息：玩家总分
08          PercntShottedInfo.firstChild.nodeValue = "分数比率："
                                    // 刷新系统信息：分数比率
09          + Math.floor ((playerScore /systemScore*(escapeTimeMin+(escapeTime
            Scnd/60))) *100 ) + "%";
10                                  // 刷新系统信息：游戏计时
```

```
11              TimeInfo.firstChild.nodeValue = "游戏时间: "+escapeTimeMin+"分
                "+escapeTimeScnd+"秒";
12      }
13  }
```

定义一个游戏进度计时器函数，在其中记录游戏已经运行的时间，函数的实现如下：

```
01  function Timer()                                    // 游戏计时器
02  {
03      if( ++escapeTimeScnd == 60 )                    // 将秒转换为分
04      {
05          escapeTimeMin++;                            // 分递增
06          escapeTimeScnd = 0;                         // 满 60 秒则秒值设为 0
07      }
08  }
```

21.3.4 游戏结束控制

当玩家单击"结束游戏"按钮时，移除游戏定时器，停止游戏的运转并隐藏馅饼对象。最后在对话框中输出成绩评估信息，并设置相应的游戏状态信息，如"游戏已经停止"等。成绩评估数学模型为"玩家总分/（系统总分×游戏经历的时间）"。实现以上功能的函数代码如下：

```
01  function GameEnd()                                  // 游戏结束操作
02  {
03      clearInterval( gameLoopTimer );                 // 移除计时器，游戏挂起
04      clearInterval( gamingTimer );
05      for( n in pieArray )                            // 隐藏并删除所有馅饼
06      {
07          var divObj = document.getElementById( pieArray[n].divID );
                                                        // -馅饼 DIV 的引用
08          if( divObj != null )
09          {
10              divObj.style.visibility = "hidden";     // 隐藏馅饼
11              divObj = null;                          // 删除 DIV
12          }
13      }
14      pieArray = null;                                // 删除饼数组
15      backSoundPlayer.controls.stop();                // 停止播放背景音乐
16      isStarted = false;                              // 标记游戏已经结束
17      x = Math.floor( ( playerScore /systemScore*(escapeTimeMin+(escapeTime
        Scnd/60))) *100 );
18      x2 = x;
19      if( x < 60 )                                    // 成绩评估
20      {
21          x = "不及格!!! ";                            // 小于 60 分不及格
22      }
23      else if( (x>=60)&&(x<70) )                      // 60~70 分为及格
24      {
25          x = "及格! ";
26      }
27      else if( (x>=70)&&(x<80) )                      // 70~80 为良
28      {
29          x = "良!! ";
30      }
31      else
32      {
33          x = "牛!!! ";                                // 80 以上的为"牛"
34      }
```

```
35          alert( "你的积分为: " + playerScore + "\n 系统总分为: " + systemScore + "\n"
                                                              // 输出
36                 + "分数比率: " + x2 +"%\n 成绩评估: " + x );
37      }
```

21.3.5   运行测试

游戏的设计实现工作已经完成，接下来对其进行运行测试。打开网页文件，游戏运行过程及结束时的效果如图 21-9 和图 21-10 所示。测试的目的是找到代码错误和逻辑错误，反复测试之后就可以发布了。

图 21-9   游戏运行过程

图 21-10   成绩报告

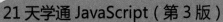

21.4　小结

　　本章带领读者体验一次综合开发的全过程，这个例子比起之前的任何例子都要复杂。面对实际问题时读者应首先学会分析理解问题的情景，提取情景中的关键元素。在抽象出问题模型后采用合适的模式进行设计，程序编码只是所有工作的一小部分，前期的分析设计直接关系到产品最终的成败。开发工作的最后一阶段是测试和发布产品，这也是开发工作的重要组成部分。到此，本书所有的内容都已经结束，再一次感谢读者选择了这本书！